国家级一流本科课程教材

教育部高等学校材料类专业教学指导委员会规划教材

浙江省普通本科高校"十四五"重点教材

高分子材料与工程系列
Polymer Materials and Engineering

高分子材料概论

第二版

Introduction to
Polymer Materials

高长有　编著

U0376761

化学工业出版社

·北京·

内容简介

本书系统阐述了通用高分子材料（塑料、橡胶、纤维、涂料、胶黏剂、聚合物共混物）的制备、结构、性能和应用，同时强调特定种类高分子材料的共性科学规律。全书共 7 章。第 1 章为材料与高分子材料，重点介绍材料的定义、分类、高分子材料的概念及发展等；第 2 章为高分子材料的结构与性能，重点阐述高分子链结构、聚集态结构以及高分子材料的力学性能、物理性能（热性能、电性能、光性能等）、化学性能（聚合物的化学反应、老化、燃烧、力化学等）；第 3~6 章分别详细介绍塑料、橡胶、纤维、胶黏剂和涂料，在每章前面首先阐述该类材料的共性结构和性能特点，针对橡胶和纤维材料介绍了其主要性能指标和检测方法，围绕制备—结构—性能—应用这一主线，详细介绍了多种高分子材料；第 7 章为聚合物共混物，介绍了聚合物共混物的制备方法和原理、结构、研究手段。

本书可供高分子及相关专业本科生、研究生作为教材使用，也可供教师和工程技术人员参考。

图书在版编目(CIP)数据

高分子材料概论 / 高长有编著. —2 版. —北京：
化学工业出版社，2023.10（2024.8 重印）
  ISBN 978-7-122-43750-1

Ⅰ. ①高… Ⅱ. ①高… Ⅲ. ①高分子材料–高等学校–教材 Ⅳ. ①TB324

中国国家版本馆 CIP 数据核字(2023)第 118802 号

责任编辑：王　婧　杨　菁　蔡洪伟
责任校对：王　静
装帧设计：张　辉

出版发行：化学工业出版社
　　　　　（北京市东城区青年湖南街 13 号　邮政编码 100011）
印　　刷：三河市航远印刷有限公司
装　　订：三河市宇新装订厂
787mm×1092mm　1/16　印张 18¾　字数 467 千字
2024 年 8 月北京第 2 版第 3 次印刷

购书咨询：010-64518888
售后服务：010-64518899
网　　址：http://www.cip.com.cn
凡购买本书，如有缺损质量问题，本社销售中心负责调换。

定　　价：59.00 元

前言

　　高分子材料是以有机高分子化合物为主构成的，也称为有机高分子材料。人类很早就开始利用天然有机高分子材料，如木材、皮革、橡胶、棉、麻、丝、毛等。自 20 世纪 20 年代以来，人工合成的各种高分子材料逐步发展，其具有质轻、耐腐蚀、绝缘性好、易于成型加工等优点。当前，高分子材料的产量按体积已经超过所有金属材料的总和，成为国民经济和国防建设中的基础材料之一。现阶段我国已成为合成橡胶、合成树脂的生产和消费大国。2013—2022 年，中国的合成树脂产量整体呈增长态势，10 年间合成树脂产量从 2013 年的 6293.03 万吨增长至 2022 年的 11366.9 万吨。通过分子设计和结构改性，可以进一步获得各类高性能材料和特殊功能材料，以满足各类目标需求。

　　经过近一个世纪的发展，高分子材料已深入到社会发展的各行各业，不仅在人们的衣食住行等方面发挥了巨大的作用，也在高精尖科技领域占有重要地位。高分子材料在机械行业的"以塑代钢"、燃料电池里的电解质膜、电子电气工业的新型导电导磁材料、生命健康领域的生物材料，以及传统的建筑、电信、包装、家居装饰、交通运输等方面都有着日新月异的发展；在国防通信、增材制造、柔性显示、航空航天、医疗器械等尖端"卡脖子"技术领域也有着不可替代的作用和广阔的发展前景。高分子材料与有机化学交叉发展的先进高分子，与超分子化学交叉发展的大分子组装技术，以及与生命、能源等学科交叉发展的特种高分子材料已经成为近年来研究的重点。

　　高分子科学具有典型的理工交叉特征，高分子材料是体现其工学特色的一个重要内容。"高分子材料概论"的课程对帮助学生掌握传统高分子材料的制备、结构、性能和应用方面的知识至关重要；同时也是衔接高分子化学、高分子物理、功能高分子、高分子加工及其他高分子前沿方向间的一个纽带，起着承上启下的重要作用。

　　高分子材料涵盖的范围非常宽，包括通用高分子材料、功能高分子材料、高分子复合材料、高分子材料加工等，有些教材还兼顾高分子化学、高分子物理的相关内容。鉴于除通用高分子材料外的诸多内容已有许多教材及专著可资参考，本书专注于系统阐述通用高分子材料的制备、结构、性能和应用，同时强调特定种类高分子材料的共性科学规律。全书共 7 章，分别为材料与高分子材料、高分子材料的结构与性能、塑料、橡胶、纤维、胶黏剂和涂料、聚合物共混物。本书为数字融合出版教材，在传统纸质教材中配套延伸阅读、教学课件、本课程的教学方式探索等数字资源，其中"本课程的教学方式探索"主要分享笔者及同事在讲授《高分子材料概论》时采用的一些教学方法，期望本书能发挥"培根铸魂，启智增慧"的作用。本书适于高分子及相关专业本科生、研究生作为教材使用，也可供教师和工程技术人员参考。

在资料的收集整理和校对过程中，先后有多位研究生参与，包括韩璐璐、姜朋飞、叶辰、吴赛、郑鸿浩、张文博、张德腾、李世分、彭湃等。胡玲、韩璐璐、叶辰、邓君、吴赛、张昊岚、曹望北、李世分等同学先后协助过"高分子材料概论"的教学和资料调研工作。他们多数已经毕业，成为教师或其他行业的骨干。在浙江大学，一同讲授"高分子材料概论"课程的还有马列、陈红征、施敏敏教授，大家共同参与了教学方法的探讨和改革。在本书完成之际，向上述同学、老师及所有给予过帮助的人致以诚挚的谢意！同时感谢 20 余年来在浙江大学和我一同成长的诸多学子及广大同仁！

笔者从 1999 年开始讲授"高分子材料概论"课程至今，在所用课件基础上形成本书。撰写过程参考了高分子材料类的多本书籍及研究论文，诚表感谢！再版过程增加了可降解高分子材料章节，并修改了第一版中的错误。笔者学识有限，疏漏之处实属难免，请广大读者批评指正。

高长有
2023 年 3 月

目录

第3章 塑料 050

第4章 橡胶 142

第5章 纤维 190

第6章 胶黏剂和涂料 231

第 7 章　聚合物共混物　259

第1章　材料与高分子材料

1.1　材料与材料科学

材料是人类社会发展的重要物质基础，是人类文明的基石。材料的发现和使用使人类在与自然界的斗争中，从愚昧走向文明。在很大程度上，人类社会的发展史就是一部材料的发展史，先后经历了石器、青铜器、铁器等不同时代。当今，材料在人类社会发展中起到基础性和战略性的作用。某一种新材料的问世及其应用，往往会引起人类社会的重大变革。例如，半导体硅材料、光纤的大量应用和发展使得计算机得到广泛应用，从而使人类进入了信息社会。信息、能源和材料是现代文明和生活的三大支柱，其中材料又是信息和能源的基础。

1.1.1　材料的定义

能够满足指定工作条件下使用要求的具有一定形态和物理性状的物质称为材料。具有如下特点：一定的组成和配比、可成型加工性、能够保持一定的物理形状、具有一定的回收和再生性、具有经济价值。木材、陶瓷、棉、毛、丝、麻、皮革、纸张、天然橡胶、金属、玻璃、砖瓦、水泥等都是常见的材料。还有一些具有特殊性质和功能的材料，如高强度复合材料、高绝缘材料、导电材料、耐辐射材料、耐低温与耐高温材料、感光材料、生物材料等。

人们在日常生活中所见即材料。同时，材料还可以在某些极端条件下使用，如高速飞行、宇航、深海、电子技术、原子能工业等。

1.1.2　材料的利用与发展

材料是人类生存和生活必不可少的部分，是人类文明的物质基础和先导，是社会发展的动力。通过对新材料的发现、发明和利用，人类使用材料的能力不断提升。

在人类漫长的历史发展中，经历了诸如石器时代、青铜器时代、铁器时代等。原始人使用天然材料如石头、骨骼、木材、兽皮等来制造工具、武器、住所、衣服、用品等，这个时代叫做旧石器时代。随着石器加工制作水平的提高，出现了原始手工业如制陶和纺织，标志着人类进入了新石器时代。在人类的进化史上，这是一个里程碑，因为这标志着人类的智慧发展到将天然材料改造为人工材料。之后的青铜器时代是以使用青铜器为标志的人类物质文化发展阶段。青铜器时代源于4000～5000年前，青铜是铜、锡、铅等元素组成的合金，熔点低、硬度高，比石器易制作且耐用。青铜器的应用大大促进了农业和手工业的发展。而铁器时代始于2000多年前。春秋战国时代，由铁制作的农具、手工工具及各种兵器得以广泛应用，极大促进了当时社会的进步。

经过数千年的发展，现代材料主要包括金属与合金、无机非金属材料、有机高分子材料、复合材料等。钢铁、水泥等材料的出现和广泛应用，使得人类社会开始从农业和手工业社会进入工业社会；而新材料如高分子材料、半导体硅、高集成芯片的普及应用，使得人类社会向信息和知识经济社会过渡。在当代信息社会中，具有代表性的材料主要有纳米材料、生物材料、信息材料等。

1.1.3   材料的作用

1.1.3.1   材料科学在经济发展中的作用

在经济和社会的发展过程中，某种新材料的发展和应用往往会推动经济的发展；一般来说，产品技术含量越高，收益越高。

例如，作为 3D 打印（3D printing）技术的关键因素，3D 打印材料近年来发展迅速，促进了相关领域的经济发展。2012 年北美和亚太地区占了 3D 打印材料销售收益的 68.0%；北美地区的 3D 打印材料市场收入最高，亚太地区第二。从全球来看，美国、日本、中国、英国和德国的 3D 打印材料需求巨大。

工业社会向知识经济社会过渡的重要标志是工业产品中传统的金属材料比重降低，无机非金属材料、有机合成材料的比重增大；产业结构从劳动密集型、资金密集型向技术密集型和知识密集型方向发展。1980 年，美国的电子工业产值超过了钢铁和纺织工业，仅次于化工和汽车工业。而日本所谓的"超级钢计划"，则是通过冶炼等技术的改进来大幅度提高传统金属材料的性能，如将钢的性能提高一倍，实质上就是节约了一倍的资源，使得产品更具竞争力。在新材料产业领域中，2000 年的世界新材料市场销售额 4000 亿美元，美国 40%，日本 20%，而我国差距较大。

1.1.3.2   新材料的应用

新材料既是当代高新技术的重要组成部分，又是发展高新技术的重要支柱和突破口。高强度的合金、新的能源材料及各种非金属材料在航空和汽车工业领域应用广泛。例如光纤用于光纤通信领域，而半导体材料在计算机技术和信息技术的应用较广。与此同时，新技术的发展为材料科学研究提供了更先进的手段。较为先进的技术有精密测试技术、电子显微技术、高速、大容量计算技术等。高技术的发展对材料提出了更高的要求。

新材料产业是构筑现代产业共性关键技术的基础性产业，它的下游产业几乎包括了所有的制造业，包括能源、计算机、交通运输、航空航天、电子信息、汽车、建筑等各种行业。可以说，现代产业包括工业、农业、军事等一切领域，都离不开新材料产业。新材料产业中所采用的技术已经成为构筑现代产业的共性技术，对新材料是否使用已经成为现代产业能否具有领先性的基础性条件之一。例如，大飞机制造是一个国家综合实力和航空工业水平的体现，代表了科技和工业基础的制高点。

"一代材料，一代飞机"是航空工业发展的生动写照。飞机性能的改进有 2/3 靠材料，因此，材料的先进性在相当程度上决定了飞机的性能。大飞机项目大规模集成了现代高新技术，对材料提出了更高的要求。目前，大型客机机体材料主要包括铝合金（aluminum alloy）、钛合金（titanium alloy）和树脂基复合材料（resin matrix composite）等，而发展重点则集中在低成本、高性能的树脂基复合材料技术。例如，我国具有自主知识产权的 C919 大型客机，于

2017 年 5 月 5 日首飞成功，并已于 2023 年 5 月 28 日实现商业首飞。C919 在材料使用上，采用了大量的先进复合材料（composite material）和先进的第三代铝锂合金（aluminum lithium alloy）等，其中复合材料使用量达到 20%，使得飞机在保证设计强度的前提下大大减小了结构重量。世界先进的第三代铝锂合金在国内民机上使用尚属首次，铝锂合金的使用比例甚至超过了空客 A380。另外，C919 使用了占全机结构重量 20%～30% 的国产铝合金、钛合金以及钢（steel）等材料。

　　近年来，在航空领域，碳纤维复合材料（carbon fiber composite）是实现航空武器装备及民用航空装备轻量化、低成本、高性能的关键性材料。尽管复合材料较铝合金昂贵，但是可以使飞机减重 10%～30%，所带来的经济效益远远抵偿了其成本高的负面影响。当前，民机 50% 以上的结构使用的都是复合材料，像空客 A350、波音 787，我们所能看到的外部结构，除了起落架，其他使用的几乎都是复合材料。

　　高铁的建设也促进了新材料行业的发展。车体材料方面，目前使用的是不锈钢和铝合金；由于车辆轻量化的要求越来越高，复合材料日渐受到关注。例如，意大利 ETRS00 高速列车的车头前突部分采用的是芳纶纤维增强环氧树脂（epoxy resin，EP）；法国国营铁路公司（SNCF）的 TGV 高速列车采用碳和玻璃纤维强化环氧树脂包覆发泡蜂窝材料芯。而高铁铁轨所用的高分子减振、降噪材料多达十几种：聚氨酯（polyurethane，PU）、碳纤维复合材料、热塑性弹性体（thermoplastic elastomer，TPE）、聚氯乙烯（polyvinyl chloride，PVC）、硅橡胶（silicone rubber）、环氧树脂、丁基橡胶（isobutylene isoprene rubber，IIR）、丁苯橡胶（butadiene styrene rubber，SBR）、三元乙丙橡胶（ethylene-propylene-diene terpolymer rubber，EPDM）等。其中，用于高速铁路路基和轨道之间的减振材料主要从国外进口。美国杜邦公司的售价在 10 万元/吨左右甚至更高。如果该材料实现国产化，价格可以降低一半。

1.1.4　新材料的发展方向

　　目前应用和发展的新材料正在朝着以下的几个方向发展。

1.1.4.1　高性能化、高功能化、高智能化

　　高性能材料：掌握原理，采用新工艺、新技术、新设备，创造出性能更好的新型材料。对于结构材料来说，旨在改善材料的强度、刚度、韧性、耐高温、耐腐蚀、高弹、高阻尼等性能。通过新工艺生产的新产品体积小、重量轻、资源省、能耗低、成本低、利润高。

　　功能材料：单一功能向多种功能发展，把功能材料与元器件结合起来，实现一体化，即材料本身就具有元器件的功能。

　　智能材料：具有感知和响应双重功能，如形状记忆合金、压电陶瓷、光导纤维、磁致伸缩材料等。智能材料是一种超功能材料，能够解决传统材料难以解决的技术难题。例如美国空军采用智能材料制造飞机机翼，可随工作状态的不同自动调节形状，改变升力和阻力，以适应飞机的起降，使飞机更加安全，油耗更低。

1.1.4.2　复合化

　　单一材料，如金属材料、无机非金属材料和有机高分子材料都有各自的优缺点，难以满足当代高技术对材料综合性能的要求。

　　不同种类、不同性能材料复合，可获得比单一材料性能更好或具有某种特殊性能的复合

材料。例如，碳纤维增强的陶瓷基复合材料（ceramic matrix composite），其抗冲击强度比普通陶瓷高 40 倍，能经受数千摄氏度高温，是航空工业的重要结构材料。

1.1.4.3　极限化

在尺寸、压力、温度、纯度各种量纲范围内追求极限，使材料的性能产生根本性的飞跃。例如，在超高温、超高压下用石墨合成金刚石；在超高真空环境中制备新型的半导体器件和高度集成的芯片；利用宇宙空间实验室内的微重力、高真空、超低温、无菌等特殊环境制备在地面无法制备的具有特殊性能的新材料，如冶炼高纯金属等。

1.1.4.4　仿生化

通过研究自然界中生物体的物质结构及其特有的功能，获得一种制备新材料的思路和途径，并在某些材料的设计和制造中加以模仿。用现有简单而丰富的原料，通过错综复杂的生物过程制得高强度和多功能的新材料。

蜘蛛丝比钢丝更强、更富有弹性，具有很强缓冲外力冲击的能力，且低温性能良好，是制造防弹服装和降落伞的理想材料。因此，通过把水溶性的蛋白质分子纺织成既坚韧又不溶解的人造蛛丝，可以用来制作军用品。

生物医用材料仿造人体的细胞外基质结构与成分，有良好的生物相容性能，可以用于人体组织和器官的矫形、修补和再造。

某些仿生材料以生物体合成的蛋白质为基础，取代合成人工材料，有利于解决资源、能源枯竭问题，并且对环境没有危害。

1.1.4.5　绿色化

绿色材料或环境友好材料是指资源和能源消耗少、再生循环利用率高，或可降解使用的材料。

废弃的普通塑料越来越多，并因其耐久性好而长久存留自然界已经成为公害。我国于 2008 年 6 月 1 日开始实行"限塑令"。

可降解塑料则能够实现绿色循环。通过乳酸（lactic acid）聚合可合成聚乳酸（polylactic acid，PLA）。细菌合成可降解塑料如聚羟基丁酸酯（polyhydroxybutyrate，PHB）、聚羟基戊酸酯（polyhydroxyvalerate，PHV）及其共聚物（copolymer）PHBV[poly(hydroxybutyrate-co-hydroxyvalerate)]等。用二氧化碳可合成降解塑料如聚碳酸酯（polycarbonate，PC）等。这些生物可降解材料已在日常生活（如包装、牙刷、杯子）、医疗（如骨钉、骨板、缝合线）等多个领域得到了应用。

1.2　材料的制备与性能

1.2.1　材料与物质

材料与物质既密切相关，又有所区别。材料都是由物质构成的：可以是一种或多种，如橡胶、塑料，通常含有多种添加剂以提高材料的综合性能。同一种物质，可以制备成不同的材料。例如，聚乙烯（polyethylene，PE）可以通过改变合成工艺得到高密度聚乙烯（high density polyethylene，HDPE）、低密度聚乙烯（low density polyethylene，LDPE）、超高分子量聚乙烯（ultra-high molecular weight polyethylene，UHMWPE）、线形低密度聚乙烯（linear low density polyethylene，LLDPE）等聚乙烯塑料；聚丙烯（polypropylene，PP）既可以做塑料，又可以做纤维。

1.2.2　材料工艺过程

由化学物质或原料转变成适于一定用途的材料，其转变过程称为材料化过程，包括材料的制备过程（化学与化工过程）和加工过程。例如，高分子（macromolecule）材料，一般要经历单体（monomer）的聚合（polymerization）、造粒、复合、加工成型（注射、挤出、压延、吹塑）等。制备过程主要是化学反应，有时也有物理过程，如微结构调整、相变等。加工过程以物理过程为主，热固性塑料同时有化学反应过程。

材料工艺过程对材料性能有着显著的影响。例如，用高压法合成的聚乙烯（PE）支链多、密度小、结晶度低；而低压法合成的 PE 支链少、密度大、结晶度高。相反，材料原始组织结构又影响加工方法。例如热固性树脂（thermosetting resin）与通常的热塑性塑料（thermoplastic plastics）的加工方法有所不同。又如茂金属（metallocene）催化的聚丙烯（PP）分子量分布窄、熔体黏度大，按照普通 PP 的加工工艺，即使选用很高的熔融温度，PP 的挤出也相当困难。目前，改变茂金属聚烯烃的加工性有以下几个途径：①选用不同茂金属催化剂或混合催化剂，加宽茂金属聚烯烃树脂的分子量分布或生产双峰分布树脂；②在茂金属聚烯烃树脂中引入长支链；③采用共混方法，添加其他类型树脂。目前，这几种途径，国外各大石化公司都在进行研究。

1.2.3　材料的结构

材料的结构从宏观到微观可以分为三类。宏观组织结构：>0.1mm，肉眼可见；显微组织结构：$0.1\mu m \sim 0.1mm$，光电显微镜、扫描电子显微镜下可见，主要是晶粒、相、微区结构；微观结构：$<0.1\mu m$（100nm），透射电子显微镜、原子力显微镜下可见，是典型的纳米尺度。

根据结晶度的大小可以分为晶态结构与非晶态结构。晶态结构在无机和金属材料中较为常见，结晶的形态共分为 7 大晶系[高级品系：立方、六方；中级品系：四方（正方）、正交（斜方）；三方；初级品系：单斜、三斜]。高分子则很难结晶，即使结晶也多为初级或中级品系。高分子形成的晶体可以分为单晶、球晶、串晶、柱晶、伸直链晶体和纤维晶等多种形态。而非晶态结构是指无规线团结构，无固定的熔点、物理性质各向同性。

1.2.4　材料的性能

材料的性能包括特征性能和功能物性。材料的特征性能指的是材料本身所固有的性质，即给材料某一种外场刺激，反映出来的是这种刺激对应的性能。例如，材料的力学性能、热性能、电性能、磁性能、光性能、化学性能等。材料的功能物性是指对材料施加某种外场作用，通过材料将这种作用转换成另外一种形式的功能。实现某种功能的材料被称为功能材料。例如热-电、电-热转换材料，光-热、光-电、电-光转换材料，以及材料的生物性能等。

1.3　材料的分类

　　材料可以从不同的角度进行分类。按照化学组成来分类，可以分为金属材料、无机材料和有机材料（主要是高分子材料）三类。按照状态分类，有气态、液态和固态三类。一般使用的大都是固态材料。固态材料又分为单晶、多晶、非晶以及复合材料等。按材料所起的作用分类，可分为结构材料和功能材料两种类型。结构材料主要考虑其机械力学性能，是机械制造、工程建筑、交通运输、能源利用等方面的物质基础。功能材料是利用其各种物理和化学特性，在电子、红外、激光、能源、通信等方面起关键作用。例如，铁电材料、压电材料、光电材料、超导材料、声光材料、电光材料等都属于功能材料。此外，也可按照使用领域分为电子材料、耐火材料、医用材料、耐蚀材料、建筑材料等不同种类。材料的分类如图1-1所示。

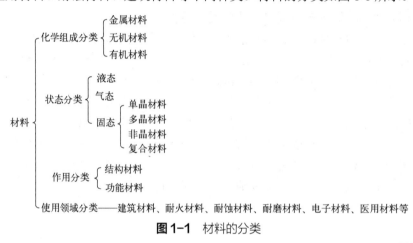

图1-1　材料的分类

　　为了便于阐明材料制备—结构—性能—应用之间的关系，通常根据组成来分类介绍，即金属材料、无机材料、高分子材料和复合材料。

1.3.1　金属材料

　　金属材料有两种：一种是利用其固有特性以纯金属状态使用的，如作导体用的铜和铝；另一种是由几种金属组成或者加入适当的掺杂成分以改善其原有特性而使用的，如合金钢、铸铁等。金属的键合无方向性，其结晶多是立方、六方的最密堆砌结构，富于展性和延性、良好的导电以及导热性、较高的强度以及耐冲击性。用各种热处理方法可以改变金属及合金的组织结构从而赋予各种特性。这些特点使金属材料成为用途最广、用量最大的材料。

　　在工业上，通常将金属材料分为黑色金属（铁基合金）和有色金属两种类型。

　　黑色金属主要是以铁-碳为基的合金，包括普通碳钢、合金钢、不锈钢和铸铁。钢的性能主要是由渗碳体的数量、尺寸、形状和分布决定的，而渗碳体的数量、尺寸、形态又由不同的热处理工艺所决定。合金元素的最重要功能是改善热处理能力，有助于使产生的组织结构在高温下更加稳定。不锈钢至少含12%的铬（Cr），这种钢暴露在氧气中时，形成一层薄的氧化铬，对表面起保护作用，因而具有优异的耐蚀性。铸铁为铁-碳-硅合金，典型的铸铁含有 2%～4%的碳和 0.5%～5%的硅。不同的铸造工艺可生成不同类型、不同用途的铸铁。

有色金属是除了铁之外的纯金属或者以其为基的合金，常用的有铝合金、镁合金（magnesium alloy）、铜合金（copper alloy）、钛合金等。

（1）镁及镁合金

镁由于具有优良的物理性能和机械加工性能，以及丰富的蕴藏量，被公认为是最有前途的轻量化材料之一及 21 世纪的绿色金属材料。镁作为实际应用中最轻的金属结构材料，在汽车减重和性能改善中有重要作用。世界各大汽车公司已经将镁合金制造零件作为重要发展方向。

（2）钛及钛合金

钛及钛合金具有密度小、比强度高、耐蚀性好、耐高温等优良特性。随着国民经济和国防工业的发展，被广泛应用于汽车、电子、化工、航空、航天、兵器等领域。

（3）铝及铝合金

铝合金具有密度小、导热性好、易于成型、价格低廉等优点，已广泛应用于航空航天、交通运输、轻工建材等部门，是轻合金中应用最广、用量最多的合金。目前，交通运输业已成为铝合金材料的第一大用户。铝及铝合金是最早用于汽车制造的轻质金属材料，也是工程材料中最经济实用、最有竞争力的汽车用轻金属材料。虽然铝合金在大飞机上的应用受到复合材料和钛合金的挑战，但是其作为主体结构材料的地位还没有改变；目前正在使用的民用客机中，还在大量使用铝合金。例如，美铝公司开发的第三代铝锂合金，其与碳纤维复合材料相比，气动性好、防腐能力强、可回收，而且重量还要轻 10%，制造、运行、维修成本要低 30%。该型合金已经用到了波音 787、空客 A350XWB、A380 和庞巴迪 C 系列飞机上。

1.3.2　无机非金属材料

无机材料是由无机化合物构成的材料，其中包括诸如锗、硅、碳之类的单质所构成的材料。硅和锗是主要的半导体材料，由于其重要性，已经独立成为材料的一个分支。

主要的无机材料是硅酸盐（silicate）材料。硅酸盐是地壳中存在量最大的矿物，折合成 SiO_2 约占造岩氧化物的 60%。与 SiO_2 结合组成硅酸盐的氧化物主要有 Al_2O_3、Fe_2O_3、FeO、MgO、CaO、Na_2O、K_2O、TiO_2 等。以硅酸盐为主要成分的天然矿物，由于分布广、采取容易，很早就被人类用作材料使用。在石器时代，直接用于制成各种工具；在史前时期，则制成了陶器；随后发展到制作玻璃、陶瓷、水泥等各种硅酸盐材料。

以硅酸盐为主要成分的材料有玻璃、陶瓷和水泥三大类。硅酸盐材料在发展过程中，使用的原料除了以硅酸盐为主要成分的天然硅石、黏土外，也采用了其他不含 SiO_2 的氧化物和以碳为主要成分的石墨等，按照同样的工艺方法制成了各种制品。虽然这些材料已经不是硅酸盐，但习惯上仍然归属于硅酸盐材料。

20 世纪 40 年代以来，由于新技术的发展，在原有硅酸盐材料基础上相继研制成了许多新型的无机材料，如用氧化铝制成的刚玉制品，用焦炭和石英砂制成的碳化硅制品，以及钛酸钡铁电材料等。常把这些材料称作新型无机材料以与传统的硅酸盐材料相区别。在欧美各国常把无机材料通称为陶瓷材料，因此也称上述的新型无机材料为"新型陶瓷"。

无机材料一般硬度大、性脆、强度高、抗化学腐蚀、对电和热的绝缘性好。

1.3.3　高分子材料

高分子材料通常是由脂肪族和芳香族的 C—C 共价键为主链结构的高分子构成的化合物为主要成分构成的，也称为有机高分子材料。人们使用有机材料的历史很早，自然界的天然有机产物，如木材、皮革、橡胶、棉、麻、丝、毛等都属于这一类。自 20 世纪 20 年代以来，发展了人工合成的各种高分子材料。高分子材料的一般特点是质轻、耐腐蚀、绝缘性好、易于成型加工，但是强度、耐磨性及使用寿命较差。因此，高强度、耐高温、耐老化的高分子材料是当前高分子材料的重要发展方向之一。

高分子材料有各种不同的分类方法。例如，按照来源可以分为天然高分子材料和合成高分子材料，按照大分子主链结构可以分为碳链高分子材料、杂链高分子（heterochain polymer）材料和元素有机高分子（elemento-organic polymer）材料等。碳链高分子材料的主链完全由碳原子构成，如烯类和二烯类的加成聚合物。杂链高分子材料的主链中不仅含有 C，还含有其他杂原子，如 O、N、S 等。聚醚（polyether）、聚酯（polyester）、聚氨酯、聚酰胺（polyamide）、聚碳酸酯、聚砜（polysulfone）等聚合物都属于杂链高分子材料。元素有机高分子材料如硅橡胶的主链中没有碳原子，由杂原子 Si、B、Al、O、N、S、P 等组成，侧基含有有机基团。

通常根据高分子材料的性能和用途进行分类，包括塑料（plastic）、橡胶（rubber）、纤维（fiber）、胶黏剂（adhesive）、涂料（coating）、功能高分子（functional polymer）材料。本书即采用这种分类方法来介绍各类通用高分子材料。此外，高分子材料还包括聚合物共混物、聚合物基复合材料等不同结构的高分子材料。

1.3.4　复合材料

由两种或两种以上物理化学性质不同的物质，用适当的工艺方式方法组合起来，而得到的具有复合效应的多相固体材料称之为复合材料。所谓复合效应是指通过复合所得的产物性能要优于组成它的材料或者具有新的性能特点。多相体系和复合效应是复合材料区别于化材料和混合材料的两个主要特点。

广义而言，复合材料是指由两个或者多个物理相组成的固体材料，如玻璃纤维增强塑料、钢筋混凝土、橡胶制品、石棉水泥板、三合板、泡沫塑料、多孔陶瓷等都可归入复合材料的范畴。狭义的是指用玻璃纤维、碳纤维、硼纤维、陶瓷纤维、晶须、芳香族聚酰胺纤维等增强的塑料、金属和陶瓷材料。

从不同的角度可将复合材料分为若干的类别。

（1）按构成原料分类

根据构成原料在复合材料中的形态，可以分为基体材料和分散材料。基体是构成连续相的材料，它把纤维或者颗粒等分散材料固结成一体。现在习惯上常把复合材料归入基体所属类的材料中，例如把以金属材料为基体的复合材料归入金属材料的范畴，而把以聚合物为基体的复合材料归入高分子材料的范畴等。但是，对于像包层金属、胶合板之类的复合材料，则分不出哪个是基体，哪个是分散材料。

根据这种分类的方法，复合材料有三种命名方法：一是以基体为主，如树脂基复合材料、金属基复合材料等；二是以分散材料为主，如玻璃纤维增强复合材料、碳纤维增强复合材料等；三是基体和分散材料并用，如不饱和聚酯-玻璃纤维层压板、木材-塑料复合材料等。

（2）按复合材料的形态和形状分类

可以分为颗粒状、纤维状、层状三类。

（3）按照复合性质分类

可分为合体复合（物理复合）和生成复合（化学复合）两种。合体复合在复合前后原材料的性质、形态、含量大体上没有变化。常见的复合材料，如玻璃纤维增强塑料等，都属这类复合。化学复合前后，组成材料的性质、形态、含量等均发生显著变化，其特点是通过化学过程形成多相结构。例如动物、植物组织等天然材料即属这类复合材料，目前已经应用的人造生成复合材料为数尚少。

（4）按复合效果分类

可以分为结构复合材料和功能复合材料两大类。

由于现代科学技术特别是航空、航天和海洋工程技术的要求，复合材料的发展十分迅速。复合材料的品类很多，但是目前应用最广的主要是聚合物基复合材料。金属基复合材料尚处于研究阶段，尚未达到大规模生产的程度；陶瓷基复合材料尚处于起步阶段，但二者的发展趋势十分迅猛。

1.4 高分子材料发展历史及未来

1.4.1 高分子材料的三个发展阶段

1.4.1.1 高分子材料发展第一阶段：材料的出现先于科学概念的建立

（1）天然橡胶（natural rubber，NR）的利用、开发与改性

在中美洲与南美洲，11世纪左右当地人用天然橡胶制作生活用品，如容器与雨具等。18世纪法国人发现南美洲亚马孙河有野生橡胶树。橡胶用当地印第安语翻译即"树的眼泪"。割开橡胶树皮即流出乳液，即天然橡胶。19世纪中叶，英国人取橡胶树的种子在锡兰（斯里兰卡）种植成功，并逐渐扩大到马来西亚与印尼等地。

1832年，英国建立了世界上第一个橡胶工厂，生产防水胶布。其采用的是溶解法，将橡胶溶于有机溶剂中，然后涂到布上。当时，橡胶制品受温度影响大，遇冷变硬，加热则发黏。

19世纪40年代美国人发现橡胶与硫黄一起加热可以消除上述变硬发黏的缺点，并可以大大增加橡胶的弹性和强度。通过硫化改性，有力地推动了橡胶工业的发展，因为硫化胶（vulcanized rubber）的性能比生胶优异得多，从而开辟了橡胶制品的广泛应用。

（2）天然纤维素（natural cellulose）的改性

19世纪，德国人开始用硝酸溶解棉纤维，结果可以纺丝或成膜，但其易燃烧，最后制成了无烟炸药。加入樟脑后，可以加工成"赛璐珞"（celluloid），可制作照相底片或电影胶片，还可以制成汽车车身的喷漆，但也易燃。

英国人用氢氧化钠处理棉纤维得到丝光纤维，再用二硫化碳溶解后纺丝，制成黏胶纤维。还可以用木浆做帘子线、玻璃纸及人造丝等。但80年代后期由于二硫化碳的污染问题，使厂家不得不另找他法。

德国人用醋酸酐进行纤维素（cellulose）酯化，获得醋酸纤维素（cellulose acetate，CA），

不易燃烧。用于照相底片与电影胶片，也可用于飞机机身涂料或者重新纺丝制成人造丝织物。

（3）最早的合成高分子材料

在 20 世纪初，美国人用苯酚（phenol）与甲醛（formaldehyde）反应得到可用作电绝缘器材的酚醛树脂（phenol formaldehyde resin，PF），这是最早的合成高分子。尽管建立了一些高分子的制备工业，但当时对天然高分子与合成高分子的结构并不清楚，因此，对聚合反应历程也还不清楚。

1.4.1.2　高分子材料发展第二阶段：科学建立，促进新材料开发

20 世纪初，科学家们确认了淀粉的分子式，知道其水解后得到葡萄糖，但其分子之间如何连接并不清楚，当时认为淀粉是葡萄糖或它的环状二聚体的缔合体。天然橡胶裂解得异戊二烯（isoprene），但不知它们之间如何连接以及它的末端结构，认为是二聚环状结构的缔合体。

德国物理化学家斯陶丁格（Hermann Staudinger）经过近 10 年的研究认为：高分子物质是由具有相同化学结构的单体经过化学反应（聚合）将化学键连接在一起的大分子化合物，高分子或聚合物一词即源于此。1928 年当斯陶丁格在德国物理和胶体化学年会上宣布这一观点时，却遭到多数同行反对而未被承认。经过两年的实验验证，1930 年斯陶丁格再次在德国物理和胶体化学年会上阐明他的高分子概念观点时，他成功了。之后历经 10 余载的争论，科学的高分子概念才得以确立。他进一步阐明了高分子的稀溶液黏度与分子量的定量关系，并在 1932 年出版了一部关于高分子有机物的论著，《The high-molecular organic compounds, rubber and cellulose》，被公认为是高分子化学（macromolecular chemistry）作为一门新兴学科建立的标志。斯陶丁格于 1953 年获得诺贝尔化学奖（Nobel Prize in Chemistry）。

对大分子概念的一个有力证实是 1935 年美国杜邦公司发明己二胺与己二酸缩聚而成的高分子聚酰胺，即尼龙 66，并于 1938 年实现工业化生产。尼龙 66 被用作尼龙袜的材料，以及二战后期美军使用的降落伞材料。进入 40 年代以后，乙烯类单体的自由基引发聚合发展很快，实现工业化的包括聚氯乙烯、聚苯乙烯（polystyrene，PS）和有机玻璃（聚甲基丙烯酸甲酯，polymethyl methacrylate）等。进入 50 年代，从石油裂解而得的 α-烯烃主要包括乙烯与丙烯。德国人齐格勒与意大利人纳塔分别发明用金属络合催化剂制备得到聚乙烯与聚丙烯，前者 1952 年工业化，后者 1957 年工业化。这是高分子化学的历史性发展，因为它们以石油为原料，产量大、价格低廉，可以建立年产 10 万吨的大厂。他们俩也因此获得诺贝尔化学奖。

进入 60 年代，由于要飞往月球而开始耐高温高分子的研究。耐高温的定义是材料能够在氮气中、500℃环境中使用一个月；在空气、300℃环境下使用一个月。耐高温材料主要分为两大类：芳香聚酰胺，例如对苯二胺（p-phenylenediamine）与间苯二酰氯（isophthalyl chloride）缩聚得到的高分子 Nomex（聚间苯二甲酰间苯二胺）是太空服的原料，对苯二胺与对苯二酰氯（terephthalyl chloride）缩聚得到的高分子 Kevlar（聚对苯二甲酰对苯二胺）是耐高温的高分子液晶材料，用于超声速飞机的复合材料中；杂环高分子，例如聚芳酰亚胺、作为高温胶黏剂的聚苯并咪唑（polybenzimidazole，PBI），为现在的宇航飞行所需的材料打下了基础。

1.4.1.3　高分子材料发展第三阶段：规模化与功能化

近年来，高分子材料工业得到了突飞猛进的发展。高分子材料已经不再是金属、木、棉、麻、天然橡胶等传统材料的代用品，而是国民经济和国防建设中的基础材料之一。

高分子材料主要包括塑料、橡胶与纤维三大合成材料。早在 2001 年，三大合成高分子材料（合成树脂、合成纤维、合成橡胶）的世界年产量已高达 1.8 亿吨左右，其中 80%以上为

合成树脂及塑料，发展十分迅速。2020 年国内合成橡胶产能增加到 608 万吨/年，接近世界产能的 30%，位列世界第一。结合过去合成树脂产量变化情况，预测 2023—2028 年，中国合成树脂产量将以 6% 的速度增长，至 2028 年，中国合成树脂产量将超过 16000 万吨。

在塑料中占 80% 的是通用高分子，包括高压聚乙烯、低压聚乙烯、聚丙烯、聚氯乙烯和聚苯乙烯。工程塑料家族在一些要求更为苛刻的领域起着重要的作用。通用工程塑料中有耐高温 100~160℃ 的尼龙、聚碳酸酯、聚酯及聚苯醚（polyphenyl ether，PPO）等。特种工程塑料中有 20 世纪 90 年代发展耐热 200~240℃ 的聚醚砜（polyether sulfone，PES）、聚苯硫醚（polyphenylene sulfide，PPS）、聚醚醚酮（polyether ether ketone，PEEK）及聚酰亚胺（polyimide，PI）等。

另外，对复合材料的研究也开始建立并得到了迅猛的发展，例如开始用玻璃纤维的复合材料发展到用碳纤维的耐高温复合材料。20 世纪 80 年代以来高分子胶黏剂与油漆涂料也都向耐高温方向发展，也就是工程高分子从结构向非结构材料方面发展。

功能高分子材料是 20 世纪 60 年代发展起来的新兴领域，是高分子材料渗透到电子、生物、能源等领域后涌现出的新材料。功能高分子材料除具有力学性能、绝缘性能和热性能外，还具有物质、能量和信息转换、传递和贮存等特殊功能。主要包括化学功能高分子、光功能高分子、电功能高分子和生物医用功能高分子等。

（1）化学功能高分子材料

包括化学反应功能和吸附分离功能。化学反应功能高分子，包括高分子试剂、高分子催化剂和高分子药物、高分子固相合成试剂和固定化酶试剂等。高分子吸附分离材料，包括各种分离膜、缓释膜和其他半透性膜材料、离子交换树脂、高分子螯合剂、高吸水性高分子、高吸油性高分子等。

（2）光电功能高分子材料

此类高分子材料在半导体器件、光电池、传感器、质子电导膜中起着重要作用，包括光功能、电功能及光电转化高分子材料。光功能高分子材料包括各种光稳定剂、光刻胶、感光材料、非线性光学材料、光导材料、光伏材料和光致变色材料等。电功能高分子材料，包括导电聚合物、超导高分子等。能量转换功能材料，包括压电性高分子、热电性高分子、电致发光和电致变色材料及其他电敏性材料等。

（3）生物医用高分子材料

包括医用高分子材料、药用高分子材料、医药用辅助高分子材料、仿生高分子材料等。

（4）现代科技高分子材料

包括用于固体火箭发动机结构件的碳纤维（由聚丙烯腈纤维碳化得到）、航空航天领域（导弹弹头和卫星整流罩、宇宙飞船的防热材料、太阳能电池阵基板等）的环氧基及环氧酚醛基纤维增强材料、柔性电子领域的基底材料（聚酰亚胺、聚酯和硅橡胶）和界面改性材料（聚丙烯酸基、聚氨酯基、蛋白质基、多糖基、多巴胺基）、5G 通信的液晶高分子材料和聚酰亚胺等。

1.4.2 高分子材料展望

目前通用高分子材料的发展方向是扩大生产规模，只有超大规模的生产，降低成本，才能获取更大的经济收益。年产 30 万吨的聚乙烯装置在经济上几乎只有微利。

目前新型复合材料的发展已经越来越重要，如增强塑料，其中碳纤维比一般的玻璃纤维或聚合物纤维性能更好。

仿生材料，例如人工骨骼，虽然已经获得了广泛应用，但尚无与天然骨骼同样性能的材料。利用变色龙皮肤变色的特征，可以在军事上制备具有变色性能的迷彩服。

采用新的聚合方法也可以得到新结构、新性能的高分子材料。例如，近年发展迅速的原子转移自由基活性聚合（atom transfer radical polymerization，ATRP）技术，可以通过分子设计制得多种具有不同拓扑结构（线形、梳状、网状、星形、树枝状大分子等）的、不同组成和不同功能化的、结构明确的聚合物及有机/无机杂化材料。通过超分子聚合（supramolecular polymerization），即分子单元通过分子间非共价作用（氢键、静电作用、范德华力、疏水效应等）缔合在一起，形成超分子聚合物（supramolecular polymer）。超分子聚合物材料对外部条件的变化具有高度的响应性能，使材料的各种可逆性能变为可能。正是这种可逆性能使超分子材料在分子器件、传感器、组织再生、药物缓释、细胞识别、膜传递等方面有着重要作用。

高分子材料在生命科学方面的应用发展越来越迅速，工程塑料等高性能的高分子材料在尖端领域上的应用越来越广泛。另外高分子材料的环境友好性能在材料的应用过程中也越来越重要，如可降解高分子材料，可综合利用的高分子材料等。

1.5 高分子与高分子材料

1.5.1 基本概念

高分子材料是以高分子化合物为基材的一大类材料的总称。

高分子化合物（high molecular weight compound）常简称高分子或大分子（macromolecule），又称聚合物（polymer）或高聚物。通常情况下，人们并不严格区分这些概念的微细差别，而认为是同一类材料的不同称谓。

高分子化合物的最大特点是分子巨大。大分子由一种或多种小分子通过共价键连接而成，其形状主要为链状大分子或网状大分子。小分子化合物和高分子化合物之间并无严格界限。化学结构相同的化合物，分子量（molecular weight）小者称为小分子化合物，分子量大者称为高分子化合物。高分子材料的许多奇特和优异性能，如高弹性、黏弹性、物理松弛行为等都与大分子的巨大分子量相关。

构成大分子的最小重复结构单元，简称结构单元（structural unit），或称链节。构成结构单元的小分子称为单体（monomer）。例如聚乙烯大分子是由乙烯单体通过聚合反应而成：

$$\sim\!\!CH_2\!-\!CH_2\!-\!CH_2\!-\!CH_2\!-\!CH_2\!-\!CH_2\!-\!CH_2\!\sim$$

为简便计，可以写做：$\left[\!\!\text{—}CH_2\!-\!CH_2\!\text{—}\!\!\right]_n$。

上式为聚乙烯大分子的一种结构表示式。其中—CH_2—CH_2—为结构单元。式中下标 n 代表重复结构单元数，又称聚合度，是衡量分子量大小的一个指标。

严格地讲，高分子化合物和聚合物不完全等同，因为有些高分子化合物并非由简单的重复单元连接而成，而仅是分子量很高的物质。聚合物按照重复结构单元的多少，或者按聚合度的大小又分为低聚物（oligomer）和高聚物。例如，不同于传统的线形高分子，树枝状高分子（dendrimer）

和超支化高分子（hyperbranched polymer）均为高度支化的高分子（图1-2）。树枝状高分子由 3 部分构成：一个引发核，一个重复单元组成的内体以及一个具有多个尾端官能团的外层表面。它是一种三维结构，结构形状像树枝，也有一些树枝状高分子的结构像球形。超支化高分子的结构特点，主要是分子中只含一个未反应的 A 基团和多个未反应的 B 基团。其分子接近球形，且分子周边具有大量活性端基。与树枝状高分子相比，超支化高分子的分支是不完全的。

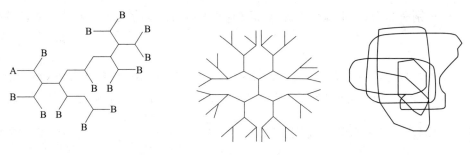

　　超支化高分子(hyperbranched polymer)　　　　树枝状高分子(dendrimer)　　　　线形高分子(linear polymer)

图1-2　超支化高分子、树枝状高分子和传统的线形高分子的分子结构示意图

　　由一种单体聚合而成的聚合物称为均聚物（homopolymer），如聚乙烯、聚丙烯、聚苯乙烯、聚丁二烯（polybutadiene，PB）等；由两种或两种以上单体共聚合（copolymerization）而成的聚合物称为共聚物（copolymer），如丁二烯与苯乙烯（styrene）共聚合而成丁苯橡胶；丁烯（butene）与辛烯（octylene）等共聚合而成聚烯烃热塑性弹性体（thermoplastic elastomer）等。共聚物又可以根据结构单元的排列方式不同而分为接枝共聚物（graft copolymer）、嵌段共聚物（block copolymer）、交替共聚物（alternate copolymer）、无规共聚物（random copolymer）等（图1-3）。有一类聚合物是两种单体通过缩聚反应连接而成的，其重复单元是由两种结构单元合并组成。这类聚合物不称共聚物，而称为缩聚物（condensation polymer），如聚酰胺、环氧树脂、聚酯等。

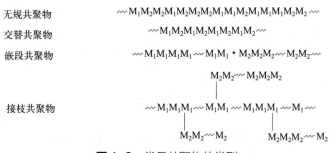

图1-3　常见共聚物的类型

　　要将高聚物加工成有用的材料，往往需要在原料中加入填料、颜料、增塑剂、稳定剂等。当用两种以上高聚物共混改性时，又存在这些添加物与高聚物之间以及不同高聚物之间是如何堆砌成整块高分子材料的问题。

1.5.2　高分子材料的命名

1.5.2.1　系统命名法

　　迄今已有的高分子材料约有几百万种，命名比较复杂，主要根据大分子链的化学组成与结构而确定。1972 年，国际纯化学和应用化学联合会（IUPAC）对线形有机聚合物提出系统命名法：先确定重复单元结构，再排好其中次级单元次序，给重复单元命名，最后冠以"聚"字，就成为聚合物的名称。

重复单元的写法有规定。对乙烯基聚合物应先写有取代基的部分，如：$+CH—CH_2+_n$（下标 Cl）和 $+CH—CH_2+_n$（下标为苯基）分别命名为聚（1-氯代乙烯）、聚（1-苯代乙烯），习惯上分别称为聚氯乙烯和聚苯乙烯。

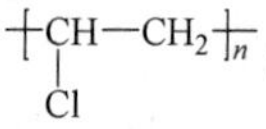

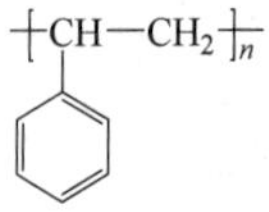

另一个原则是与其他元素连接最少的元素先写，例如我们用 $H_2C=CH—CH=CH_2$ 合成的橡胶，根据习惯一般都写成 $+H_2C—HC=CH—CH_2+_n$，这就不符合规定，而应写成 $+CH=CH—CH_2—CH_2+_n$，命名为聚（1-次丁烯基）。这个写法对于观察结构单元方便，但不符合规定，而应写成 命名为聚（氧化羰基氧-1,4-苯基异亚丙基-1,4-苯基），俗称为聚碳酸酯。

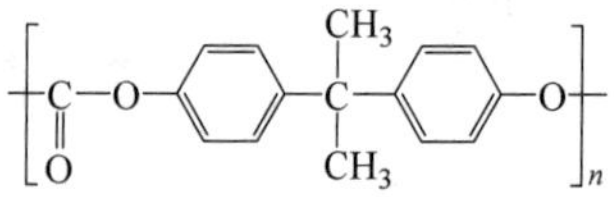

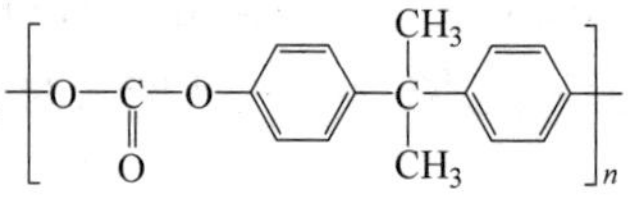

系统命名法与人们的通常习惯不一致，名字叫起来也较为复杂，较少使用。

1.5.2.2　习惯命名法

IUPAC 的命名较为复杂，不容易记忆。习惯命名法又称通俗命名法，大致有下述几种原则：

① 以单体或假想单体前加一个"聚"字，这是最常见的也是用得最多的命名法，大多数烯烃类单体高分子材料均采用此法命名，如：

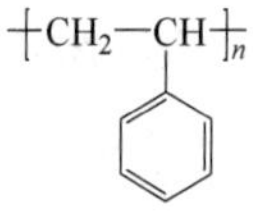

$+CH_2—CH+_n$（聚苯乙烯）

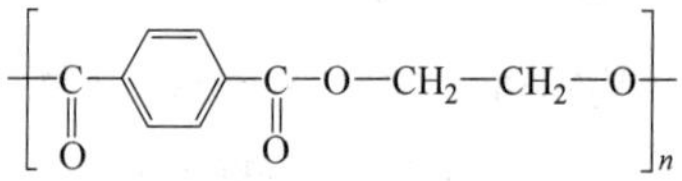

$+C—苯基—C—O—CH_2—CH_2—O+_n$　[聚对苯二甲酸乙二（醇）酯]

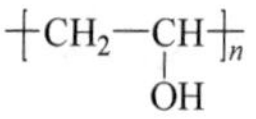

$+CH_2—CH+_n$（下标 OH）[聚乙烯醇（这是假想单体）]

② 两种或两种以上不同单体聚合，常取单体名称于前，后缀上"树脂"、"橡胶"等词，不用"聚"字。有些高分子材料，取生产该聚合物的原料名称来命名。如生产酚醛树脂的原材料为苯酚和甲醛，生产脲醛树脂（urea-formaldehyde resin，UF）的原料为尿素（urea）和甲醛，取其原料简称，后面再加上"树脂"二字，构成高分子材料名称。

共聚物的名称多从其共聚单体的名称中各取一字组成，有些共聚物为树脂，则再加"树脂"二字构成其新名，如 ABS 树脂，A、B、S 三个字母分别取自其共聚单体丙烯腈（acrylonitrile）、丁二烯（butadiene）、苯乙烯（styrene）的英文名字头。有些共聚物为橡胶，则从共聚单体中各取一字，再加"橡胶"二字构成新名，如丁苯橡胶的丁、苯二字取自共聚单体"丁二烯""苯乙烯"，乙丙橡胶的乙、丙二字取自共聚单体"乙烯""丙烯"等。

③ 以高分子的结构特征命名，常常是一大类聚合物的统称。如环氧树脂是一大类材料的统称，该类材料都具有特征化学单元——环氧基，故统称环氧树脂。聚酰胺、聚酯、聚氨酯

等杂链高分子材料也均以此法命名，它们分别含有特征化学单元——酰胺基、酯基、氨基甲酸酯基。各类材料中的某一具体品种往往还有更具体的名称以示区别，如聚酯中有聚对苯二甲酸乙二醇酯、聚对苯二甲酸丁二醇酯等（表 1-1）。

表1-1　根据高分子的结构特征命名的常见聚合物

结构式	名　称
	聚苯醚
	聚苯硫醚
	聚碳酸酯或聚双酚 A 碳酸酯
H─O─R─O─C─O─R─OH（聚碳酸酯结构式）	聚碳酸酯
	聚砜或双酚 A 型聚砜
	聚醚砜或聚二苯醚砜
─O─(CH₂)₄─O─C─NH─(CH₂)₆─NH─C─	聚氨酯
─HN(CH₂)$_x$NHOC(CH₂)$_y$CO─，─HN(CH₂)$_x$CO─	聚酰胺
─R─NH─C─NH─	聚脲
─NH─C─NH─C─(CH₂)$_x$─C─	聚酰胺脲

④ 以商业习惯名称命名。如聚酰胺在商业上习惯称"尼龙"，后面加上数字，表示二胺的碳数和二酸的碳数；其中胺的碳数在前，酸的碳数在后。如尼龙 66 表示聚己二胺己二酸酰胺，尼龙 910 表示聚壬二胺癸二酸酰胺，尼龙 11 表示聚十一酰胺。

合成纤维商品名通常后缀一个"纶"字，如氯纶，表示聚氯乙烯纤维；腈纶，表示聚丙烯腈纤维；氨纶，表示聚氨基甲酸酯纤维；丙纶，表示聚丙烯纤维。

1.5.2.3　商品俗名

除了化学结构名称和习惯外，许多高分子材料还有商品名称、专利商标名称等，多由材料制造商自行命名。许多厂家制定了形形色色的企业标准。由商品名不仅能了解到主要的高分子材料基材品质，有些还包括了配方、添加剂、工艺及材料性能等信息。如聚四氟乙烯习惯叫特氟隆（Teflon），聚对苯二甲酰对苯二胺习惯叫凯芙拉（Kevlar），聚甲基丙烯酸甲酯俗称有机玻璃，氯磺化聚乙烯称为海帕龙（Hypalon）。此外，还有赛璐珞（以樟脑作增塑剂的硝酸纤维素塑料）、电玉（脲醛树脂）、太空塑料（聚碳酸酯）等。

此外，还有一些介于商品俗名和习惯名称之间的，如尼龙 6 纤维又叫锦纶、卡普纶（Caprone），聚乙烯醇缩甲醛纤维叫维尼纶。

1.5.2.4 外文字母缩写法

外文字母缩写法又叫外文代号法。高分子材料化学名称的标准英文名缩写因其简捷方便在国内外被广泛采用。英文名缩写采用印刷体、大写、不加标点。如表 1-2 所示为常见的高分子材料缩写名称。

表1-2 几种常见的聚合物及其英文缩写

高分子材料	缩写	高分子材料	缩写	高分子材料	缩写
聚乙烯	PE	聚甲醛	POM	天然橡胶	NR
聚丙烯	PP	聚碳酸酯	PC	顺丁橡胶	BR
聚苯乙烯	PS	聚酰胺	PA	丁苯橡胶	SBR
聚氯乙烯	PVC	ABS 树脂	ABS	氯丁橡胶	CR
聚丙烯腈	PAN	聚氨酯	PU	丁基橡胶	IIR
聚甲基丙烯酸甲酯	PMMA	醋酸纤维素	CA	乙丙橡胶	EPR

1.5.3 高分子材料分类

大多数高分子材料，除基本组分聚合物之外，为了获得具有各种实用性能或改善其成型加工性能，一般还有各种添加剂。因此严格地说，高分子化合物与高分子材料的涵义是不同的。材料的组成及各成分之间的配比从根本上保证了制品的性能，作为主要成分的高分子化合物对制品的性能起主导作用。

不同类型的高分子材料需要不同类型的添加成分，如塑料需要增塑剂、稳定剂、填料、润滑剂、增韧剂等；橡胶需要硫化剂、促进剂、补强剂、软化剂、防老剂等；涂料需要催干剂、悬浮剂、增塑剂、颜料等。可见高分子材料是一个比较复杂的体系。高分子材料的分类方法有很多。

1.5.3.1 按照高分子材料的来源分类

按高分子材料的来源可以分为天然高分子材料、半合成高分子材料（改性天然高分子材料）和合成高分子材料。

（1）天然高分子材料

天然高分子材料是生命起源和进化的基础。人类社会一开始就利用天然高分子材料作为生活资料和生产资料，并掌握了其加工技术。如利用蚕丝、棉、毛织成织物，用木材、棉、麻造纸等。

（2）半合成高分子材料

许多天然高分子材料经过人工改性，可获得新的高分子材料。主要经过化学改性，例如，把纤维素用化学反应的方法，改性获得硝酸纤维素、醋酸纤维素、羧甲基纤维素、再生纤维素等。

（3）合成高分子材料

合成高分子材料是指从结构和分子量都已知的小分子原料出发，通过一定的化学反应和聚合方法合成的聚合物。如：聚乙烯、聚丙烯、聚氯乙烯、涤纶、腈纶、丁苯橡胶、氯丁橡胶、顺丁橡胶等。

将从小分子单体合成的聚合物再经过化学反应方法加以改性，可获得新的高分子材料。例如，将聚醋酸乙烯酯进行醇解，则获得聚乙烯醇；通过化学反应使原有的合成高分子改变性能和应用，如氯化聚乙烯、强酸性阳离子交换树脂、ABS 树脂等。

1.5.3.2　按高分子化合物的主链结构分类

按照高分子化合物的主链结构可分为碳链聚合物、杂链聚合物、元素有机聚合物、无机高分子等。

（1）碳链聚合物

碳链聚合物指高分子化合物的主链完全由碳原子组成。绝大部分烯类和二烯类聚合物都属于这类聚合物，如聚氯乙烯、聚乙烯、聚丙烯、聚苯乙烯、聚丙烯腈（polyacrylonitrile，PAN）、聚丁二烯等。

（2）杂链聚合物

杂链聚合物是指大分子主链中除了碳原子外，还有氧、氮、硫等杂原子。常见的聚合物有聚醚、聚酯、聚酰胺、聚脲、聚硫橡胶、聚砜等。

（3）元素有机聚合物

元素有机聚合物是指大分子主链中没有碳原子，但侧链上含有碳原子。主链由硅、硼、铝、氧、氮、硫、磷等原子组成，例如有机硅橡胶。

（4）无机高分子

主链和侧链中均不含有碳元素的高分子，如聚硅烷、链状硫、硅酸盐类、聚氮化硫、聚二卤磷氮烯等。

1.5.3.3　按照高分子材料的用途分类

按照高分子材料的用途可以分为塑料、橡胶、纤维、聚合物基复合材料、胶黏剂、涂料、功能高分子等。事实上，这是高分子材料从材料角度进行分类的一种最常用方法。

（1）塑料

塑料是以合成树脂或化学改性的高分子为主要成分，再加入填料、增塑剂和其他添加剂制得。其分子间次价力、模量和形变量等介于橡胶和纤维之间。通常按合成树脂的特性分为热固性塑料和热塑性塑料；按用途又分为通用塑料和工程塑料。作为塑料基础性成分的聚合物，决定着塑料的主要性能。同一种聚合物，由于制备方法、制备条件、加工方法不同，可以作为塑料，也可以作为纤维或橡胶。例如，聚氯乙烯是典型的通用塑料，也可作为纤维，即氯纶。塑料同合成橡胶和合成纤维相比，虽都为聚合物，但因分子结构和聚集态不同，其物理性质也不相同。塑料具有柔韧性和刚性，而不具备橡胶的高弹性，一般也不具有纤维分子链的取向排列和晶相结构。塑料的主要优点有：

① 密度小、比强度高，可代替木材、水泥、砖瓦等，大量用于房屋建筑、装修、装饰及桥梁、道路工程等。

② 耐化学腐蚀性优良，可用于制造化工设备。

③ 电绝缘性和隔热性好，可用作电工绝缘材料和电子绝缘材料，如制造电缆、印刷线路

板、集成电路、电容器薄膜等。

④ 摩擦系数小，耐磨性好，有消声减振作用，可代替金属制造轴承和齿轮。

⑤ 易加工成形，易于着色，采用不同的原料和不同的加工方法，可制得坚韧、刚硬、柔软、轻盈、透明的各种制品，广泛用于日常生活和工业生产中。

此外，各种纤维增强的塑料基复合材料，可代替铝、钛合金用于航空领域和军事工业中；耐瞬时高温、耐辐射的塑料可用于火箭、导弹、人造卫星和原子核反应堆上。

（2）橡胶

橡胶是一类柔性高分子聚合物。其分子间次价力小，分子链柔性好，在外力作用下可产生较大形变，除去外力后能迅速恢复原状。其特点是在很宽的温度范围内具有优异的弹性，所以又称为弹性体。橡胶可分为天然橡胶和合成橡胶，天然橡胶是从自然界含胶植物中提取的一种高弹性物质；合成橡胶是用人工合成的方法制得的高分子弹性体。

（3）纤维

纤维是指长度比直径大很多倍，并具有一定柔韧性的纤细物质。纤维分子间的次价力大、形变能力小、模量高，一般为结晶聚合物。纤维可分为天然纤维和化学纤维两大类。天然纤维有棉花、羊毛、麻、蚕丝等；化学纤维指用天然的或合成的高分子化合物经过化学加工制得的纤维，前者称人造纤维，后者称合成纤维。

（4）复合材料

聚合物基复合材料是复合材料的一种。复合材料由两种或两种以上物理和化学性质不同的物质，用适当的工艺方法组合起来，得到的具有复合效应的多相固体材料。根据构成的原料在复合材料中的形态，可分为基体材料和分散材料。基体材料是连续相的材料，它把分散材料固结成一体。高分子基复合材料，即聚合物基复合材料，是以高分子化合物为基体，添加各种增强材料制得的一种复合材料。它综合了原有材料的性能特点，并可根据需要进行材料设计。

（5）胶黏剂

胶黏剂也称黏合剂，是一种把各种材料紧密地黏合在一起的物质。分为天然的、合成的，有机的、无机的，其中具有代表性的是以聚合物为基本组成、多组分体系的高分子胶黏剂。高分子胶黏剂是以高分子化合物为主体制成的胶黏材料，分为天然和合成胶黏剂两种，应用较多的是合成胶黏剂。除主要成分聚合物外，还根据配方和用途加上辅助成分。辅助成分有增塑剂或增韧剂、固化剂、填料、溶剂、稳定剂、稀释剂等。

（6）涂料

涂料是指涂布在物体表面形成的具有保护和装饰作用的膜层材料，也是多组分体系。体系中主要成分是成膜物质，是聚合物或者能形成聚合物的物质，它决定了涂料基本性能。涂料用聚合物与塑料、纤维和橡胶等所用聚合物的主要差别是平均分子量较低。根据不同的聚合物品种和使用要求需要添加各种不同的辅助成分，如颜料、溶剂、催干剂等。根据成膜物质不同，分为油脂涂料、天然树脂涂料和合成树脂涂料。

此外，高分子材料按用途又分为普通高分子材料和功能高分子材料。功能高分子材料除具有聚合物的一般力学性能、绝缘性能和热性能外，还具有物质、能量和信息的转换、传递和储存等特殊功能。典型的功能高分子材料包括高分子信息转换材料，高分子透明材料，高分子模拟酶，生物降解高分子材料，高分子形状记忆材料和医用、药用高分子材料等。

1.5.4　高分子材料与高分子化学、高分子物理的关系

化学与物理等学科研究的是某一现象的规律以及机理。这两个学科追求共性科学规律，相对比较抽象。例如，化学合成某个聚合物，或发现某种现象和机理，不一定有用。但这些合成方法或现象及机理可能用于多种聚合物的合成，并解释各类现象，也可为其他学科所借鉴和引用。

材料则有非常明确的应用目标。高分子材料研究的内容包括材料的制备过程、材料的结构与性能以及材料的应用。在高分子材料的研究中，科学与工程并重。材料科学旨在阐明规律，建立方法等；而材料工程旨在实现材料的工程化如材料的加工与制造等。作为一种化合物，不一定要求具有良好的综合性能；但作为一种材料，所关注的性能都需要满足使用要求，不能有明显的缺陷，即木桶中不可以有明显的短板。

1.6　高分子材料的合成

高分子材料的制备主要是通过可反应的单体聚合得到的，聚合反应按照其反应机理，大体上可分为逐步聚合（stepwise polymerization）反应和连锁聚合（chain polymerization）反应。

1.6.1　逐步聚合反应

逐步聚合反应是通过单体所带的两种不同的官能团之间反应而进行，例如聚酰胺就是通过氨基（—NH$_2$）和羧基（—COOH）之间的缩聚反应而获得的。顾名思义，逐步聚合反应的特征就是在单体转化为高分子的过程中，反应是逐步进行的。在反应初期，绝大部分单体很快转化为二聚体、三聚体等低聚物，再通过低聚物间的聚合，使其分子量不断增大。

逐步聚合反应按照其反应机理又可分为：逐步缩聚反应和逐步加聚反应。逐步缩聚反应因为有官能团之间的缩聚，反应中会有小分子副产物产生，如：

$$n\text{OH—R—COOH} \rightleftharpoons \text{H}[\text{O—R—CO}]_n\text{OH} + (n-1)\text{H}_2\text{O}$$

对于一般缩聚反应，反应通式如下：

$$n\text{a—R—a} + n\text{b—R'—b} \rightleftharpoons \text{a}[\text{R—R'}]_n\text{b} + (2n-1)\text{ab}$$

而逐步加聚反应是通过官能团之间的加成而反应的，反应过程中没有小分子副产物的产生，如：

$$n\text{HO—R—OH} + n\text{OCN—R'—NCO} \rightleftharpoons \text{HO}[\text{R—O—C(=O)—NH—R'—NH—C(=O)—O}]_{n-1}\text{R—O—C(=O)—NH—R'—NCO}$$

逐步聚合反应的实施方法有溶液缩聚（solution polycondensation）、熔融缩聚（melting polycondensation）、界面缩聚（interfacial polycondensation）和固相缩聚（solid phase polycondensation）等。人们所熟知的涤纶、尼龙、聚氨酯、酚醛树脂等高分子材料都是通过逐步聚合反应得到的。而近年来逐步聚合反应在理论和实践中都取得了新的发展，制备出多种超强力学性能和高耐热性能的高分子材料，如聚碳酸酯、聚砜、聚苯醚等。

1.6.2　连锁聚合反应

连锁聚合反应指活性中心形成之后立即以链式反应加上众多单体单元，迅速成长为大分子。整个反应可以划分为相继的几步基元反应，如链引发（chain initiation）、链增长（chain propagation）、链终止（chain termination）等。在连锁聚合反应中，聚合物大分子的形成是瞬间的，而且任何时刻反应体系中只存在单体和聚合物，单体的总转化率随反应时间延长而增加。烯类单体的加聚反应一般属于连锁聚合反应。

连锁聚合反应一般是由引发剂产生的一个活性种，再引发链式聚合。根据活性种的不同，可以分为自由基聚合（free radical polymerization）、阴离子聚合（anionic polymerization）、阳离子聚合（cationic polymerization）和配位络合聚合（coordination polymerization）等。烯类单体对不同的聚合机理有一定的选择性，主要由单体取代基的电子效应和空间位阻效应所决定。

1.6.2.1　自由基聚合

化合物的价键以均裂的方式断裂，即 R∶R→2R·，产生的自由基可以和单体结合成单体自由基，进而进行链增长反应。最后在一定条件下，增长链自由基经过歧化或双分子间反应而消失，反应终止。

自由基聚合反应常用的引发剂有偶氮类引发剂（偶氮二异丁腈 AIBN、偶氮二异庚腈 ABVN）、过氧化物类引发剂（过氧化二苯甲酰 BPO）、氧化还原体系等，还可经过光化学引发、电离辐射引发等引发聚合反应。

经自由基聚合而商品化的高分子材料有聚乙烯、聚苯乙烯、乙烯基类聚合物[聚氯乙烯、聚偏氯乙烯（polyvinylidene chloride，PVDC）、聚醋酸乙烯酯（polyvinyl acetate，PVAC）及其共聚物和衍生物]、丙烯酸类[丙烯酸（acrylic acid）、甲基丙烯酸（methacrylic acid）及其酯类聚合物、丙烯酰胺（acrylamide）等均聚物及其共聚物]、含氟聚合物[聚四氟乙烯（polytetrafluoroethylene，PTFE）、聚三氟氯乙烯（polytrifluorochloroethylene，PTFCE）]等。

自由基聚合的实施方法有本体聚合（bulk polymerization）、溶液聚合（solution polymerization）、悬浮聚合（suspension polymerization）、乳液聚合（emulsion polymerization）等。

1.6.2.2　离子型聚合

化合物的价键以异裂的方式断裂，即 R∶R′→R⁺+R′⁻，所以离子型聚合根据增长链活性中心都带相同电荷，不能进行双分子终止反应，只能发生单分子终止或向溶剂等的转移反应而终止增长，有的甚至不能发生链终止而以"活性聚合链"的形式长期存在于溶剂中。

阳离子聚合反应常用的引发剂有 Lewis 酸、质子酸等，还可以通过电子转移引发、高能辐射引发；阴离子聚合反应通常有亲核引发和电子转移引发两类。

需要强调的是，离子聚合反应对单体有高度的选择性，阳离子只能引发那些含有给电子取代基如烷氧基、苯基和乙烯基类烯类单体聚合，如异丁烯和烷氧乙烯基醚等。阴离子只能引发那些含有强吸电子基团如硝基、氰基、酯基、苯基和乙烯基等烯类单体聚合。

近年来，高分子材料新的聚合方法也有很大发展，如基团转移聚合反应（group transfer polymerization，GTP）、开环异位聚合反应（ring-opening metathesis polymerization，ROMP）、原子转移自由基聚合反应（atom transfer radical polymerization，ATRP）、可逆加成-断裂链转移聚合（reversible addition-fragmentation chain transfer polymerization，RAFT）等。有兴趣的同学可以查找相关文献或专著进行学习。

参考文献

[1]　钱苗根.材料科学及其新技术[M].北京：机械工业出版社，1986.

[2]　师昌绪.新型材料与材料科学[M].北京：科学出版社，1988.

[3]　Steppad L M.Advanced Materials and Processes [J].1986，2（9）：19-25.

[4]　黄丽.高分子材料[M].北京：化学工业出版社，2005.

[5]　丁会利，袁金凤，钟国伦，王农跃.高分子材料及应用[M].北京：化学工业出版社，2012.

[6]　乔金樑.我国高分子材料产业转型发展的思考[J].石油化工，2015，44（9）：1033-1037.

[7]　武帅，鲁云华.功能高分子材料发展现状及展望[J].化工设计通讯，2016，42（4）：82.

[8]　李丽雅，田云.中国大飞机研发历程与技术突破[J].中国工业评论，2015，2/3：38-43.

[9]　周贺祥.高速铁路工业新材料的应用进展[J].化工新型材料，2016，44（4）：47-48.

[10]　王延庆，沈竞兴，吴海全.3D打印材料应用和研究现状[J].航空材料学报，2016，36（4）：89-98.

[11]　张留成，瞿雄伟，丁会利.高分子材料基础[M].2版.北京：化学工业出版社，2007.

思考题

1. 简要说明材料的定义与特点。

2. 举例说明材料在经济发展中的作用及新材料的应用。

3. 简要说明新材料的发展方向。

4. 说明材料与物质的区别与联系。

5. 材料的分类及举例。

6. 简述高分子材料的发展历程。

7. 简要说明高分子材料的定义和分类。

8. 简要说明高分子材料的结构特点。

9. 简要说明高分子材料的性能特点。

10. 简要说明高分子材料的主要合成方法。

第 2 章　高分子材料的结构与性能

聚合物的结构包括高分子的链结构（chain structure）和聚集态结构（aggregation structure）。高分子的链结构是指聚合物分子链中原子或基团之间的几何排布，包括构造、构型、构象等。聚集态结构指的是大分子间的相互作用达到平衡时，单位体积内分子链之间的几何排布，包括取向和结晶。

构造是指聚合物分子链中原子的类型、排列方式、取代基和端基的种类，单体单元的排列次序，支链的类型和长度，分子量和分子量分布等。

构型（configuration）是指分子链中某一原子的取代基在空间的排列，构型的改变必须通过化学键的破坏和重新形成才能实现。

构象（conformation）是由基团围绕单键旋转到一定位置而形成的空间内旋转异构体，各种构象的转变不需要破坏化学键。

取向（orientation）是指聚合物分子链由于结构上的不对称性，在成型过程中受到剪切或拉伸时沿受力方向平行排列。

结晶（crystallinity）是分子链在三维方向上的有序排列。

聚合物的取向与结晶是完全不同的两回事，尽管它们有着密切的联系。例如，玻璃态聚合物的强迫高弹形变是一种取向过程，取向过程中可能发生结晶，也可能没有发生结晶。熔融纺丝和溶液纺丝也是一种取向过程，在这个过程中可能发生结晶，也可能没有结晶。一般来说，取向过程有利于结晶，易结晶的聚合物在取向过程中一般会伴随着结晶；而对于不易结晶的聚合物，取向过程可能并不发生结晶，例如，无规聚氯乙烯和聚甲基丙烯酸甲酯能够很好地取向，却不易结晶。取向和结晶都是分子链的有序排列过程，取向是聚合物链在一维或二维方向上的有序排列，而结晶是一个三维有序过程。

高分子的链结构可分为近程结构和远程结构，或者一级结构和二级结构。近程结构属于化学结构，又称一级结构；远程结构包括高分子的大小和形态，链的柔顺性以及分子在各种环境中所采取的构象，又称二级结构。高分子的聚集态结构包括高分子的三级结构和四级结构。

2.1　高分子链的链结构（化学结构）

不同聚合物分子链化学组成、侧基类型、数量、支链长度及分布，对其分子链的柔顺性有很大影响。同种聚合物分子链，当含有空间异构体时，不同异构体的柔顺性也有明显的差异。链的结构会影响聚合物分子链间作用力的大小，对材料的力学性能、流动温度和溶解性能有重要影响。分子间相互作用力，包括范德华力、离子作用力和氢键作用力，可用内聚能密度（cohesive energy density）来衡量；内聚能密度的平方根称为溶解度参数，$\delta=(E/V)^{1/2}$，其中 E 是内聚能（理论上聚合物从液体变为气体吸收的能量），V 是摩尔体积。内聚能密度 δ 是决定聚合物溶解性的一个重要参数。

聚合物大分子链，一般都由原子序数较小的碳、氢、氧、硫、氯等轻元素组成。由这些元素以共价键结合起来的聚合物，键能小于金属键和离子键，在光、热、力、水等作用下容易被破坏，也容易受氧的作用而发生降解。因此聚合物一般都存在着老化问题。以碳、氢为主要化学组成的聚合物通常还存在着易燃烧的问题。

2.1.1　一级结构

高分子链的一级结构与单个大分子的基本结构单元有关，是由高分子最基本的化学链结构组成，包括高分子结构单元的化学组成、键接方式、空间构型、支化与交联等。

2.1.1.1　化学组成

高分子链根据主链原子的类型可分为全同链和杂链。全同链是指分子主链全部由同一种原子组成；主链是碳原子称为碳链高分子，聚烯烃属于碳链高分子。分子链由两种或两种以上原子组成的称为杂链高分子，如聚酯、聚酰胺、聚醚和聚砜等高分子；由于分子主链中含有极性化学键，较易水解、醇解或酸解。主链中含有硅、磷、硼、钛等无机元素、侧链含有有机基团的高分子称为元素有机高分子，这类聚合物一般具有无机物耐热性和热稳定性好的特点。主链组成不同，其性能会表现出极大的差异。

2.1.1.2　键接方式

键接结构是指结构单元在分子链中的连接方式。烯烃和二烯类单体的加聚及其共聚物的分子结构要更为复杂。带有取代基的烯类单体，如苯乙烯、氯乙烯、丙烯、醋酸乙烯酯等，所生成的聚合物分子结构单元可能出现"头—头、尾—尾"（取代基所在位置为"尾"）[式（2-1）]和"头—尾"[式（2-2）]相连结构。由于取代基能够与自由基形成共轭结构，能量降低，结构趋于稳定，乙烯类单体的自由基聚合主要形成"头—尾"结构。结构单元的连接方式对聚合物的化学、物理性能有明显影响。聚醋酸乙烯酯水解后得到的聚乙烯醇，只有"头—尾"连接时才能与甲醛缩合生成聚乙烯醇缩甲醛；"头—头"连接时，会剩下很多羟基不能缩醛化，材料亲水性较大，强度也不够。

$$-CH_2-\underset{R}{CH}-\underset{R}{CH}-CH_2-CH_2-\underset{R}{CH}-\underset{R}{CH}-CH_2- \tag{2-1}$$

$$-CH_2-\underset{R}{CH}-CH_2-\underset{R}{CH}-CH_2-\underset{R}{CH}-CH_2-\underset{R}{CH}- \tag{2-2}$$

2.1.1.3　空间构型

高分子链的立体化学是指高分子中由化学键所固定的空间排列，即高分子链的构型，包括分子链的几何异构和旋光异构。

（1）几何构型（geometry）

几何异构（geometric isomerism）是指分子链中含有不饱和双键时，由于双键不能旋转而引起的异构现象。对于双烯类单体采取 1,4-加成的连接方式，因大分子主链上存在双键，所以有顺式和反式之分。天然橡胶是顺式 1,4-加成的聚异戊二烯[式（2-3）]；古塔波胶是反式构型[式（2-4）]。顺反结构不同，两者性能截然不同。天然橡胶玻璃化转变温度较低、熔点较低，是优异的弹性体；而古塔波胶结晶度较高、熔点较高、密度较大，常温下只能作为塑料使用。聚乙炔是最简单的聚炔烃，是一种最简单的有机导体聚合物。在结构上，聚乙炔中的碳原子是以单双键交替的形式彼此相连的，有顺式聚乙炔和反式聚乙炔两种立体异构体，其电导率分别为 10^{-9}S/cm 和 10^{-5}S/cm。

$$\left[\begin{array}{c}H_2C\\H_3C\end{array}C=C\begin{array}{c}CH_2\\H\end{array}CH_2\begin{array}{c}H_3C\\\end{array}C=C\begin{array}{c}H\\CH_2\end{array}\right]_n$$

（顺式聚异戊二烯）　　　　　　　　　　（2-3）

$$\left[\begin{array}{c}H_2C\\H_3C\end{array}C=C\begin{array}{c}CH_2\\H\end{array}CH_2\begin{array}{c}\\H_3C\end{array}C=C\begin{array}{c}H\\CH_2\end{array}\right]_n$$

（反式聚异戊二烯）　　　　　　　　　　（2-4）

（2）旋光异构（optical isomerism）

如果碳原子所连接的四个原子（或原子基团）各不相同时，此碳原子称为不对称碳原子（手性碳原子）。不对称碳原子所接原子或基团的排列方式不同，其旋光性也不同。

如结构单元为 $-CH_2-\overset{*}{\underset{R}{CH}}-$ 型高分子，每一个结构单元都有一个不对称碳原子（即与 R 相连的碳原子）；每个不对称碳原子都有 D-型和 L-型两种可能构型。所以一个大分子链含有 n 个不对称碳原子时，就有 2^n 个可能的排列方式。例如，聚丙烯主链上甲基相连的碳原子即为不对称碳原子。若每个不对称碳原子都具有相同的旋光构型，则聚丙烯具有等规立构的空间构型；若无规分布，则称为无规立构聚丙烯。等规立构聚丙烯分子链规整，空间排列有序，结晶度、强度和软化点均较高。对于小分子物质，不同的空间构型常有不同的旋光性。大分子链则不同，虽有许多不对称碳原子，但由于内消旋或外消旋，通常不显示出旋光性。

2.1.1.4　支化与交联

高分子链的几何形状可以分为线形、支链形、星形、网状和梯形等几种类型，见图 2-1。多数高分子都是线形的，分子长链可以卷曲成团，也可以伸展成直线，这取决于分子本身的柔顺性及外部条件。支链大分子是指分子链上带有一些长短不同的支链。产生支链的原因与单体的种类、聚合反应机理及反应条件有关。支化和交联对聚合物的性能影响巨大。高压聚乙烯（低密度聚乙烯）分子链上具有很多支链，这些支链破坏了聚合物分子链的规整性，降低了聚乙烯的结晶度，因此高压聚乙烯密度低、熔点低、较为柔软，适合做薄膜材料。而低压聚乙烯（高密度聚乙烯）含有很少的支链，分子链很规整，结晶度高、密度高、熔点高，可制成管材使用。

高分子链之间通过支链连接成三维空间的网状大分子即形成交联结构。交联（crosslinking）和支化（branching）有本质区别。支化的高分子能够溶解，而交联的高分子是不溶不熔的；只有在交联度不太大时，能溶胀在适当溶剂中。线形分子交联后，性能上会发生

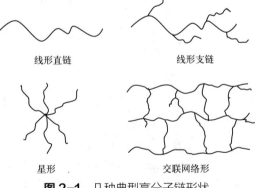

线形直链　　　　　　　　线形支链

星形　　　　　　　　交联网络形

图 2-1　几种典型高分子链形状

很大的变化。例如，橡胶硫化处理后，线形高分子链之间通过二硫键连接形成交联结构，外力作用下分子链之间不能产生滑移，从而提高橡胶的弹性和力学性能。聚合物交联后的性能与交联程度相关，橡胶的交联度越小，弹性形变越大，硬度越小；交联度越大，弹性形变越小，硬度越大。可以通过控制交联度的大小来制备各种不同用途的材料。

2.1.2　二级结构

二级结构指高分子链的尺寸（分子量）与形态（构象、柔性与刚性），及若干链节组成的一段链或整根分子链的排列形状。

2.1.2.1　分子量

聚合物的分子量（molecular weight）可达数十万乃至数百万。分子量上的巨大差异反映小分子到高分子在性质上的飞跃。一般分子链的长度都不是均一的，具有多分散性。因此，聚合物的分子量只具有统计意义，即不同方法测得的分子量只是具有统计意义的平均值。为确切地描述聚合物的分子量，还应给出试样的分子量分布。

测定聚合物分子量的方法有很多，包括化学方法（如端基分析法）、热力学方法（如沸点升高法、冰点降低法、蒸气压下降法、渗透压法）、光学法（如光散射法）、动力学方法（如黏度法、超速离心沉降及扩散法）以及其他方法（如质谱、凝胶渗透色谱法）等。各种方法都有各自的优缺点及适用的分子量范围，并且各种方法得到的分子量的统计平均值各不相同。

2.1.2.2　构象

线形高分子链中含有大量的原子和共价单键。共价单键可按照一定的键角环绕相邻的键进行旋转，这种旋转使得分子形成大量的瞬息变化的空间内旋转异构体，即构象（conformation）。高分子链具有无规线团、伸直链、折叠链、螺旋链和锯齿形链五种基本构象。构象是由分子内部热运动产生的热能促使单键内旋转，内旋转使分子处于卷曲状态，呈现出不同的卷曲或伸展状态，即所谓的高分子链柔顺性。高分子链的组成不同、结构单元的排列方式不同，高分子链的柔顺性不同，高分子的用途也大不相同，如分别作为塑料、橡胶和纤维使用。

2.2　高分子的聚集态结构与性能

高分子聚集态结构是指高分子材料整体的内部结构，包括晶态结构、非晶态结构、取向态结构、液晶态结构等，直接影响高分子材料的性能。聚集态结构描述了高分子聚集体中的分子之间是如何堆砌的，又称三级结构。

聚合物的聚集态结构取决于组成它的分子链的化学组成、形态和立体结构，也依赖于所处的外界条件。大分子无序排列的聚集态称为无定形态，表现出典型的力学三态：玻璃态、高弹态、黏流态。同一种聚合物材料，在某一温度下，由于受力大小和时间的不同，可能呈现不同的力学状态。

分子链结构规整、简单以及分子间作用力大的高分子易于形成晶态结构。但高分子结晶通常不完善，有晶区也有非晶区。这类半结晶制品中分子链的排列，可以是三维有序、二维有序，或仅有链长方向的一维有序；同一分子链的不同部分，可以同时处于有序区和无序区。液晶（liquid crystal）介于非晶态与晶态之间，物理状态为液体，但具有与晶体类似的有序性；根据分子排列方式不同，可分为近晶型（smectic）、向列型（nematic）和胆甾型（cholesteric）三种。高分子液晶最突出的性质是其特殊的流动性，即高浓度、低黏度和低剪切速率下的高取向度。

一般而言，无定形聚合物是透明的，结晶性聚合物是不透明或半透明的，但结晶度较低或者晶区和非晶区密度相同时也是透明的。结晶可以使聚合物变硬变刚、强度增大，但韧性下降。

聚合物有极性和非极性之分。聚合物分子的偶极矩（dipole moment）可以从键矩的向量和求得。非极性聚合物（non-polar polymer）是偶极矩为零的聚合物。不含极性基团且分子链完全对称的大分子，各键矩矢量和等于零，为非极性聚合物，如聚乙烯、聚四氟乙烯等。相反，大分子上含极性基团、分子链又不完全对称，如聚酰胺、酚醛树脂等，就会表现出较大的极性。聚合物的极性及其大小对其介电性能、电绝缘性、耐溶剂性等都有重要影响。

四级结构是指高分子在材料中的堆砌方式。在高分子加工成材料时，往往在其中添加填料、助剂、颜料等成分，有时为了提高高分子材料的综合性能，采取两种或两种以上的高分子进行混合，这使高分子材料形成更复杂的结构。通常，将这一层次结构称为织态结构（texture structure）。

2.2.1　高分子结晶

与一般小分子晶体一样，高分子晶体也是一种分子晶体，宏观上有一定的几何外形。微观上看，晶体中的质点在空间上呈有规则地周期性有序排列。但是高分子晶体的有序程度比较低。高分子链的化学结构越简单，规整性越好，取代基团的空间位阻越小，分子链间作用力越大，越有利于结晶。结晶温度高，分子链的活动性越好，结晶过程可以充分发展，晶体的规整性好，内应力小，熔点高，熔融温度范围小。高分子结晶有利于提高聚合物的密度、硬度及热变形温度，溶解性及透气性减少，断裂伸长率下降，拉伸强度提高但韧性下降。

高分子晶态总是包含一定量的非晶区，因此结晶程度很难达到100%。除了聚合物结晶中的非晶区，高聚物的玻璃态（glassy state）、高弹态（elastic state）以及熔融态（melting state）也称为非晶态。

2.2.2　高分子液晶

液晶（liquid crystal）是介于液相和晶相之间的中间相，其物理状态为液体，而具有与晶体类似的有序性。液晶可分为近晶型、向列型和胆甾型。将晶体熔化，制得的液晶称为热致性液晶；晶体溶解得到的液晶称为溶致性液晶。聚合物液晶多为溶致性液晶，其最突出的性质是具有特殊的流变行为，即高浓度、低黏度和低剪切应力下的高取向度。采用液晶纺丝能够克服聚合物高浓度所带来的高黏度的困难，且易达到高取向度。美国杜邦公司的Kevlar纤维就是采用液晶纺丝而制得的高强度纤维，强度可达到2815MPa。

2.2.3　高分子取向

高分子的链段、整个分子链以及晶粒在外场作用下沿一定方向排列的现象称为聚合物的取向。按取向方式可分为单轴取向和双轴取向；按取向机理可分为分子取向和晶粒取向。

取向后的聚合物呈各向异性，其力学性能沿取向方向大大加强，而垂直于取向方向则大大减小。在合成纤维生产上广泛采用牵伸取向工艺提高纤维强度。熔融纺丝或溶液纺丝的喷丝过程和拉丝过程就是分子链和链段的取向过程，在这个过程中结晶高聚物也伴随结晶，从而使取向固定下来。然后用短时间的热处理，使部分链段解取向（例如结晶高聚物中的非晶区部分的链段）。由于部分链段已经取向，因此在常温下具有活动性，在外力作用下能迅速伸展；外力除去后立即恢复原状，因而显示出一定的弹性和良好的手感。而大分子取向的稳定性，又保持了良好的拉伸强度。

在塑料的生产中也广泛采用取向工艺，如塑料吹膜的过程中就是一个双轴取向过程。塑料熔体从模口挤出后，一面沿牵引方向伸长，一面径向扩张，使分子链沿双轴方向取向。目前，广泛用作包装材料的双轴取向聚丙烯薄膜（biaxially-oriented polypropylene，BOPP）、双轴取向聚酯膜（BOPET）和双轴取向尼龙膜（BONy）已经逐步取代了普通的塑料薄膜。双轴取向的塑料膜由于各向折射率一致，故透明度明显高于普通膜，其中 BOPP 膜就是最典型的例子。另外双轴取向膜抗撕裂强度高，因而目前的复合包装材料外层均采用双向膜，而内层可采用普通吹塑膜。

在其他塑料制品中也广泛采用双轴取向。例如飞机的有机玻璃罩仓就是在二次成型中采用了双轴取向工艺。聚酯瓶的生产采用了先拉伸后吹塑的扩张工艺，也是一种双轴取向过程。

2.3　高分子材料的组成与性能

按制品加工和应用的实际需要，常常加入各种助剂或填料，以改善或调节高分子材料的性能。其中以增强剂、填充剂对材料的物理化学性能影响最大。增塑剂对加工性能影响最大。其他助剂则侧重改善材料的其他性能。此外，聚合物的平均分子量可以调节，这就使得同一品种的聚合物可以有不同品级及规格，可以有不同的用途。

2.4　高分子材料的力学性能

聚合物作为材料，必须具备所需要的机械强度。对于大多数高分子材料，力学性能是其最重要的性能。聚合物的力学性能是由其结构特性所决定的。

2.4.1　拉伸性能

在规定的试验温度、湿度与施力速度下，沿试样轴向方向施加拉伸载荷，直至试样破坏。试样断裂时所受的最大拉伸应力，称之为拉伸强度（tensile strength），又可称为抗张强度。拉伸强度（σ_t，单位 Pa）按式（2-5）计算：

$$\sigma_t = \frac{F}{bd} \tag{2-5}$$

式中，F 为最大破坏载荷，N；b 为试样初始宽度，m；d 为试样初始厚度，m。

试样断裂时，其增加的长度与原始长度的百分率，称为断裂伸长率（elongation at break）。断裂伸长率（ε_t）按式（2-6）计算：

$$\varepsilon_t = \frac{L - L_0}{L_0} \times 100\% \tag{2-6}$$

式中，L_0 为试样原始有效长度，mm；L 为试样断裂时的有效长度，mm。

在材料的比例极限内，由均匀分布的纵向应力所引起的横向应变与相应的纵向应变之比的绝对值叫作泊松比（Poisson′s ratio）。泊松比（ν）可由式（2-7）计算：

$$\nu = \frac{\varepsilon_x}{|\varepsilon_y|} \tag{2-7}$$

式中，ε_x 为横向应变；ε_y 为纵向应变。

在比例极限内，材料所受的拉伸应力（tensile strength）与其所产生的相应应变之比叫拉伸弹性模量（tensile modulus of elasticity），亦称为杨氏模量（Young′s modulus）。拉伸弹性模量（E_t，单位 Pa）根据试验结果按式（2-8）计算：

$$E_t = \frac{\sigma_t}{\varepsilon_t} \tag{2-8}$$

式中，σ_t 为拉伸应力，Pa；ε_t 为拉伸应变。

测试标准参考 GB/T 1040.1—2006 塑料拉伸性能的测定总则、GB/T 1040.2—2022 模塑和挤塑塑料的试验条件、GB/T 1040.3—2006 薄膜和薄片的试验条件。

2.4.2 压缩性能

在试样两端施加压缩载荷，直至试样破裂（脆性材料）或产生屈服（韧性材料）时所承受的最大压缩应力，称为压缩强度（compression strength）。压缩强度（σ_c，单位 Pa）按式（2-9）计算：

$$\sigma_c = \frac{F}{A} \tag{2-9}$$

式中，F 为破坏或屈服载荷，N；A 为试样原始横截面积，m^2。

在比例极限内压缩应力与其相应应变之比叫压缩弹性模量（compressive modulus），简称压缩模量（E_c，单位 Pa）。压缩模量由式（2-10）计算：

$$E_c = \frac{\sigma_c}{\varepsilon_c} \tag{2-10}$$

式中，σ_c 为压缩应力，Pa；ε_c 为压缩应变。

测试标准参考 GB/T 1041—2008 塑料 压缩性能的测定。

2.4.3　弯曲性能

材料在承受弯曲负荷下破坏或达到规定挠度（指材料承受荷载时会产生弯曲，当弯曲达到一定限额时被认定为破坏，这种弯曲程度便称之为挠度）时所产生的最大应力，叫弯曲强度（flexural strength），也可称为抗弯强度或挠曲强度。弯曲强度（σ_f，单位 Pa）按式（2-11）计算：

$$\sigma_f = \frac{3PL}{2bd^2} \tag{2-11}$$

式中，P 为试样所承受的弯曲负荷，N；L 为试样跨度，m；b 为试样原始宽度，m；d 为试样原始厚度，m。

材料在比例极限内弯曲应力与其相应的应变之比叫弯曲弹性模量（flexural modulus of elasticity），或简称弯曲模量。弯曲模量（E_f，单位 Pa）由式（2-12）计算：

$$E_f = \frac{\sigma_f}{\varepsilon_f} \tag{2-12}$$

式中，σ_f 为弯曲应力，Pa；ε_f 为弯曲应变。

测试标准参考 GB/T 9341—2008 塑料　弯曲性能的测定。

2.4.4　冲击性能

冲击强度（impact strength），亦称抗冲强度，表示材料承受冲击负荷的最大能力，也即韧性（toughness）。即在冲击负荷下，材料破坏时所消耗的功与试样的横截面积之比。材料冲击强度的测试方法很多，如摆锤法、落重法、高速拉伸法等，不同方法常测出不同的冲击强度。最常用的冲击试验方法是摆锤法，按试样的安放方式又可分为两种：简支梁冲击试验（Charpy）和悬臂梁冲击试验（Izod）。

对于简支梁冲击试验方法，无缺口冲击强度（α_n，单位 J/m²）和缺口冲击强度（α_k，单位 J/m²）分别按式（2-13）或（2-14）计算：

$$\alpha_n = \frac{A_n}{bd} \tag{2-13}$$

和

$$\alpha_k = \frac{A_k}{bd_k} \tag{2-14}$$

式中，A_n 为无缺口试样所消耗的功，J；A_k 为带缺口试样所消耗的功，J；b 为试样宽度，m；d 为无缺口试样厚度，m；d_k 为带缺口试样缺口处剩余厚度，m。

对于悬臂梁冲击试验方法，使用带缺口试样，其冲击强度（α_k，单位 J/m²）按式（2-15）计算：

$$\alpha_k = \frac{A_k - \Delta E}{bd} \tag{2-15}$$

式中，A_k 为试样断裂时消耗的功，J；ΔE 为抛弃断裂试样自由端所消耗的功，J；b 为缺口处试样宽度，m；d 为无缺口试样厚度，m。

测试标准参考 GB/T 1043—2008 塑料　简支梁冲击性能的测定；GB/T 1843—2008 塑料悬臂梁冲击强度的测定。

2.4.5　剪切性能

材料试样在剪切力作用下断裂时，单位面积所承受的最大应力，称之为剪切强度（shear strength）。剪切强度（σ_s，单位 Pa）按式（2-16）计算：

$$\sigma_s = \frac{F}{nbl} \qquad (2\text{-}16)$$

式中，F 为试样破坏时的最大剪切载荷，N；b 为试样剪切宽度，m；l 为试样剪切长度，m；对于单面剪切强度，$n=1$；双面剪切强度，$n=2$。

测试标准 HG/T 3839—2006 塑料剪切强度试验方法　穿孔法。

2.4.6　硬度

硬度（hardness）是指聚合物材料对压印、刮痕的抵抗能力。硬度的大小与材料的拉伸强度和弹性模量有关，所以有时用硬度作为拉伸强度和弹性模量的一种近似估计。根据测试方法，硬度有以下四种常用表示值。

布氏硬度 HB（Brinell hardness）是把一定直径的钢球，在规定的负荷作用下，压入试样并保持一定时间后，以试样上压痕深度或压痕直径来计算单位面积上承受的力，用作硬度值的量度。其表达式分别为式（2-17）和式（2-18）：

$$HB = \frac{P}{\pi D h} \qquad (2\text{-}17)$$

或

$$HB = \frac{2P}{\pi D[D - (D^2 - d^2)^{1/2}]} \qquad (2\text{-}18)$$

式中，HB 为布氏硬度，Pa；P 为所施加的负荷，N；D 为钢球直径，m；d 为压痕直径，m；h 为压痕深度，m。测定布氏硬度较准确可靠，但一般适用于较软的材料。

邵氏硬度（Shore hardness）是在施加规定负荷的标准压痕器作用下，经规定时间，压痕器的压针压入试样的深度，作为邵氏硬度值的量度。邵氏硬度分为邵氏 A（HA）和邵氏 D（HD），前者适用于较软材料，后者适用于较硬的材料。

洛氏硬度（Rockwell hardness）。当材料 HB>450Pa 或者试样过小时，不能采用布氏硬度测试，但可用洛氏硬度测量。洛氏硬度的测试过程与布氏硬度相似，以一定直径的钢球，在规定的负荷作用下，压入试样的深度为硬度值的量度，以 H 表示。区别在于洛氏硬度是用一个顶角 120°的金刚石圆锥体或小尺寸钢球（1.59mm）作为测试头，在一定载荷下压入被测材料表面，由压痕的深度求出材料的硬度。锥形或小尺寸的球形测试头与样品的接触面积较小且易于压入，适用于小尺寸或硬度较高的样品。布氏硬度试验压痕面积大，数据稳定，精度高；若被测材料表面有明显凹痕或突起等，会影响压痕直径的测量，造成测量结果的不准确；布氏硬度的测试头体积较大，可压入样品的深度大且会大面积破坏样品，不适用于厚度较薄的样品或成品检测。洛氏硬度压痕小，对工件损伤小，归于无损检测一类，可对成品直接进行测量；测量范围广，可测各种软硬不同、厚薄不同的材料。洛氏硬度缺点为测量结果有局部性，对每一个工件测量点数一般应不少于 3 个点。

巴氏硬度（Barcol hardness），又称巴柯尔硬度，是以特定压头在标准弹簧的压力作用下压入试样，以其压痕深度来表征该试样材料的硬度。本方法适用于测定纤维增强塑料及其制品的硬度，也可适用于测量其他硬塑料的硬度。

测试标准参考塑料硬度测定 GB/T 3398.1—2008 球压痕法、GB/T 3398.2—2008 洛氏硬度；GB/T 2411—2008 塑料和硬橡胶　使用硬度计测定压痕硬度（邵氏硬度）；GB/T 3854—2017 增强塑料巴柯尔硬度试验方法。

2.4.7　耐蠕变性

蠕变（creep）是指在低于材料屈服强度的应力长时间作用下材料发生永久性的变形。在恒定温度、湿度条件下，材料在恒定外力持续作用下，形变随时间延长而增大；在外力除去后形变也不会恢复。因外力性质不同，常可分为拉伸蠕变、压缩蠕变、剪切蠕变和弯曲蠕变。

测试标准参考 GB/T 11546.1—2008 塑料　蠕变性能的测定　第 1 部分：拉伸蠕变。

2.4.8　持久强度

材料长时间经受静载荷的能力，称之为持久强度（creep rupture strength）。它是随外力作用时间的延长及温度升高而降低的函数，也称之为蠕变断裂强度。它们之间的关系可以用式（2-19）描述为：

$$\tau = \tau_0 \exp\left(\frac{U_0 - r\sigma}{kT}\right) \tag{2-19}$$

式中，τ 为持久时间，h；σ 为应力，Pa；k 为玻尔兹曼常数（Boltzmann constant），1.4×10^{-23}；T 为热力学温度，K；τ_0、U_0、r 为与聚合物有关的常数（τ_0 表示应力引起聚合物流动变形时材料的持久时间；U_0 表示聚合物的流动活化能；r 为聚合物的应力集中系数）。

2.4.9　疲劳强度

疲劳（fatigue）是材料承受交变循环应力或应变时所引起的局部结构变化和内部缺陷发展的过程。它使材料力学性能显著下降，并最终导致龟裂或完全断裂。材料的疲劳强度 σ_a 可按式（2-20）计算：

$$\sigma_a = \sigma_u - k \lg N \tag{2-20}$$

式中，σ_u 为材料的初始静态抗拉强度；N 为反复应力的次数。实验表明，对于许多聚合物，存在疲劳极限 σ_e，当 $\sigma_a < \sigma_e$ 时，材料的疲劳寿命为无限大，即 $N \to \infty$ 而不破裂。对于热塑性材料，疲劳极限约为静强度的 1/4；对增强聚合物材料，此比值稍大一些；而对于某些聚合物该比值可达 0.4～0.5。一般而言，该比值随分子量的增大及温度的提高而有所增加。

2.4.10 摩擦与磨损

两个相互接触的物体，彼此之间有相对位移或有相对位移趋势时，相互间产生阻碍位移的机械作用力，统称摩擦力。表示材料摩擦特性的有摩擦系数和磨损。

摩擦系数 μ（coefficient of friction）可根据 Amontons 定律，按式（2-21）计算：

$$\mu = \frac{f}{F} \tag{2-21}$$

式中，F 为正压力，N；f 为摩擦力，N。μ 与接触面积无关。

Amontons 定律对金属材料近似成立，而对高分子材料是不适用的。实际上看来是平滑的表面，在微观上并不平滑，是凹凸不平的。因此两个表面之间的实际接触面积远小于表观面积，整个负荷产生的法向力由表面上凹凸不平的顶端承受。在这些接触点上，局部应力很大，致使产生很大的变形，每个顶端都压成一个小平面。在这个小范围内，两个表面之间存在紧密的原子接触，产生黏合力。若使两个表面间产生滑动必须破坏这种黏合力，在靠近界面处发生剪切形变，这就是摩擦黏合机理的基本思想。据此得出修正后的摩擦力 f：

$$f = A\sigma_s \tag{2-22}$$

式中，A 为接触面的实际面积，m²；σ_s 为材料的剪切强度，Pa。

两种硬度差别很大的材料相对滑动时，例如聚合物在金属表面的情况，较硬材料的凹凸不平处嵌入到软质的表面，形成凹槽。当嵌入的尖端移动时，凹处或者复原或者软质材料被刮下来。材料在规定的试验条件下，经一定时间或历程摩擦后，材料损失量称之为磨损（abrasion）。耐磨损性越好的材料，其磨损量越小。

测试标准参考 GB/T 5478—2008 塑料　滚动磨损试验方法。

2.5　高分子材料的物理性能

高分子材料的物理性能包括其基本物性和结构敏感性能。前者如密度、比热容、折光指数、介电常数等，是由材料的基本性能决定，为结构不敏感参数；后者包括导电性、介电损耗、塑性、脆性等，对材料的结构缺陷十分敏感。

2.5.1 热学性能

2.5.1.1 热导率

热导率（thermal conductivity）是衡量热量扩散快慢的一种量度。指在稳定传热条件下，垂直于导热方向单位面积、单位时间的热传导速度，也称导热系数。可理解为垂直于导热方向取两个相距 1m、面积为 1m² 的平行平面，若两个平面的温度相差 1K，则在 1s 内从一个平面传导至另一个平面的热量就规定为该物质的热导率。热导率[λ，单位 W/(m·K)]按式（2-23）计算：

$$\lambda = \frac{QS}{A\Delta T} \tag{2-23}$$

式中，Q 为恒定时试样的导热量，J；S 为试样厚度，m；A 为试样有效传热面积，m^2；ΔT 为冷热板间平均温差，K。

物理学上，可以根据材料的结构参数计算得到 λ：

$$\lambda = C_p(\rho B)^{1/2} L \tag{2-24}$$

式中，C_p 为比热容；ρ 为密度；B 为体积模量（本体模量，均匀压缩时的模量）；L 为热振动的平均自由程，也就是原子或分子间距离。

聚合物材料由于主要靠分子间力结合，所以热导率一般较差，固体聚合物的热导率一般在 0.22W/(m·K) 左右；结晶聚合物的热导率稍高一些。非晶聚合物的热导率随分子量增大而增大，这是因为热传递沿分子链进行比在分子间进行容易。加入低分子的增塑剂会使热导率下降。分子的取向会引起热导率的各向异性：沿取向方向热导率增大，横向减小。温度的变化也会影响聚合物热导率。微孔聚合物的热导率非常低，一般为 0.03W/(m·K) 左右，随密度的下降而减小。常见材料的热导率见表 2-1；常见高分子材料的热性能见表 2-2。

表 2-1　常见材料的热导率

材料	热导率/[W/(m·K)]	材料	热导率/[W/(m·K)]
软木	0.04~0.07	不锈钢	16.3
木材	0.18	铁	34.6~80.4
空气	0.024~0.045	石墨	129
玻璃	0.8~1.4	铝	237
石英玻璃	1.46	铜	401
		银	429
		金刚石	1300~2400

表 2-2　常见高分子材料的热性能

聚合物	线性热膨胀系数/$10^{-5}K^{-1}$	比热容/[kJ/(kg·K)]	热导率/[W/(m·K)]	聚合物	线性热膨胀系数/$10^{-5}K^{-1}$	比热容/[kJ/(kg·K)]	热导率/[W/(m·K)]
聚甲基丙烯酸甲酯	4.5	1.39	0.19	尼龙 6	6	1.60	0.31
聚苯乙烯	6~8	1.20	0.16	尼龙 66	9	1.70	0.25
聚氨基甲酸酯	10~20	1.76	0.30	聚对苯二甲酸乙二醇酯		1.01	0.14
聚氯乙烯（未增塑）	5~18.5	1.05	0.16	聚四氟乙烯	10	1.06	0.27
聚氯乙烯（35%增塑剂）	7~25		0.15	环氧树脂	8	1.05	0.17
低密度聚乙烯	13~20	1.90	0.35	氯丁橡胶	24	1.70	0.21
高密度聚乙烯	11~13	2.31	0.44	天然橡胶		1.92	0.18
聚丙烯	6~10	1.93	0.24	聚异丁烯		1.95	
聚甲醛	10	1.47	0.23	聚醚砜	5.5	1.12	0.18

2.5.1.2　比热容

比热容（specific heat capacity）是在规定条件下，将单位质量聚合物温度提高 1℃所需的热量。比热容按式（2-25）计算：

$$c = \frac{\Delta Q}{m\Delta t} \qquad (2\text{-}25)$$

式中，ΔQ 为试样所吸收的热量，J；m 为试样的质量，kg；Δt 为试样吸收热量前后温度差，K。聚合物的比热容主要是由化学结构决定的，一般在 1～3kJ/（kg·K）之间，比金属及无机材料的大。水的比热容为 4.2kJ/（kg·K），远大于常见的聚合物。

2.5.1.3　线膨胀系数

线膨胀系数（coefficient of linear thermal expansion）指温度每变化 1℃材料长度变化的百分率，用以衡量聚合物在热的作用下体积发生改变的能力大小。平均线膨胀系数表示材料在某一温度区间的线膨胀特性。测试时要求样条只能在一维方向上发生变化。平均线膨胀系数（α，单位 K^{-1}），按式（2-26）计算：

$$\alpha = \frac{\Delta l}{l\Delta t} \qquad (2\text{-}26)$$

式中，Δl 为试样在膨胀或收缩时，长度变化的算术平均值，mm；l 为试样在室温时的长度，mm；Δt 为试样在高低温恒温器内的温度差，K。

2.5.1.4　玻璃化转变温度

无定形或半结晶聚合物，从黏流态或高弹态向玻璃态的转变称之为玻璃化转变。发生玻璃化转变的较窄温度范围内，在其近似中点的温度称之为玻璃化转变温度（glass transition temperature），用 T_{g} 表示。玻璃化转变温度可用膨胀计法或温度-形变曲线法来测定，也可用差热分析法（differential thermal analysis，DTA）、差示扫描量热法（differential scanning calorimetry，DSC）等方法测试。

2.5.1.5　低温力学性能

低温力学性能表示材料在低温条件下的力学行为，常用的测试方法有低温对折、冲压和伸长等方法。而脆化温度（brittle temperature）是聚合物低温力学性能的一种重要量度。以具有一定能量的冲锤冲击试样时，当试样开裂的概率达 50%时的温度称之为脆化温度。

2.5.1.6　马丁耐热

马丁耐热（Martin's temperature）是指在加热炉内，使试样承受一定的弯曲应力，并按一定速率升温，试样受热在自由端产生规定偏斜量的温度。马丁耐热是表示塑料耐热性的一种重要指标，是表示塑料制品使用时可能达到的最高温度，在该温度以下塑料的物理机械性质不会发生任何实质上的变化。马丁耐热不能反映塑料的长期工作温度，因为长期工作温度要比马丁耐热温度低。

2.5.1.7　热变形温度

将材料试样浸在一种等速升温的适宜传热介质中，在简支梁式弯曲负荷作用下，测出试样弯曲变形达到规定值时的温度，该温度即为热变形温度（thermal deformation temperature）。热变形温度也是衡量聚合物或高分子材料耐热性优劣的一种量度。

2.5.1.8　维卡软化点

在等速升温条件下，用一支带有规定负荷（10N 或 50N）、截面积为 1mm^2 的平顶针垂直放在试样上。当平顶针刺入试样 1mm 深时的温度,即为该材料的维卡软化点(Vicat softening point,VST)。维卡软化点适用于控制聚合物品质和作为鉴定新品种热性能的一个指标,不代表材料的使用温度。

2.5.1.9　热分解温度

热分解温度(thermal decomposition temperature)是指材料在受热条件下,大分子发生裂解时的温度。可用热失重法或分解气体检测法测定。

2.5.2　电学性能

聚合物的电学性能主要由其化学结构所决定,受显微结构影响较小。

2.5.2.1　绝缘电阻

绝缘电阻(insulation resistance)常有以下三种表示方法。

绝缘材料电阻(insulation material resistance)是将被测材料置于标准电极中,在给定时间后,电极两端所加电压值与电极间总电流的比值,单位为Ω。

体积电阻率(volume resistivity)是平行于通过材料中电流方向的电位梯度与电流密度的比值,简称体积电阻率,单位为Ω·m。聚合物的体积电阻率常随充电时间的延长而增大,因此常规定采用 1min 的体积电阻率数值。通常的聚合物是电阻很高的绝缘体,在 $10^8 \sim 10^{16}\Omega \cdot m$。常见材料的体积电阻率见图 2-2 和表 2-3。

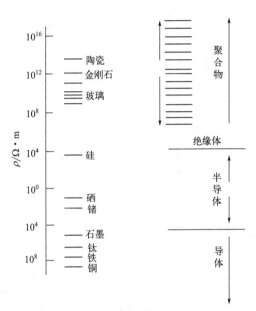

图 2-2　常见材料的体积电阻率

表 2-3　常见材料的体积电阻率

材料	体积电阻率$\rho/(\Omega \cdot m)$	材料	体积电阻率$\rho/(\Omega \cdot m)$
铜	1.7×10^{-8}	硅	$10^{-5} \sim 10^3$
铁	1.0×10^{-7}	玻璃	$10^{11} \sim 10^{15}$
钛	4.2×10^{-7}	金刚石	10^{12}
石墨	$(8 \sim 13) \times 10^{-6}$	陶瓷	10^{13}
锗	4.6×10^{-1}		

表面电阻率(surface resistivity)则是平行于通过材料表面电流方向的电位梯度与表面单位宽度上的电流的比值,简称表面电阻,单位为Ω。表面电阻与两电极间距(表面长度)成正比,与表面宽度成反比。如果电流是稳定的,表面电阻率在数值上即等于正方形材料两边的两个电极间的表面电阻,与该正方形大小无关。

2.5.2.2　介电常数

以绝缘材料为介质与以真空为介质制成同尺寸电容器的电容量之比值，称之为介电常数（dielectric constant），以无因次量ε表示[式（2-27）和式（2-28）]。

$$\varepsilon=\varepsilon'/\varepsilon_0=C/C_0 \qquad (2\text{-}27)$$

$$C=Q/U=\varepsilon S/d \qquad (2\text{-}28)$$

式中，C为电容；Q为电量；U为电压；S为面积；d为极板间距离；C_0和ε_0分别代表极板间为真空时的电容和介电常数。ε_0定义为1。

产生介电现象的原因是分子极化。在外电场作用下，分子中电荷分布的变化称为极化。分子极化包括电子极化、原子极化及取向极化，此外还有界面极化。材料的介电常数是以上几种因素所产生介电常数分量的总和。

高分子材料的介电常数通常在1～10之间（表2-4）。介电常数大于3.6的物质为极性物质，在2.8～3.6范围内的物质为弱极性物质，小于2.8为非极性物质。

表2-4　常见高分子材料的介电常数

聚合物	ε	聚合物	ε	聚合物	ε
聚四氟乙烯	2.1	聚醚砜	3.5	尼龙66	6.1
聚乙烯	2.3	聚甲基丙烯酸甲酯	3.8	氯磺化聚乙烯	8～10
聚丙烯	2.3	聚氯乙烯	3.8	聚氨酯弹性体	9
聚苯乙烯	2.5	酚醛树脂	6		

2.5.2.3　介电损耗

对电介质施以正弦波电压时，外加电压与相同频率的电流间的相位角之余角δ的正切值$\tan\delta$，称之为介电损耗角正切（dielectric loss angle tangent），简称介电损耗（dielectric loss）。

产生介电损耗的原因有两个：一是电介质中微量杂质而引起的漏导电流；二是电介质在电场中发生极化取向时，由于极化取向与外加电场有相位差而产生的极化电流损耗。极化电流损耗是产生介电损耗的主要原因。聚合物的介电损耗与力学松弛原理上是一样的，它是在交变电场刺激下的极化响应，取决于松弛时间与电场作用时间的相对值。当电场频率与某种分子极化运动单位松弛时间的倒数接近或相等时，相位差最大，产生共振吸收峰即介电损耗峰。

通常情况下，只有极性聚合物才有明显的介电损耗。对于非极性聚合物，极性杂质常常是介电损耗的主要原因。非极性聚合物的介电损耗角正切一般小于10^{-4}，而极性聚合物在5×10^{-3}～10^{-1}之间。

松弛过程（relaxation）：又称松弛作用。在外力作用下高分子链由原来的构象过渡到与外力相适应的构象的过程，即高分子链由一种平衡态过渡到另一种平衡态的过程。因高分子链段间有内摩擦，弹性形变需要一定的时间才能完成。此过程所需的时间称作松弛时间。

2.5.2.4　介电强度

当电场强度超过某一临界值时，电介质就丧失其绝缘性能，称之为电击穿。发生电击穿的电压称为击穿电压。

介电强度（dielectric strength）是材料抵抗电击穿能力的量度，以试样的击穿电压值与试样厚度之比表示，单位为kV/mm或MV/m。

聚合物的介电强度可达 1000MV/m。介电强度的上限是由聚合物结构内共价键电离能所决定的。当电场强度增加到临界值时，撞击分子发生电离，使聚合物击穿。

温度升高使击穿变得更容易，击穿电压下降，称为热击穿。

2.5.2.5　耐电弧性

耐电弧性（arc resistance）是指高分子材料抵抗由高压电弧作用引起变质的能力。通常用电弧焰在材料表面引起的碳化至表面导电所需的时间（s）表示。

2.5.2.6　静电现象

两种物体相互接触和摩擦时，会有电子的转移而使一个物体带正电，另一个带负电，这种现象称为静电现象（electrostatic phenomenon）。聚合物的高电阻率使它有可能积累大量静电荷，如聚丙烯腈纤维因摩擦可产生高达 1500V 的静电压，将带来比较麻烦的后果。

可通过体积传导、表面传导等不同途径来消除静电现象，其中以表面传导为主。目前工业上广泛采用的抗静电剂都是用来提高聚合物的表面导电性。

两种物体摩擦，带正负电顺序如图 2-3 所示。

图 2-3　两种聚合物摩擦带电顺序

2.5.2.7　聚合物驻极体

将聚合物薄膜夹在两个电极当中，加热到薄膜成型温度，施加每厘米数千伏的电场使聚合物极化、取向，再冷却到室温，撤去电场。这时由于聚合物的极化和取向单元被冻结，因而极化偶极矩可长期保留（图 2-4）。这种具有被冻结的寿命很长的非平衡偶极矩的电介质称为驻极体。

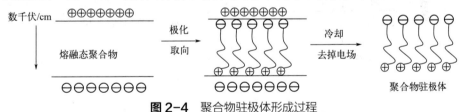

图 2-4　聚合物驻极体形成过程

2.5.2.8　热释电流

加热聚合物驻极体以激发其分子运动，极化电荷将被释放出来，产生退极化电流，称为热释电流（thermally stimulated current，TSC）。聚偏氟乙烯、涤纶树脂等聚合物超薄薄膜驻极体已广泛用于电容器传声隔膜及计算机储存器等方面。

2.5.3　光学性能

2.5.3.1　折射率

光线从一个介质进入另外一个介质（除垂直入射外）时，任一入射角的正弦和折射角的正弦之比，称为折射率（refraction index）。同一介质对不同波长的光具有不同的折射率。通常所说塑料的折射率数值，是指对钠黄光（589.3nm）而言。聚合物的折射率通常在1.34～2.2之间，如有机玻璃为1.5、聚苯乙烯为1.59～1.60、聚碳酸酯为1.58左右。折射率可以用阿贝折射仪或V型棱镜折射仪来测定。

2.5.3.2　双折射

双折射（birefringence）是指一条入射光线产生两条折射光线的现象。双折射是光束入射到各向异性的晶体，分解为两束光而沿不同方向折射的现象，两条光线的折射率之差，就称为双折射率。具有较低对称性的高分子液晶材料，光学上通常称为各向异性体。当自然光照射液晶材料时，除了反射光线以外，一般还存在两条折射光线，有一条折射光线始终在入射面内，且满足折射定律，这条光线称为寻常光线。另一条折射光线，除了入射面与主截面相重合的情况以外，不位于入射面内，不满足折射定律，这条光线为非寻常光线。当光经过液晶时，若非寻常光的折射率大于寻常光的折射率，也就是说寻常光的传播速度大，这种液晶材料在光学上称为正光性材料。液晶是一种各向异性的物质，光学上类似单轴晶体，所以光在液晶中传播时会发生双折射。当存在外部电场时，由于液晶介电常数和电导率的各向异性，使液晶分子受到一种使分子轴取向改变的作用力，这种电场引起的转矩会使分子轴发生旋转。因此在这种状态下，液晶的光学性质与加电场前不同，双折射率也会受到电场的影响，这就是液晶的电控双折射特性。这种电信号控制的双折射变化原理，已成为液晶显示器件的设计依据。

2.5.3.3　透光性

聚合物的透光性可用透光率（transmittance）或雾度（haze）表示。

透光率是指通过透明或半透明聚合物的光通量和入射光光通量之比的百分率。透光率用以表征材料的透明性，可通过下式进行计算（过程见图2-5）。

$$T=(1-R)^2 e^{-\alpha l}\times 100\% \tag{2-29}$$

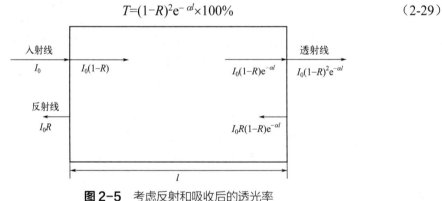

图2-5　考虑反射和吸收后的透光率

I_0—入射光强；R—反射系数；α—吸收系数；l—介质长度

多数纯的聚合物，不吸收可见光谱范围内（380～760nm）的辐射，无生色团，透明，α近似为0，则透光率为式（2-30）：

$$T=(1-R)^2\times 100\% \tag{2-30}$$

当R不大时，可简化为式（2-31）：

$$T=(1-2R)\times 100\% \tag{2-31}$$

有结晶、杂质和疵痕、裂纹、填料时透明性下降或不透明。

雾度则是通指透明或半透明聚合物的内部或表面，由于光散射所造成的云雾状或浑浊的外观。常用向前散射的光通量与透过光通量之比的百分率表示，可用积分球式雾度计测量。

2.5.3.4　反射

反射（reflection）是指光射到两种介质的分界面上时，有一部分光改变传播方向，回到原介质内继续传播，这种光反射现象叫做光的反射。单位时间内从界面单位面积上反射光所带走的能量与入射光的能量之比，称为反射率（reflectivity）。反射率 R 可以通过菲聂尔（Fresnel）关系式计算得到[式（2-32）]。

$$R = \frac{(n_2 - n_1)^2}{(n_2 + n_1)^2} \times 100\% \tag{2-32}$$

式中，n_1 和 n_2 为两种介质的折射率。

当白光照射胆甾型液晶时会看到液晶表面呈现非常鲜艳的彩色。从不同角度观察，它的彩色也不同，温度改变，彩色也随之改变。这是胆甾型液晶的重要性质之一，即光的选择反射。胆甾型液晶螺旋结构的螺距，随温度变化而改变，产生特殊的彩色变化。当温度固定时，胆甾型液晶只能选择反射一定波长范围的光。透射光和反射光之间的颜色存在着互补的关系，叠加可成为白光。

2.5.3.5　光泽度

光泽度（glossiness）指材料表面反射光的能力。越平滑的表面，越光泽。通常说的光泽指的是"镜向光泽"，也就是反射光占入射光的比例。可以采用光泽度仪（gloss meter）测量光泽度。

2.5.4　其他物理性能

2.5.4.1　渗透性和透气性

液体分子或气体分子从聚合物膜的一侧扩散到其浓度较低的另外一侧，这种现象称为渗透或渗析。其过程包括物质溶解于聚合物膜中，在膜中扩散，并在另外一侧逸出。扩散过程遵从 Fick 第一定律[式（2-33）]：

$$q = -D(\mathrm{d}c/\mathrm{d}z)At \tag{2-33}$$

式中，q 为透过量；A 为面积；t 为时间；D 为扩散系数（diffusion coefficient）；$\mathrm{d}c/\mathrm{d}z$ 为浓度梯度。

稳态时，渗透速率见式（2-34）：

$$J = q/At = D/L(c_1 - c_2) = P(c_1 - c_2) \tag{2-34}$$

式中，$P = D/L$，为渗透系数（permeability）；c_1 和 c_2 为膜两侧物质的浓度。

透气性（gas permeability）通常用透气量或透气系数表示。透湿性（water vapor permeability）则是特指当测试透过气体为水蒸气时的透气性能。

透气量是指一定厚度的塑料薄膜，在 0.1MPa 气压下（标准状态下），在 24h 内气体透过 $1m^2$ 面积的体积量，单位为 m^3。

透气系数则是，在标准状况下，单位时间内、单位压差下，气体透过单位面积和单位厚度的塑料薄膜的体积量。

2.5.4.2　吸水性

吸水性（water absorption）是指将规定尺寸的试样浸入一定温度的蒸馏水中，经过 24h 后所吸收的水量。

2.5.4.3　收缩率

模塑收缩率（mold shrinkage）常以成型收缩量或成型收缩率表示。

成型收缩量是指塑件制品尺寸小于相应模腔尺寸的程度，通常以 mm/mm 表示。

成型收缩率也称计量收缩率，指制件尺寸与相应模腔之比的百分率，常以%为单位。

2.6　高分子材料的化学性能

高分子材料的化学性能包括在化学因素和物理因素作用下所发生的化学反应。

2.6.1　聚合物的化学反应

聚合物的化学反应是材料学和材料化学研究的一个重要内容。聚合物的化学反应是利用大分子上官能团进行的反应，包括聚合物的基团反应、接枝、扩链、交联、降解等。

与有机小分子相比，聚合物反应的主要特点：

（1）在化学反应中，扩散因素常常成为反应速率的决定步骤，官能团的反应能力受聚合物相态（晶相或非晶相）、大分子的形态等因素影响很大。

（2）分子链上相邻官能团对化学反应有很大影响。分子链上相邻的官能团，由于静电作用、空间位阻等因素，可改变官能团反应能力，有时使反应不能进行完全。例如，聚氯乙烯用 Zn 粉处理，脱氯并形成环状结构[式（2-35）]：

$$\text{~~CH-CH}_2\text{-CH~~} \xrightarrow{\text{Zn}} \text{~~CH-CH~~} + \text{ZnCl}_2 \atop \underset{\text{Cl}}{|} \quad \underset{\text{Cl}}{|} \qquad \qquad \underset{\text{CH}_2}{\diagdown} \tag{2-35}$$

实验表明，最大反应率在 86%左右。这可解释如下[式（2-36）]：

$$-\underset{\text{Cl}}{\overset{1}{\text{CH}}}-\text{CH}_2-\underset{\text{Cl}}{\overset{2}{\text{CH}}}-\text{CH}_2-\underset{\text{Cl}}{\overset{3}{\text{CH}}}-\text{CH}_2-\underset{\text{Cl}}{\overset{4}{\text{CH}}}-\text{CH}_2-\underset{\text{Cl}}{\overset{5}{\text{CH}}}- \tag{2-36}$$

将分子链中某一段相邻的 5 个链节中，若 1、2 和 4、5 位置先行与 Zn 反应，那么 3 位置的 Cl 原子就不可能进行反应。数学推导证明，未反应的 Cl 应占全部 Cl 的 13.5%，这与最大反应率 86%左右相吻合。

此外，高分子材料在物理因素，如热、应力、光、辐射等作用下还会发生相应的降解、交联等化学反应。

2.6.1.1　聚合物基团反应

聚合物基团反应是指利用聚合物主链或侧基上的活性基团的化学反应改变聚合物的化学组成及其物理化学性能。例如，聚乙烯化学惰性、耐酸、耐碱，但易燃。在适当温度下或经紫外线照射，氯气容易形成氯自由基，氯自由基向聚乙烯转移成链自由基，链自由基与氯反应，形成氯化聚乙烯和氯自由基，反应连锁循环下去，聚乙烯的氯化程度不断提高，最后得到高取代的氯化聚乙烯。高分子量聚乙烯氯化后可形成韧性的弹性体，低分子量的聚乙烯的氯化产物容易加工。氯化聚乙烯的氯含量可在 10%～70%（质量分数）范围内调节。聚乙烯氯化后，阻燃性能显著提高。

除了聚合物主链取代，对于一些具有反应性侧基的高分子，也可通过侧基反应对聚合物进行改性。聚乙烯醇是维尼纶纤维的原料，也可用作胶黏剂和分散剂。但是，乙烯醇不稳定，无法单独存在，会迅速异构化成乙醛。故聚乙烯醇只能通过聚醋酸乙烯酯醇解（或水解）得到。在酸或碱的催化下，聚醋酸乙烯酯可通过甲醇醇解成聚乙烯醇和醋酸甲酯[式（2-37）]，聚合物侧基被羟基取代。碱催化效率较高，副反应少，用途广泛，醇解前后聚合度几乎不变。

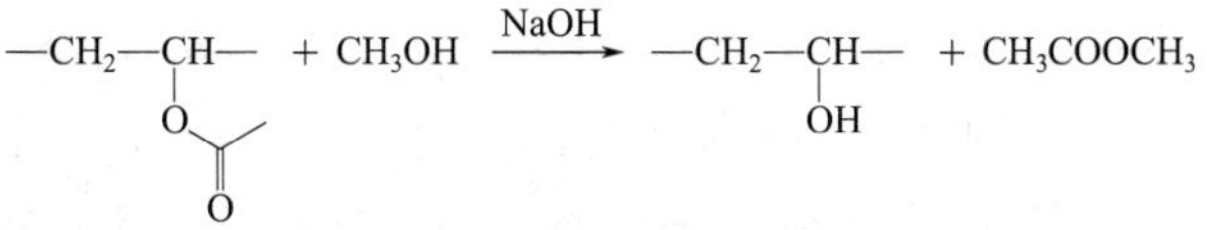
—CH₂—CH—
O
O
+ CH₃OH
NaOH
—CH₂—CH—
OH
+ CH₃COOCH₃

（2-37）

聚乙烯醇经热水溶解后纺丝、拉伸，形成部分结晶的纤维。但聚乙烯醇纤维亲水，可溶胀。因此，需以酸作催化剂，进一步与甲醛反应，使其缩醛化。分子间缩醛化可形成交联结构；分子内缩醛，将形成六元环[式（2-38）]。适当缩醛化足以降低其亲水性，最后得到维尼纶纤维。

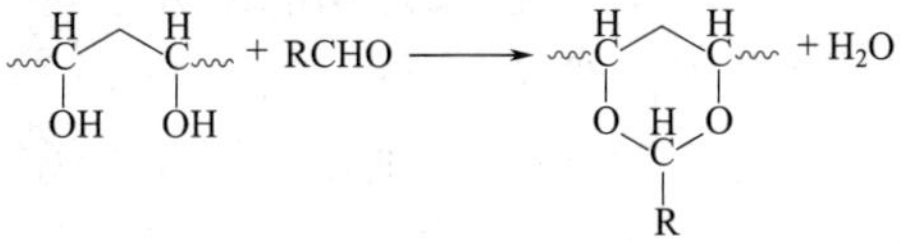
H
H
C
C
OH
OH
+ RCHO
H
H
C
C
O
H
O
C
R
+ H₂O

（2-38）

2.6.1.2　聚合物接枝

聚合物接枝（grafting）是指通过链转移或侧基反应，在聚合物主链上长出支链，改变聚合物的分子拓扑结构，改变聚合物的性质与功能。传统的高压聚乙烯和聚氯乙烯都有较多的支链，这是自由基向大分子链转移的结果。乙烯基大分子上的叔氢原子比较活泼，容易被自由基夺取而成为新的接枝点。乙烯基单体进行自由基聚合时，除了单体正常聚合成均聚物外，还可能在乙烯基聚合物的主链中因链转移形成新的活性位点，再引发单体聚合而长出支链。接枝效率的大小与自由基的活性有关，引发剂的活性和温度至关重要。

聚合物材料的表面性能与其本体性能同样重要。因为表面性能直接与光泽、抗静电、黏附性、防沾污、生物相容性等有关。聚烯烃是聚合物家族中的主要成员，因其表面能低而呈惰性。这就意味着它们对水不浸润、难上油漆、染色性及印刷性差，与其他材料接触时产生静电现象等，影响应用。为了改善上述缺陷，人们开发了多种表面改性方法；在这些方法中，以紫外线接枝较为突出。光接枝表面改性始于 1957 年，直到近年来，才取得了较大的进展。光引发剂通常为二苯甲酮及其衍生物，当引发剂吸收紫外线后被激发到单线态，然后迅速恢复到三线态，并从聚合物表面夺取氢原子，使聚合物表面产生自由基；经与单体加成形成接枝链，覆盖于聚合物表层上（图 2-6）。

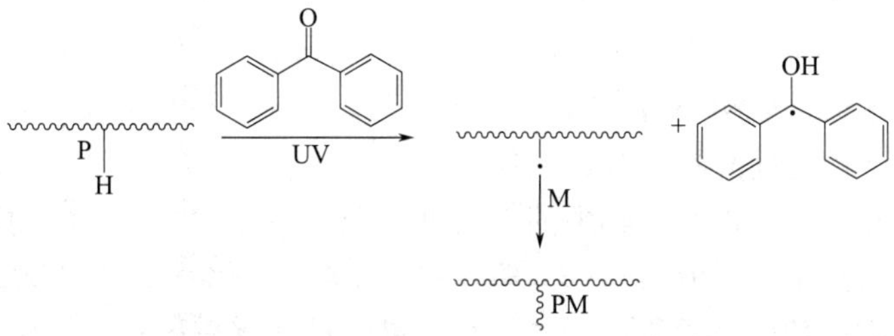
O
P
H
UV
OH
+
M
PM

图 2-6　紫外线（UV）辐照下，二苯甲酮引发聚合物表面接枝聚合

2.6.1.3　聚合物扩链与交联

分子量不高的预聚物，通过适当的方法，使两个人分子端基键接在一起，分子量成倍增大，这一过程称为扩链。带有端基的聚丁二烯呈液体状态，称作液体橡胶。在浇铸成型过程中，通过端基间反应，扩链形成高聚物。高分子量热塑性聚氨酯的合成一般采用两步扩链法，即低分子量寡聚二元醇或二元胺首先通过端基与二异氰酸酯反应进行第一次扩链，得到异氰酸酯基封端的聚合物；再通过小分子二元胺或二元醇与异氰酸酯基反应进行第二次扩链，最后得到高分子量的热塑性聚氨酯弹性体（thermoplastic polyurethane）。

交联可分为化学交联和物理交联。大分子间由共价键结合起来，称作化学交联；由氢键、偶极等物理作用结合的，称为物理交联。为了提高聚合物的使用性能，将线形的热塑性聚合物分子通过化学反应相互结合形成体型的热固性网络，可大大提高材料的力学性能和稳定性。未交联的天然橡胶或合成橡胶生胶，硬度和强度低、弹性差，大分子间容易滑移，难以应用。1839年，将天然橡胶与单质硫共热交联，制得了有应用价值的硫化橡胶制品。大部分橡胶种类（顺丁橡胶、异戊橡胶、丁苯橡胶、三元乙丙胶等）主链上都有双键，便于经硫化交联赋予其高弹性。

对聚合物分子结构的设计与控制，也已成为功能高分子材料的重要构建思路。壳聚糖（chitosan），又称脱乙酰甲壳素，是由自然界广泛存在的几丁质（chitin）经过脱乙酰作用得到的。这种天然高分子的生物相容性、安全性、微生物降解性等优良性能被广泛关注，在医药、食品、化工、化妆品、水处理、金属提取及回收、生化和生物医学工程等诸多领域的应用研究取得了重大进展。但是，壳聚糖通常只能溶于酸性水溶液，不能完全溶于中性的水溶液；成型后的壳聚糖材料在水环境中会迅速溶胀而失去力学性能。通过壳聚糖分子链上的氨基与甲基丙烯酸分子上的羧基反应修饰上双键，引发自由基聚合，壳聚糖分子形成交联结构，可有效提高壳聚糖在水环境中的机械强度。

2.6.1.4　聚合物的降解

废塑料，特别是塑料地膜、垃圾袋、购物袋、餐具、包装材料等一次性塑料的废弃物，导致了环境污染的加剧，引起了人们对聚合物废料处理的关注。聚合物材料可以稳定存在较长时间，要想回收处理聚合物材料，必须加速聚合物链的断裂，即实现聚合物的快速降解。

对于传统聚合物的降解，多采用高温裂解的方式。这种方法能耗高，得到的裂解产物不可控，经济成本高，无法有效大量应用。利用双金属催化交叉烷烃复分解策略，使用价廉量大的低碳烷烃作为反应试剂和溶剂，与聚乙烯发生重组反应，可有效降低聚乙烯的分子量（图2-7）。由于在反应体系中低碳烷烃过量存在，可多次参与和聚乙烯的重组反应，直至把分子量高至上百万的聚乙烯降解为适用于运输系统燃油的烷烃产品。该反应适用于HDPE、LDPE和LLDPE的降解，且催化剂可以兼容商业级聚乙烯中包含的各类添加剂，可应用于聚乙烯废塑料瓶、废塑料膜和废塑料袋的降解。

目前，国内外科学家在致力于废塑料利用研究的同时，又从改变塑料的原料出发，合成新型的、可降解的塑料，以解决废塑料难以分解处理的问题。生物降解聚合物作为一种可自然降解的材料，在环保方面起到了独特的作用，其研究和开发得到了迅速发展。利用植物中的纤维素、木质素和淀粉，以及动物中的壳聚糖、聚氨基葡萄糖、动物胶以及海洋生物的藻类等，可制造有价值的生物降解塑料。淀粉及其衍生物因为生物降解性好，价格低廉、易改性，其接枝物具有广泛的应用前景。另外，高含量淀粉基聚合物则可以作为完全生物降解型聚合物。

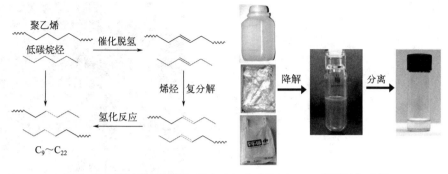

图2-7 通过烯烃复分解反应降解高分子量PE，得到烷烃产品

生物降解型聚酯、脂肪族聚碳酸酯的研究开发同样具有重大的意义。例如，将CO_2与环氧乙烷共聚得到具有良好生物降解性和生物相容性的聚碳酸亚乙酯。以乳酸为原料制造开发的廉价生物降解塑料聚乳酸（polylactic acid）已广泛用于制作日用品。其他可降解高分子材料还有聚己内酯、脂肪族聚酯与芳香族聚酯的共聚物，以及由脂肪族聚酯与尼龙合成的聚酰胺酯等。

2.6.1.5 聚合物的动态共价反应

动态共价键在适合的条件下能够可逆地断裂和形成，且在该过程中副反应很少。动态可逆反应有很多，如双烯加成反应，可逆硼酸酯化反应，可逆酰腙键、二硫键和三硫代酯等。将动态共价反应引入到高分子材料中，可实现聚合物分子结构的智能控制、分子结构的可控断裂与修复，以及宏观材料结构与性能的动态控制，已成为聚合物材料研究中的新热点。根据聚合物分子链结构不同，对于分子链呈线形或支链状的聚合物材料，分子链在一定条件下可以发生运动滑移，材料可以多次加工。但这类材料的力学性能往往不强、稳定性差，不能满足工程上的大多数应用。为了提高高分子材料的力学性能，将线形或支链状的分子结构通过化学交联形成立体的交联网络，即形成热固性材料，可大大提高材料的力学性能。但热固性材料一旦交联成型就无法再次加工了。在热固性聚合物的交联网络中引入大量的动态共价键，这些特殊的共价键在一定条件下可以断裂，材料的交联网络结构被破坏，材料可以熔融或溶解，实现二次加工成型；控制材料的成型条件，可诱导材料中断裂的交联网络再次形成，保证了材料二次加工后的力学性能。

2014年5月，IBM开发出了可反复加工的新型塑料，并认为该塑料有能力改变整个硬件产业。该塑料的发现实属意外。开发者Jeannette Garcia正在开发一种塑料，突然间容器里的溶剂变硬了。最后她将容器用铁锤砸破，但那个神秘的材料竟然没有损坏。她不知道如何复制这种塑料，所以她加入了IBM的计算机化学小组，并用IBM的超级电脑反推制备过程，最终得到了反应机制。这种塑料叫做泰坦（PHT），它采用一种二胺化合物和甲醛缩合反应而成的（图2-8）。该塑料非常坚硬，但耐热性较差。它还具有特殊的自动复原功能，塑料碎屑重新组合成一个整体；当被破坏时，它会随机断裂，而不是从塑料接点断裂，这使得它能够很快地将裂口封闭起来。另外，它能够用硫酸溶解。目前，热固性塑料几乎应用到所有的硬件设备上，这项发现可大大降低工业生产成本。一般情况下，当设计出了问题，整个制件就报废了，并且塑料也不能回收。IBM发现的新型聚合物保留了热固性塑料的所有优点，并且能够重新利用。IBM称这款聚合物比骨头还坚硬、能够自动复原、重量轻，并且可以100%回收。它可以用在物料外壳和半导体中，可以改变整个产业的生态。

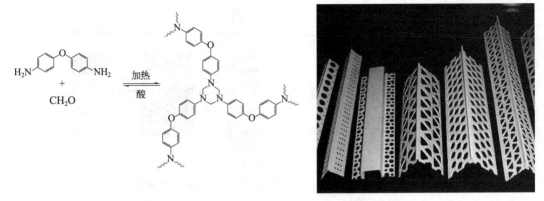

图 2-8　泰坦（PHT）塑料的合成、分解反应及其制品

2.6.2　高分子材料的老化

材料的老化（ageing），通常是指材料在使用、储存和加工过程中，由于受到光、热、氧、水、生物、应力等外来因素的作用，性能随时间变坏的现象。材料的耐老化性能又称耐候性（weatherability），是指材料暴露在日光、冷热、风雨等气候条件下的耐久性（即在使用条件下材料保持其性能的能力）。根据测试条件可分为自然气候老化和人工气候老化。

2.6.2.1　光氧化

聚合物在光的照射下，分子链的断裂取决于光的波长与聚合物的键能。一般聚合物键的离解能范围在 167～586kJ/mol，紫外线的能量在 250～580kJ/mol，容易使化学键发生解离。而在可见光范围内，聚合物一般不被解离，但呈激发状态，在氧存在下易于发生光氧化过程[式（2-39）、式（2-40）]。

$$R—H+O_2 \rightarrow R \cdot + \cdot O—OH \tag{2-39}$$

$$R \cdot +O_2 \rightarrow R—O—O \cdot \rightarrow RO_2H+R \cdot \tag{2-40}$$

此后开始连锁式的自动氧化降解过程。水、微量的金属元素特别是过渡金属及其化合物都能加速光氧化过程。

对于聚合物的光氧化过程，可加入光稳定剂来防止或延缓。紫外线吸收剂，如邻羟基二苯甲酮、水杨酸酯类化合物，可以将紫外线转变成可见或红外光，使能量降低；光屏蔽剂如炭黑，能与金属离子螯合，使催化剂失活；能量转移剂如镍、钴的络合物，能使激发的聚合物消除能量。

2.6.2.2　热氧化

聚合物的热氧化是热和氧综合作用的结果。热加速了聚合物的氧化，氧化过程首先形成了氢氧化物，再进一步分解而产生自由基活性中心，开始链式的氧化反应。

为获得对热、氧稳定的高分子材料制品，常需加入抗氧剂和热稳定剂。常用的抗氧剂有仲芳胺、受阻酚、苯醌、叔胺和硫醇等。而热稳定剂有有机锡、金属皂类化合物等。

2.6.2.3　化学侵蚀

化学侵蚀是指受到化学物质的作用，聚合物链发生化学变化而使性能变劣的现象，如聚合物的水解。光氧化和热氧化也可视为化学侵蚀。

2.6.2.4 生物侵蚀

生物侵蚀是指材料由于受虫蛀、发霉、细菌分解等作用而导致的性能变差。合成高分子材料一般具有极好的耐微生物侵蚀性，而软质聚氯乙烯制品因含有大量增塑剂容易受到微生物侵蚀。某些来源于动物、植物的天然高分子材料，也会受细菌和霉菌的作用。

材料的生物侵蚀具有两方面的意义：不利的一面是生物侵蚀会使材料发生破坏，性能变差，功能失效；而有利的一面则是能够消除剩余材料，使材料具有生物可降解性和循环性。

2.6.3 高分子材料的燃烧特性

2.6.3.1 燃烧过程和机理

燃烧通常是指在较高温度下物质与空气中的氧剧烈反应并发出热和光的现象。物质产生燃烧的必要条件是可燃、周围存在空气和热源。使材料着火的最低温度称为燃点或着火点。材料着火后，其自身的燃烧热不足以使未燃部分继续燃烧，即不能维持燃烧，称为阻燃、自熄或不延燃。

聚合物的燃烧过程包括：受热，氧化裂解出可燃气体；可燃性气体和氧气混合达到燃点着火燃烧；燃烧放出的热回馈到物质本身，使物质再裂解。如此循环反应，产生燃烧现象（图 2-9）。

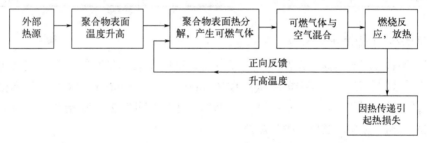

图 2-9 聚合物的燃烧过程

燃烧过程是一种复杂的自由基连锁反应过程，其中有高活性的·OH 自由基参与。聚合物的燃烧速度与·OH 自由基密切相关，若抑制其产生，就能达到阻燃目的。目前使用的阻燃剂很多就是基于这一原理来发挥作用的。

燃烧的区域从上到下可分为：

（1）燃烧产物区，为燃烧副产物生成区；

（2）火焰区，为高氧浓度的区域；

（3）气相加热反应区，除加速凝聚相的反应外，还有裂解产物扩散及热扩散，为放热阶段；

（4）凝聚相反应区，包含热裂解、热氧化、脱氧缩合、环化、炭化等，为放热阶段；

（5）凝聚相（固相及液相）和热区，包括熔融和水分蒸发，为吸热阶段。

对于不同的聚合物，其燃烧速度也不相同（表 2-5）。燃烧速度一般是指在外部辐射热源存在下，燃烧沿水平方向的传播速度，是聚合物燃烧性的一个重要指标。一般而言，烃类聚合物的燃烧热最大，而含氧聚合物则较小（表 2-6）。燃烧过程往往会产生有毒物和烟雾，如聚氨酯、聚酰胺、聚丙烯腈燃烧时会产生氰化氢，聚氯乙烯有氯化氢的产生。

表2-5 聚合物的燃烧速度　　　　　　　　　　　　　单位：mm/min

聚合物	燃烧速度	聚合物	燃烧速度	聚合物	燃烧速度
聚乙烯	7.6～30.5	PMMA	15.2～40.6	PVC	自熄
聚丙烯	17.8～40.6	PC	自熄	聚偏二氯乙烯	自熄
聚丁烯	27.9	聚砜	自熄	尼龙	自熄
聚苯乙烯	12.7～63.5	硝酸纤维素	迅速燃烧	脲醛树脂	自熄
苯乙烯—丙烯腈共聚物	10.2～40.6	醋酸纤维素	12.7～50.8	聚四氟乙烯	不燃
ABS	25.4～50.8	氯化聚乙烯	自熄		

表2-6 聚合物的燃烧发热值　　　　　　　　　　　　单位：kJ/g

聚合物	燃烧发热值	聚合物	燃烧发热值
软质PVC	46.6	PVC	18～28
硬质PVC	45.8	赛璐珞	17.3
聚丙烯	43.9	酚醛树脂	13.4
聚苯乙烯	40.1	聚四氟乙烯	4.2
ABS	35.2	玻璃纤维增强塑料	18.8
聚酰胺	30.8	氯丁橡胶	23.4～32.6
聚碳酸酯	30.5	煤	23.0
PMMA	26.2	木材	14.6

2.6.3.2 氧指数（极限氧指数）

氧指数（oxygen index）是指在规定的条件下，试样在氧气和氮气的混合气流中维持稳定燃烧所需的最低氧气浓度，也称极限氧指数（limiting oxygen index，LOI）。氧指数用混合气流中氧所占的体积分数表示，例如空气中氧21%，氧指数即为21。氧指数是衡量聚合物燃烧难易的重要指标，氧指数越小则越易燃烧。

当氧指数<22时，材料易燃；氧指数在22～27的为难燃材料，具自熄性；氧指数在27以上则为高难燃材料，如聚氯乙烯、聚四氟乙烯等（表2-7）。

表2-7 几种聚合物的氧指数

聚合物	氧指数	聚合物	氧指数	聚合物	氧指数
聚乙烯	17.4～17.5	聚酰胺	26.7	聚碳酸酯	26～28
聚丙烯	17.4	软质PVC	23～40	环氧树脂	19.8
氯化聚乙烯	21.1	聚乙烯醇	22.5	氯丁橡胶	26.3
PVC	45～49	聚苯乙烯	18.1	硅橡胶	26～39
聚四氟乙烯	79.5	PMMA	17.3		

2.6.3.3 耐燃性

除氧指数以外，还用耐燃性来描述材料的燃烧性能。耐燃性（flame resistance）是指材料接触火焰时，阻止燃烧或离开火焰时阻碍继续燃烧的能力。UL94是表示塑料"阻燃性"的一种指标。UL94有多种试验方法，主要有UL94-HB试验、UL94-V试验和UL94-5V试验。

UL94-HB试验是用来测试材料的"燃烧速度"。将试样平放，用燃烧器火焰烧烤其一端并持续 30s；试样着火后，测量标线间的燃烧速度。

UL94-V 试验与 UL94-HB 试验不同，与 UL94-HB 试验相比，材料要具有更高的阻燃性。将试样垂直悬吊起来，在下方铺上脱脂棉。接着将燃烧器火焰调为规定要求，持续烧烤 10s 后移开燃烧器，并从此时开始记录试样的燃烧时间（第一次燃烧）。燃烧结束后，用火焰再次烧烤 10s 并记录燃烧时间（第二次燃烧）。燃烧结束后，记录从此时起直到赤热消散完全变黑的时间（称作炽热时间）。此外还要检查燃烧部分是否局部落下以及下方铺设的脱脂棉是否燃烧（称作滴落燃烧）进行评价。根据评价结果来确定燃烧性等级，分为 V-0、V-1 和 V-2 三个等级，UL94 V-0 级的耐燃性最好。

UL94-5V 试验比 UL94-V 更加严格。试验分为两个阶段。首先将条状试样垂直放置并进行燃烧试验，用强大火力进行试验，重复烧烤 5s、移开 5s 步骤各五次，从移开火焰时起开始测量燃烧时间。此外还要检查下方的脱脂棉是否会被落下的燃烧部分引燃。通过垂直燃烧试样合格，用平板进行试验，将结果被划分为 5VA 或 5VB，前者的耐燃性优于后者。

2.6.3.4　聚合物的阻燃

聚合物的阻燃性就是它对早期火灾的阻抗特性。含有卤素、磷原子等的聚合物一般具有较好的阻燃性。但大多数聚合物是易燃的，常需加入阻燃剂、无机填料等来提高聚合物的阻燃性。阻燃剂（fire retardant）就是指能保护材料不着火或使火焰难以蔓延的助剂。阻燃剂的介绍详见第 3 章第 1 节。

提高聚合物的阻燃性，能够更好地提高制品的性能，保护人们的生命安全。具体以室内装修材料来说，可以通过下列方法进行耐燃化处理。

（1）减少材料中的可燃物。在材料中掺混泥、玻璃纤维等，降低其发热量，如纤维水泥板等。

（2）阻断氧气。将材料表面敷以金属箔片等做成薄层，可阻止可燃气体的放出，达到耐燃的功效，如一些复合层结构材料。

（3）抑制热传导。将材料涂以发泡性防火涂料等，以降低朝向基材的热传导，或利用脱水反应的吸热过程以及利用碳化层降低热传导。

（4）抑制气相反应。添加含有难燃剂或经难燃剂处理的物质来抑制燃烧反应，效果相当有效。

（5）复合化处理。利用多种耐燃处理手法，使材料达到耐燃的目的。

2.6.4　力化学性能

聚合物的力化学性能是指在机械力作用下所产生的化学变化，如在塑炼、挤出、破碎、粉碎、摩擦、磨损、拉伸等过程中导致的化学变化。力化学过程对聚合物的加工、使用、制备等方面具有十分重要的作用和意义。

2.6.4.1　力化学过程

20 世纪初，F.W.奥斯特瓦尔德就提出了力化学的概念。他指出，机械能对化学反应的影响和其他形式的能量（如电、光、热等）对化学反应的影响一样，也属于物理化学的范畴，并定义力化学是化学的一个分支。力化学研究各种聚集态的物质在机械作用下发生的化学和物理化学变化。

不同形式的能量对化学过程的作用机制是不同的，其中最重要的差别表现在对被作用物的活化机制方面。摩擦可以使相互接触的物体温度升高，因此曾有人认为机械能通过热能转化为化学能，本质上和热活化机制是一样的。但是，某些实验已经证明，在某些化学过程中机械能并不是通过热能形式发生作用的，机械能可直接转化为化学能。

大分子链在力的作用下，发生形变，从而产生键长、键角的改变，在形变段上势能增加，键能减弱，因而进行化学反应的活化能下降，即力活化加速化学过程或其他过程。如拉伸的橡胶容易氧化，是由于在力的作用下其氧化过程的活化能降低。

2.6.4.2　力降解

聚合物在塑炼、破碎、挤出、磨碎、抛光、变形及溶液强力搅拌等过程中，由于受到机械力的作用，大分子断链、分子量下降的力化学现象称为力降解。力降解的程度、速度及结果与聚合物的化学特性、链的构象、分子量以及存在的自由基受体特性、介质性质以及机械力的类型等都有密切的关系。

力降解会使聚合物的分子量下降，分子量分布变窄。分子量大的聚合物对力的作用更敏感，降解程度更大，其结果是使分子量分布变窄（图 2-10）。

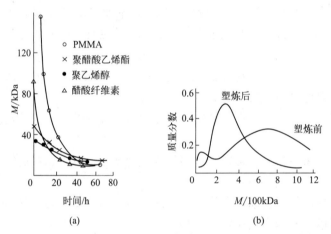

图 2-10　几种聚合物的力降解动力学曲线（a）和丁苯橡胶分子量分布的变化（b）

力降解过程往往能产生新的端基和极性基团。非极性聚合物中可能生成极性基团；碱性端基可能变成酸性；饱和聚合物中可能会生成双键。例如聚乙烯甚至在拉伸时也能生成大量的含氧基团。

力降解过程还会引起聚合物溶解度的改变。溶解度的变化实质上是由于分子量下降、端基变化及主链结构改变所致，一般情况下是使聚合物变得更容易溶解。

力降解后可塑性改变。如橡胶的塑炼过程，由于分子量的改变，橡胶的可塑性提高。

某些含有双键或 α-次甲基等的线形聚合物在机械力作用下会形成交联网络，称为结构化作用。根据条件的不同，可能发生交联或力降解和力交联同时进行。例如聚氯乙烯在 180℃ 塑炼时，同时发生力化学降解和结构化。

力化学流动则是由于力降解，不熔的交联聚合物变成可熔状态并能发生流动，生成分散体，并可在新状态下重新结合成交联网络的现象，在宏观上产生不可逆流动。如马来酸聚酯、酚醛树脂、硫化橡胶等。

2.6.4.3　力化学合成

力化学合成是指聚合物-聚合物、聚合物-单体、聚合物-填料等体系在机械力作用下生成均聚物及共聚物的化学合成过程。

当一种聚合物发生力裂解时，生成的大分子自由基与大分子中的反应中心作用进行链增长反应，产生支化或交联。两种以上不同的聚合物发生力化学合成时，可以合成接枝、嵌段共聚物，这对于聚合物共混非常重要，能够起到增容的作用，如聚氯乙烯与聚苯乙烯的力化学共聚物。当聚合物和一种或几种单体作用时，也可以合成一系列接枝、嵌段共聚物，如马来酸酐与天然橡胶、丁苯胶的力化学共聚物等。聚合物或单体也可以和填料发生化学结合，如聚丙烯和磺化木质素可以共加工生成支化、接枝体系，可用作薄膜材料。

📗 延伸阅读

力化学在食品
加工中的应用

参考文献

[1]　胡凌云.浅谈金属布氏硬度、洛氏硬度检测适用范围[J].机械管理开发，2012，5（47）：91-92.

[2]　朱贤，冀勇夫，张建可，白品贤，韩源洲.聚氨酯泡沫塑料的低温热导率[J].宇航学报，1984，5（2）：257-260.

[3]　Xiangqing Jia，Chuan Qin，Tobias Friedberger，Zhibin Guan，Zheng Huang.Efficient and selective degradation of polyethylenes into liquid fuels and waxes under mild conditions[J].Science Advances，2016，2（6）：1-7.

[4]　García J M，Jones G O，Virwani K，McCloskey B D，Boday D J.Recyclable, strong thermosets and organogels via paraformaldehyde condensation with diamines[J].Science，2014，344（6185）：732-735.

[5]　汤坚，丁霄霖.玉米淀粉的挤压研究[J].无锡轻工业学院学报，1994，1（13）：1-9.

思考题

1. 高分子链结构有哪些类型？链结构与聚合物性能之间的关系是什么？

2. 高分子的结晶与取向是指什么？它们的联系与区别是什么？举例简要说明结晶与取向对高分子材料性能的影响。

3. 高分子材料的硬度有哪些测试方法？原理是什么？

4. 高分子材料的热导率是指什么？请以聚氨酯泡沫为例简述其影响因素。

5. 高分子材料的化学反应有哪些类型？以维尼纶为例简述高分子化学反应的重要应用。

6. 高分子材料的老化方式有哪些？如何通过材料的设计来减缓？

7. 高分子材料降解的难点是什么？现在的研究进展有哪些？如何认识高分子材料的老化与降解？

8. 高分子材料的燃烧机理是什么？如何设计阻燃高分子？

9. 高分子材料的力化学性能是指什么？有哪些应用？

第 3 章 塑料

3.1 概述

1846 年的一天，瑞士巴塞尔大学的化学教授舍恩拜因（C.Schonbein）在自家的厨房里做实验，不小心把正在蒸馏硝酸和硫酸的烧瓶打破在地板上。他顺手用妻子的围裙擦干了地板，然后把洗净的围裙挂在火炉旁烘干。就在快要烘干时，围裙突然自燃起来，并瞬间化为灰烬。为了揭开围裙自燃的秘密，舍恩拜因找来了一些棉花，并把它们浸泡在硝酸和硫酸的混合液中，然后用水洗净，很小心地烘干，最后得到一种淡黄色的棉花，这就是硝化（酸）纤维素（cellulose nitrate, CN）。它很易燃烧，甚至爆炸，被称为火棉，可用于制造炸药。这是人类制造的第一种高分子化合物。虽然远在这之前，中国人就知道利用纤维素造纸，但是改变纤维素的成分，使它成为一种新的高分子化合物，这还是第一次。

舍恩拜因深知这个发现的重要商业价值，他在杂志上只发表了新炸药的化学式，却没有公布反应式，而把反应式卖给了商人。但由于生产太不安全，到 1862 年奥地利的最后两家火棉厂被炸毁后就停止了生产。可是化学家对硝化纤维素的研究并没有终止。英国冶金学家、化学家帕克斯发现硝化纤维素能溶于乙醚和酒精中。在空气中溶剂蒸发后可得到一种角质状的物质。美国印刷工人海厄特发现在这种物质中加入樟脑会提高韧性，而且具有加热时软化，冷却时变硬的可塑性，很容易加工。这种用樟脑增塑的硝化纤维素就是历史上第一种塑料（plastics），称为赛璐珞（celluloid）。它被广泛用于制作乒乓球、照相胶卷、梳子、眼镜架和指甲油等。

当前高分子材料已成为最重要的材料之一，体积消费量早已超过钢材，其中塑料是消费量最大的高分子材料。2021 年，我国初级形态的塑料产量已达 11198.41 万吨，全国塑料制品产量达 8004 万吨，同比增长 5.90%。塑料是指以聚合物为主要成分，在一定条件（温度、压力等）下可塑制成一定形状并且在常温下保持其形状不变的材料，习惯上也包括塑料的半成品（如压塑粉等），一般指具有一定硬度的材料，有时也可以是软的，如聚氯乙烯和聚乙烯薄膜。通常来说，塑料的弹性较小。

塑料的内聚能介于纤维与橡胶之间，使用温度范围在其脆化温度和玻璃化转变温度之间。但是，同一种聚合物，由于制备方法、制备条件及加工方法的不同，常常既可作塑料用，也可作纤维或橡胶用。例如，聚酰胺既可作塑料，也可作纤维用。作为高分子材料主要品种之一，目前世界上投入生产的塑料大约有三百多种。

3.1.1 分类及性能

（1）塑料的分类

根据组分数目,塑料可分为单组分塑料和多组分塑料。塑料中聚合物的含量一般为 40%～

100%。单组分的塑料基本上是由聚合物组成的，不加任何添加剂，如聚四氟乙烯；或只加少量添加剂，如聚乙烯（polyethylene）、聚丙烯（polypropylene）、聚甲基丙烯酸甲酯（polymethyl methacrylate）等。大多数塑料如酚醛塑料（phenolic plastic）和聚氯乙烯（polyvinyl chloride）是一个多组分体系，除基本组分聚合物之外，还包含各种各样的添加剂。

根据对热的表现不同，塑料可分为热塑性塑料（thermoplastic plastics）和热固性塑料（thermoseting plastics）两大类。热塑性塑料是指在特定温度下能反复加热软化和冷却硬化的塑料。热塑性塑料占塑料总产量的 80% 以上，主要品种有聚乙烯、聚丙烯、聚氯乙烯、聚苯乙烯（polystyrene）、聚酰胺等，以及由这些塑料并用组成的共混物或塑料合金。热固性塑料是指在一定条件（如加热、加压）下，能通过化学反应固化成不熔不溶性的塑料。热固性塑料由单体直接形成网状聚合物或通过交联线形预聚物而形成；一旦形成交联聚合物，受热后不能再恢复到可塑状态，固化与成型过程同时完成。热固性塑料的主要品种有酚醛树脂、氨基树脂（amino resin）、不饱和聚酯（unsaturated polyester）、环氧树脂（epoxy resin）、呋喃树脂（furan resin）等及其改性树脂为基体制成的塑料。

按塑料的使用领域分类，可分为通用塑料（general-purpose plastics）和工程塑料（engineering plastics）两大类。通用塑料是指产量大、用途广、价格较低、力学性能一般、主要作非结构材料使用的塑料，主要包括六大品种，即聚乙烯、聚氯乙烯、聚苯乙烯、聚丙烯、酚醛树脂和氨基树脂，其产量占塑料总产量的 80% 以上，构成了塑料工业的主体。工程塑料是指能承受一定的外力，具有良好的力学性能和尺寸稳定性，在高、低温下能保持其优良性能，可用作工程结构制件的塑料。这类塑料机械强度高或具备耐高温、耐腐蚀、耐辐射等特殊性能，因而可替代金属作某些机械构件或作其他特殊用途。主要品种有聚酰胺、聚碳酸酯（polycarbonate）、聚甲醛（polyoxymethylene, polyformaldehyde）、聚醚醚酮（polyether ether ketone）等十几种。近年来随着科学技术的迅速发展，对高分子材料性能的要求越来越高，工程塑料的应用领域不断拓展，产量逐年增大，使工程塑料与通用塑料之间的界限变得模糊，难以截然划分。如聚丙烯经过改性后也可作工程塑料，而 ABS 随着其价格降低也可作通用塑料。

（2）塑料的性能

塑料具有质轻、比强度高、电绝缘、耐化学腐蚀、容易成型加工等特点。塑料的密度范围为 $0.9 \sim 2.3\text{g/cm}^3$，仅为钢铁的 $1/8 \sim 1/4$，铝的 $1/2$ 左右，密度的大小主要由使用的填料决定。各种泡沫塑料的密度更低，约为 $0.01 \sim 0.5\text{g/cm}^3$。按单位质量计算的强度称为比强度。有些增强塑料的比强度接近甚至超过钢材。几乎所有的塑料都具有优异的电绝缘性能，表面电阻约为 $10^9 \sim 10^{18}\Omega$，因而广泛用作电绝缘材料。塑料中加入导电的填料，如金属粉、石墨等，或经特殊处理，可制成具有一定电导率（conductivity）的导体或半导体以供特殊需要。塑料也常用作绝热材料。许多塑料的摩擦系数很低，可用于制造轴承、轴瓦、齿轮等部件，且可用水作润滑剂，如聚酰胺（polyamide）、聚四氟乙烯（polytetrafluoroethylene）等。同时，有些塑料的摩擦系数较高，如芳香族聚酯，可用于制作制动装置的摩擦零件，如刹车片等。

塑料的缺点主要是，力学性能比金属材料差，表面硬度也较低，大多数品种易燃，耐热性较差。在外加载荷作用下，塑料会缓慢地产生塑性流动或变形，即蠕变（creep）现象。此外，塑料易受大气和阳光中的氧气、水分、紫外光、臭氧等因素影响，发生老化。

3.1.2　组分及作用

常用的塑料添加剂可分成四种类型：有助于加工的润滑剂、热稳定剂和脱模剂；改进力学性能的填料、增塑剂、增强剂和抗冲改性剂；改善耐热性的阻燃剂；提高耐老化的各种稳定剂。各类助剂、作用和代表性物质见表 3-1。

表 3-1 助剂种类及作用

助剂类型	作　用	常用物质
填料及增强剂	降低成本和收缩率，也可改善塑料某些性能（如增加模量和硬度，降低蠕变等）	炭黑、二氧化硅（白炭黑）、玻璃纤维、碳纤维
偶联剂	提高聚合物与填充剂之间的结合性能	硬脂酸、甲基丙烯酸、硅氧烷、钛酸酯
增塑剂	降低塑料的软化温度范围和提高其加工性能、柔韧性或延展性	邻苯二甲酸酯、樟脑、磷酸酯
稳定剂	维持塑料性能，延缓材料老化，包括抗氧剂、热稳定剂、紫外线吸收剂、变价金属离子抑制剂、光屏蔽剂等	酚类和芳胺类抗氧剂、亚磷酸三苯酯、多羟基苯酮类
润滑剂	防止塑料在成型加工过程中发生粘模现象	固体石蜡、低分子量聚乙烯、脂肪酸
抗静电剂	降低电阻来减少摩擦电荷，从而减少或消除制品表面静电荷的形成	硫酸或磷酸衍生物、胺类、季铵盐、咪唑啉
阻燃剂	阻止聚合物燃烧、降低燃烧速度或提高着火点	含氮/卤系阻燃剂
着色剂	给塑料制品着色	偶氮类、蒽醌类、荧光粉
发泡剂	受热时会分解放出气体制备泡沫塑料	偶氮二甲酰胺、碳酸氢铵
固化剂	催化或参与热固性塑料的交联固化	六亚甲基四胺、过氧化二苯甲酰

商业上各类主要的添加剂可以查询塑料助剂手册。其作用简单介绍如下。

3.1.2.1 填料及增强剂

填充剂（filler）包括填料及增强剂，一般是粉末状或纤维状的物质，对聚合物呈惰性。有活性作用和增强性能的填充剂，称为增强剂（reinforcer）。最常用的是玻璃纤维（glass fiber）、石棉纤维（asbestos fiber），新型的增强剂有碳纤维（carbon fiber）、石墨纤维（graphite fiber）和硼纤维（boron fiber）等。没有活性（惰性）作用的填充剂，主要起增量作用，又可称为填料。填料的主要功能是降低成本和收缩率，在一定程度上也有改善塑料某些性能的作用，如增加模量和硬度、降低蠕变等。例如，钛酸钾晶须增强 PC 复合材料的弹性模量、弯曲强度、拉伸强度，冲击强度、断裂伸长率下降。主要的填料种类有：硅石（石英砂）、硅酸盐（云母、滑石、陶土、石棉）、碳酸钙、金属氧化物、炭黑、白炭黑（二氧化硅）、玻璃珠、木粉等。增强剂和填料的用量一般为 20%～50%。

填充剂与聚合物的相互作用对填充效果至关重要。填充剂的加入并不是单纯的混合，而是彼此之间存在次价力，虽然很弱，但具有加合性。当聚合物分子量较大时，总的加合力非常可观，从而改变了聚合物分子的构象平衡和松弛时间，进一步改变聚合物的结晶和溶解性能，提高玻璃化转变温度和硬度。填充剂的大小、形状、表面性能会影响塑料性能，填料尺寸越小对塑料制品性能的改进作用越大。为了改善填料在塑料中的分散状况，使成型加工过程更为方便，除了直接添加外，还可以在填料中加入少量聚合物及其他助剂，制成填料含量极高的填充母料（filler masterbatch）出售，成型加工时直接使用即可。

3.1.2.2 偶联剂

为了改善聚合物与填充剂之间的结合性能，一般先使用偶联剂处理填充剂。偶联剂（coupling agent）是一种增加无机物与有机聚合物之间亲和力且具有两亲性结构的物质，在无机物和聚合物之间通过物理缠结或进行化学反应形成牢固的化学键，从而使两种性质差异很大的材料紧密结合起来。主要种类有硅氧烷类、钛酸酯类和铝酸酯类偶联剂等，如 KH-550（γ-氨丙基三乙氧基硅烷）、KH-560（γ-缩水甘油醚氧丙基三甲氧基硅烷）、钛酸丁酯等。而铝酸酯偶联剂是我国独自开发的偶联剂新品种，其结构与钛酸酯偶联剂相似，以铝原子为中心，具有可水解基团和其他有机基团。偶联剂的使用可加强塑料制品中聚合物与填充物的结合作用，进一步增强塑料的性能或降低材料的成本。

$$(CH_3CH_2O)_3SiCH_2CH_2CH_2{-}NH_2$$

KH-550

$$(CH_3O)_3SiCH_2CH_2CH_2OCH_2CH{-}CH_2$$

KH-560

$$Ti(OCH_2CH_2CH_2CH_3)_4$$

钛酸丁酯

$$Al(OR)_3$$

铝酸酯

利用玻璃纤维增强尼龙，未经处理玻璃纤维增强尼龙的弯曲强度（bending strength、flexural strenth）、拉伸强度（tensile strength）和冲击强度（impact strength）均比纯尼龙有所降低；如果先用 KH-550 处理玻璃纤维，提高玻璃纤维与尼龙基底的结合力，则增强尼龙的各项性能都比纯尼龙有明显提高。

3.1.2.3 增塑剂

为降低塑料的软化温度范围和提高其加工性能、柔韧性或延展性，加入的低挥发性或挥发性可忽略的物质称为增塑剂（plasticizer），这种作用称为增塑作用（plasticization）。增塑剂是塑料制品加工中极其重要的助剂。在塑料制品中添加增塑剂，可以削弱聚合物分子间的相互吸引力即范德华力，从而增加聚合物分子链的运动性，降低聚合物分子链的结晶性，亦即增加了聚合物的塑性。表现为聚合物的熔融黏度下降、流动性增大，制品的硬度、模量、软化温度和脆化温度下降，而伸长率、挠曲性和柔韧性则提高。当前增塑剂主要用于聚氯乙烯、纤维素、醋酸乙烯树脂、合成橡胶、涂料等合成材料。

增塑剂可分为主增塑剂和副增塑剂两类。主增塑剂的特点是与聚合物的混溶性好、塑化效率高。副增塑剂与聚合物的混溶性较差，过量易渗出，主要是与主增塑剂一起使用，以降低成本，故也称为增量剂。主要的增塑剂品种有邻苯二甲酸酯类，如邻苯二甲酸二丁酯（DBP）、邻苯二甲酸二辛酯（DOP）、邻苯二甲酸二（2-乙基）己酯（DEHP）等。增量剂包括环氧类、磷酸酯类、癸二酸酯类和氯化石蜡。樟脑是纤维素塑料的增塑剂。80%左右的增塑剂用于聚氯乙烯塑料，此外还有聚醋酸乙烯酯和纤维素塑料。

邻苯二甲酸酯类增塑剂　　邻苯二甲酸二(2-乙基)己酯(DEHP)　　樟脑

聚氯乙烯（PVC）是一种在玩具制造业中被广泛使用的通用型热塑性树脂，其综合性能优良，原料价廉易得，生产工艺成熟，能进行大规模工业化生产，目前产量仅次于聚乙烯位居第二位，总产量占全部塑料的20%左右。但 PVC 熔点高、分解温度低，难于加工成型。因此，加工时必须加入增塑剂以提高可塑性。邻苯二甲酸酯是一种使用最广泛，性能最好也是最廉价的 PVC 增塑剂。目前在全球几乎所有的海洋、大气、饮用水、动植物及初生婴儿体内都可不同程度地检出邻苯二甲酸酯类增塑剂，已经形成了比较严重的环境污染。

在早期的研究中，认为邻苯二甲酸酯的毒性较低，从啮齿动物的半数致死量（LD_{50}）值断定其急性毒性相当于食糖，比乙醇小 90%，只有食盐的 25%～50%，所以认为对人体没有急性毒害。美国国家癌症研究所发现大剂量的邻苯二甲酸二辛酯（DEHP）会引起老鼠致癌以后，人们又开始对 DEHP 的毒性及致癌问题展开日益激烈的争论。然而，至今还没有找到一例邻苯二甲酸酯类直接导致人致畸、致癌的证据。PVC 塑料一直以来被认为是一种安全无毒且具有良好性能的廉价材料，已经被国际玩具制造业所广泛采用。美国科学与卫生委员会特别成立了 PVC 塑料增塑剂问题专门调查小组，结论是不能直接证明含有增塑剂的 PVC 塑料制造的玩具及医疗用品有害。但目前可以肯定的是，邻苯二甲酸酯是一类典型的环境激素和人类的生殖毒性物质，对儿童的性腺发育有害。

自 20 世纪 90 年代以来，在一些环保组织的推动下，在世界范围内的公众中形成了一股对塑胶玩具的恐慌。他们在欧洲国家宣传抵制 PVC 塑胶玩具，并先后在部分欧洲国家如丹麦、瑞典、芬兰、意大利、法国取得了对 PVC 塑料玩具的不同程度的禁令。欧盟于 1999 年 12 月 7 日正式作出一项决议（1999/815/EC），通过了一项临时禁令。该禁令针对三岁以下儿童的、与口接触的 PVC 塑料制品中的六种增塑剂（DEHP、DBP、BBP、DNOP、DINP、DIDP）进行了限制。2003 年 1 月，欧盟议会和欧盟理事会通过了 RoHS 指令，两年后欧盟 2005/618/EC 决议又规定了六种邻苯二甲酸酯类增塑剂，包括邻苯二甲酸二辛酯（DEHP）、邻苯二甲酸二异壬酯（DINP）、邻苯二甲酸二丁酯（DBP）、邻苯二甲酸二异癸酯（DIDP）、邻苯二甲酸二（正）辛酯（DNOP）、邻苯二甲酸丁苄酯（BBP）的最大限量。

目前世界上对于环保增塑剂研制明显滞后于生产和生活的需要，迫切需要研发具有无害、价廉、节能、助剂效果好等优点的新型环保增塑剂。当前，替代邻苯二甲酸酯类增塑剂的新型环保增塑剂已取得了一定的进展，主要有柠檬酸酯类增塑剂、植物油基增塑剂、聚合物型增塑剂和离子液体增塑剂等。

至 2014 年，巴斯夫公司推出的非邻苯二甲酸酯类增塑剂 Hexamoll DINCH[环己烷 1,2-二甲酸二异壬基酯，$C_{26}H_{48}O_4$，式（3-1）]装置的产能已从 10kt 增加到 20kt。Hexamoll DINCH 几乎完全不溶于水，能溶于常规的有机溶剂，并能与所有常用于 PVC 中的小分子增塑剂混合和相容。其最大的特点是安全性更好。最初的需求是制造玩具和日用产品，目前已进一步在医疗领域和食品包装领域不断得到应用。例如在输血袋、营养输液管、导尿管和呼吸面罩等一些十分敏感的应用领域，该增塑剂显示了突出的稳定性。该增塑剂在室内用品如壁纸中的应用需求也不断增长。巴斯夫公司称长期广泛的研究和测试，证明 Hexamoll DINCH 是市场上最好的增塑剂，已被德国联邦风险评估研究所批准可用于食品接触的产品。Hexamoll DINCH 另一个优点是极低的迁移性，能够与 ABS、SAN、PC 等树脂材料安全结合，确保产品具有较长的使用寿命和优异性能。

$$（3-1）$$

3.1.2.4　稳定剂

稳定剂（stabilizer）又称为防老剂（antiager），它包括抗氧剂（antioxydant）、热稳定剂（heat stabilizer）、紫外线吸收剂（UV absorber）、变价金属离子抑制剂、光屏蔽剂等。

能抑制或延缓聚合物氧化过程的助剂称为抗氧剂。按作用机理，可将抗氧剂分为主抗氧剂、助抗氧剂和金属钝化剂。主抗氧剂的结构中含有自由基捕捉剂、电子给体或质子给体，通过偶合反应（终止反应）或给出一个氢原子阻止聚合物中自由基的破坏作用。助抗氧剂主要是过氧化物分解剂，阻止过氧化物在聚合物氧化过程中引发新的自由基，可使聚合物的降解速率下降，稳定性提高。按化学结构，抗氧剂可分为取代酚类、芳胺类、亚磷酸酯类等。一般而言，酚类抗氧剂对制品无污染和变色性，适用于烯烃类塑料或其他无色及浅色塑料制品。芳胺类抗氧剂的抗氧化效果好于酯类且兼具光稳定的作用，但是具有污染性和变色性。亚磷酸酯类是一种不着色抗氧剂，常用作辅助抗氧剂。含硫酯类同样作为辅助抗氧剂用于聚烯烃中，与酚类抗氧剂并用具有显著的协同效应。酚类和芳胺类是抗氧剂的主体，其产耗量约占总量的 90% 以上。

取代酚类　　　　芳胺类　　　　亚磷酸酯类

　　热稳定剂主要用于聚氯乙烯及其共聚物。聚氯乙烯在热加工过程中，在达到熔融流动之前常有少量大分子链断裂放出氯化氢，而氯化氢会进一步加速分子链断裂的连锁反应。加入适当的碱性物质来中和分解出来的氯化氢可防止大分子进一步发生断链，这就是聚氯乙烯热稳定剂的作用原理。常用的热稳定剂有金属盐类和皂类，主要的有盐基硫酸铅和硬脂酸铅，其次有钙、镉、锌、钡、铝的盐类及皂类。有机锡类（$RnSnX_{4-n}$）是聚氯乙烯透明制品必须用的稳定剂，它还有良好的光稳定作用。环氧化油和酯类是辅助稳定剂也是增塑剂。螯合剂（chelating agent）是能与金属盐类形成络合物的亚磷酸烷酯或芳酯，单独使用并不见效，与主稳定剂并用才显示其稳定作用。最主要的螯合剂是亚磷酸三苯酯。

　　光稳定剂能有效抑制紫外线的破坏、减轻聚合物的光劣化程度、延长聚合物寿命。波长为 290～350nm 的紫外线能量达到 365～407kJ/mol，足以使大分子主链断裂，发生光降解。根据光稳定剂的作用机理，可将其分为光屏蔽剂、紫外线吸收剂、淬灭剂和自由基捕捉剂。光屏蔽剂是一类能将有害于聚合物的光波吸收，然后将光能转换成热能散射出去或将光反射掉，从而对聚合物起到保护作用的物质。光屏蔽剂主要有炭黑、氧化锌、钛白粉、锌钡白等黑色或白色的能吸收或反射光波的化学物质。紫外线吸收剂是一类能吸收紫外线或减少紫外线透射作用的化学物质，能将紫外线的光能转换成热能或无破坏性的较长光波的形式，从而把能量释放出来，使聚合物免遭紫外线破坏。常用的紫外线吸收剂有多羟基苯酮类、水杨酸苯酯类、苯并三唑类、磷酰胺类等（一些典型结构如下）。淬灭剂和自由基捕捉剂则是能够有效地淬灭激发态高分子的能量，或具有足够能力捕获光氧化过程产生的自由基的物质。各种聚合物对紫外线的敏感波长不同，各种光稳定剂对聚合物的稳定化作用方式也差异很大，应适当选择才能达到满意的光稳定效果。

2-羟基-4-甲氧基二苯甲酮　　　　　　　2-(2′-羟基-5′-辛基苯基)苯并三唑

邻羟基苯甲酸苯酯　　　　　　　六甲基磷酰三胺

二苯甲酮类化合物结构中苯环上的羟基氢和相邻的羰基氧之间，可以形成分子内氢键而构成螯合环。当吸收紫外线后，分子发生热振动，氢键被破坏、螯合环打开，此时化合物处于不稳定的高能状态，在恢复到原来的低能稳定状态过程中，释放出多余的能量。这样，高能量、有害的紫外光变成了能量低、无害的热能。同时，羰基被激发，发生互变异构现象，生成烯醇式结构也能消耗一部分能量。例如，2-羟基-4-甲氧基二苯甲酮是一种广谱紫外线吸收剂，具有吸收率高、无毒、无致畸作用，对光、热稳定性好等优点。可以同时吸收 UV-A 和 UV-B，是美国 FDA 批准的 I 类防晒剂，在美国和欧洲使用频率较高。它广泛用于防晒膏、霜、蜜、乳液、油等防晒化妆品中，用量 0.1%～0.5%；也可作为因光敏性而变色产品的抗变色剂。目前也广泛用在塑料、化纤、油漆及石油制品中，特别适用于浅色透明制品，对聚氯乙烯、聚酯、丙烯酸酯树脂、聚苯乙烯和浅色透明家具等特别有效。作为聚乙烯等合成塑料的优良稳定剂，用量为 0.5%～1.5%。

变价金属离子抑制剂能与变价金属离子的盐形成络合物，从而消除这些金属离子的催化氧化活性。变价金属离子如铜、锰、铁离子能加速聚合物（特别是聚丙烯）的氧化老化过程。航空润滑油在使用过程中也常与变价金属离子接触。常用的变价金属离子抑制剂有醛和二胺缩合物、草酰胺类、酰肼类、三唑和四唑类化合物等。例如，草酰双苯胺[式（3-2）]是优良的变价金属离子抑制剂，对控制或延缓因变价金属离子催化氧化某些树脂老化有特别作用。

$$\text{(3-2)}$$

3.1.2.5 润滑剂

润滑剂（lubricant）是可以防止塑料在成型加工过程中发生粘模现象的助剂，又称为脱模剂（releasing agent），可分为内脱模剂和外脱模剂两种。外润滑剂的主要作用是使聚合物熔体能顺利离开加工设备的热金属表面，利于脱模。外润滑剂分子具有较长的非极性碳链，分子极性小，与聚合物的相容性差，一般不溶于聚合物，只能在聚合物与金属界面处形成薄薄的润滑剂层。内润滑剂与聚合物具有良好的互溶性，能降低聚合物分子间的内聚力，从而有助于聚合物流动并降低内摩擦所导致的升温。最常用的外润滑剂有固体石蜡、低分子量聚乙烯、硬脂酸等；内润滑剂有脂肪醇、脂肪酸低级醇酯、磷酸酯等。金属皂类是重要的热稳定剂，但同时也具有润滑功能，一般兼具内、外润滑剂的作用。润滑剂的用量一般为 0.5%～1.5%。

3.1.2.6 抗静电剂

由于塑料几乎都是绝缘体，含水极少，在成型加工中因动态应力和操作摩擦作用，或使用过程中的摩擦都会产生静电，电荷不能及时传导或泄漏，因而在表面蓄积起来，造成各种各样的静电危害。由于静电吸引力，在塑料薄膜的制造过程中易发生黏附；塑料制品会吸附空气中的灰尘和其他脏东西，影响制品美观。静电也会导致精密仪器失真、存储器破坏甚至电子元件报废。静电还会引起火灾、爆炸、电击等事故。为了避免此类事故，在某些场合塑料制品的使用必须作抗静电处理。添加抗静电剂可使塑料制品具有永久抗静电性能。抗静电剂的作用是通过降低电阻来减少摩擦电荷，从而减少或消除制品表面静电荷的形成。抗静电剂主要是表面活性剂（surfactant），其分子结构中同时含有亲水性和亲油性两种基团；通过调整亲水基和亲油基的比例就可以制造油溶性或水溶性的抗静电剂。主要的抗静电剂有硫酸或磷酸衍生物、胺类、季铵盐、咪唑啉和环氧乙烷衍生物等。

抗静电剂可分为外部涂敷和内部混合两种。外部涂敷是指将抗静电剂用水、醇、醚等溶剂配制成适当浓度的溶液后，通过浸渍喷涂或刷涂等方法对塑料表面进行处理，干燥后就能得到具有抗静电包覆层的塑料材料。该方法的优点是工艺简单、操作方便、抗静电剂用量少且不受树脂类型和制品形状的限制，也不影响制品的成型和加工性能。但最大的缺点是耐久性较差，在使用过程中经多次洗涤或摩擦，抗静电性能会减弱或消失。内部混合是指将抗静电剂与树脂经机械混合后再加工成型；也可先制成抗静电母粒后添加于基础树脂中。抗静电剂由塑料内部向表面迁移，并在表面形成均匀的抗静电层。即使在加工或使用过程中经摩擦或水洗而导致表层抗静电剂流失，其内部的抗静电分子还可不断补充到表面，从而使制品具有稳定的抗静电性能，能较持久地维持抗静电效果。

表面活性剂型抗静电剂的作用机理主要有两方面。一是表面活性剂的亲油基与树脂结合，亲水基则在塑料表面形成导电层或通过氢键与空气中的水分相结合，从而降低表面电阻，加速静电荷的泄漏。二是赋予材料表面一定的润滑性，降低摩擦系数，从而抑制和减少电荷产生。表面活性剂型抗静电剂与树脂要有适当的相容性：相容性太好则不易从树脂内部迁移到表面，表面层抗静电剂流失后，内部抗静电剂不能及时迁移到表面，影响抗静电性能；若相容性太差则会严重析出，使制品表面喷霜，影响制品的外观和使用。表面活性剂型抗静电剂在树脂中的抗静电效果还与树脂的极性、结晶度、玻璃化转变温度、环境温度、湿度等有关。

3.1.2.7 阻燃剂

多数聚合如 PE、PS、PP、PMMA、EP、SBR、NR、EPM 等都可燃甚至易燃。阻燃剂（fire retardant）是一类可以阻止聚合物燃烧、降低燃烧速度或提高着火点的助剂。按是否参与高分子材料化学反应分，常用阻燃剂可分为反应型阻燃剂、添加型阻燃剂和膨胀型阻燃剂三类。反应型阻燃剂使用含有阻燃元素的化合物作为反应物参加聚合反应，进入高聚物主链或侧链，起到阻燃作用，一般以热固性树脂使用较多。添加型阻燃剂以物理分散状态与高分子材料进行共混而发挥阻燃作用，分散越好，阻燃效果越好。膨胀型阻燃剂则是近年发展较快的以磷、氮为主要成分的无卤阻燃剂。含这类阻燃剂的高聚物在燃烧时发泡膨胀，在表面形成一层均匀多孔碳质泡沫层，能隔热、隔氧、抑烟和防止熔滴行为，具有良好的阻燃效果。按组成元素分，又可分为有机阻燃剂和无机阻燃剂。有机阻燃剂包括含磷阻燃剂、卤系阻燃剂（含氯、溴两种）和含氮阻燃剂（包括双氰胺、氨基磺酸铵等）；无机阻燃剂主要为锑化物、赤磷和磷酸类、硼化物类、水合氧化铝类、镁化合物类、锆化合物类和铋化合物类等。

阻燃的基本原理包括三点：直接吸收热量、扑灭·OH 自由基、覆盖隔绝氧气。各类阻燃剂的作用大体如下。

吸热效应：$Al(OH)_3$、10 水硼砂；

覆盖效应：磷酸酯类化合物，高温下生成稳定覆盖物；

稀释效应：磷酸铵、氯化铵、碳酸铵，分解释放 CO_2、NH_3、HCl、H_2O 等气体；

转移效应：改变热分解模式，如氯化铵、磷酸铵等，抑制可燃气体产生；

抑制效应：含卤素化合物，捕捉·OH 自由基；

协同效应：Sb_2O_3，单独用效果不好，与卤素化合物共用效果好。

3.1.2.8 着色剂

塑料主要是通过添加染料（dye）和颜料（pigment）来着色的，要求其具有较高的着色强度和艳度，良好的透明性、遮盖性、分散性、耐候性、热稳定性、化学稳定性、电气性能和环保性能。着色剂可分为染料和颜料两种。有机染料，简称染料，指可溶于水、油、溶剂、塑料等介质中，或在染槽中能被制成溶液的、具有强烈染色能力的有机物，目前所用基本为合成染料。塑料用染料能够以亚微观尺寸或以分子形式分散到高聚物中，甚至可能与高聚物发生化学结合，因此染料的染色力强、透明性好、色泽鲜艳且色谱齐全。但一般染料的耐光、耐热、耐溶剂性差，易迁移、渗出而造成串色污染，因此适用于塑料的染料不多。目前不溶性的还原染料和分散染料是塑料染料的主要品种，实际上是容易分散于塑料的颜料。偶氮类、蒽醌类染料在耐热性要求不高时可以使用。颜料为不溶于塑料的固体有色化合物，与被着色物以机械方式混合而分散，颜料微粒的遮盖作用使材料着色。根据结构和组成，颜料可分为有机颜料、无机颜料和特殊颜料三类。有机颜料大多为芳香族化合物，其分子结构中含有不饱和基团，具有吸收一定可见光波长的能力；有机颜料的色泽、透明度不如染料，但由于优良的耐热性、耐光性、耐溶剂性和遮盖力，在塑料工业中用量占 90%以上。无机颜料包括高温焙烧合成的钛系和镉系颜料，湿法合成的铬黄、钼铬红、铁黄等和部分天然矿物如氧化铁等。特殊颜料主要是指金属或合金粉末，如金粉、银粉、珠光粉、磷光粉、荧光粉等。

3.1.2.9　发泡剂

发泡剂（forming agent）是一类受热时会分解放出气体的化合物，它是制备泡沫塑料的助剂之一。可分为无机发泡剂和有机发泡剂两大类。无机发泡剂包括碳酸铵、碳酸氢铵和碳酸氢钠等，是最早用于天然橡胶的连续发泡、生产泡沫橡胶海绵的发泡剂，以初期分解发泡居多。其优点是价格低、无毒性、分解温度低、分解为吸热过程；缺点是分解温度区域宽、分解时间长、发气量难以控制等。有机发泡剂则是目前工业上广泛使用的化学发泡剂，根据结构又可分为偶氮化合物、亚硝基化合物、磺酰肼类及其他如叠氮化合物、重氮氨基苯等，在热作用下易产生氮气（同时也分别产生少量 NH_3、CO、CO_2、H_2O 及其他气体）从而起发泡作用。其主要优点是在聚合物中的分散性好、分解温度范围窄且能控制、分解产生的气体以氮气为主（不会燃烧、爆炸，不易液化，且扩散速率小，不易逸出）、发泡效率高。其主要问题在于，发泡剂分解放出氮气后残余成分较稳定而留在聚合物中、分解时放热较高、易燃等。最常用的发泡剂是偶氮二甲酰胺（azodicarbonamide，AC），$H_2NCON=NCONH_2$，分解温度190～205℃，分解产生 N_2、CO 和 CO_2。

3.1.2.10　固化剂

固化剂又称变定剂，是热固性塑料固化过程中的催化剂或本身参加反应的化合物。热固性塑料成型时，线形聚合物转变为体型交联结构的过程称为固化。通过交联固化，可显著提高聚合物的耐热性、耐油性、耐磨性、机械强度等性能，扩大塑料制品的应用范围。但若交联固化反应控制不当，则会使聚合物丧失使用价值。常见的固化剂可分为胺类、酸酐类、咪唑类和有机过氧化物等，如酚醛树脂固化时所用的六次甲基四胺和不饱和聚酯树脂固化时加入的过氧化二苯甲酰。广义而言，各种交联剂也都可视为固化剂。

3.1.3　成型加工方法

塑料的成型与加工（processing）是将塑料原料（包括聚合物和各种添加剂）转化成具有使用价值的制品的工程技术。它是通过成型设备完成塑料原料塑化、变形、定型以及分子链结构、凝聚态结构等物理和化学变化，最终成为高分子材料制品的过程。因此，塑料成型加工方法、成型设备、成型工艺、原料特性均是决定塑料制品性能或质量的基本因素。

目前塑料的典型成型过程，大体是使塑料成为可塑、可流动状态，如使其熔融、制成溶液或悬浮体；赋予可塑的塑料一定的形状；固化定型，成为不可塑状态。对热固性塑料，常用加热使之交联固化；对热塑性塑料通常是冷却使之定型；在使用溶液或分散体（如糊塑料）时，常需先加热、蒸出溶剂或使糊烘熔，然后再冷却固化。也可与其他成分一起制成复合材料及制品，如泡沫塑料、人造革，浸渍、涂层制品，增强塑料制品或型材等。实际生产中，这三个过程常常不是严格分开的，有时也可能同时进行。

塑料的成型加工方法已有数十种，其中最主要的是挤出（extrusion）、注射（injection）、压延（calendaring，rolling）、吹塑（blow molding）及模压（mold pressing），它们所加工的制品重量约占全部塑料制品的 80% 以上。前四种方法是热塑性塑料的主要成型加工方法。热固性塑料则主要采用模压、铸塑（casting）及传递模塑（transfer molding）的方法。

3.1.3.1　挤出成型

挤出成型（extrusion molding）是热塑性塑料最主要的成型方法，有 40% 左右的塑料制品是通过挤出成型的。其基本原理和过程是，将物料自料斗进入料筒，在螺杆旋转作用下，通过料筒内壁和螺杆表面摩擦剪切作用向前输送到加料段，使松散固体在向前输送同时被压实；在压缩段，螺槽深度变浅，进一步压实，同时在料筒外加热和螺杆与料筒内壁摩擦剪切作用，料温升高，物料开始熔融；均化段使物料均匀，定温、定量、定压挤出熔体，到机头后成型，经定型得到制品。挤出成型的主要工艺参数有温度、压力和挤出速率。挤出成型几乎能成型所有的热塑性塑料，制品主要有连续生产等截面的管材、棒材、板材、片材、异型材、电线电缆护层、单丝、薄膜等，这些产品的应用范围涵盖了国民经济的大部分领域。挤出成型还可用于热塑性塑料的塑化造粒、着色和共混等。近年来，人们对辅助挤出、自动换网、反应挤出、挤出发泡、共挤出、高速挤出、精密挤出和近熔点挤出等塑料挤出成型方法进行了大量研究和开发，取得了令人瞩目的成就。

3.1.3.2　注射成型

注射成型（injection molding）又称注塑，是将粒状或粉状的塑料原料加进注射机料筒，塑料在热和机械剪切力的作用下塑化成具有良好流动性的熔体，随后在柱塞或螺杆的推动下熔体快速进入温度较低的模具内，冷却固化形成与模腔形状一致的塑料制品。注射成型与其他塑料成型方法相比有一些明显优点。其一是能一次成型外形复杂、尺寸精确，可带有各种金属嵌件的塑料制品。制品的大小跨度从钟表齿轮到汽车保险杠。用注射成型生产塑料制品的品种之多、花样之繁是其他任何塑料成型方法都无法比拟的。其二是可加工的塑料种类繁多。除聚四氟乙烯和超高分子量聚乙烯等极少数品种外，几乎所有的热塑性塑料（通用塑料、纤维增强塑料、工程塑料）、热固性塑料和弹性体都能用这种方法方便地加工成制品。其三是成型过程自动化程度高，其成型过程的合模、加料、塑化、注射、开模和制品顶出等全部操作均由注射机自动完成。此外还有制品无需修整或仅需少量修整、废料损耗相对较小等优点。当前注塑制品的产量占塑料制品总量的 30% 以上，在国民经济的各个领域都有广泛应用。

注射成型以往主要应用于热塑性塑料。近年来，热固性塑料也采用了注射成型，即将热固性塑料在料筒内加热软化时保持在热塑性阶段，将此流动物料通过喷嘴注入模具中，经高温加热固化而成型，这种方法又称喷射成型。如果料筒中的热固性塑料软化后用推杆一次全部推出，无物料残存于料筒中，则称之为传递模塑或铸压成型。此外，在传统注射成型技术的基础上，又发展出了一些新的注射成型工艺，如气体辅助注射、多点进料注射、层状注射、熔芯注射、低压注射等，以满足不同应用领域的需求。

3.1.3.3　压延成型

将已塑化的物料通过一组热辊筒之间使其厚度减薄，从而制得均匀片状制品的方法称为压延成型（calendaring molding）。压延机是从 20 世纪 30 年代橡胶工业中借鉴过来的，后来逐渐在塑料工业中得到广泛的应用。在塑料加工工业中，压延成型加工占有重要的地位，至今仍然是一种重要的加工方法。这种方法可以生产薄膜、薄片或人造革等。压延成型主要用于制备聚合物片材或薄膜，主要有 PVC、PE、ABS、聚乙烯醇、乙酸乙烯酯共聚物等，但以 PVC 应用最多。工艺流程包括压延前的物料准备阶段、塑炼工段、压延工段和后处理工段。压延机操作工艺包括辊温、辊速、辊隙存料、速比和辊距，它们之间相互关联成一个整体。需要指出的是，对一定的配方，为使物料处于熔融的流动状态，并被加工成一定规格的制品，首先是通过辊筒给物料提供足够的热量，可以认为辊温是压延工艺中的主要因素。

我国压延成型加工是从 1958 年开始的，用来生产 PVC 压延薄膜。国内生产的 PVC 压延薄膜按用途主要有：民用薄膜（包括印花薄膜）、雨衣薄膜、工业薄膜和农业薄膜等。近年来，也试制或生产了改性（加 NBR 或 MBS）雨衣薄膜、发泡薄膜、水果包装薄膜，以及 EVA 医用无毒薄膜等。

3.1.3.4　模压成型

模压成型（compression molding）是最古老的聚合物加工技术之一，也是生产热固性塑料制品最常用的方法之一，部分用于热塑性塑料成型。在液压机的上下模板之间装置成型模具，将粉状、粒状、团粒状、片状，甚至先做成和制品相似形状的料坯置于被加热的模具型腔内，然后合上模具对塑料施加压力、同时加热，使之熔融成为黏流态而充满模腔成型为制品，固化后开模取出。

由于没有浇注系统，原料的损失小（通常为制品质量的 2%～5%）。由于模腔内的塑料所受的压力较均匀，在压力作用下所产生的流动距离较短、形变量较小，且流动是多方向的，因此制品的内应力很低，制品的翘曲变形很小、力学性能较稳定，制品的收缩率小且重复性较好。但是成型周期较长，制品尺寸精度较低，不太适于成型形状复杂的制品。

3.1.3.5　吹塑成型

吹塑成型（blowing molding）也称中空吹塑，是指借助压缩空气的压力将闭合模具内处于熔融状态的塑料型坯吹胀成中空制品的一种成型方法。吹塑技术是从玻璃加工移植过来的，起源于 20 世纪 30 年代初，经历了低密度聚乙烯（LDPE）时期（1945—1956 年）、高密度聚乙烯（HDPE）前期（1956—1964 年）、HDPE 后期（1965—1970 年）和聚对苯二甲酸乙二酯（PET）时期（1971—1978 年），发展到今天高度自动化的工业制件时期。吹塑成型只限于热塑性塑料中空制品的成型。塑料吹塑已成为世界上仅次于挤出成型与注射成型的第三大成型方法，也是发展最快的塑料成型方法。用这种方法可生产容器、工业零部件和日用品，以及汽车配件等。适用于吹塑成型的塑料有 LDPE、HDPE、PVC、PS、PP、PC 等，最常用的是 PE 和 PVC。吹塑的主要形式有注射吹塑、挤出吹塑和拉伸吹塑三种，但后者不能独立成为一种加工方法，必须与注射吹塑或挤出吹塑结合起来形成注射拉伸吹塑或挤出拉伸吹塑。尽管在形式上有差异，但吹塑过程的基本步骤是相同的，即熔融材料并将熔融材料制成管状物或型坯，将型坯置于吹塑模具中熔封，利用压缩空气将模具内型坯吹胀、冷却，取出制品，修整。在挤出机前端装置吹塑口模，把挤出的管坯用压缩空气吹胀成膜管，经空气冷却后折叠卷绕成双层平膜，此即为吹塑薄膜的成膜工艺。用挤出机或注射机先挤成型坯，再置于模具内用压缩空气使其紧贴于模具表面冷却定型，这就是吹塑中空制品的成型工艺。

3.1.3.6　滚塑成型

滚塑成型（rotational molding）工艺是先将塑料原料加入模具中，然后模具沿两垂直轴不断旋转并使之加热。模具内的塑料原料在重力和热能的作用下，逐渐均匀地涂布、熔融黏附于模具的整个内表面上，成型为所需要的形状，再经冷却定型而成制品。

作为一种塑料成型技术，滚塑开始时仅是注射、吹塑的补充，但随着聚乙烯粉末化技术的成熟，日益成为粉末塑料成型工艺中极有竞争力的成型方法，发展迅速。滚塑成型适于大型及特大型制件、各种复杂形状的中空制件成型，如车辆燃油箱、储物箱、大中型容器、汽车零部件、包装箱、运输箱和耐腐蚀容器内胆等，在化工、机械、电子、轻工和军工等行业均有广泛应用。由于滚塑成型是在无压力和非定向的条件下进行，因此模具不承受压力，机器设备和模具的费用低；同时，由于滚塑制品的原材料流动性好，因此滚塑制品的壁厚均匀且易于控制，滚塑制品的厚度可以自由调节。滚塑成型还适于生产形状复杂的制品，尤其适合生产多品种、小批量的大型塑料制品。但是滚塑成型也有缺点。首先滚塑成型所用树脂是专用牌号，且需要研磨成粉末状，导致原料成本增加。其次由于滚塑制品几乎不受外界的压力，使制品尺寸受到了多种因素的影响，尺寸精度很难得到保证。而且由于成型周期过长，滚塑成型不适合小制品的大批量生产。

常见的工艺品类滚塑制件主要有小马、洋娃娃、玩具砂箱和时装模特模型等；体育器材类滚塑制件主要有水球、浮球、乒乓球、小游泳池、娱乐艇和冲浪板等；工业品滚塑制件有蓄电池壳体、机器外壳、防护罩、灯罩、广告展示牌、椅子、公路隔离墩、交通锥、河海浮标和防撞桶等；化工器具类滚塑制件主要有洗槽、反应罐、供料箱、贮水槽和农药贮槽等；汽车用滚塑制件主要有靠背、扶手、油箱、挡泥板、门框和变速杆盖等。滚塑模具成本低，其成本约是吹塑、注塑模具成本的 1/4～1/3，特别适合成型大型塑料制品。随着滚塑设备及模具的发展，注射、吹塑、挤出等工艺无法完成的制品，如形状非常复杂的造型产品，可以通过滚塑来完成。滚塑可以安置各种镶嵌件，生产全封闭产品。

3.1.3.7　流延成型

流延成型（tape casting），又称平膜法，是一种重要的薄膜加工方法。把热塑性或热固性塑料配制成一定黏度的胶液，经过滤后以一定的速度流延到卧式连续运转着的基材（一般为不锈钢带）上，然后通过加热干燥脱去溶剂成膜，从基材上剥离就得到流延薄膜。也可以采用熔融法生产流延薄膜：挤出机先将原材料融化，然后从扁平模头挤出流延到流延辊上，迅速冷却形成薄膜；经过调温辊和导辊，再进行厚度测量、切去边料、电晕处理，最后收卷。薄膜的宽度取决于基材的宽度，长度是可以连续的，厚度则取决于所配制胶液的浓度和基材的运动速度等。流延薄膜的优点是厚度小（最薄可达 0.05～0.10mm），厚薄均匀，不易带入机械杂质，因而透明度高，内应力小，多用于光学性能要求很高的塑料薄膜的制造，如电影胶卷、安全玻璃的中间夹层薄膜等。缺点是生产速度较慢，常需要耗费大量的溶剂，成本高，强度较低等。用于生产流延薄膜的塑料主要有三醋酸纤维素、聚乙烯醇、CPE（氯化聚乙烯）、

CPP（cast polypropylene，流延法制备的聚丙烯薄膜，无取向）和 CPA（cast polyamide，流延尼龙膜）、氯乙烯和醋酸乙烯的共聚物、聚丙烯等。此外，也可用来生产某些工程塑料如聚碳酸酯薄膜。

3.1.3.8 浇铸成型

浇铸成型（casting molding）也称铸塑。早期的塑料浇铸技术是由金属的铸造技术演变而来，故传统意义上的塑料浇铸，是指在常压下将树脂的液态单体或预聚体灌入大口的模腔，经聚合固化定形成为制品的成型技术。当前用于浇铸的成型物料，已从树脂的单体和预聚体，扩展到树脂的溶液、分散体（主要是 PVC 糊）和塑料熔体。将液状聚合物倒入一定形状的模具中，常压下烘焙、固化、脱模即得制品。浇铸成型对热塑性及热固性塑料都可应用，但一般需满足下列要求：浇铸原料熔体或溶液的流动性好，容易充满模具型腔；浇铸成型的温度应比产品的熔点低；原料在模具中固化时没有低沸点物或气体等副产物生成，制品不易产生气泡；浇铸原料的化学变化、反应的放热及结晶、固化等过程在反应体系中能均匀分布且同时进行，体积收缩较小，不易使制品出现缩孔或残余内应力。浇铸成型不要求对物料施加压力，或只要求施加很低的压力，因而对成型设备和模具的强度要求不高；大部分浇铸料可以不经加热塑化而直接灌进模腔，故所用成型设备和结构也比较简单。成型压力低和成型设备结构简单，使浇铸技术对制品尺寸限制较小，特别适合小批量大型塑料制品的成型，且制品的内应力都比较低。浇铸技术的缺点是成型周期长和制品的强度低。用浇铸成型法生产的塑料品种主要有聚酰胺、环氧树脂和聚甲基丙烯酸甲酯等，少量也有用酚醛树脂和不饱和聚酯等塑料原料。

3.1.3.9 固相成型

塑料的固相成型（solid-phase processing）是借鉴金属的冷加工（如冷挤压、冷冲压等）及粉末冶金等方法而发展起来的一类新的成型加工方法。由于这类方法是让塑料在黏流温度（或熔点）以下的固态下成型的，因此通常称为固相成型法或固态成型法。其中，在高弹态成型时称为热成型，例如真空成型等。在玻璃化转变温度以下成型则称为冷成型。与传统的熔融法或溶液法相比，其优点主要有：方便成型难熔、难溶或流动性极差的塑料；避免了聚合物在合成时所具有的二次或三次结构破坏，也减少了聚合物在加工过程中的降解和分解；制品为各向同性，内应力低，避免了溢料、修剪、熔接线和流道赘物，减少了各种助剂的用量；设备、模具简单便宜，生产效率高，为超高强度、超高模量制品的成型提供了途径。固相成型属于二次加工，所采用的工艺和设备类似于金属加工。固相成型法虽然起步较晚，但其发展却非常迅速，目前已能用大部分热塑性通用塑料和工程塑料生产杯、盘、盖、罩、壳、箱、盒、架、窗等各类制品，应用范围从日常生活用品到航空航天工业部件，几乎遍及各个领域。例如，和固相轧制金属的方法相似，可将热塑性塑料片材在轧机上进行轧制。其结果使片材的厚度减小，聚合物分子更加定向，因而在纵向上强度有较大提高（20%～100%），而横向上则提高程度较小（5%～10%）。如纵横两向同时进行轧制，则强度提高较为均匀。总的说来，轧制时片材厚度的减小程度越大，则抗张强度的提高就越大。除了在不加热的情况下轧制外，对某些塑料品种，也可在加热下轧制。例如，在 150～160℃对聚酯薄膜进行单向轧制，当使其厚度由 0.1mm 减至 0.081mm 时，其抗张强度由 1830kg/cm² 提高到 2210kg/cm²，而断裂伸长率则由 153%减至 73%。轧制方法除可应用于片、膜、异型材、周期性变化的型材等加工外，还可用于生产异型的环状制品、带纵向齿牙的圆柱形制品和圆翼管型制品等。

3.2　聚烯烃塑料

在塑料消费中，聚烯烃（polyolefin）占 60% 以上，是消费量最大的塑料品种。聚烯烃技术的快速发展是其市场占有率不断提高的关键，其科学和技术的发展已引起学术界和产业界的广泛关注。

聚烯烃塑料的主要品种有聚乙烯、聚丙烯、聚苯乙烯及聚丁烯（polybutylene）。其中聚乙烯的产量最大，也是当前产量最大的塑料品种之一，其单体来源丰富，价格低廉。我国聚乙烯、聚丙烯进口量均居世界第一。2021 年，中国聚烯烃产品消费量为 6836 万吨，其中聚乙烯 3728 万吨，聚丙烯 3108 万吨。

3.2.1　聚乙烯

聚乙烯（polyethylene，PE）由乙烯聚合而成，是结构非常简单的高分子材料[式（3-3）]。

$$\text{——}CH_2\text{——}CH_2\text{——}_n \tag{3-3}$$

聚乙烯是通用塑料中产量最大的品种，主要包括低密度聚乙烯（LDPE）、高密度聚乙烯（HDPE）和线形低密度聚乙烯（LLDPE）以及一些具有特殊性能的品种。不同品种的聚乙烯上支链数目的大小依次为 LLDPE>LDPE>HDPE。20 世纪 50 年代中期以前，几乎所有的工业聚乙烯都是用高压法合成的，得到的聚乙烯分子量较低。1954 年前后，以烷基铝或类似物质作为催化剂的齐格勒法可以在较低温度和较低压力下合成分子量较高、链结构较为规整的低压聚乙烯（高密度聚乙烯）。70 年代末期，通过乙烯与其他烯烃单体的共聚制备结晶度较低的线形低密度聚乙烯。聚乙烯的主要特点是价格便宜，加工性能良好，柔韧性较好，应用广泛，在塑料工业中占有举足轻重的地位。

聚乙烯为白色蜡状半透明材料，柔而韧，密度小于水，无毒。聚乙烯的熔点与其类型有关，通常在 100～130℃，玻璃化转变温度为 -125℃。作为塑料使用时，聚乙烯的平均分子量要在一万以上。根据聚合条件的不同，在一万至几百万不等。

聚乙烯易燃烧且离火后继续燃烧，火焰上端呈黄色而下端为蓝色，燃烧时产生熔融滴落。透水率低，对有机蒸气透过率则较大。聚乙烯的透明度随结晶度增加而下降，一般经退火（annealing）处理后更不透明，而淬火（quenching）处理后更透明。在一定结晶度下，透明度随分子量增大而提高。

常温下聚乙烯不溶于任何已知溶剂中，仅矿物油、凡士林、植物油、脂肪等能使其溶胀并使其物性产生永久性局部变化。70℃以上可少量溶解于甲苯、乙酸戊酯、三氯乙烯、松节油、氯代烃、四氢化萘及石蜡中。对水蒸气的透过率低，但对有机化合物蒸气的透过率高。吸水性很小，约 0.03%。

聚乙烯有优异的介电性能和化学稳定性。室温下耐盐酸、氢氟酸、磷酸、甲酸、氨、胺类、过氧化氢、氢氧化钠、氢氧化钾、稀硫酸和稀硝酸。而发烟硫酸、浓硝酸、硝化混酸、铬酸/硫酸混合液在室温下能缓慢作用于聚乙烯。但在 90℃以上，硫酸和硝酸迅速破坏聚乙烯。

聚乙烯容易光氧化、热氧化、臭氧分解。在紫外线作用下容易发生光降解。炭黑对聚乙烯有优异的光屏蔽作用。聚乙烯受辐射后可发生交联、断链，产生不饱和基团，但主要倾向是交联反应。

聚乙烯具有优异的力学性能。结晶部分赋予聚乙烯较高的强度，非结晶部分赋予其良好的柔性和弹性。聚乙烯力学性能随分子量增大而提高，分子量超过 150 万的超高分子量聚乙烯（ultra-high molecular weight polyethylene，UHMWPE）是极为坚韧的材料，可作为性能优异的工程塑料使用。

3.2.1.1 低密度聚乙烯

20 世纪 30 年代初期，英国帝国化学工业公司（Imperial Chemical Industries，ICI）提出了一个在高压下研究有机化合物反应的计划。在研究乙烯与苯甲醛高压合成反应时失败了，但发现在反应器内衬上有少量蜡状固体，经鉴定这是乙烯聚合物。这是最早关于高压合成聚乙烯的报道。高压反应不能重复，有时发生不可控制的放热反应，压力骤增甚至使设备损坏。直到 20 世纪 30 年代中期，终于找出实现重复性的关键在于使乙烯中含有痕量（化学上指物质中含量在百万分之一以下的组分）的氧。氧与乙烯反应生成过氧化物，然后分解成自由基，引发了聚合反应，从而取得了合成聚乙烯的第一个专利。

低密度聚乙烯（low density polyethylene，LDPE）是在 150～300MPa 的压力、180～200℃下，以氧气或有机过氧化物为引发剂，按自由基聚合机理使乙烯聚合而得到，故又称作高压聚乙烯。要求乙烯纯度达 99%以上。乙烯聚合反应放出大量的热，热量主要通过循环过量的冷单体实现散热，系统基本上在绝热条件下操作。通过加入链终止剂或靠两个分子链间的偶联实现终止。LDPE 高压反应主要采用两种聚合反应器：一种是带搅拌器的高压釜式反应器，该工艺最早是由 ICI 公司开发的；另一种是管式反应器，最早由巴斯夫（BASF）公司开发。两种工艺生产的聚合物略有差别，主要因为反应器的温度分布不同。

因自由基聚合发生多次链转移，LDPE 存在大量的长支链结构，分子量为 2.5 万左右。长支链的存在限制了聚乙烯的结晶能力，LDPE 的结晶度为 55%～65%，密度较低（0.91～0.93g/cm³），透明性良好，熔点为 108～125℃。具有良好的柔软性、延伸性、透明性、耐寒性，有优良的加工性，化学稳定性、透气性较好，电绝缘性能优异，但其机械强度、透湿性和耐环境老化性能较差，耐热性也低于 HDPE。

各种牌号的 LDPE 都可满足大多数热塑性塑料的加工技术要求，如吹塑、挤出、注射和滚塑成型等。挤出成型可生产管、板、片、棒、丝、电线、电缆包覆和护套等产品；吹塑的产品有中空容器（如瓶、壶、盆、罐、桶等）和各种用途薄膜；注射成型的产品有各类日用品、文具、玩具和各种工业配套件等。

在应用方面，LDPE 一半以上用于薄膜制品，其次是管材、注射成型制品、电线包覆层等；与其他材料复合后，可应用于食品包装、磁带和纸产品的涂覆等。LDPE 在军工方面应用，主要是制造复合薄膜防潮包装及军用特种包装，如弹药包装、大型武器封装包装以及包装高级军事仪表和导弹，以防空间电磁辐射的损害等。

但随着其他聚乙烯品种的出现，目前 LDPE 在薄膜等应用方面总体上逐渐减少。HDPE 的薄膜可以部分代替 LDPE 以减少膜的厚度，LLDPE 在减少膜厚度的同时其机械强度更好，而其他新品种的聚乙烯则可以在一定程度上降低聚乙烯制品的生产成本。

3.2.1.2 高密度聚乙烯

1953 年，德国化学家齐格勒（Karl Ziegler）用锆络合催化剂制得相当量的聚乙烯，红外光谱分析发现该材料仅含少许末端甲基，表明产物系由线形分子所组成。最终成功地用钛络合物在温和的温度和压力下，甚至在一个玻璃反应器中成功地合成出了聚乙烯。新的聚乙烯比此前的聚乙烯有更好的性能，其中最重要的改进是熔点，高了 30℃，使刚性和强度都提高了。因其高结晶度和相伴随的高密度，而被命名为高密度聚乙烯（high density polyethylene，HDPE），而老型号聚乙烯称为低密度聚乙烯（LDPE）。

在齐格勒从事上述发明的同时，美国菲利普石油公司（Phillips Petroleum Company）用载有各种过渡金属氧化物的载体催化剂研究催化反应。当他们试图合成润滑油，用载体氧化铬催化剂，以乙烯为原料时，生成了高分子量乙烯聚合物，并证明其结构类似于齐格勒在低压低温聚合工艺下制得的 HDPE。与 LDPE 的工艺对比，菲利普工艺是在较温和的温度和压力下的热的烃溶剂中用载体氧化铬催化剂使乙烯聚合的。随后继续研究发现，采用菲利普工艺比用齐格勒工艺制得的 HDPE 密度稍高，表明有较高的线形结构。

HDPE 目前还是主要通过中压法和低压法合成。中压法（菲利普法）是在压力为 1.5～8.0MPa、温度为 130～270℃ 的条件下，以过渡金属氧化物（如氧化铬）为催化剂、烷烃为溶剂，按离子聚合机理聚合制得聚乙烯。低压法（齐格勒法）则是以 $Al(C_2H_5)_3$+$TiCl_4$ 体系在烷烃（汽油）中的浆状液为催化剂，在压力为 1.3MPa、温度为 100℃ 的条件下，同样按离子聚合机理反应制得聚乙烯。

HDPE 与 LDPE 相比，支链短且少，分子结构规整，结晶度较高（80%～95%），密度较大（0.92～0.97g/cm³），分子量常为十几万到几十万，熔体流动速率范围较窄。刚性和韧性比 LDPE 高；机械强度、耐溶剂性、耐环境应力开裂性、耐渗透性都比 LDPE 好；透明性不太好，薄膜呈半透明或乳白色，这也是 HDPE 薄膜同 LDPE 薄膜的区别；阻湿性优，透气性大；电绝缘性好，易带静电，表面涂装和印制时，应预先进行表面处理，才能有较好的黏附力；熔点为 126～136℃，可长期使用在 80℃ 的温度下，耐低温性优良，脆化温度为 -65℃。

HDPE 可用多种成型方法加工，如片材、薄膜、管材和异型材的挤出、注射、滚塑和吹塑等，还可使用压制成型、粉末涂层等多种方法。

HDPE 的产品主要用途为膜料、压力管、大型中空容器和挤压板材等，包括各种中空容器、各种薄膜与高强度超薄薄膜、拉伸带与单丝、各种管材、注塑制品等。目前 HDPE 注塑制品正向大型、微型、精密和结构泡沫方向发展。其他用途包括建筑业中的装饰板、百叶窗、合成板材与合成纸、泡沫板、复合膜与货箱、版面板及钙塑制品等；还有军工方面的弹道、弹托外壳、弹带，军用武器和车辆的零部件等应用。

3.2.1.3　线形低密度聚乙烯

线形低密度聚乙烯（linear low density polyethylene，LLDPE）通过乙烯与少量的 α-烯烃利用配位聚合机理共聚制得，结构为短支链均匀分布。常用的共聚单体有 1-丁烯、1-己烯、4-甲基-1-戊烯和 1-辛烯等，其中 1-丁烯最为常用，但高碳 α-烯烃共聚成为发展趋势。

杜邦（Du Pont）公司在 1960 年首先制得 LLDPE，但没有申请专利。美国联合碳化公司（Union Carbide Corporation，UCC）用所开发的独特气相聚合法制得 LLDPE。由于采用低压工艺，无需溶剂，因而生产装置占地少，投资操作费用低，有利于环保。在 20 世纪 70 年代中期大规模工业化生产以来，为工业界所欣赏，生产能力与产量迅猛增长。20 世纪 90 年代初期，与 LDPE、HDPE 一起形成聚乙烯家族鼎足三分的局面。

LLDPE 虽也是带有支链的结构，但支链很规整，支链长度由共聚 α-烯烃的分子链长决定。与 HDPE 相比，短支链多；与 LDPE 相比，长支链少（图 3-1）。LLDPE 的密度为 0.92～0.935g/cm³，与 LDPE 在同一范围。LLDPE 因其支链较短，堆积较为紧密，相比 LDPE，分子量分布窄，结晶度高，软化点和熔融温度提高了 5～15℃，脆点则降低了 20～30℃，因而热变形温度高，具有较好的耐热性和耐低温性。拉伸强度和抗冲强度增加近 3 倍，耐环境应力开裂性能提高了百倍到千倍，还具有优良的弯曲强度、刚性和电绝缘性。LLDPE 与 LDPE 的最大差别是：在相同剪切速率条件下，熔体黏度较高，挤出时转矩大，熔融速率快，熔体弹性小，熔体强度较低，但拉伸比大，其熔体仍为强塑性流体，温度对熔体黏度的影响小于剪切速率对黏度的影响。

以 LLDPE 作薄膜，其抗冲强度、撕裂强度、刚性和断裂伸长率都比 LDPE 薄膜好，而且薄膜的热合强度高，但薄膜的透明性和光泽性较差。以 LLDPE 作管材，脆裂强度比 LDPE 高25%。以 LLDPE 作电缆护套，其耐环境应力开裂性优异。

LLDPE 可采用挤出、吹塑、注射成型的加工方法，还可采用流延成型、滚塑成型及各种二次加工方法。薄膜有吹塑薄膜和挤出流延薄膜，可作农膜、重包装膜、复合薄膜及一般包装膜，占其使用总量的 65%～70%。吹塑薄膜时，成型困难，膜泡稳定性差，要用专门设备或在原有基础上进行改进。挤出制品有各种工业用、农业用管材，电线、电缆包覆物，保护盒绝缘涂层等。滚塑成型制品主要用作各种工业用储槽，化学、化工容器等。

HDPE　　　　　　LDPE　　　　　　LLDPE

图 3-1 三种常见聚乙烯的结构示意图

注：HDPE、LDPE、LLDPE 中，每千个碳原子含有的侧链数分别是 5～7 个、10 个、10～20 个

3.2.1.4 超高分子量聚乙烯

超高分子量聚乙烯（ultra-high molecular weight polyethylene，UHMWPE）是在发明了低压法聚合 HDPE 后才出现的，最早由德国赫斯特（Hoechst）公司于 1958 年研制成功，并实现工业化生产。其后美国赫拉克勒斯（Hercules）公司、日本三井石油化学工业株式会社、荷兰（DSM）公司等相继实现较大规模的工业化生产。目前这几家公司是世界上超高分子量聚乙烯原料的主要生产商。

超高分子量聚乙烯一般是指分子量在 150 万以上的聚乙烯，日本、德国生产的超高分子量聚乙烯分子量高达 600 万以上。UHMWPE 具有线形的分子结构。虽然分子结构排列与普通聚乙烯完全相同，但由于它具有非常高的分子量，赋予其许多普通聚乙烯所没有的优异性能，是一种新型工程塑料。

UHMWPE 抗冲击强度是现有塑料中最好的，比 POM 高 14 倍，比 ABS 高 6 倍；即使在 -70℃时仍有相当高的冲击强度。具有很好的自润滑性能，摩擦系数小，可以和聚四氟乙烯相媲美，与钢、铜配对使用时不易产生黏着磨损，并且对配偶件磨损小。耐磨性在已知塑料中第一，比 PTFE 高 6 倍，是碳钢的 10 倍。表面吸附力很小，其抗黏附能力仅次于塑料中最好的聚四氟乙烯。吸水率在工程塑料中是最小的，这是由于 UHMWPE 的分子链仅由碳氢元素组成，分子中无极性基团，制品即使是在潮湿环境中也不会因吸水而使尺寸发生变化，同时也不会影响制品的精度和耐磨性等力学性能，并且在成型加工前原料不需要干燥处理。在一定温度、浓度范围内，耐许多腐蚀性介质（酸、碱、盐）及有机溶剂，但在浓硫酸、浓盐酸、浓硝酸、卤代烃以及芳香烃等溶剂中不稳定，并且随着温度升高氧化速度加快。无毒无害，能够直接接触食品和药品。具有非常优良的耐低温性能，在所有塑料中是最佳的，即使在液态氦温度（-269℃）下仍具有一定的抗冲击强度和耐磨性。具有优良的电绝缘性能、减振吸收冲击能、应力集中小等优点。耐候性优良。

UHMWPE 的合成方法和普通的 HDPE 相类似，多采用齐格勒催化剂，在一定的条件下聚合。此外，还有索尔维法和 UCC 气相法。

齐格勒低压淤浆法，是以 β-TiCl$_3$/Al(C$_2$H$_5$)$_2$Cl 或 TiCl$_4$/Al(C$_2$H$_5$)$_2$Cl 为催化剂，以 60～120℃馏分的饱和烃为分散介质（或以庚烷、汽油为溶剂），在常压或接近常压，75～85℃的条件下使乙烯聚合。UHMWPE 和普通聚乙烯在聚合上的区别，主要有聚合温度不同、催化剂的浓度不同以及是否加氢（UHMWPE 聚合时不加氢，HDPE 聚合时要加氢）。由于聚合条件的不同致使聚乙烯分子量不同。

索尔维法是将菲利普法所采用的环形反应器和以含镁化合物为载体的齐格勒高效催化剂相结合的一种新的生产方法。以氧化镁为载体，有机金属化合物（如三乙基铝、三异丁基铝、异丁异戊烷基铝）为催化剂，改变载体的活化温度，即可调节聚合物分子量。

UCC 气相法是美国联合碳化公司发明的使乙烯在流化床中气相低压聚合，直接制造干粉状聚乙烯的方法。由于不用溶剂，因而没有淤浆法和溶液法中气体组分受到单体溶解度和扩散系数的限制。催化剂一般选用有机铬化合物或齐格勒催化剂，以具有表面积 50～1000m^2/g 的硅胶为载体，活化剂为有机铝化合物。载体硅胶的活化温度对催化体系的产率、分子量分布及聚合物的熔融指数（melting index）有一定的影响。提高活化温度、不通氢气或通入少量氢气即可得熔融指数极小的 UHMWPE。

UHMWPE 的熔体黏度高，流动性极差，物料在螺杆上的运动近似为固体输送、移动过程，没有自由流动的黏流态。在剪切速率很低时，可能产生熔体破裂现象，挤出加工时常遇到由于熔体破裂而引起的裂纹现象。成型温度范围窄，易氧化降解。因此如用加工普通聚乙烯的设备加工 UHMWPE，需要对其进行流动改性。流动改性主要集中在两个方面：一是将 UHMWPE 和中、低分子量聚乙烯等高流动性树脂共混；二是加入流动改性剂，以降低其熔融黏度，改善其加工性能，使之能在普通挤出机和注射机上加工。

UHMWPE 主要加工方法有三种：压制—烧结法、挤压成型法和注射成型法。目前国际上 UHMWPE 的加工方法 60%是压制成型法、35%是柱塞挤出法、1%是注射法。近年来发展了双螺杆及柱塞式挤出机的挤出成型、注射成型、连续薄板成型、热冲击成型等新型加工方法，但应用还不够广泛。除此以外，还有一些其他加工方法，如悬浮纺丝、制膜等，将半成品加工的方法有冲压成型、锻压成型、焊接成型等。

UHMWPE 主要用作耐摩擦和抗冲击的机械零部件，代替部分钢材和其他耐磨材料，如纺织工业中的投梭器、梭子，机械工业中的传动部件、齿轮、泵部件、轴承衬瓦、轴套、导轨、滑道衬垫、压缩机气管活接头、栓塞等。化学、造纸、食品、采矿等工业中也都有应用。此外还可制造人体关节、体育器械、特种薄膜、大型容器罐、异型管材板材，在宇航、原子能、船舶、军工及低温工程等方面应用也受重视。UHMWPE 纤维可用来制作防弹衣。

3.2.1.5　茂金属催化聚乙烯

烯烃聚合用茂金属（metallocene）催化剂通常指由茂金属化合物作为主催化剂和一个路

易斯酸作为助催化剂所组成的催化体系，其催化聚合机理现已基本认同为茂金属与助催化剂相互作用形成阳离子型催化活性中心。茂金属化合物一般指出过渡金属元素（如ⅣB族元素钛、锆、铪）或稀土金属元素和至少一个环戊二烯或环戊二烯衍生物作为配体组成的一类有机金属配合物[式（3-4）]。而助催化剂主要为烷基铝氧烷或有机硼化合物。现已知茂金属催化剂为单活性中心催化剂。

$$(3-4)$$

二氯二茂钛(Cp$_2$TiCl$_2$)的结构

茂金属催化剂与一般传统的 Ziegler-Natta 催化剂比较具有如下特点。茂金属催化剂，特别是茂锆催化剂，具有极高的催化活性，含 1g 锆的均相茂金属催化剂能够催化 100t 乙烯聚合；茂金属催化剂属于单一活性中心的催化剂，聚合产品具有很好的均一性，主要表现在分子量分布相对较窄，共聚单体在聚合物主链中分布均匀；具有优异的催化共聚合能力，几乎能使大多数共聚单体与乙烯共聚合，可以获得许多新型聚烯烃材料。

茂金属催化聚合产品的均匀性无疑有利于人们开发出性能更加优异的聚烯烃产品，但较窄的分子量分布也给聚烯烃树脂的加工带来新的问题。目前世界上各大公司除不断改进加工设备和工艺以满足茂金属聚合物的加工需求外，同时也投入大量人力、物力开发分子量分布呈双峰的聚烯烃（主要指聚乙烯）。其主要途径是选择两种结构和催化性能差别较大的茂金属混合使用，或选择一种茂金属与一种 Ziegler-Natta 催化剂混合使用，以期合成出一类分子量分布呈双峰（bimodal）的聚烯烃材料。这种双峰分布不是简单地将分子量分布变宽，对聚乙烯而言是追求两个单一窄分布的聚合物的有机组合，其中高分子量部分具有较高的支化度，在材料应用中贡献较好的韧性，而低分子量部分具有较低的支化度，形成结晶区，在材料应用中贡献一定的刚性。由此两种不同微观结构组合起来的材料，将兼具优良的产品性能和加工性能。

茂金属聚乙烯（mPE）是在茂金属体系作用下由乙烯和 α-烯烃（例如 1-丁烯、1-己烯或 1-辛烯）的共聚物。1991 年 6 月，美国埃克森石油公司（Exxon）在世界上率先工业化生产 mLLDPE，产品分子量高而且分布窄、支链少而短、密度低、纯度高、透明度好、抗污染能力强，从而推动了茂金属烯烃聚合物的工业化进程。1996 年，Exxon 公司和美国联合碳化公司宣布成立一家合资公司——Univation，负责双方有关茂金属聚乙烯的产品开发和技术转让及其他业务。目前，全世界有十几家大型石化公司可以工业化生产 mPE。

均相茂金属催化体系适用于聚乙烯的高压工艺和溶液工艺；用于气相工艺和淤浆工艺时，茂金属催化剂需要进行负载化修饰。高压法 mPE 工艺以超临界状态的乙烯流体为聚合介质，聚合反应基本上在均相下进行。溶液法 mPE 工艺是在聚合物熔点以上的温度下聚合，生成的聚合物溶解在烃类溶剂中；尽管与高压法工艺一样在均相下聚合，但由于压力较低，可用茂金属催化剂得到高分子量的 mPE，通常用来生产 LLDPE 和 HDPE。淤浆法 mPE 工艺是在不溶性溶剂中进行的非均相沉淀聚合，聚合温度通常在 100℃ 以下，与高压法工艺相比容易得到高分子量的 mPE；但为了确保装置操作稳定性，需防止 mPE 粘壁和结块，保持聚合物粒子的粒径和形态适当，为此要进行茂金属催化剂负载化修饰。气相法 mPE 工艺要求生成流动性良好的粒子，同样必须使用负载型茂金属催化剂。典型的气相反应器生产成本低，产品包括均聚物和共聚物，密度范围较宽。

薄膜市场是聚乙烯的主要应用领域，而具有良好加工性的高性能吹塑膜和流延膜的 mPE 将渗入 LLDPE 专用和通用市场，同时类似于 LDPE 性能的 mPE 也将进入 LDPE 的均聚和共聚物市场。和其他聚乙烯薄膜相比，mPE 薄膜韧性高，耐穿刺强度高，耐撕裂，使用寿命长；热密封起始温度低，热密封强度高，因而非常适于快速包装生产线，可以应用于大宗包装膜市场，如热封连续包装生产线、重包装生产线、普通食品包装、捆扎包装、尿布背衬、金属容器衬里及特种用途的包装膜等。除此以外，mPE 薄膜还可应用于农产品包装、挤出涂层材料、防渗片材和土工膜等方面。

尽管目前茂金属聚乙烯等聚烯烃市场占有率较低，但其前景是乐观的，因为它能控制聚合物组成、分子量和分子量分布，而目前市场对于产品质量、性能的优化及按需"定制"产品性能的要求越来越强烈。同时茂金属聚乙烯仍有一些问题有待解决，如在原有一些大规模聚乙烯工艺（如气相流化床反应器）中使用茂金属催化剂并非易事。尽管目前世界上宣布的茂金属聚烯烃的生产能力很高，但实际产量很低，预计茂金属聚烯烃需用较长时间才能在大规模应用中取得优势。

3.2.1.6 其他聚乙烯

其他的聚乙烯主要是乙烯共聚物及衍生物，包括乙烯-醋酸乙烯酯共聚物、乙烯-丙烯酸乙酯共聚物、乙烯-乙烯醇共聚物、离子聚合物、交联聚乙烯和氯化聚乙烯等。

（1）乙烯-醋酸乙烯酯共聚物

乙烯-醋酸乙烯酯（ethylene-vinyl acetate copolymer，EVA）树脂是由乙烯和醋酸乙烯酯共聚而制得的热塑性树脂[式（3-5）]，是典型的无规共聚物。在分子结构中引入了极性的醋酸酯基团所形成的短支链，打乱了原来的结晶状态，致使结晶度降低，同时还增加了聚合物链之间的距离，使得 EVA 比聚乙烯更富有柔软性和弹性。

$$\mathrm{-\!\!\left[CH_2\!-\!CH_2\right]_{\!x}\!\!\left[CH_2\!-\!CH\right]_{\!y}}\atop{\underset{\underset{O}{\parallel}}{O\!-\!C\!-\!CH_3}} \qquad (3\text{-}5)$$

EVA 的生产可分别采用高压法、乳液法和溶液法，制取醋酸乙烯酯含量不同的 EVA。随 EVA 中 VA（醋酸乙烯酯）含量的增加，其结晶度呈线性下降，同时密度和对水蒸气的渗透性增加，刚性和维卡软化点下降，耐环境应力开裂性提高。EVA 比聚乙烯具有更好的耐低温性能。EVA 的性能与其 VA 含量和分子量（或熔体流动速率）关系很大。当熔体流动速率一定，VA 含量增高时，其弹性、断裂伸长率、柔软性、相容性、透明性等均有所提高；VA 含量降低时，则性能接近于聚乙烯，结晶度提高，刚性增大，强度、硬度、耐磨性、耐热性及电绝缘性能提高。若 VA 含量一定，熔体流动速率增加时，则分子量降低，软化点下降，加工性和表面光泽改善，但强度有所降低；反之，随着熔体流动速率降低则分子量增大，冲击性能和耐应力开裂性能提高。EVA 的热分解温度为 250℃以上，成型加工应以此为限，也可观察有无乙酸气味和产品颜色变化加以判断。EVA 对气体和湿气的渗透性比 LDPE 还高，不宜作抗渗透材料。EVA 的耐油、耐化学药品性比聚乙烯、聚氯乙烯差；VA 含量的增大，这一倾向变得更明显。

可采用一般热塑性塑料的成型方法和设备来加工 EVA，加工温度比 LDPE 低 20～30℃。由于具有弹性，EVA 可通过注射成型制成类似橡胶的制品而不必经过硫化等工艺。除此以外，还可通过真空成型、挤出、压延、吹塑、发泡成型等加工方法成型。

EVA 的用途很广，可用作收缩薄膜、重包装袋、可挠性电线、电缆护套，也常用于注塑和吹塑制品、热熔胶黏剂、各种板材纸张涂层、泡沫制品等，还可作为其他树脂的改性剂、石油降凝剂等。

（2）乙烯-丙烯酸乙酯共聚物

乙烯-丙烯酸乙酯（ethylene-ethyl acrylate copolymer，EEA）树脂是聚烯烃中韧性及柔度最好的一类，是乙烯和丙烯酸乙酯的无规共聚物[式（3-6）]。丙烯酸乙酯部分为共聚物提供柔度和极性，通常占聚合物的 15%～30%（质量分数）。同样由于在乙烯支链中引入极性丙烯酸酯的基团所组成的短支链，干扰了 PE 的结晶状态，使其具有很好的韧性、热稳定性和加工性。

$$\begin{array}{c} +CH_2—CH_2\frac{}{} _x +CH_2—CH\frac{}{} _y \\ \quad\quad\quad\quad\quad\quad\quad C—OCH_2CH_3 \\ \quad\quad\quad\quad\quad\quad\quad \parallel \\ \quad\quad\quad\quad\quad\quad\quad O \end{array} \quad\quad (3-6)$$

EEA 的耐环境应力开裂性、抗冲击性、耐弯曲疲劳性优于 LDPE。由于乙烯与丙烯酸酯的竞聚率和乙烯与醋酸乙烯酯的竞聚率不同，丙烯酸酯的竞聚率要高出 30 倍以上，所以在低转化率时，EEA 中的 EA（丙烯酸乙酯）含量比单体混合物中的比例高得多。当高转化率时，所得混合物几乎全部都是 LDPE 均聚物了。当乙烯与丙烯酸乙酯利用 LDPE 生产装置在高压下进行共聚时，选用的反应器形式有管式法和釜式法。在管式反应器中难以维持恒定的温度、压力和单体浓度，所以在管式反应器中得到的是 EA 含量不均匀的 EEA 混合物。而釜式法可以避免上述缺点，EEA 一般采用釜式法生产。

EEA 的性能与 EVA 基本相似，但热稳定性要比 EVA 好，可以在较高温度下进行加工；柔软性也比 EVA 好，能在更宽温度范围内及低温下保持柔软性。EEA 的极性比 EVA 小，对于难以黏合的聚烯烃树脂，如聚乙烯、聚丙烯有更好的黏接性。当 EA 含量升高时，共聚物的上限使用温度稍有下降，透明度降低。

EEA 可采用一般热塑性塑料的成型方法。在注射成型中，其脱模问题须重视，模具进行冷却并采用润滑剂以帮助其脱模。

EEA 由于有优异性能而获得广泛应用，尤其是用作共混、共挤的聚合物改性剂、热熔性胶黏剂和密封剂，以及层压片材、复合薄膜等。主要用作易弯、耐折、弹性好的软管，低温密封圈、通讯电缆、半导体套件、手术用袋、外科用手套、包装薄膜、容器、日用品、玩具及胶黏剂等。此外还可用于耐高温挤出涂层及其他塑料的低温耐冲击和耐环境应力开裂的改性剂，如与 HDPE、LDPE、PP 等塑料共混。EEA 还可掺入炭黑制得导电性材料。

（3）乙烯-乙烯醇共聚物

由于乙烯醇不能以单体型式独立存在，因此乙烯-乙烯醇共聚物（ethylene-vinyl alcohol copolymer，EVOH）[式（3-7）]通常是由乙烯-醋酸乙烯共聚物经过醇解反应制得。

$$\begin{array}{c} +CH_2—CH_2\frac{}{} _x +CH_2—CH\frac{}{} _y \\ \quad\quad\quad\quad\quad\quad\quad OH \end{array} \quad\quad (3-7)$$

EVOH 是半结晶型热塑性树脂。由于 EVOH 的分子结构中存在羟基，具有亲水性和吸湿性，当吸附湿气后，气体的阻隔性能会受到影响。EVOH 中，乙烯含量通常在 29%～48%之间。随着乙烯含量的增加，阻气性下降、阻水性增大，加工更加容易。在低湿度下，乙烯含量低阻隔性好；高湿度下，乙烯含量 40%阻隔性最好。当乙烯含量小于 42%，为单斜晶系，排列紧密，对气体阻隔性好，热成型温度比聚乙烯高；当乙烯含量为 42%～80%时，则为六方晶系，晶体大、结构疏松、气体易渗透、热成型温度低。EVOH 具有优良的耐油性、耐有机溶剂性，同时具有很高的机械强度、弹性、表面硬度、耐磨性、热稳定性和耐候性。EVOH 薄膜具有高光泽和低雾度，因而透明度高。

EVOH 树脂可在传统加工设备上加工,适用于挤出、吹塑、层压和注射等方法。由于 EVOH 吸湿后阻气性会有所影响,可采用多层结构,如用聚烯烃等耐湿性树脂把 EVOH 层包在中间,即可得到理想的包装材料。在多层结构中,EVOH 作为阻隔层有三种加工方法:EVOH 同聚烯烃或聚酰胺共挤出复合成型;EVOH 薄膜层压到其他基材上,或用其他材料作涂层;EVOH 作各种基材或单层容器的涂层。

在所有聚合物中,聚乙烯醇(PVA)对各种气体的透过性最低,隔氧、空气、包装物散发的特殊气味(食品香味、杀虫剂或垃圾的异味等),其阻气性比尼龙大 100 倍,比 PP 和 PE 大 10000 倍,是聚偏二氯乙烯(PVDC)的 10 倍。EVOH 也具有优异的阻气性能,因此在包装领域得到了广泛的应用。它能明显延长食品的储藏时间,提高食品的保香性。EVOH 用于所有硬性和软性包装领域,用来包装番茄酱、糖汁、奶制品、肉制品、蔬菜及果汁、饮料类。除此之外,EVOH 还可用于非食品包装,如化学品、溶剂、医药产品、化妆品及电子类产品等。当纸包装材料与 EVOH 共聚物组合在一起,就成了高阻隔材料而可应用于食品保鲜包装。EVOH 还适用于各种纤维织物的热熔黏合和涂层,由于它对纤维具有优越的粘接性能和耐水洗性,特别适用于服装加工制造方面。用 EVOH 作增容剂,可使聚酰胺和聚烯烃结合在一起,得到具有高阻隔性、耐化学性、耐高低温性和良好力学性能的高分子"合金"材料。

（4）离子聚合物

离子聚合物(ionomer)是在乙烯-丙烯酸(EAA)或乙烯-甲基丙烯酸共聚物(EMAA)中引入钠、锌、钾等金属离子,通过离子键交联的聚合物,在聚合物链中兼有共价键和离子键(图 3-2)。其生产方法是采用高压本体法制备 EAA 或 EMAA,然后用氧化锌、甲醇钠或金属氢氧化物等通过混炼、共挤出和浸渍等方法将从低压分离器出来的 EAA 或 EMAA 进行离子化处理,即可制得离子聚合物。

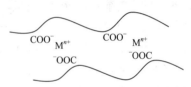

图 3-2　离子聚合物结构示意图

离子聚合物把离子键引入半结晶聚合物内,以降低其结晶度而提高机械强度和透明度。离子键无规存在于聚合物链间,起到交联聚合物作用。在加热时,离子键发生断裂分解成乙烯和丙烯酸的共聚物,从而能熔融流动;冷却到室温时,金属离子又能在分子间形成交联键。离子键的解离和结合是可逆过程,具有类似于热塑性弹性体的性质,可进行热塑性加工。

在力学性能方面,离子聚合物的耐穿刺、耐冲击和耐磨性与尼龙、聚碳酸酯相近;低温下耐弯曲开裂和冲击韧性良好,脆化温度低至-74℃;离子键的存在抑制了球晶的生长,因而光学性能优良;室温下不受有机溶剂的影响,耐弱酸弱碱;宽频率范围内具有好的介电性能;与铝箔、纸、玻璃、金属等有优异的粘接性能。

离子聚合物主要应用于包装领域,包括食品、耐油食品、冷冻食品、休闲食品和药物、电子产品的封装。可用于高尔夫球杆涂层、运动鞋、滑雪靴、冰鞋的生产,通过玻璃纤维增强后可应用于汽车工业。

（5）交联聚乙烯(crosslinked polyethylene,X-PE)

交联改性是指在聚合物大分子链间形成了化学共价键,以此改善诸如热变形、耐磨性、塑性形变、耐化学药品性及抗环境应力开裂性等一系列物理化学性能。交联方法有辐射交联和化学交联,后者还包括过氧化物交联和有机硅交联。一般的聚乙烯分子结构为线形,若将其交联为体型结构,则其耐热性、刚性及抗冲击强度、耐应力裂变性、耐溶剂性、耐老化等性能均有所提高。

　　辐射法是用高能电子射线照射，去除聚乙烯分子中的部分氢原子，使碳—碳直接键合，形成分子间交联结构。辐射交联的交联反应和交联度随辐照剂量和温度的增加而增大。当辐照剂量达到一定程度时，分子交联的同时又会引起分子链的断裂或分子量降低的降解反应。辐射法具有生产工艺简单、操作容易控制、生产效率高、产品的化学纯净度高、交联度高、交联均匀、无助剂残留等优点。辐射法交联产品的绝缘性能特别好，可用于制造耐 125℃高温的器具和电动机的软芯电线绝缘层。

　　过氧化物交联是将聚乙烯与适当有机过氧化合物一起混炼，过氧化物受热分解产生自由基，这些高活性自由基攻击聚乙烯并从中夺取氢原子，使之形成新的自由基，两个大分子自由基相互结合生成交联聚乙烯。常用的过氧化物除过氧化二异丙苯（DCP）外，还有二叔丁基过氧化物等。但过氧化物交联过程不易控制，制品质量较难得到保证。就 LDPE 而言，由于熔融温度较低，多采用分解温度较低的交联剂，如 DCP；而对 HDPE 则常选用二叔丁基过氧化物等交联。交联后的聚乙烯抗冲强度比未交联的提高 50 倍，加工流动性好，适用于滚塑成型，加工大型容器如汽油槽、汽车零件、农业堆肥槽、化学工业污水槽或排水管等。

　　硅烷交联聚乙烯技术目前也获得了广泛的应用。其作用原理是通过自由基引发剂（如过氧化物）的作用，将硅烷的乙烯基与聚乙烯接枝，从而生成含有三烷氧基硅氧烷的聚合物，经水解后生成硅醇，通过硅醇的缩聚反应交联而生成交联聚乙烯。不同烷氧基硅烷在接枝、交联性能上存在较大差异；接枝反应的活性与烷氧取代基的空间位阻效应和电子效应有关；交联反应的速率与烷氧基的水解缩合反应能力有关，而交联度则取决于硅氧烷的接枝率。现在工业上硅氧烷交联聚乙烯主要有三种工艺方法：二步法生产工艺、一步法生产工艺和乙烯基硅氧烷共聚物工艺。其中乙烯基硅氧烷共聚物综合了二步法和一步法的许多优点，具有更大的优势。但是三种工艺中的交联反应都是通过把混合有硅醇缩合催化剂的硅氧烷改性聚乙烯浸泡于温水或水蒸气中完成的，交联所需水分是从外界扩散进来的。由于聚乙烯是非极性材料，水扩散较慢，致使交联速度非常慢，且制品越厚，交联所需时间越长。交联后，聚乙烯的电气性能、力学性能、耐热性能、耐化学药品性能、抗环境应力开裂性能等得到了很大程度的提高，拓宽了其应用范围。

　　交联聚乙烯可用于军用器械如火箭、导弹、战车、电机、变压器等所需要的耐高压、高频、耐热的绝缘材料及电线电缆包覆物；用作电线、通信电缆、电子电缆接头的绝缘护套，化工管道焊接接头的外防腐护套、电器元件的绝缘护套等方面的热收缩管；高压潜水电机阻绝线、增绕绝缘用的电力电缆接头等方面的热收缩膜；各种耐热管材、耐热软管、泡沫塑料、耐腐蚀的化学设备衬里、部件及容器，阻燃建筑材料与器件。

　　（6）氯化聚乙烯

　　氯化聚乙烯（chlorinated polyethylene，CPE）是以氯取代聚乙烯中的部分氢原子而得到的无规氯化物，其结构相当于乙烯、氯乙烯、二氯乙烯的三元共聚物。聚乙烯分子中引入氯原子后，结晶度降低，软化温度降低而柔韧性则增大。根据原料聚乙烯的分子量及其分布、结构上的支化度、氯化度和残存结晶度的不同，可得到从橡胶状到硬质塑料状的不同的氯化聚乙烯。非结晶性或微结晶性者为橡胶状。若结晶性增大，则成为无定形树脂，其刚性增加，脆化温度和软化点升高。

　　在光或自由基引发下，用 Cl_2 与聚乙烯反应，放出氯化氢，得到氯化聚乙烯。除了用作涂料、胶黏剂的高氯化物采用溶剂法外（以氯苯、四氯化碳等为溶剂），在工业上主要采用水相悬浮法。按反应温度分为嵌段氯化（低温）和无规氯化（熔点以上温度）。用无规氯化法主要制得非结晶或微结晶的橡胶状物。

　　氯化聚乙烯的耐低温性好、流动性好，单独使用或与其他树脂及橡胶配合使用时的加工性能良好，耐化学腐蚀性仅次于含氟橡胶，耐燃性、耐候性、耐臭氧性及耐冲击性好。

　　氯化聚乙烯具有较大的填料包容性，每 100 份 CPE 能够填充 400 份的二氧化钛或 300 份皂土或炭黑。氯化聚乙烯加工性能良好，可用一般挤出、注射方法成型，也可进行二次加工。低氯含量的 CPE 也可用滚塑、模塑、吹塑和注射成型。CPE 和 PVC 的共混物，可用加工 PVC 的设备进行各种成型加工，其制品的抗冲击性能有较大的提高。

　　CPE 作主体材料的适于制造耐油、耐曲折、耐臭氧和耐氟利昂性能的胶管，性能优良的电线电缆包覆材料和仿皮鞋底等。除此以外，CPE 也多用于橡胶和塑料的改性，用作增容剂，尤其是在阻燃制品中常用 CPE 对 PVC 和 PE 进行改性。与 PVC 并用，可提高 PVC 的耐寒性、改善低温抗冲强度与加工性；与 PE 并用，可赋予基材耐燃性，改善其印刷性和柔韧性。

3.2.2　聚丙烯

　　聚丙烯（polypropylene，PP）相比于聚乙烯在每个链节的侧链上多了个甲基[式（3-8）]。

$$\mathrm{+CH_2{-}CH{+}_n} \atop CH_3 \tag{3-8}$$

　　PP 分子量一般为 10 万～50 万。1957 年，意大利蒙特卡蒂尼（Montecatini）公司首先生产了聚丙烯。当前聚丙烯已成为发展速度最快的塑料产品，与聚乙烯、聚氯乙烯和聚苯乙烯同列四大通用塑料。目前生产的聚丙烯 95% 皆为等规聚丙烯（isotactic polypropylene，iPP）。无规聚丙烯（atactic polypropylene）是生产等规聚丙烯的副产物。间规聚丙烯（syndiotactic polypropylene）则是采用特殊的齐格勒催化剂并于-78℃低温聚合而成的。

　　聚丙烯是无毒、无味、无臭的乳白色蜡状物，熔点 165℃，脆点-10～-20℃。等规聚丙烯结晶度较大，分子堆砌紧密，密度为 0.90～0.91g/cm³，比间规聚丙烯和无规聚丙烯大，但仍然是通用塑料中密度最小的品种之一。透明程度比聚乙烯好，且透明度随结晶度下降或晶粒细化而增大。如果在成型加工时，采取骤冷措施还会得到相当透明的制品。力学性能在 T_m 以下较聚乙烯稳定，这在很大程度上是由于甲基在主链上的规则排列。其他条件相同时，聚丙烯的等规度是影响强度、刚性和硬度的主导因素。拉伸强度好于聚乙烯、聚苯乙烯和 ABS，表面硬度高，耐弯曲疲劳。聚丙烯抗硫酸、盐酸及氢氧化钠的能力优于聚乙烯及聚氯乙烯，且耐热温度高，对于 80% 的硫酸可耐 100℃。

　　聚丙烯的缺点是抗蠕变性差，低温脆性大，室温下的模量只有聚氯乙烯的 1/3～1/2；由于叔碳原子上 H 的存在，聚丙烯在加工和使用中易受光、热、氧的作用发生降解和老化，所以一定要添加稳定剂；与聚乙烯一样，易燃，火焰有黑烟，燃烧后滴落并有石油味。

　　聚丙烯生产均采用 Ziegler-Natta 催化剂，其聚合工艺基本上与低压聚乙烯相同。目前聚丙烯工业生产方法有溶液法、本体法、气相法。普遍采用的是溶液法，其次是本体法。

　　溶液法是最老的聚丙烯生产方法。将丙烯、溶剂和催化剂置于几台串联的反应器中，在 160～175℃、0.39～0.71MPa 条件下进行聚合反应，聚合物溶液连续进入间蒸槽中蒸出全部溶液的丙烯及部分溶剂，存精馏塔中回收。热的聚合物溶液经过滤除去催化剂残渣，然后进入搅拌釜进行冷却析出等规聚丙烯，再经离心分离；然后在搅拌釜中，用溶剂萃取、洗涤、干燥，即得聚丙烯。用这种方法生产的聚丙烯，无规物占 25%～30%，生产成本高。

　　本体法是以液态丙烯作反应介质和原料，在催化剂作用下，在 60～70℃和压力 2.5～

3.3MPa 条件下发生聚合反应，聚丙烯浆液连续出料。在回收丙烯、除去催化剂残渣后，聚合物经造粒得粒状聚丙烯。此法优点是聚合物产率高，采用高效催化剂后可取消后处理。液相本体法已显示出后来居上的优势。聚合过程有 5%～7%的无规聚丙烯，可用己烷、庚烷等溶剂进行萃取分离。等规聚丙烯结晶不溶，无规物溶解，因而可进行分离。在正庚烷中不溶部分的质量分数定义为聚丙烯的等规度（isotacticity）。

聚丙烯可以通过填充改性的方法来改善其性能。填充碳酸钙、滑石粉、矿物质等可以提高其硬度、耐热性、尺寸稳定性；填充玻璃纤维、石棉纤维、云母、玻璃微珠等则能提高拉伸强度，改善低温抗冲击性、耐蠕变性；添加橡胶、弹性体和其他柔性聚合物等能够提高冲击性能、透明性；添加其他的特殊助剂可以赋予聚丙烯耐候性、抗静电性、阻燃性、导电性、可电镀性、成核性、抗铜害性等。

聚丙烯可以用注射、挤出、吹塑、热成型、滚塑、涂塑、发泡等方法进行加工，以生产不同用途的制品。由于各种加工方法对聚丙烯的熔融性能有不同的要求，因而形成了注塑级、挤出级、吹塑级、涂覆级、纤维级、薄膜级、滚塑级等适应不同加工要求的品级。

由于聚丙烯软化温度高、化学稳定性好且力学性能优良，因此应用十分广泛。通过注射成型，可以制成各种工业部件、电器用品、建筑材料和日用品；用挤出法生产管材、片材、型材、扁丝、纤维、绳索；用吹塑法生产各种小型容器、瓶；用吹膜法和平膜法生产 IPP 膜、流延聚丙烯（CPP）膜，经拉伸可获得高强度、高透明性的双向拉伸聚丙烯膜（BOPP）；用滚塑法生产大型化工储槽、容器等。

工程用聚丙烯纤维如单丝纤维和网状纤维等，是以改性聚丙烯为原料，经挤出、拉伸、成网、表面改性处理、短切等工序加工而成的高强度束状单丝或者网状纤维。加入混凝土或砂浆中，有效控制混凝土（砂浆）固塑性收缩、干缩、温度变化等因素引起的微裂缝，防止及抑止裂缝的形成及发展，改善混凝土的阻裂抗渗性能，抗冲击及抗震能力。

双向拉伸聚丙烯（biaxially oriented polypropylene，BOPP）薄膜生产技术 1958 年由意大利蒙特卡蒂尼公司首创，1958 年和 1962 年欧美及日本相继开始生产至今。BOPP 薄膜，由于分子链或特定的结晶面在拉伸方向上定向排列，所以结晶度、拉伸强度、拉伸弹性模量、抗冲强度、撕裂强度、曲折寿命等均较未拉伸的聚丙烯薄膜有显著提高，其耐热性、耐寒性、透明性、气密性、防湿性、光泽和电绝缘性也有所改善，撕裂传播性减少。BOPP 薄膜还可和其他特殊性能的材料如 EVA、PVDC 等复合，进一步提高或改善性能。BOPP 包装用薄膜约占包装用塑料总量的 50%以上。膜宽度可达 8.3m，生产线速度高达 400～500m/min。

由于聚丙烯模量和耐热性较低，冲击强度较差，因此不能直接用作汽车配件。轿车中使用的均为改性聚丙烯产品，其耐热性可由 80℃提高到 145～150℃。主要应用于汽车仪表板、保险杠等。除此以外，聚丙烯还广泛应用于家用电器和管材等方面。

3.2.3　聚苯乙烯系树脂

3.2.3.1　聚苯乙烯

聚苯乙烯（polystyrene，PS）于 20 世纪 30 年代由德国法本公司（I.G.Farben AG）首先实现工业化生产，美国 1937 年也开始商业生产。聚苯乙烯树脂主链为饱和碳—碳链，每个结构单元有一个较大的侧基苯环，结构单元以头—尾方式键接[式（3-9）]。从立体构型来看，通用级聚苯乙烯基本上是无规立构的线形高聚物。由于聚合反应中的氧、单体等杂质的存在，在聚苯乙烯分子中也存在一定程度的不饱和性或很低的支化度以及醌基结构。采用特殊催化剂进行定向聚合可得到等规结构的 PS。

$$\begin{array}{c} +CH_2-CH\frac{}{}_n \\ | \\ \bigcirc \end{array}$$

(3-9)

聚苯乙烯无色透明、质轻、性脆，为玻璃状的非结晶性塑料，无毒、无臭、易燃烧，燃烧时发浓烟并带有松节油气味，吹熄可拉长丝。密度为 $1.04\sim1.07g/cm^3$，分子量一般为 20 万～30 万。

聚苯乙烯常温下质硬且脆，无延伸性，拉伸至屈服点附近即断裂。拉伸强度和弯曲强度在通用热塑性塑料中最高，拉伸强度可达 60MPa；但抗冲强度很小，难以用作工程塑料。耐磨性差，耐蠕变性一般。硬度较大，弹性模量相当高，约 3500MPa，质地坚硬。

聚苯乙烯耐热性能不好，T_g 约 100℃，热变形温度仅为 70～90℃，长期使用温度为 60～80℃，至 300℃以上发生解聚，这也是通用级聚苯乙烯的突出缺点之一。聚合时若在苯乙烯单体中掺混一些 α-甲基苯乙烯，则有利于提高聚苯乙烯的耐热性。聚苯乙烯的耐低温性也不好，脆化温度为-30℃。热导率低且不随温度变化而变化，因此是良好的绝热材料；聚苯乙烯泡沫塑料热导率更小，是优良的绝热、保温、冷冻包装材料。易燃烧，离开火源后继续燃烧，火焰呈橙黄色并有浓烟，燃烧时起泡、软化，并发出特殊的苯乙烯单体的味道。

透明性好是聚苯乙烯的最大特点。由于密度和折射率均一，可见光区内没有特殊的吸收，具有很强的透明性，透光率可达 88%～92%；同 PC 和 PMMA 一样属最优秀的透明塑料品种，称为三大透明塑料。折射率为 1.59～1.60，因而其制品表面十分光泽；但因苯环的存在，其双折射较大，不能用于高档光学仪器。

聚苯乙烯吸水性很低（约为 0.02%），稍大于聚乙烯，但对制品的强度和尺寸稳定性影响不大，制品能在潮湿环境下保持其强度和尺寸稳定性。介电性能良好，体积电阻和表面电阻高，功率因数接近于 0，耐电弧性仅次于三聚氰胺甲醛树脂、聚四氟乙烯和某些有机硅树脂，是良好的高频绝缘材料。

聚苯乙烯属非极性聚合物，常温下能溶于芳香烃类、酯类、氯化烃类、甲乙酮等溶剂，不溶于脂肪烃类、低级醇，也不溶于乙醚、丙酮、苯酚、植物油、水及各种盐溶液。聚苯乙烯还能耐碱，耐稀硫酸、磷酸、硼酸、质量分数 10%～36%的盐酸、25%以下的醋酸、10%～90%的甲酸以及其他有机酸，但不耐氧化性酸（如浓硝酸），也不耐氧化剂。易着色，可以和任何颜料混合。耐油性很差。

聚苯乙烯是最耐辐射的聚合物之一，但耐紫外光能力差。若能尽量降低树脂中的残留单体，或加入适量的脂肪族、芳香族的胺、氨基酸之类的化合物，可获得较好的稳定效果。

聚苯乙烯的单体苯乙烯，工业上几乎都是以苯和乙烯为原料，通过液相烷基化反应而得到乙苯，然后将乙苯催化脱氢制得苯乙烯。苯乙烯的活性大，转变成自由基时的活化能较低，易于聚合。苯乙烯的聚合方法很多，工业上主要采用本体聚合工艺和悬浮聚合工艺。本体聚合工艺通常是先将苯乙烯在预聚釜中于一定温度下预聚到 20%～35%的转化率后，再送入塔式反应器，进一步升温聚合至转化率为 95%左右。聚合物连续由反应器底部排出，经挤出、切粒成粒状树脂。因聚合体系中不含添加剂，故不需对聚合工艺过程增设后处理和污水净化装置。制得的聚苯乙烯透明度高，电性能良好。但本体聚合反应热不易扩散，反应温度较难控制，其聚合物分子量分布较宽，单体含量较大。悬浮聚合中，由苯乙烯、引发剂、水、分散剂等组成聚合体系；苯乙烯悬浮于水相中，在机械搅拌的作用下，单体分散成均匀的小液滴，体系成为浆状物，聚合反应发生在小液滴中。反应生成的聚合物经洗涤、干燥后，即得珠状聚苯乙烯。悬浮聚合可以避免本体聚合中的一些问题，树脂分子量分布较均匀，聚合反应较完全，单体残留少。但聚合体系中存在分散剂等杂质，影响树脂纯度。

由于聚苯乙烯黏度小、流动性好，加工温度宽，成型温度远低于分解温度，很容易成型加工。常用的热塑性塑料成型加工方法，如注射成型、挤出成型、吹塑、发泡以及二次加工等方法，均可用于聚苯乙烯的成型加工。易染色，尺寸稳定，表面易印刷、上色和金属化处理，可添加各种助剂。

聚苯乙烯的应用市场非常广泛，包括包装和一次性产品、电子电器和器具、家具和建筑材料、消费性产品、医用产品等。包装是聚苯乙烯树脂最大的消费市场，世界 30%以上的聚苯乙烯用于包装市场，美国和西欧在包装市场中的消费比例高达 50%左右。由于白色污染问题，聚苯乙烯在食品包装业的应用在 20 世纪 80 年代末受到较大打击；但是到了 90 年代中期以后随着 EPS（可发性聚苯乙烯）回收技术和设备的发展，聚苯乙烯包装材料市场开始好转。聚苯乙烯在大型电器市场中主要用于电冰箱的生产，注射成型制品如分隔箱、门把手装饰、冷凝液盘及门斗等采用高光泽、高抗冲强度树脂牌号生产。而在建筑市场中，聚苯乙烯主要用于屋顶绝缘板和防腐、保温产品。聚苯乙烯泡沫保温产品的传统市场是冷库和其他冷藏建筑，聚苯乙烯挤出泡沫板和 EPS 模塑板在普通建筑市场中也应用广泛。

从 20 世纪 50 年代开始，国外就积极地对聚苯乙烯进行了各方面的改性研究，改性的重点在于提高其抗冲击性、耐候性、耐热性、耐应力开裂等性能。其中主要产品有 HIPS、ABS、MBS、AAS、ACS、AS、EPSAN 等。

3.2.3.2　高抗冲聚苯乙烯

高抗冲聚苯乙烯（high impact polystyrene，HIPS）是苯乙烯单体同弹性体接枝聚合而成的无定形聚合物，或者是聚苯乙烯同弹性体（聚丁二烯等）的物理共混物。1942 年德国巴斯夫（BASF）公司首先生产出 HIPS 产品并投放市场。大规模工业生产中，HIPS 主要采用本体-悬浮聚合和本体聚合两种合成方法，所得共聚物的性能与橡胶的品种、含量和胶粒的大小有密切关系。通常可用丁苯橡胶、无规和等规丁二烯橡胶，也可用丁腈橡胶或乙丙橡胶进行共聚，其中以等规聚丁二烯与丁苯嵌段共聚物为最佳。由于橡胶在苯乙烯中溶解度有限，接枝共聚物中橡胶含量一般在 10%（质量分数）以下，但橡胶粒子内也包裹有树脂，不仅橡胶含量能得到一定程度的补偿，增韧效果更能得到大幅度的提高。

HIPS 是白色或微黄色的热塑性塑料，密度为 $1.04\sim1.06\mathrm{g/cm^3}$，具有通用级聚苯乙烯树脂的大多数优点，如刚性好、电绝缘性和化学稳定性好、易着色、易成型加工等；通过加入橡胶组分后，制品的韧性得到明显改善，抗冲击性比通用级聚苯乙烯提高 2~3 倍，但透明性下降，是最便宜的工程塑料之一。不足之处是耐热性、耐光（紫外线）性、耐油性、耐化学品性、透氧气性等性能较差。和 ABS、PC/ABS、PC 相比，光泽性较差，综合性能也相对差一些。

HIPS 具有与聚苯乙烯同样良好的成型加工性，可用注射成型、挤出成型、热成型、粘接、电镀等方法加工成型或改性。HIPS 的吸湿性小且吸收水分较慢，微量的水分对成型加工和制品质量没有明显影响。同时，HIPS 在成型温度下一般不易分解，能够掺混较多的回收料而不会严重影响制品性能。

HIPS 的主要用途是作为包装和一次性用品材料，特别是食品包装和饮食餐具，如自动售货机用的分装用杯，各种罩盖、盘、碗等；一次性用水杯盘碟、瓶盖、安全剃刀架、笔杆等。近年来，特种品牌的 HIPS 产品是开发应用的重点，如仪器仪表和家用电器是不断增长的重要市场，包括小型仪表、冰箱内壁和内部零件、电视机外壳以及空调机部件等。某些超高抗冲且耐高温品牌的 HIPS 已能取代价格高的一些工程塑料应用，如做汽车内部饰件等。此外，HIPS 在医疗设备、玩具、家具、照明器材、商业机器、办公用品等方面用量也很大。

3.2.3.3　ABS 塑料

ABS（acrylonitrile-butadiene-styrene）树脂是丙烯腈、丁二烯和苯乙烯的三元共聚物，也被认为是聚苯乙烯的一个重要改性品种。而实际上 ABS 树脂是一类复杂的聚合物体系，由接枝共聚物（以聚丁二烯为主链，以聚苯乙烯、聚丙烯腈为支链）、苯乙烯与丙烯腈的无规共聚物（SAN）以及未接枝的游离聚丁二烯三种成分所构成。

ABS 树脂具有复杂的两相结构，即由苯乙烯-丙烯腈共聚物（SAN）为连续相、丁二烯橡胶弹性体为分散相以及两相的过渡层所构成。制备方法不同，所得 ABS 的形态结构也有差异。接枝型 ABS 的橡胶粒子有网状结构，接枝物多出现在相界面处，两相间结合较强；而共混型 ABS 的橡胶粒子有明显的边缘，直接影响增韧效果。一般说来，橡胶含量增大，共聚物的抗冲强度提高，但拉伸强度、刚性、耐热性、耐候性、化学稳定性、透明度和加工流动性下降；苯乙烯含量增大，其抗拉强度、刚性、透明度、加工流动性提高，但抗冲强度明显下降；丙烯腈含量增大，耐热性、拉伸强度、表面硬度、刚性等提高，但抗冲强度、耐候性和加工流动性下降。工业上一般控制橡胶含量（质量分数）为 5%～30%，丙烯腈含量为 10%～30%，苯乙烯含量为 40%～70%。

ABS 树脂是浅象牙色、不透明、无毒、无味的非晶共聚物。密度 1.02～1.05g/cm³，不透水、略透水蒸气，吸水率低。硬而韧，拉伸强度较高，一般在 35～50MPa 范围，受温度影响较大，随温度升高而明显下降。抗弯强度、拉伸强度和表面硬度在热塑性塑料中是较差的，在低负荷和不太高的温度下压缩形变虽比聚砜、聚碳酸酯大得多，但比聚酰胺、聚甲醛小。ABS 突出的力学性能是有极好的抗冲强度，在广泛的温度范围内具有较高的强度，低温下也不会严重下降。摩擦系数较低，但耐磨损性较差。

ABS 的耐热性不够好，不同的品级热变形温度在 65～124℃不等。耐寒性良好，通常情况下 ABS 在 -40℃时仍具有相当高的抗冲强度，表现出较好的韧性。ABS 能缓慢燃烧，无熔融滴落，火焰明亮呈黄色且有黑烟，离火后仍继续燃烧，发出特殊气味（浅金盏草味，marigold）。工业上常加入无机阻燃剂或与其他难燃的高聚物共混来提高其阻燃性。

ABS 具有很好的耐油性、化学稳定性，水、无机盐、碱及酸类对它几乎没有影响，也不溶于大部分醇和烃类溶剂。但与烃类溶剂长时间接触，制品会软化或溶胀。能被酮、醛、酯、氯化烃等有机溶剂溶解或形成乳浊状液体。

ABS 电绝缘性好，基本不受温度、湿度的影响。但因 ABS 有一定程度的可燃性，故不能用作一级绝缘材料。

ABS 的聚丁二烯组分中残留有不饱和双键，在紫外线、热、氧的作用下易产生氧化降解。

ABS 的熔体黏度不高，流动性好，可用注射、挤出、压延、吹塑等方法成型。经挤出或压延所制得的大面积 ABS 板材或片材，可再用热成型方法拉伸吸塑成各种形状的制品，也能用焊条进行焊接或粘接成一定形状的产品。除此以外，ABS 还能用粘接、涂饰、电镀、钻孔、锯切、抛光等方法进行二次加工。它能用甲苯、二甲苯、丁酮、氯仿、酯类等有机溶剂直接黏结；也可以在溶剂中加入少量的 ABS 树脂，配制成溶液型胶黏剂进行粘接。ABS 还是很好的非金属电镀材料，其电镀层与 ABS 的黏结力要比其他塑料高 10～100 倍。

正是由于 ABS 具有综合性能好、价格较低和易成型加工的优点，已成为当今销量最大、应用最广的热塑性工程塑料，广泛用于汽车工业、电子电器工业、轻工家电、纺织和建筑等行业。汽车方面的应用最多，包括车内、车外的一些组件，如汽车外部的散热器格栅，前灯罩和大型卡车上用热成型方法制成的各种饰带，车内的仪表面板、控制板及一些内部装饰部件、热空气调节管道、加热器等，甚至还可用 ABS 塑料夹层板来制作小汽车的车身和其他壳体部件。

3.2.4　其他聚烯烃塑料

其他已有工业规模生产的聚烯烃塑料主要有以下几种。

3.2.4.1　聚1-丁烯

聚 1-丁烯（poly-1-butene，PB），是丁烯以阳离子聚合方法制得的聚合物。

$$\begin{array}{c}\text{--CH}_2\text{--CH--}\!\!\!\!\!\!\!\!\!\!\!\!\!\!\\ |\\ \text{CH}_2\text{CH}_3\end{array}\Big]_n \qquad\qquad (3\text{-}10)$$

1971 年前联邦德国赫斯化学公司首先投入小规模生产。80 年代只有美国壳牌公司一家生产，年产量 23 千吨。生产方法与聚丙烯、高密度聚乙烯的淤浆法相近，所用催化剂是 G.Natta 发明的钛系催化剂。原料 1-丁烯可从轻油裂解的碳四馏分中分离或由丁烷脱氢、乙烯二聚等方法合成。1-丁烯分离和制备方法较复杂，单体成本高，使聚丁烯的生产成本比聚乙烯、聚丙烯等通用的聚烯烃树脂高，从而限制了它的大量发展。

聚 1-丁烯为半透明、无色、无臭固体，分子结构规整，是多晶型聚合物。聚 1-丁烯的乙基侧链沿聚合物主链在空间呈有序排列，等规度高（98%～99.5%），结晶性强，结晶度高（50%～55%），密度为 0.910～0.915g/cm³，熔融温度 122～135℃，耐热性好，可在−30～100℃下长期使用。耐化学性、耐老化性和电绝缘性均与聚丙烯相近，加工性能介于高密度聚乙烯和聚丙烯之间。聚 1-丁烯有四种晶型，在加工成制品时存在晶型转变的问题。熔融的聚 1-丁烯冷却后先生成热力学不稳定的晶型（Ⅱ型，较软，有可挠曲性），在室温和常压下放置几天后转变成稳定的晶型（Ⅰ型），其机械强度增加，与高密度聚乙烯相似。聚 1-丁烯的抗蠕变性比聚乙烯和聚丙烯都好；在不超过屈服点的应力作用下，这种优良性能一直到 80℃左右仍能保持。除此以外，它的耐环境应力开裂和抗冲击性能也十分优异，优于聚乙烯。

PB 可用压缩模型、挤出、注射、吹塑等一系列热塑性塑料成型加工方法进行加工，也可进行发泡和复合等。由于具有多晶转变，加工过程中的冷却尤其重要。挤出品必须经过冷却处理，因此类似电线涂层的快速挤出是较难加工的。对挤出的管和膜，应松散成卷，让其在 10 天内有 2% 的收缩率。PB 多晶体的转变可用 10% 的 α-氯萘或硬脂酸使其晶格破裂后加速，但尚无可行的工艺用于生产。对于注射或吹塑成型而言，新生的晶型 Ⅱ 显得太软。但新生晶型 Ⅱ 的软性使它能进行冷成型、印刷、浮雕及拉伸成薄膜。

PB 的最大用途是制作管道。由于 PB 管的诸多优越性，在世界上许多国家和地区及美国大多数州，有专门的法规要求使用 PB 管。在美国，用于制作管道的聚 1-丁烯占其总消费量的 90%。PB 饮水管具备寿命长、质轻、无毒无味等优点，但价格高于一般镀锌管 30%～50%。PB 也可用于制造薄膜，作为温室材料既透明又耐紫外线，比其他塑料的风蚀性更小。单向拉伸的 PB 膜宜作压敏黏合带及包装材料。除此以外，PB 还可用作聚丙烯、高密度聚乙烯的共混改性剂以改善其耐冲击性、耐环境应力开裂性、耐蠕变性以及薄膜的低温封口性等。

3.2.4.2　聚 4-甲基-1-戊烯

聚 4-甲基-1-戊烯[poly(4-methyl-1-pentene)，P4MP，TPX]，是以 4-甲基-1-戊烯为单体，通过 Ziegler-Natta 催化剂定向聚合得到的立体等规聚合物，其侧链为异丁基[式（3-11）]。

$$+CH_2-CH+_n$$
$$CH_2$$
$$CH$$
$$H_3C \quad CH_3$$

（3-11）

1955 年，意大利的 Natta 首先报道用 4-甲基-1-戊烯得到了立体等规的聚合物 TPX。当时因单体原料昂贵而未能工业化。随后的五年中，英美用丙烯二聚来制取单体的方法获得了成功，并于 1961 年在英国建立了规模为 2000 吨/年的单体扩大试验装置。1966 年，英国 ICI 公司用此装置提供的单体，建成了等规 TPX 生产装置，出售 45%～65% 微晶等规 TPX 聚合物。与此同时，美国 Du Pont、Allied Chem、Hercules 等公司也进行了 TPX 的研究和生产，并投放美国市场。

TPX 的密度为 $0.83 g/cm^3$，是热塑性塑料中密度最小的，几乎接近于塑料密度的理论极限。结晶度为 40%～65%，晶区与非晶区的密度相同，透明性介于有机玻璃和聚苯乙烯之间，透光率达 90%，折光指数为 1.466。熔点 240℃，可在 130℃下长期使用。TPX 对 O_2、N_2 等气体的透过率为聚乙烯的 10 倍，平衡吸水率小于 0.05%（浸入 20～60℃水中）。TPX 具有很高的刚性，100℃以上时的刚性超过了聚丙烯，150℃以上时的刚性超过了聚碳酸酯。悬臂梁缺口冲击强度比聚丙烯酸酯和聚苯乙烯大，小于聚甲醛和聚酰胺。TPX 的拉伸蠕变性在聚乙烯和聚丙烯之间；拉伸屈服强度与应变速率和温度有很大关系；温度越高，拉伸屈服强度越小。耐老化性极好，180℃下使用时间达 100h；150℃下使用时间可达 1000h；125℃下可使用 1a。TPX 具有优良的介电性能，其电绝缘性比其他聚烯烃更好，可与聚四氟乙烯和电线电缆级 LDPE 相媲美。耐化学腐蚀性好，与其他聚烯烃类似，即使在 160℃下，仍能耐无机酸碱，但不耐氧化剂、芳烃和氯代烃。抗蠕变性能优于聚丙烯。耐紫外线性能较差，受氧化和光辐射易降解；可通过与其他 α-烯烃共聚和加入添加剂等方法改善。

TPX 的熔体黏度低，能用标准的注射、挤出、吹塑等一般热塑性塑料加工方法成型。但熔融范围较窄，加工中应注意温度的调节。

TPX 主要应用于医疗器械、实验室器具、食品容器、汽车用部件、高压电线绝缘材料及车辆用电缆的绝缘材料、薄膜、富氧膜等（用于制作体外膜肺氧合器，即 ECMO）方面。由于其优异的透明性，除可用作透明包装材料外，还可用作光学塑料，应用于交通及电气工业，如汽车内照明设备、马达防护罩、窥视镜、电气零件、高频电子元件等。

3.2.4.3　聚降冰片烯

二环[2.2.1]庚-2-烯[式（3-12）]，俗称降冰片烯（polynorbornene/polynorbornylene，PN）。它通常是由乙烯与环戊二烯进行 Diels-Alder 反应缩合而得到。

（3-12）

聚降冰片烯是 20 世纪 70 年代首先由日本发展的新型聚烯烃塑料。作为一种大位阻的张力环烯烃，降冰片烯的聚合机理复杂，可以按三种不同的方式聚合：开环易位聚合、乙烯基加成聚合和阳离子或自由基聚合。不同聚合方法得到的降冰片烯聚合物的结构和性能有很大差异。

降冰片烯的加成聚合产物具有低的介电常数、低双折射率、低的吸湿性、高的玻璃化转变温度、良好的光学透明性和耐热性能以及耐化学品腐蚀等特点，在光纤、光记录和微电子等领域有着广泛的应用前景。

1984 年法国 CDF Chimie 公司通过乙烯与环戊二烯开环聚合，得到聚降冰片烯的无定形聚合物，其性能介于橡胶与树脂之间。日本 Zeon 公司发现它具有形状记忆功能，并投放市场，商品名为 Norsorex。该聚合物的分子链很长，平均分子量为 300 万，T_g 为 35℃。受热250℃以上时，试样可任意改变形状；迅速降温到 T_g 以下，变形后的形状被固定下来；当环境温度高于 40℃，只需很短的时间就能回复到原来的形状，而且温度越高回复越快。在 T_g 以上，分子链之间的缠结也很明显，足以起到物理交联的作用，链缠结点之间的分子量大于产生橡胶熵弹性的临界分子量，从而可呈现形状记忆特性。与其他形状记忆高分子材料相比，它的主要特点是：分子内没有极性官能团和一般橡胶具有的交联结构，属于热塑性树脂，可通过压延、挤出、注射、真空等加工方式成型，但由于分子量太高，加工较为困难。T_g 接近人体温度，室温下为硬质，适于制作人用织物，但此温度不能任意调整。

3.2.4.4　聚异质同晶体

聚异质同晶体（polyallomer）是两种以上单体在阴离子配位催化剂存在下进行嵌段共聚合而得的共聚物，是一种综合性能良好的新型热塑性塑料。异质同晶的定义是：具有不同化学组成而其结晶形状相同。聚异质同晶体是结晶性的，但是不同于工业上所用的结晶均聚物，它由两种以上单体组成，并显示出优越的组合物理性能。通常是以丙烯为主，与 0.1%～15%的乙烯、1-丁烯、异戊二烯等共聚，其中以丙烯-乙烯聚异质同晶体最重要。

聚异质同晶体是一种独特的材料，具有很均衡的性能组合。它与聚乙烯和聚丙烯混合物相比，具有极不相同的性能，并且也明显地不同于目前工业上从其他来源所获得的这些单体的共聚物。丙烯-乙烯聚异质同晶体具有结晶聚丙烯和高密度聚乙烯的综合优点，具有较低的脆化温度，较高的冲击强度（为聚丙烯的 3～4 倍）及较小的缺口敏感性，因而克服了结晶聚丙烯最严重的性能上的缺陷。聚异质同晶体像聚丙烯一样容易模塑，比线形聚乙烯更容易。

由于丙烯-乙烯聚异质同晶体具有良好的流动性和抗应力开裂性，再结合其他性能，使其在吹塑制品及包覆电缆方面可以取代 LDPE。弹性记忆、低模塑收缩率、高抗张强度和缺口冲击强度，以及较低的脆化温度，使其在所有包装容器方面，成为强有力的竞争材料。在薄膜方面，聚异质同晶体的抗撕裂和抗冲强度优于聚丙烯。

3.3　其他热塑性塑料

3.3.1　聚氯乙烯系树脂

3.3.1.1　聚氯乙烯塑料

聚氯乙烯（polyvinyl chloride，PVC），是氯乙烯的均聚物，重复单元主要以头—尾相连接的方式排列[式（3-13）]。用过氧化二苯甲酰为引发剂时，大分子上有相当数量的头—头、尾—尾结构。

$$\begin{array}{c}-\!\!\!-\!\!\!\begin{array}{c}CH_2\!-\!CH\\|\\Cl\end{array}\!\!\!-\!\!\!\Big]_{n}\end{array}\tag{3-13}$$

聚氯乙烯是仅次于聚乙烯的第二大吨位塑料品种，其发展已有 100 余年的历史。1912 年，德国人 Fritz Klatte 用乙炔加成氯化氢的方法合成了氯乙烯，氯乙烯聚合得到了 PVC，并在德国申请了专利，但是在专利过期前没有能够开发出合适的产品。1926 年，美国 B.F.Goodrich 公司的 Waldo Semon 合成了 PVC 并在美国申请了专利。

聚氯乙烯树脂为白色或淡黄色的粉末，密度 $1.35\sim1.45g/cm^3$，表观密度 $0.40\sim0.65g/cm^3$。通常聚氯乙烯树脂的聚合度 $500\sim1500$，也有达 $1500\sim4000$ 的。分子量分布指数约为 2。通常 PVC 的工业牌号以分子量的大小来区分。分子量的大小可用二氯乙烷 1%溶液的黏度（viscosity）来表示，也可用 PVC 环己酮溶液的固有黏度值 K 来表示。分子量提高，力学性能变大，玻璃化转变温度上升，热稳定性和耐低温性变好，但熔体黏度增大，成型加工性变差。PVC 分子链上的氯、氢原子空间排列基本无序，制品的结晶度低，一般只有 5%～10%。

聚氯乙烯为极性聚合物，具有较好的物理力学性能、优异的介电性能、优良的耐化学腐蚀性能（耐浓盐酸、浓度为 90%的硫酸、浓度为 60%的硝酸和浓度 20%的氢氧化钠）、着色性能，耐燃性能优异，且其主要性能可以通过加入添加剂进行调节，但其热稳定性差、脆性大。

PVC 的热稳定性十分差，受热分解脱出氯化氢，并形成多烯结构。加热到 100℃，就开始脱氯化氢；达到 130℃时，已比较严重；超过 150℃，则变得十分迅速。与此同时，PVC 的颜色也逐渐发生变化，由白、微红、粉红、浅黄、褐色、红棕、红黑直至黑色。而 PVC 的熔融温度为 160℃，因此纯 PVC 树脂难以用热塑性方法加工，通常需要添加大量增塑剂。加工温度通常在 160～210℃范围内，与树脂分子量大小和是否增塑有关。PVC 的玻璃化转变温度与聚合温度有关，随着聚合温度从–75℃上升到 125℃，树脂的 T_g 则从 101℃下降到 68℃。工业上的 PVC 树脂的 T_g 通常在 75～85℃范围内；脆化温度在–60～–50℃；线膨胀系数较小。具有难燃性，其氧指数高达 45 以上。

PVC 树脂根据合成方法不同，其性能有所差别。一般有悬浮法、乳液法、本体法、溶液法和微悬浮法几种，我国主要是悬浮法和乳液法两种。本体聚合由于不加溶剂，无悬浮剂和乳化剂，产品纯度高，但反应放出的大量热不易排出，反应剧烈不易控制。溶液聚合使用大量有机氯化物为溶剂，溶剂毒性大，回收费用大，成本高，很少采用。悬浮法工艺成熟，产品综合性能优良，后处理简单，产品用途广，因此国产 PVC 树脂中 85%是悬浮法生产的。乳液法易于连续化生产，工艺较复杂，后处理工序多，生产的产品在增塑剂下成糊进行加工。微悬浮法综合了悬浮法和乳液法的优点，但其工艺相当复杂，应用不多。

PVC 颗粒具有多层次的结构，大致可分为亚微观形态、微观形态和宏观形态。亚微观形态的尺寸在 $0.1\mu m$ 下，由初级粒子核和原始微粒构成，用电子显微镜才能观察到。微观形态的尺寸在 $0.1\sim10\mu m$ 范围内，由聚集体和初级粒子构成，光学显微镜可以观察到。宏观形态的尺寸在 $10\mu m$ 上，由颗粒和亚颗粒构成，肉眼可以分辨。采用不同聚合方法得到的 PVC 颗粒，其亚微观形态实际上是一致的，微观形态也极为相似，而宏观形态则有显著差别。正是由于宏观形态的差别，才造成表面积、孔隙率、吸收增塑剂性能、热加工塑化性能以及单体脱吸性能等的变化。悬浮法 PVC 树脂还有紧密型树脂和疏松型树脂之分。前者颗粒表面光滑、细小且分布较宽，表观密度较高，内部是有小孔的、致密的乒乓球状树脂；后者为表面粗糙、颗粒较粗且分布较窄、表观密度较低，内部多孔疏松的棉花球状树脂，其吸收增塑剂的性能、塑化性能、成型加工性能以及制品性能明显优于前者。

PVC 制品的软硬程度可通过加入增塑剂的份数多少进行调整，制成软硬相差悬殊的制品，因而 PVC 塑料有硬质和软质之分。不加增塑剂或加少量增塑剂（<10%）的为硬质 PVC 塑料；随着增塑剂用量增加，又可分为半硬质 PVC 塑料（10%～30%）和软质 PVC 塑料（>30%）。纯 PVC 的吸水率和透气性都很小。

PVC 利用挤出机可以挤成软管、电缆、电线等；利用注射成型机配合各种模具，可制成塑料凉鞋、鞋底、拖鞋、玩具、汽车配件等。与添加剂混合、塑化后，利用三辊或四辊压延机制成规定厚度的透明或着色薄膜，用这种方法加工薄膜，称为压延薄膜。也可以通过剪裁、热合加工包装袋、雨衣、桌布、窗帘、充气玩具等。宽幅的透明薄膜可以供温室、塑料大棚及地膜使用。经双向拉伸的薄膜，具有热收缩的特性，可用于收缩包装。PVC 也应用于涂层制品。有衬底的人造革是将 PVC 糊涂敷于布上或纸上，然后在 100℃以上塑化而成。也可以先将 PVC 与助剂压延成薄膜，再与衬底压合而成。无衬底的人造革则是直接由压延机压延成一定厚度的软制薄片，再压上花纹即可。人造革可以用来制作皮箱、皮包、书的封面、沙发及汽车的坐垫等，以及地板革、用作建筑物的铺地材料等。而在软质 PVC 混炼时，加入适量的发泡剂做成片材，经发泡成型为泡沫塑料，可作泡沫拖鞋、凉鞋、鞋垫及防震缓冲包装材料。也可挤出成低发泡硬 PVC 板材和异型材，可替代木材使用，是一种新型的建筑材料。PVC 中加抗冲改性剂和有机锡稳定剂，经混合、塑化、压延而成为透明的片材。利用热成型可以做成薄壁透明容器或用于真空吸塑包装，是优良的包装材料和装饰材料。PVC 中加入稳定剂、润滑剂和填料，经混炼后，可挤出各种口径的硬管、异型管、波纹管，用作下水管、饮水管、电线套管或楼梯扶手。将压延好的薄片重叠热压，可制成各种厚度的硬质板材。板材可以切割成所需的形状，然后利用 PVC 焊条用热空气焊接成各种耐化学腐蚀的贮槽、风道及容器等。

3.3.1.2　氯化聚氯乙烯

氯化聚氯乙烯（chlorinated polyvinyl chloride，CPVC）又名过氯乙烯，是将聚氯乙烯进一步氯化的产物。一般将 PVC 树脂粉碎后，经氯化、过滤、水洗、中和、干燥五个步骤即可得到氯化聚氯乙烯。

氯化聚氯乙烯为白色粉末状物，密度 1.48～1.58g/cm³，理论上最高含氯量可达 73.2%，一般生产的 CPVC 含氯量在 61%～68%。氯含量的增加，使树脂分子间的作用力增强，物理力学性能特别是耐候性、耐老化性、耐腐蚀性、耐高温能力、变形性、可溶性及阻燃自熄性等均比 PVC 有较大提高。易溶于酯类、酮类、芳香烃等多种有机溶剂，还具有良好的黏结性和电绝缘性。最高使用温度 100～105℃。随含氯量增加，制品抗拉强度、抗弯强度提高，但脆性增大。不足之处就是脆性大，高温和低温下都易脆。其脆性可通过共混改性加以改进。

CPVC 的制备方法主要是在卤代烃中进行的溶液或悬浮氯化、水相悬浮氯化、固相氯化、用液氯进行的光催化氯化等。PVC 可溶于氯苯，因此在引发剂和促进剂存在下，PVC 在氯苯中同氯气在 110～115℃反应实现氯化。引发剂通常采用偶氮二异丁腈。光气（$COCl_2$）也能使 PVC 均匀氯化，获得热稳定性良好的 CPVC。氯气也能使悬浮水溶液中的 PVC 氯化，但氯化转化率受扩散控制。原料 PVC 树脂的质量对 CPVC 树脂质量有重要影响，特别是影响加工稳定性，因此要求原料 PVC 树脂疏松，皮膜尽可能薄，结构规整度好。疏松型 PVC 颗粒在 55℃沸腾床中用稀释氯气处理可实现氯化。

CPVC 可用普通聚氯乙烯的成型方法进行加工。但因其加工温度较高，混料时树脂发热严重，热分解放出氯化氢的倾向大，熔体黏度大，熔料易粘壁，因此加工工艺较复杂。加工前物料需干燥，加工时需加大热稳定剂的用量，接触物料的设备表面要求光洁度高，并要镀铬。挤出过程中，挤出机必须装有冷却设备以防过热。用于粘接时，通常用 CPVC 树脂溶于二氯乙烷或丙酮溶液中制得 10%浓度的胶液，也可溶于四氢呋喃得到 20%的溶液用于粘接CPVC 板。纺丝时，一般以丙酮为溶剂进行溶液纺丝，短纤维以湿法纺丝为主；长丝既可用干法纺丝，也可用湿法纺丝。

随着 CPVC 含氯量的提高，又出现了一系列问题，主要是加工温度范围窄（180～190℃），熔体黏度高，加工成型困难，所得制品的抗冲强度低。与其他聚合物的共混或合金化、用无机材料填充、复合以及接枝共聚等方法的研究和开发，有力地促进了 CPVC 的高性能化，改善了 CVPC 加工流动性，而且耐热能力更强，大大提高了其综合性能，扩大了应用领域。

CPVC 主要用于冷水和热水管线分布系统和配件，控制液体化学品的阀体，挤出加工成各种窗用玻璃压条，冷却塔填料，汽车内部零件，废水排放装置，耐热化学试管，各种深色户外用品，如机器外壳、电气通讯和器具部件。

3.3.1.3 改性聚氯乙烯

改性聚氯乙烯的方法有两条途径：其一为化学改性；其二为物理改性。化学改性主要为共聚改性，即让氯乙烯单体和其他单体进行共聚反应，例如和醋酸乙烯酯、偏二氯乙烯、丙烯腈、丙烯酸酯、马来酸酐等单体共聚。另一种化学改性是在 PVC 侧链上引入其他基团，以改善材料的抗冲击性能、低温脆性和耐老化性等。

氯乙烯和醋酸乙烯酯（VAc）的共聚物，是氯乙烯共聚物中产量最大的一种。VAc 的量可达 3%～40%，通常在 10%～15%。VAc 的引入，破坏了 PVC 链段的均一性。与相同分子量的 PVC 均聚树脂相比，氯乙烯醋酸共聚树脂熔融黏度降低，加工性能变优，拉伸强度、弯曲性能有所提高；但热稳定性和热变形温度下降，耐化学药品性变差。主要用于唱片、地板、涂料和胶黏剂等。该共聚物可用悬浮、溶液和乳液聚合法生产，以悬浮聚合法最重要。因氯乙烯和醋酸乙烯酯竞聚率不同，会在生产中引起共聚物组成分布不均匀。除此以外，由于未反应的醋酸乙烯酯对生成的共聚物的增塑作用会引起共聚物溶胀和软化，造成物料聚结、粘釜严重等。为克服上述问题，在悬浮聚合中可采用双引发剂，即由一种低于聚合温度约 10℃下半衰期约 10h 的引发剂和另一种低于聚合温度约 20℃下半衰期亦为 10h 的两种引发剂复合。在工艺上采用二次加料、分阶段升温，并使用链转移剂和防粘釜技术等。聚合温度通常在 40～60℃。这类共聚物还包括氯乙烯、醋酸乙烯酯与乙烯醇、丙烯酸酯、马来酸等的三元共聚物，用作磁带、胶黏剂和具有防锈、防污、防霉、防水、阻燃等不同功能的涂料。

聚氯乙烯的接枝共聚主要包括以 PVC 为主链的接枝共聚物和以 PVC 为侧链的接枝共聚物。以 PVC 为主链的接枝共聚物，是在 PVC 主链上接枝了（甲基）丙烯酸酯类、醋酸乙烯酯、丁二烯、马来酰亚胺等，形成二元或三元接枝共聚物。可以用粒状 PVC 树脂与上述单体进行悬浮接枝、溶液接枝或本体接枝，也可用氯乙烯经悬浮聚合或乳液聚合所得的 PVC 浆料直接与共聚单体接枝。经接枝后的 PVC 的性能，如冲击韧性、熔体流动性、耐低温性和耐热性等有较大改善。如 PVC-*g*-PVAc 的热稳定性比均聚 PVC 高，也比共聚合氯醋树脂高。PVC

接枝丙烯酸酯和马来酰亚胺或 *N*-取代马来酰亚胺的共聚物都是新型的耐热 PVC 树脂。

以 PVC 为侧链的接枝共聚物，是在聚烯烃（主要是 EVA）、聚氨酯、聚丙烯酸酯的主链上接枝聚氯乙烯，所得产品低温性能优异，冲击韧性较高。EVA-*g*-PVC 可用悬浮聚合法生产。产物兼具内增塑性和高冲击韧性、耐候性优良、易于加工，可用做天然皮革和合成革的表面涂饰剂，改善了它们的耐候性、耐水性、耐磨性、耐污性及表面平滑性。用悬浮聚合法或乳液聚合法生产的聚丙烯酸酯-*g*-PVC 具有高冲击韧性。而主要用作增塑剂和抗冲改性剂的无规聚丙烯（aPP）-*g*-PVC 也备受重视。

3.3.1.4　聚偏二氯乙烯

聚偏二氯乙烯（polyvinyldene chloride，PVDC）是偏二氯乙烯的均聚物[式（3-14）]，通过自由基聚合合成，主要聚合方法有悬浮和本体聚合。

$$\left[CH_2 - \underset{\underset{Cl}{|}}{\overset{\overset{Cl}{|}}{C}} \right]_n \tag{3-14}$$

PVDC 的分子量一般为 2 万～10 万，产物具有高结晶性，密度 1.96g/cm³，T_g 为 $-17℃$，T_m 在 198～205℃ 范围内，分解温度 210℃。正是由于 PVDC 的熔融温度和分解温度太接近，熔融加工成型很困难，所以当时没有得到实质性的应用。而 PVDC 均聚物不像 PVC 那样同各种热稳定剂均有很好的掺混性；它和热稳定剂相容性差，因此无法成型加工。

20 世纪 30 年代，人们发现将偏二氯乙烯与乙烯或丙烯酸甲酯共聚，不仅能保持 PVDC 的许多优良性能，还能降低熔融温度，易于加工成型。对此陶氏化学公司做了大量的研究，并工业化生产出了 PVDC 的均聚物和共聚物。工业上使用的 Saran 树脂，一般是偏二氯乙烯单体同氯乙烯、丙烯酸酯或丙烯腈的共聚物。上述共聚单体的添加，可使共聚物的熔点降低到 140～175℃，因而可容易地进行熔融成型加工。

PVDC 的突出优点是对气体的高阻隔性，且不受湿度的影响；但增塑剂及其他助剂会降低 PVDC 共聚物的阻隔性。高阻隔性 PVDC 共聚物中，几乎不含增塑剂，稳定剂仅为 0.5%～1%，可用颜料或染料着色，户外使用可添加少量防紫外线剂。PVDC 共聚物热封性好、印刷性好、制品强韧，抗冲强度比 PVC 高；制品收缩率大，经过紫外线辐照后会发出暗橙到淡紫色的荧光。PVDC 共聚物不受生物侵蚀，耐油，但不耐含氧含氯溶剂，浓硫酸和硝酸会使其分解。除四氢呋喃、芳香酮、脂肪醚类、氨水外，PVDC 对绝大多数有机溶剂稳定。VC/VDC 共聚物还具有良好的绝缘性。

PVDC 共聚物可进行挤出造粒，或高速混合后直接采用粉料进行挤出成型、注射成型、共挤出、挤出层合、挤出单丝和涂布。除此以外，还可挤出吹塑成薄膜或流延成型，但温度应严格控制，防止温度过高和时间过长而发生分解。

PVDC 生产的薄膜具有优异的韧性，很高的透明性及良好的阻隔性。1957 年，用于食品包装的 PVDC 保鲜膜第一次进入市场。由于其优越的透明性、良好的表面光泽度及很好的自黏性，一进入市场即得到了广大消费者的青睐。从此，其作为家用保鲜包装膜得到了广泛的应用。当前 PVDC 的保鲜膜可以满足家庭冰箱中保存食品的包装，且可用微波炉加热，成为发达国家常用的包装材料之一。PVDC 优良的特性，也很好地解决了困扰食品工业几十年的肠类包装与储存期之间的矛盾。PVDC 作为阻隔层的热收缩膜，依托多层共挤技术，充分发挥了 PVDC 同时具有阻氧、阻水汽的特点，加上成型薄膜经 γ 射线照射后得到很高的收缩率

（大于 30%），满足了冷鲜肉包装的工艺要求，适用于大块鲜肉的真空包装。

PVDC 乳胶，涂在其他塑料材料（如流延聚丙烯薄膜）上，就制成有特殊性能的膜，可用于药品、香烟、咖啡等的外包装，有利于内容物在高湿度的环境条件下流通，因而得到了广泛的应用。PVDC 由于不燃，可以作为防火涂料，涂在仓库等防火重地的墙壁上。由于 PVDC 的密度高，入水速度快，并且不粘水，所以 PVDC 拉丝后可做成渔网。PVDC 做成的滤网也广泛应用在汽车化油器中。PVDC 长丝编织时柔软性好，具有较好的耐候性，可用作棒球场、足球场内的人工草坪等。

3.3.2　聚乙烯醇及其衍生物塑料

聚乙烯醇（polyvinyl alcohol，PVA），是聚醋酸乙烯酯（PVAc）的水解产物，是一种不由单体直接聚合的聚合物[式（3-15）]。

$$\left[\!\!\!-CH_2-CH-\!\!\!\right]_n$$
$$\qquad\qquad OH$$

$$(3\text{-}15)$$

将聚醋酸乙烯酯、甲醇、氢氧化钠在加热和强烈搅拌下进行反应，当水解度达 60% 时，PVA 即从溶液中析出。继续加热水解系在多相中进行，直至生成几乎完全水解的产物为止。

PVA 由于其侧基体积较小，可进入结晶点中而不造成应力，故有高度结晶性，使 PVA 的透气性很小。由于羟基的存在，使其有很高的吸水性，经加热或搅拌后可溶于水中。分子极性大，分子间内聚力很强，具有较大的黏结力，且耐非极性溶剂。PVA 的性能强烈地依赖于其聚合度、醇解度和含水量。

PVA 为白色或奶黄色粉末，是结晶性聚合物，熔点 220~240℃，T_g 为 85℃。吸湿性大、能溶于水。用含有 5% 磷酸的 PVA 水溶液制成的薄膜加热至 110℃变为淡红色，并完全不溶于水。在 90℃时，PVA 在水溶液中过一夜即可溶解，用于溶液纺丝（维尼纶）。在空气中加热至 100℃以上开始缓慢变色、脆化，至 160℃开始脱水，起分子内或分子间的醚化反应，结果使水溶性下降，耐水性提高。在空气中 180℃开始分解；在真空中 200℃开始分解。在 250℃有氧存在时，能分解发生自燃。

PVA 的主要优点是优良的阻气性能，比尼龙大 100 倍，比 PP 和 PE 大 10000 倍，是 PVDC 的 10 倍。PVA 很难透过醇蒸气，更不透过有机溶剂蒸气、惰性气体和氢气，氧气的透过率也极低。能形成非常强韧、耐撕裂、耐磨性好的膜。具有良好的抗静电性和印刷性。耐油类、脂肪烃类、酯、醚、醛、酮等大多数有机溶剂的腐蚀。透明度可达 80% 以上。PVA 能进行醚化、酯化反应，能与醛、酮进行缩合反应，生成的聚乙醇缩醛具有很高的使用价值。其缺点主要有：吸水率高，其纤维的含水率可高达 30%~55%，增塑剂的使用通常会增加其吸湿性；力学性能受吸湿率的影响很大，如纤维的湿强度仅为干强度的 55%~60%；电绝缘性差，不能作电绝缘材料使用；耐热、耐老化性能差。

PVA 的成型加工主要有浇铸法和挤出法。浇铸法是将 PVA 与增塑剂（乙二醇或丙三醇等）配制成质量分数为 20% 的 PVA 溶液，倾注在干燥的鼓轮或钢带上，待水分蒸发后，再在 120℃下对 PVA 膜进行热处理，制得浇铸薄膜，膜厚 20~100μm。对于挤出法，由于 PVA 的熔融温度与分解温度相近，故必先用水对 PVA 粒料进行增塑至无泡的高浓缩液，再将其加入特制的挤出机（能液体加料，并能脱气、压缩、加热、熔融）中，最后挤出干燥成膜。

PVA 膜制品广泛用作包装膜、医药用膜，如水溶性包装膜、耐水性包装膜（经热处理或改性）、油性包装膜、食品包装膜，医药用膜包括口腔膜、眼药膜、避孕膜等。PVA 具有较好的透明性和优良的韧性，在配料中加入碘剂并在成型时拉伸定向，可加工成太阳镜或其他光学仪器。同时利用 PVA 的黏结力和透明性，可用作安全玻璃的中间层，也可应用于胶黏剂与涂料。PVA 还广泛地用作各种助剂，如乳化剂、分散剂、脱模剂、处理剂、清洗剂、淬灭剂、土壤改良剂、化妆品添加剂、洗涤剂等。PVA 还可用作聚乙烯醇缩醛类树脂、化纤（如维尼纶）、薄膜、水溶性树脂等制品的原材料。

聚乙烯醇缩醛（polyvinyl acetals）是聚乙烯醇和醛类化合物缩合而成的聚合物的总称。在缩合过程中，醛类化合物的羰基与聚乙烯醇的两个羟基反应，生成带有六元环缩醛结构的树脂，并脱除水[式（3-16）]。反应介质可以是水或有机溶剂。

$$(3-16)$$

式中，R 可以为 H、乙基、丙基、丁基、苯基、呋喃等。

除此以外，聚乙烯醇缩醛的制备还可以用聚醋酸乙烯酯为原料，醇解和缩醛化反应同时进行。所采用的催化剂，应既能加速醇解反应，又能加速缩醛化反应。常用的催化剂有盐酸、硫酸、草酸、$ZnCl_2$、$CaCl_2$、$AlCl_3$ 等。所用的溶剂有甲醇、乙醇、乙酸、乙酸乙酯、丙酮等。

聚乙烯醇缩甲醛（polyvinyl formal）为白色或微黄色的无定形固体，其软化点较同系缩醛物高，强度、刚性和硬度都较大，并有良好的粘接性能，能溶于甲酸、乙酸、糠醛、酚类、氮杂苯等溶剂。聚乙烯醇缩甲醛可在热滚压机上加工。它与橡胶按一定比例相混，可注射和挤出高抗冲强度、高弹性模量的机械制品和电器制品。由于聚乙烯醇缩甲醛强度高，耐热性好，并有较好的耐溶剂性、耐磨性以及优良的介电性能，所以是绝缘漆的优良材料。它也可用作纸张、人造革等表面涂层和储罐的内涂层。聚乙烯醇缩甲醛与酚醛树脂混合，可制得性能优良的结构型胶黏剂，适用于各种金属、木材、橡胶、玻璃层压塑料之间的粘接。此外，用聚乙烯醇缩甲醛也可制造高抗冲强度和压缩模量大的泡沫塑料，常用作层压塑料的中间层。

聚乙烯醇缩乙醛（polyvinyl acetal）为无臭无味微带黄色的粒状物。与聚乙烯醇缩甲醛相比，相对密度小，拉伸强度和耐热温度较低，但具有较大的弹性和较高的伸长率。它易溶于多种溶剂，如醇、酮、酯、芳香烃和氯化烃等，并能与许多天然树脂、硝酸纤维素、醇酸树脂及酚醛树脂等混溶。聚乙烯醇缩乙醛可压铸成型，经增塑后还可以注射、挤出、吹塑成型。聚乙烯醇缩乙醛制得的清漆具有较高的机械强度、介电强度和弹性，用它制得的漆包线在相当大的张力下不破裂，所以大量用于电动机线圈漆包线上。它与硝酸纤维素混合使用，坚韧耐磨，可制成鞋跟、唱片、地板、瓦片、砂轮、印刷板等。另外它也可做成透明而表面光亮的薄膜，对金属、木材及皮革有极强的黏结力。

聚乙烯醇缩甲乙醛（polyvinyl formal acetal）是在缩合过程中先后加入甲醛和乙醛制得。聚乙烯醇缩甲乙醛为白色或微黄色粉末，兼具缩甲醛和缩乙醛的优良性能。能溶于高沸点的溶剂，制成的薄膜机械强度高，电性能优良。与酚醛树脂配合制成的漆包线漆涂膜柔软、坚韧，耐磨、耐热性良好。可用作金刚砂轮的高强度胶黏剂、高强度砂布黏结剂，也可用作耐温的结构胶。

聚乙烯醇缩丁醛（polyvinyl butyral，PVB）为白色或淡黄色无定形粉粒状聚合物，带有较长的侧链，比聚乙烯醇缩甲醛柔软。具有高的透明性、挠曲性、低温抗冲强度，对玻璃、金属、木材、陶瓷、皮革和纤维等有良好的黏结力。它能耐日光暴晒，耐氧和臭氧，抗磨性强，耐无机酸和脂肪烃，并能和硝酸纤维素、酚醛、脲醛、环氧树脂等相混，改善这些树脂的性能。它能溶于醇类、乙酸酯类、甲乙酮、环己酮、二氯甲烷和氯仿等。聚乙烯醇缩丁醛作为塑料制品的应用主要是薄膜和薄片，其加工方法是将 PVB 和癸二酸二丁酯捏合，而后用扁机头挤出机挤出；挤出的片材坯料通过可调缝隙的热辊筒压延，即得厚度均匀的 PVB 薄膜。PVB 主要用于安全玻璃夹层、胶黏剂、涂料等。乳液可用于天然纤维及合成纤维织物的处理剂，以增加纤维织物的柔软、美观，同时又提高了纤维织物的耐水性和耐磨性，并可防止织物滑动和褪色。作为纸张处理剂，能提高其湿强度、破裂强度、耐水性、光泽性以及阻透气性等。

3.3.3　丙烯酸塑料

丙烯酸塑料（acrylic plastics）包括丙烯酸类单体的均聚物、共聚物及共混物为基的塑料。作塑料用的丙烯酸类单体主有丙烯酸、甲基丙烯酸、丙烯酸甲酯、甲基丙烯酸甲酯、2-氯代丙烯酸甲酯、2-氰基丙烯酸甲酯等，其通式见式（3-17）：

$$H_2C=\underset{\underset{COOR}{|}}{\overset{\overset{R'}{|}}{C}} \tag{3-17}$$

丙烯酸塑料中以聚甲基丙烯酸甲酯最为重要。

3.3.3.1　聚甲基丙烯酸甲酯

聚甲基丙烯酸甲酯（polymethyl methacrylate，PMMA），俗称有机玻璃，是 MMA 按自由基机理（无规立构）或阴离子机理（有规立构，可结晶）聚合而成的[式（3-18）]，分子量一般为 50 万~100 万。当前工业生产的 PMMA 都是按照自由基机理聚合的。PMMA 分子链中由于具有体积较大的—$COOCH_3$ 侧基官能团，分子链难以规整排列成结晶结构，一般为无定形态，但拉伸定向产品有部分结晶形成。

$$\underset{\underset{COOCH_3}{|}}{\overset{\overset{CH_3}{|}}{+CH_2-C}}_n \tag{3-18}$$

PMMA 是透明性最好的聚合物，透光率高达 92%。无色，几乎不吸收可见光，着色性好，且在热作用下基本不变色、褪色；折射率为 1.49，表面光泽度高。但相对密度小，为 1.17~1.20，仅为无机玻璃的一半。表面硬度较低，易被硬物划伤，抗冲击强度也较低，常需采用橡胶改性。吸水性高，尺寸收缩率大。T_g 为 104℃；热膨胀系数大。具有可燃性。耐候性优良，在室外长期暴露，其透明性和光泽度变化很小。耐稀无机酸、油、脂，不耐醇、酮，溶于芳烃及氯代烃，与显影液不起作用。PMMA 具有某些独特的电性能，在很高的频率范围内其功率因数随频率升高而下降，耐电弧及不漏电性能均良好。

PMMA 根据其合成方法，可分为本体浇铸法、悬浮聚合法、溶液聚合法和乳液聚合法四种，其中工业上最重要的是本体浇铸法和悬浮聚合法，用作塑料材料主要也是通过这两种方法生产的。本体聚合法是在 MMA 单体中加入增塑剂、脱模剂、色料和少量引发剂等助剂，搅拌升温至适当温度进行预聚合，待物料黏度达 2Pa·s 左右，经冷却、过滤、计量后，再将此浆液灌模、排气、封合，并在烘房或水箱中分段控温聚合，脱模后在高于玻璃化转变温度的条件下热处理，即得所需的 PMMA 浇铸型材。悬浮聚合法是以水为介质，在机械搅拌下，在聚乙烯醇、聚甲基丙烯酸钠等分散剂作用下，把 MMA 分散在水中呈球状胶束，加入硫酸镁等稳定剂以防止聚合时珠粒粘连，并用油性引发剂（如 BPO）进行分段加热聚合，再经过滤、洗涤、干燥，即得模塑粉。

　　本体聚合的 PMMA 浆液，可以用浇铸法制成板材、棒材、管材等型材。悬浮聚合得到的粉、粒料，适用于一般的注射、模塑、挤出、中空成型等塑料加工方法。PMMA 的熔体黏度比大多数热塑性塑料对温度更敏感，必须严格控制加工温度；同时，由于其在接近加工温度时易氧化，黏度较高，为改善其流动性，可进行改性处理。PMMA 的型材可以进行机械加工，如锯、铣、钻和绞孔等，并可用溶剂型胶黏剂粘接，也可用丙烯酸酯类胶黏剂与织物、丙烯酸酯类塑料、涤纶带粘接。PMMA 的吸湿率达 0.3%，在加工成型受热时会导致制品起泡，故在热加工前需注意干燥，尤其在使用回收料时更需注意。由于 PMMA 加工过程中易产生内应力，因此对成型后的制品应做适当处理消除内应力。消除内应力的有效方法是退火，退火时间和退火温度可根据制件厚度和结构确定。

　　PMMA 用于飞机、汽车上的窗玻璃和罩盖，也应用于建筑、电气、光学仪器、医疗器械等方面。珠光有机玻璃是一种高级装饰材料，可作机械、仪表、建筑、轻化等工业及文教宣传等方面的装饰材料。PMMA/PC 共混珠光塑料因不含毒性的镉类无机物，适用作食品和化妆品容器及汽车内部装饰、家用电器装饰等。

　　PMMA 自身也存在一些缺点，例如，耐热性、耐磨性和耐有机溶剂性均较差，使用温度低、吸水率较高、容易燃烧等。通过改性可以在一定程度上克服这些缺点，提高耐热性、耐磨损、增韧、阻燃等。

　　PMMA 是典型的无定形高分子材料，改善其耐热性的最有效方法是使大分子链段活动性减小。在保持 PMMA 原有性能，尤其是透明性的前提下，通常采用以下几种途径来提高 PMMA 的耐热性能。①在 PMMA 主链上引入大体积基团的刚性侧链，可以抑制大分子主链的内旋转，降低链段活动能力，提高耐热性。通常采用的第二单体有甲基丙烯酸多环降冰片烯酯、甲基丙烯酸环己基酯、甲基丙烯酸双环戊烯酯、甲基丙烯酸苯酯、甲基丙烯酸对氯苯酯、甲基丙烯酸金刚烷酯和甲基丙烯酸异冰片酯等。②加入交联剂可使 PMMA 的线形结构变为体型结构，大大降低了分子链段的活动能力，显著提高有机玻璃的耐热性能、机械强度和耐磨性能。交联剂的种类有很多，如甲基丙烯酸丙烯酯、乙二醇二丙烯酸酯、丁二醇二丙烯酸酯等丙烯酸酯类；二乙烯基苯、二乙烯基醚等二乙烯基类；甲基丙烯酸封端的聚酯、聚醚、聚醚砜等。

　　PMMA 的氧指数为 17，是一种极易燃烧的聚合物材料。通过与阻燃性单体进行共聚反应，把阻燃性基元接到 PMMA 分子链的主链或侧链上，既能提高 PMMA 的阻燃性能，又能保持其优良的透明性和其他优越性能。目前最常用的阻燃性单体为含磷单体，已被用于阻燃聚酯、聚氨酯和环氧树脂的制备。含磷共聚物比纯 PMMA 和含磷阻燃剂改性的 PMMA 具有更加优良的阻燃性能。与纯 PMMA 相比，含磷共聚物的峰值热释放速率显著减小，燃烧后残炭量明显增加，同时共聚物的热稳定性也比均聚物和添加阻燃剂的复合体系更好。

3.3.3.2　聚 α-氯代丙烯酸甲酯

　　聚 α-氯代丙烯酸甲酯[poly(methyl α-chloroacylate)，PMCA]为 α-氯代丙烯酸甲酯的均聚物[式（3-19）]，相当于 PMMA 中的侧甲基被氯取代。

$$+CH_2-\underset{\underset{COOCH_3}{|}}{\overset{\overset{Cl}{|}}{C}}\frac{}{}_n \tag{3-19}$$

在紫外线或热引发下，通过本体及溶液聚合方式合成。聚合物性能与 PMMA 相近，透光率高，但密度大，表面硬度、耐划痕性、机械强度均高于 PMMA，同时提高了耐热性及耐有机溶剂腐蚀性；缺点是耐候性差。采用氯代可以使阻燃性提高。

3.3.3.3　聚α-氰基丙烯酸酯

聚 α-氰基丙烯酸酯为 α-氰基丙烯酸酯[式（3-20）]的均聚物。其中，聚 α-氰基丙烯酸甲酯[poly(methyl α-cyanoacylate)]相当于 PMMA 中的侧甲基被氰基所取代。可采用自由基或阴离子引发本体或乳液聚合；产物耐热性比 PMMA 显著提高，热变形温度 157℃（PMMA 为 60～102℃），维卡软化点为 168℃（PMMA 为 113℃）。加工温度高，成型时易分解，故不宜按一般热塑性塑料的成型方法加工，多采用浇铸成型。

$$H_2C=\underset{\underset{COOR}{|}}{\overset{\overset{CN}{|}}{C}} \tag{3-20}$$

1949 年 Ardis 等首次合成了 α-氰基丙烯酸酯类化合物，其结构中的氰基和酯基的强吸电子作用使得双键非常活泼，在微量阴离子存在下，就能发生迅速的分子间聚合并产生粘接力。鉴于这类单体具有单组分、液体型、室温固化、黏合速度快及黏合力强等优点，人们开始将其应用于电子、机械、化工等多个领域。人们熟知的"502"胶水，就是以 α-氰基丙烯酸乙酯为主要成分配制的。同时，这类化合物广泛应用于医疗领域，用于止血、伤口黏合、医疗栓塞、无痛绝育等。研究已证实，此类酯的酯基侧链越长毒性越小，生物相容性和化学稳定性也越好。国内上市的医用胶是以 α-氰基丙烯酸正丁酯和 α-氰基丙烯酸正辛酯为主。为满足不同组织部位的粘接需求，各胶黏剂所需的粘接强度、粘接速度、固化时间以及黏度等性能各不相同。

3.3.4　聚氨酯

聚氨酯（polyurethane，PU）作为重要的六大合成材料之一，近年来在全球范围内获得了长足的发展。全球聚氨酯行业市场规模呈上升趋势，2021 年市场规模同比增长 5% 以上，达 630 亿美元，预计 2027 年全球聚氨酯市场规模将达到 850 亿美元左右。2021 年全球聚氨酯市场消费量达 2400 万吨以上。目前，亚太地区是全球聚氨酯的主要市场，占据了全球市场份额的 35% 左右。北美和欧洲分别占据了全球市场份额的 27% 和 23% 左右。由于北美和西欧的市场已经渐趋饱和，未来聚氨酯发展将主要集中在亚太地区。包括中国在内的许多新兴国家综合实力逐步增强，对聚氨酯的需求日益增加。未来的中国市场仍然是聚氨酯需求增长的最大引擎，亚太地区的聚氨酯产能也在不断扩大。

建筑领域、汽车工业、电子设备、新能源和环保产业的快速发展，极大地拉动了聚氨酯产品的需求。建筑领域是聚氨酯的重要应用市场。聚氨酯材料不仅可用作新建住宅的保温，还可用于老建筑的翻新改造。即使在未来的聚氨酯市场达到相对饱和的情况下，聚氨酯在建筑领域仍有极大的增长潜能。在交通领域，聚氨酯材料的应用也越来越多。聚氨酯产品不仅能够减轻汽车的重量，而且能提高汽车产品的生命周期。聚氨酯产品在制冷、鞋业、纺织、休闲等领域的应用也发展迅速。

3.3.4.1　聚氨酯结构与性能

聚氨酯是聚氨基甲酸酯的简称，一般出多异氰酸酯与含羟基聚酯多元醇或聚醚多元醇反应合成，通常还包括与小分子二醇或二胺的扩链反应，以得到高分子量的聚氨酯。根据所用原料官能团数目的不同，可以制成线形或体型结构的高分子聚合物。当有机异氰酸酯和多元醇化合物均为二官能团时，则得到线形结构的聚合物。若其中之一具有三个及三个以上官能团时，则得到体型结构的聚合物。

二元醇与二异氰酸酯聚合反应见式（3-21）：

$$nHO-R-OH + nOCN-R'-NCO \rightleftharpoons HO \left[R-O-\overset{O}{\overset{\|}{C}}-NH-R'-NH-\overset{O}{\overset{\|}{C}}-O \right]_{n-1} R-O-\overset{O}{\overset{\|}{C}}-NH-R'-NCO \quad (3-21)$$

有机异氰酸酯通常有甲苯二异氰酸酯（toluene diisocyanate，TDI）、二苯基甲烷二异氰酸酯（methylene diphenyl diisocyanate，MDI）、异佛尔酮二异氰酸酯（isophorone diisocyanate，IPDI）、多亚甲基多苯基多异氰酸酯（polymethylene polyphenyl isocyanate，PAPI）等，以及少量作特殊用途的其他脂肪族和芳香族的有机异氰酸酯。多元醇包括聚酯和聚醚两大类，其中以聚醚多元醇的用量最大。聚酯是二元酸和二元或多元醇的缩聚产物。聚醚一般是以多元醇、多元胺或其他含有活泼氢的有机化合物为起始剂与氧化烯烃开环聚合而成。

异氰酸酯与羟基反应，生成氨基甲酸酯链节，同时伴随着热量的释放。异氰酸酯与胺的反应生成脲链节。该反应活性高，凡含有氨基的化合物，除位阻效应较大者，均能反应。含有氨基的化合物，大多呈现一定的碱性，能有效地提高与异氰酸酯反应的速度。聚合物中脲链段的生成，增强形成共价键、氢键和交联的趋势，改善聚氨酯耐热性、强度和硬度等性能。

聚氨酯的特性基团氨基甲酸酯与聚酰胺的特性基团酰胺键极其相似，可以形成分子间氢键，都能够形成结晶性的高聚物。但是氨基甲酸酯比酰胺键多了一个氧原子，增加了高分子主链的挠曲性。在聚氨酯主链结构中，还常含有醚基、酯基、苯环等各种基团，影响聚氨酯的主链结构进而影响其性能和应用。通常情况聚氨酯是由柔性链段和刚性链段两部分构成的嵌段聚合物。聚氨酯类聚合物可以分别制成弹性体、橡胶、纤维、涂料、胶黏剂、光学塑料，以及聚氨酯泡沫塑料等。

聚氨酯泡沫塑料分为硬质聚氨酯泡沫塑料和软质聚氨酯泡沫塑料。硬质泡沫分为半硬质和硬质。软质聚氨酯泡沫可分为慢回弹、普通泡、高回弹和超柔软型泡沫。软与硬的成因主要是原料结构的不同。

3.3.4.2　硬质聚氨酯泡沫塑料

在第二次世界大战中，德国拜耳公司对聚氨酯材料的应用开展了广泛深入的研究。美国洛克希德航空公司和古德伊尔航空公司与杜邦公司、孟山都公司共同研制了聚氨酯硬质泡沫塑料，用作飞机夹芯结构材料，开创了聚氨酯硬质泡沫塑料工业应用的先河。在使用辅助发泡剂、催化剂以及采用多元醇（聚醚多元醇和聚酯多元醇）和有机异氰酸酯为基体的研究开发成功之后，聚氨酯硬质泡沫塑料获得了更多应用。聚氨酯泡沫具有极低的传热系数、低密度和高比强度值，并具有良好的粘接性能。这些优点受到对绝热性能要求严格的制冷设备和建筑业的欢迎。当前，硬质聚氨酯泡沫塑料的应用，建筑行业用量约占50%以上，其次是制冷设备、冰箱、运输业等作为绝热保温材料。

硬质聚氨酯泡沫塑料所用的主要原料为有机异氰酸酯、多元醇化合物和助剂。硬质泡沫塑料采用的是分子量较低、羟值高、官能度高的聚醚或聚酯多元醇，与多异氰酸酯反应后期分子中网状结构多，交联密度大，因此所得泡沫塑料硬度大、压缩强度高、尺寸稳定性及耐热性能好。另外，异氰酸酯指数的增大也使聚氨酯泡沫的硬度升高，这是由于过量异氰酸酯与氨基甲酸酯反应，生成脲基，提高交联度。助剂主要包括催化剂、发泡剂、泡沫稳定剂、交联剂、阻燃剂、防老剂、填料、颜料等。

硬质聚氨酯泡沫塑料加工方式灵活、成型施工方便，既可以自由发泡，又可以模塑成型，还可以现场喷涂，固化速度快。

硬质聚氨酯泡沫塑料具有重量轻、比强度高、尺寸稳定性好的优点。尤其是绝热性能优越：泡沫体中，闭孔结构含量大，封存在泡孔内的气体具有极低的热导率，因此即使在很薄的情况下，也具有很好的绝热效果。黏合力强：对钢、铝、不锈钢等金属，对木材、混凝土、石棉、沥青、纸以及除聚乙烯、聚丙烯和聚四氟乙烯以外的大多数材料都具有良好的粘接强度，适宜制备包覆各种面材的绝热型材及电气设备绝热层的灌封，能满足工业化大规模生产的需要。耐老化性能好，绝热使用寿命长：在外表皮未被破坏时，在 $-190 \sim 70 ℃$ 下长期使用，寿命可达 14a 之久；使用非渗透性饰面材料，在长期使用的过程中，能始终保持优异的隔热效果。反应混合物具有良好的流动性，能顺利地充满复杂形状的模腔或空间。由硬质聚氨酯泡沫塑料制备的复合材料重量轻，易于装配，且不会吸引昆虫或鼠类噬咬，经久耐用。硬质聚氨酯泡沫塑料生产原料的反应性高，可以实现快速固化，能在工厂中实现高效率、大批量生产。

硬质聚氨酯泡沫塑料可以部分代替木材、金属和其他塑料，应用范围几乎渗透到国民经济各行业，特别在家具、运输、冷藏、建筑、航空航天等领域使用十分普遍，已经成为不可缺少的材料之一。

3.3.4.3　软质聚氨酯泡沫塑料

1952 年由联邦德国研制成功软质聚氨酯泡沫塑料。1952 年以后，美国研制成功聚醚型软质聚氨酯泡沫塑料。软质聚氨酯泡沫塑料所用的多元醇一般为官能度较低、羟值低、分子量大的聚醚或聚酯多元醇。例如分子量为 2000 的二官能度、分子量为 3000 的三官能度聚醚或聚酯多元醇等，与多异氰酸酯反应后形成交联密度较低，交联点之间分子量较大的柔软泡沫体。在高回弹泡沫中，往往先将多元醇改性，例如开发接枝聚醚多元醇、聚酯多元醇。将苯乙烯、丙烯腈等乙烯基单体与聚醚三醇进行接枝反应而制备的分散体，可以与异氰酸酯反应得到具有高硬度、高承载力、高回弹的泡沫。

3.3.4.4　水性聚氨酯

20 世纪 60 年代，Bayer 公司的 Dieterich 发明了内乳化法合成出稳定性高、成膜性能好的聚氨酯乳液，率先将水性聚氨酯商业化，并于 1967 年在美国市场推出第一个水性产品，应用于织物处理和皮革涂饰。水性聚氨酯早期应用主要是涂料和胶黏剂。近年来，随着各国一系列环保法案的制定和执行，如美国的空气清洁法案等，对涂料和胶黏剂应用中的可挥发有机物的限制，相当多的溶剂或其副产物被严格界定为危险空气污染物。由于溶剂型聚氨酯树脂中所含有的大量溶剂，易燃、易挥发、气味大，使用时容易造成空气污染，因此水性聚氨酯逐渐渗透进入之前占据统治地位的溶剂型聚氨酯应用领域，并呈现逐年上升趋势。据报道，截至 2021 年，中国水性聚氨酯树脂的总产能为 51.18 万吨；2020 年，全球水性聚氨酯分散体市场规模达 131 亿元，预计 2026 年达 174 亿元，年复合增长率为 4.2%。

水性聚氨酯是以水为介质，将聚氨酯粒子分散其中的二元胶态体系。按分散状态，可分为聚氨酯水溶液、水分散液、水乳液三种类型，也称为水性聚氨酯或水基聚氨酯。合成含有羧基的水性聚氨酯过程示意见式（3-22）：

$$OCN-R-NCO + HO-R'-OH + HO-CH_2CH_2-OH \longrightarrow \text{~~} O-CH_2CH_2-O-C-NH-R-HN-C-O-R'-O \text{~~}$$

（3-22）

水性聚氨酯是一种多嵌段结构的聚合物。分子链的结构与聚氨酯相似，保留了传统聚氨酯的一些优良性能，如良好的耐磨性、柔顺性、耐低温性和耐疲劳性等，且具有无毒、不易燃、无污染、节能、安全可靠、易操作、易改性、不损伤被涂物体表面等优点。这使得水性聚氨酯成功地应用在溶剂型所覆盖的领域，如轻纺、皮革加工、涂料、木材加工、建材、造纸和胶黏剂等行业。水性聚氨酯在制备过程中大大减少了有机溶剂的用量，降低了环境的负担；而且水分散体系方便无害，可直接应用，大大降低了成本。

3.3.4.5 非异氰酸酯型聚氨酯（NIPU）

传统聚氨酯由多异氰酸酯与含有活泼氢的化合物反应而成。但多异氰酸酯是对环境与人体健康有害的高毒性物质，而且合成多异氰酸酯的原料光气毒性更大。为克服这些缺点，自20世纪90年代以来发达国家非常重视非异氰酸酯聚氨酯的合成研究。典型NIPU的合成过程示意见式（3-23）：

$$\text{（结构式）} + H_2N-R'-NH_2 \longrightarrow [HN-C-O-CH_2CH-R-CHCH_2-O-C-NH-R']_n \quad (3-23)$$

NIPU具有与传统聚氨酯不同的结构与性能。其结构单元氨基甲酸酯的β位碳原子上含有羟基，能与氨基甲酸酯键中的羰基形成分子内氢键。量子计算、红外光谱（infrared spectroscopy，IR）和核磁共振波谱（nuclear magnetic resonance spectroscopy，NMR）分析均证实了这种七元环的稳定存在。因此，NIPU从分子结构上弥补了传统聚氨酯中的弱键结构，耐化学性、耐水解性以及抗渗透性均比较优异。其制备过程中不使用高毒性和湿敏性的多异氰酸酯，不会因产生气泡而使材料形成结构缺陷，给原料储存和合成带来了方便。

3.3.5 可降解塑料

可降解高分子材料是一类在规定环境条件下，经过一定时间或一定步骤处理，材料的完整性、分子量、结构或机械强度显著降低或发生碎片化的高分子材料。其降解机理主要有生物降解、光降解、热降解以及溶剂降解等。

生物降解高分子材料是应对塑料"白色污染"问题、降低传统合成高分子工业对石油资源依赖的一类高分子材料，符合人类社会可持续发展的基本要求。这类高分子材料的降解主要由生物活动引起，被酶、微生物逐步消解，导致质量损失、性能下降等，并最终使材料被分解为成分简单的化合物或者单质，如二氧化碳、甲烷、水及矿化无机盐或新的生物质。

光降解高分子材料一般指结构中含有光敏基团（如偶氮苯、螺吡喃、二乙基苯等）的高分子材料，其结构和性能在光的照射下发生变化。例如含有偶氮苯结构的共聚物，在360nm的紫外线以及440 nm的可见光照射下，可以分别发生可逆的解离和组装。

热降解主要是通过热量使高分子材料结构中的链段发生断裂，从而降低其交联密度、分子量和强度。因此，能够进行热降解的高分子长链中应含有一定数量的可裂解基团。

溶剂降解是将高聚物溶解在适当的溶剂中，使其在溶剂中发生溶胀、裂解以及解聚等反应，最终转化为线形或低分子量的化合物，实现回收再利用。例如以$AlCl_3/CH_3COOH$作为溶剂，环氧树脂的降解回收率最高可以达到 97.43%。

可降解的高分子材料一般包括天然高分子材料和合成高分子材料两大类。天然可降解高分子材料主要有淀粉、纤维素、木质素、甲壳素、蛋白质、天然橡胶等。这些材料在微生物、水和土壤的作用下逐渐分解，在自然界中可以不断再生。

多糖（polysaccharide）是自然界中最常见的一种生物可降解高分子材料。它是由糖苷键结合至少超过 10 个单糖组成的高分子碳水化合物。由相同的单糖组成的多糖称为同多糖，如淀粉、纤维素和糖原；以不同的单糖组成的多糖称为杂多糖，如阿拉伯胶是由戊糖和半乳糖等组成的。多糖不是一种纯粹的化学物质，而是聚合程度不同的物质的混合物，分子量从几千到几百万不等。

常见的合成可降解高分子材料包括聚乙醇酸（PGA）、聚乳酸（PLA）、二氧化碳聚合物（PPC）、聚丁二酸丁二醇酯（PBS）、脂肪芳香聚酯 Ecoflex（PBAT）、聚对苯二甲酸丙二醇酯（PTT）、聚β-羟基烷酸酯（PHA）、聚ε-己内酯（PCL）、聚对二氧环己酮（PPDO）等。与天然的可降解高分子材料相比，合成可降解高分子材料的结构可定制化，具有更高的物理、机械和可操作性能及生物稳定性，已部分取代可降解塑料获得了应用。

3.3.5.1　淀粉

淀粉是直链淀粉和支链淀粉多糖的混合物，其单体是 α-葡萄糖，在种子、鳞茎和块茎的细胞以及叶和茎中存在。直链淀粉的分子量是传统聚合物分子量的 10 倍左右，大约为 10^6。支链淀粉的分子量远大于直链淀粉。淀粉的结构可以由颗粒结构、生长环、片层结构和分子结构四个等级结构来描述。淀粉颗粒的尺寸大约为 3～130 μm，其表面具有大量的孔状结构，内部有许多环层结构的生长环。淀粉是一种半结晶聚合物，结晶度大约为 20%～45% [式（3-24）]。

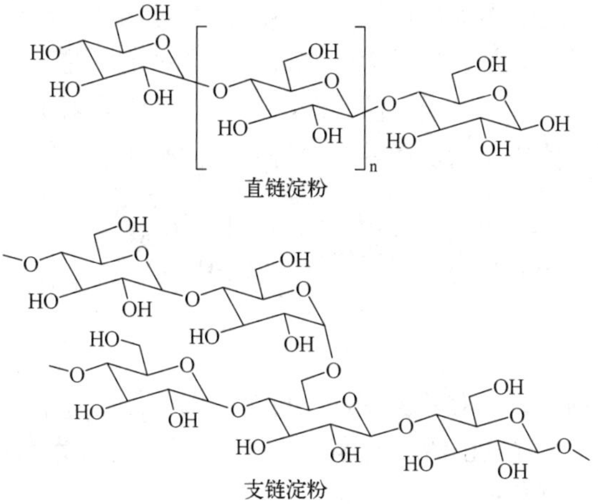

直链淀粉

支链淀粉

（3-24）

淀粉基塑料是以淀粉为主要原材料，经过改性塑化后再与其他聚合物共混加工而成，属于生物塑料的一种，可分为生物基塑料和生物降解塑料。生物基塑料一般是改性淀粉与聚烯烃如 PP、PE、PS 等的混合物；生物降解塑料一般是改性淀粉与生物降解聚酯如 PLA、PBAT、PBS、PHA 等的共混物。

由于淀粉颗粒是部分结晶结构，分子间氢键的作用力较强，因此加工性能较差。通过物理糊化、化学改性及改变颗粒尺寸等方法，可降低淀粉的熔融温度，提高其加工及使用性能，获得热塑性淀粉。在改性过程中常用的淀粉增塑剂主要为醇类和酰胺类增塑剂。

淀粉基可降解塑料降解方式有三种：光降解、生物降解、光-生物降解。光降解是在切断分子链后，材料可以被微生物吞噬降解。生物降解的第一步是在细菌、霉菌、藻类等微生物作用下，先降解淀粉复合材料中含有的淀粉，再通过微生物分泌的酶或者添加的自氧化剂与土壤的相互作用进行降解。光-生物降解即在日光、热、氧等条件下，在淀粉被微生物分解以后，光敏剂、促氧剂等物质发挥作用使聚合物的分子量进一步下降。

淀粉被认为是替代传统石油最具有潜力的天然原料之一。但是淀粉基的可降解高分子材料性脆、力学性能较差、透明度低，通常需要对原材料进行改性处理以满足相应的要求。改性的一方面是利用淀粉链葡萄糖环上的醇羟基得到淀粉的衍生物，如将羟基氧化后得到氧化淀粉、与多官能度化合物反应得到交联淀粉、与小分子共价接枝得到共聚物等。许多淀粉衍生物有其独特的优良性质，如成膜性、热塑性等。另一方面是通过共混与复合材料的形式制备淀粉基可生物降解材料，如纤维素增强淀粉。例如，纤维素增强小麦淀粉热塑性材料比不含纤维素的淀粉材料强度提高 4 倍。除力学性能较差以外，淀粉的另一个缺点是耐水性不足。将亲水性的淀粉与疏水性的丙烯酸环氧化大豆油涂层有机结合，其防水性能显著提高。

淀粉基的生物可降解高分子材料在农业、包装材料、医疗等方面得到了广泛应用。传统的塑料地膜材料使用后无法回收利用，需要靠机械或者人工进行拾捡，且不能完全清除。将交联淀粉进行偶联化后得到的可降解材料，可以有效地提高塑料膜的力学性能和耐水性。淀粉基的可降解塑料也可用于制作农药、化肥等的缓释基材，提高传统化肥的利用率，如包膜磷酸二氢铵二元缓释剂肥料。科研人员发现，淀粉基的生物可降解高分子材料作为果蔬包装材料，有良好的保险功能。同时，在医用绷带、一次性手术衣、医疗固定装置、室外装置物等方面，淀粉基的生物可降解高分子材料也有着广大的发展前景。

3.3.5.2　纤维素

纤维素（cellulose）是由 D-葡萄糖以 β-1,4 糖苷键连接的大分子多糖[式（3-25）]，不溶于水及一般有机溶剂。纤维素是自然界中分布最广、含量最多的一种多糖，每年通过光合作用可合成约 1.5×10^{12} 吨，占植物界碳含量的 50% 以上。纤维素来源于木材、棉花、棉短绒、麦草、稻草、芦苇、麻、桑皮、楮皮和甘蔗渣等。不同来源的纤维素聚合度相差很大。

$$纤维素 \tag{3-25}$$

纤维素是一类可生物降解、对环境友好且可再生的天然高分子材料。纤维素在一定条件下可以与水发生反应，反应时氧桥断裂，同时水分子加入，纤维素由长链分子变成短链分子，直至氧桥全部断裂，变成葡萄糖。

纤维素在食品包装材料中备受青睐。但由于纤维素粉末有很大的比表面积，表面大量羟基导致其耐水性较差，限制了其在食品包装中的进一步应用。木质纤维素是天然可再生木材经过化学处理、机械加工后得到的有机絮状纤维物质，改性后可增加食品包装材料的力学性能和阻隔性。微纤维纤维素（microfibrillated cellulose，MFC）是以高度精制纯植物性纤维为原料，经超高压均质机强力机械剪切后提取得到的大小仅为 $0.1 \sim 0.01\ \mu m$ 的微小纤维素。MFC优异的耐酸碱性使其可以和一些活性抑菌物质进行结合，提高材料的抑菌性。其形成的复合材料在食品包装方面具有极大的优势，对乳液食品稳定性高，适合液态的食品包装。细菌纤维素（bacterial cellulose）是经微生物发酵合成、由发酵液提出的多孔性网状纳米级高分子聚合物。改性后可以与活性成分复合成响应型的智能包装材料，拓宽了细菌纤维素的应用领域。

将纤维素改性获得纤维素的衍生物，即半合成的纤维素酯类和纤维素醚类，则变得可塑。纤维素塑料具有一系列的优良性能，如表面硬而韧、质轻、耐振、易染色、耐弱酸及碱，可获得不同的透明度，有良好的耐室外老化性能，容易成型加工和修饰，对人体皮肤及金属具有无腐蚀性、无毒性等优点。

硝酸纤维素（cellulose nitrate，CN）俗称赛璐珞，其分子结构可表示为$[C_6H_7O_2(ONO_2)_x(OH)_{3-x}]_n$，一般 $n=3500\sim10000$，分子量约 60 万～150 万。将纤维素用硝酸及硫酸组成的混合酸硝化后，再经除酸、预洗、煮沸、洗净、脱水、用醇除水，就得到硝酸纤维素[式（3-26）]：

$$[C_6H_7O_2(OH)_3]_n+xnHONO_2\longrightarrow[C_6H_7O_2(OH)_{3-x}(ONO_2)_x]_n+xnH_2O \qquad (3\text{-}26)$$

硝酸纤维素的硝化度不同，其氮含量、性能和用途也不同。CN 是白色无味的固体，着色性好，色泽鲜艳，不加填料时透明，且容易加工。作塑料使用的 CN，硝酸酯化度在 2.0～2.2 之间，氮含量一般为 10.8%～11.1%。硝酸纤维素塑料质坚而韧，尺寸稳定性好，有较高的机械强度，吸水性低，对水和一般稀酸溶液稳定。缺点是易燃，在光热作用下会褪色，甚至发脆。

将含水硝酸纤维素用酒精脱水后，与增塑剂（樟脑）、溶剂（酒精或丙酮）、染料（或颜料）等在捏合机中于 36℃搅拌制成均匀混合胶体，然后在压滤机中于 60℃左右约 5～20MPa 压力下过滤，除去杂质，再经压延成粗片，最后经压块、刨片、干燥等工序直接压成块件。块件可切削成薄片，或把块件、挤出棒材和管件切成小的片段，最后模压成最终制品。除上述压块法外，CN 塑料也可用湿法挤出棒材和管材，模塑后静置成熟，使溶剂蒸发逸出。但 CN 塑料不能用注射成型。

CN 塑料可用于制作乒乓球、文教用品（如三角尺、笔杆、乐器外壳）、生活用品（如玩具、化妆品盒具、伞柄、自行车手柄、眼镜框、小刀柄）、仪表的标牌、汽车风挡等。CN 还可用于制造火药，可燃药筒原料、药柱包覆层原料。

醋酸纤维素（cellulose acetate，CA）的分子结构式为$[C_6H_7O_2(OCOCH_3)_x(OH)_{3-x}]_n$，式中 n 为聚合度，x 又称酯化度。酯化度在 1～2 之间的醋酸纤维素品种，在工业上几乎无用途。当 $x=3.0$ 时，生成的醋酸酯叫做三醋酸纤维素（CA3）。由于三醋酸纤维素在许多溶剂中不溶解，又缺乏可塑性，所以工业上用途不大。CA3 经过部分水解，使酯化度在 2～3 之间，得到二醋酸纤维素，在丙酮中可以完全溶解。

德国拜耳（Bayer）公司于 1905 年首先生产醋酸纤维素；主要生产者还有美国的赛拉尼斯公司，日本的赛璐珞公司等。国内保定第一胶片厂、上海醋酸纤维素厂等也生产。

醋酸纤维素的主要合成方法是，将干燥后的精制棉短绒先用醋酸活化，再在硫酸催化剂存在下，用醋酸和醋酸酐混合液进行酯化反应，使纤维素乙酰化；然后加稀醋酸水解得到所需的取代度，中和催化剂，使产物沉淀析出；经脱酸洗涤、精煮、干燥，即得产物。其反应见式（3-27）：

$$[C_6H_7O_2(OH)_3]_n+3n(CH_3CO)_2O\longrightarrow[C_6H_7O_2(CH_3COO)_3]_n+3nCH_3COOH$$

$$[C_6H_7O_2(CH_3COO)_3]_n+nH_2O\longrightarrow[C_6H_7O_2(CH_3COO)_2OH]_n+nCH_3COOH \qquad (3\text{-}27)$$

醋酸纤维素为透明或不透明的热塑性颗粒状，有多种颜色，无臭、无味、无毒，密度 1.32～1.37g/cm³。软化点因醋酸纤维素的醋酸含量及黏度的不同而异，通常在 180～240℃之间。熔化时伴随分解，不易燃烧。具有较好的强韧性，耐冲击性能优良。吸湿性大，难以带静电，电性能优良。制品手感良好，有透明性，光亮度好，色泽鲜艳。具有一定的耐候性及耐油性，各种溶剂对于其溶解性能根据酯化度不同而有所不同。

醋酸纤维素的流动性能良好，加工容易，收缩率小，可以进行机械加工、染色、粘接、涂装等加工，具有良好的二次加工性。用作电影胶片片基、X光片基、绝缘薄膜、录音带、透明容器、银锌电池中的隔膜等。

其他纤维素塑料还包括醋酸丙酸纤维素（cellulose acetate propionate，CAP）、醋酸丁酸纤维素（cellulose acetate butyrate，CAB）、甲基纤维素（methyl cellulose，MC）、乙基纤维素（ethyl cellulose，EC）、氰乙基纤维素（cyanoethyl cellulose，CEC）、苄基氰乙基纤维素（benzyl cyanoethyl cellulose，BCEC）等。

3.3.5.3 聚乙醇酸（PGA）

聚乙醇酸又称聚乙交酯或聚羟基乙酸（polyglycolide，PGA），来源于α-羟基酸，是单元碳数最少、降解速率最快的线形脂肪族聚酯[式（3-28）]。通常由乙交酯开环聚合得到高分子量的PGA。

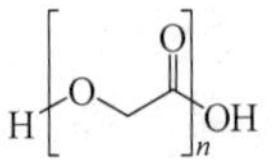

$$\text{（3-28）}$$

PGA易水解，其降解过程无需酶的参与，降解的产物乙醇酸是机体代谢的中间产物，且最终可降解为对人体、动植物和自然环境无害的水和二氧化碳（图3-3）。另外，在自然界微生物的作用下，PGA也可以实现快速降解。PGA在海水中28天降解程度可达75.3%。

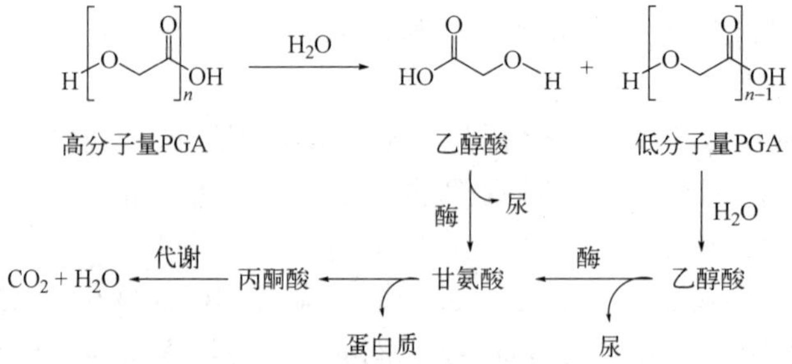

图3-3 PGA的体内降解示意图

PGA结构规整，易结晶，结晶度一般为40%～80%；气体阻隔性能优异。由于PGA材质过硬，较难吹塑制成薄膜；经过改性后的制成品中PGA组分又较易降解析出，造成分层现象，这是PGA应用受限的主要技术因素之一。通过超声、氨水或功能肽表面修饰等手段可以改善PGA的亲水性和细胞相容性，促进其在医疗器械领域的应用；与聚氧化乙烯、氧化石墨烯等高分子材料共混可以提高PGA的力学性能；与扩链剂等复配可以增强PGA的熔体强度和耐热性。

PGA及其改性的衍生物具有优异的生物安全性能，在生物医药、食品包装、油气开采和农业生产等方面的应用越来越广泛。1962年美国Cyananid公司首次制备出了可吸收PGA缝合线，也是世界上首次人工合成的可吸收缝合线。PGA在伤口愈合后可降解为被机体吸收代谢的小分子，无需拆线。随着组织工程技术的发展，PGA已经被用于软骨、肌腱、小肠、血管修复以及心瓣膜等领域。

3.3.5.4 聚乳酸（PLA）

聚乳酸（polylactic acid，PLA），又称聚丙交酯（polylactide）[式（3-29）]，是一种以玉米、

甜菜等可再生植物为原料，经微生物发酵形成乳酸，再经聚合而成的脂肪族聚酯类高分子材料。由于乳酸分子中碳原子的不对称性，因此 PLA 可分为右旋聚乳酸（PDLA）、左旋聚乳酸（PLLA）和外消旋聚乳酸（PDLLA）。PLLA 和 PDLA 一般是等规立构的半结晶聚合物，而间规立构的 PDLLA 通常呈无定形态。

$$（3-29）$$

PLA 可以通过体内、紫外、热、微生物等 4 种作用进行降解。PLA 的体内降解是在酶或其他化学因素的单独或复合作用下，引起酯键的断裂所致；形成的乳酸经酶促反应过程，最终转变为水和二氧化碳（图 3-4）。PLA 在水、热、氧和紫外光单一或者复合作用下，由于自由基反应和非自由基反应，也会导致其降解，性能下降。

PLA 具有透明度高、无毒无味、生物相容性好、生物可降解性和易加工成型等诸多优点，但其脆性高、结晶度低、热变形温度低，导致其制品在力学、热学和生物降解可控性等方面存在不足。PLA 主链中存在大量的酯键，使聚合物表面呈疏水状态，导致其与不同的填料和助剂相容性较差。通过碱处理、偶

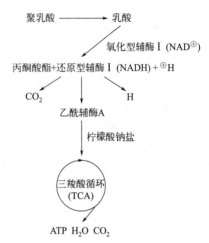

图 3-4 PLA 的体内降解

联剂处理、活性基团接枝等手段，可以增强 PLA 与天然纤维、无机纳米材料和其他高分子材料如 PA、PBS、PMMA 等共混复合的相容性，得到综合性能更好的材料。PLLA 和 PDLA 复合可以形成立构复合晶体，有更好的耐热性和机械强度。通过聚乳酸纤维复合，可以制得自增强聚乳酸（SR-PLA）。此外，退火处理是提高 PLA 结晶度最简单的方法，同时还能对 PLA 材料的水解起到抑制作用。在 PLA 材料中混入抗水解剂，可以控制 PLA 大分子链中的端羧基浓度，从而降低水解速率，减弱水解的程度。采用表面涂覆疏水物质的手段也能起到抑制 PLA 水解的作用。

可以采用吹塑、挤出、注射等各种热塑性加工方法对 PLA 进行加工，获得相应制品。PLA 材料适于制作从工业到民用的各种塑料制品、食品包装材料、快餐饭盒等，以及农用织物、保健织物、抹布、卫生用品、室外防紫外线织物、帐篷布、地垫等。PLA 作为农业地膜，在使用过后可以被土壤中的微生物及自然环境所降解。在生物医用领域，PLA 可用作缝合线、药物缓释载体和组织工程支架；PLA 植入物用于治疗复杂性食管良性狭窄和腹腔粘连，在发挥作用后自行降解吸收。

3.3.5.5　聚己二酸-对苯二甲酸丁二酯（PBAT）

聚己二酸-对苯二甲酸丁二酯[poly(butyleneadipate-co-terephthalate)，PBAT]是己二酸丁二醇酯和对苯二甲酸丁二醇酯的混缩聚产物，属于热塑性生物降解塑料[式（3-30）]。PBAT 结晶温度在 110℃、结晶度在 30% 左右，因此是一种半结晶型聚合物。

$$（3-30）$$

BT单元　　　　　　　BA单元

工业上以己二酸(AA)、对苯二甲酸（PTA）、丁二醇（BDO）为单体，按照一定比例合成PBAT。PBAT 的合成有三种酯化方式：共酯化、分酯化和串联酯化（图 3-5）。工艺过程中重点在于严格控制反应的酯化方式、酯化时间、缩聚温度、稳定剂等。这些关键因素能够直接影响合成过程，最终影响产品的性能。为确保合成出良好的 PBAT 树脂，所需的最佳工艺条件为：共酯化反应方式，酯化时间为 185 分钟，缩聚温度 248～250℃。

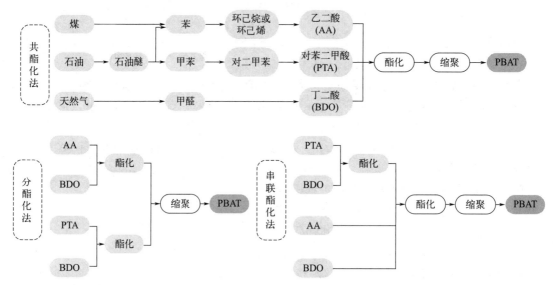

图 3-5　PBAT 的三种生产工艺路线

PBAT 兼具脂肪族聚酯的优异降解性能和芳香族聚酯的良好力学性能，是一种石化基生物可降解塑料，是当前生物降解塑料中市场应用最广泛的材料之一。PBAT 主要通过两种途径降解：一种是通过环境中存在的细菌、真菌和藻类的酶促进生物降解；另一种是通过热、化学水解等非酶作用。

PBAT 具有较好的耐热性和抗冲击性能、较高的延展性和断裂伸长率，以及优异的力学性能和成型加工性能。PBAT 的缺点是价格较高、结晶性较差，尤其是熔体强度较低，膜泡不稳定、易摆动，从而导致膜厚度偏差较大。PBAT 的改性主要以共混改性和扩链改性为主。在PBAT 材料加工中掺杂纳米粒子（ZnO、TiO$_2$、SiO$_2$ 等）、山梨酸钾、层状双氢氧化物（OLDH）等，可以有效地提高复合材料的相容性、热稳定性、抗菌性和气体阻隔性等性能，应用于食品包装膜、地膜等膜材料领域。

PBAT 与其他性能优异的聚合物共混是另一个改性方法。PBAT 和 PLA 的共混是目前研究最多的复合材料。两者的端基都含有羟基和羧基官能团，可以与含有二元或二元以上环氧基团及异氰酸酯基团的扩链剂进行反应。常用的扩链剂有巴斯夫的 ADR 系列、山西省化工研究所的 KL-E系列、科莱恩的 CESA-EXTEND 等。扩链改性可以有效提高聚合物的熔体强度和热稳定性，同时扩链剂在聚合物共混物中充当增容剂的作用。PBAT 还可以和天然高分子材料（如淀粉、木粉、竹粉等）进行共混改性。这类共混物材料来源丰富，成本低廉，具有良好的发展前景。

3.3.5.6　聚羟基烷酸酯（PHA）

聚羟基烷酸酯（polyhydroxyalkanoate，PHA），是一种由微生物通过各种碳源发酵而合成的不同结构的脂肪族共聚聚酯。PHA 分子结构中有长链和短支链，有高度结晶性。1925 年，法国人 Lemoigne 首次在巨大芽孢杆菌（*bacillus megaterium*）中发现了聚 3-羟基丁酸（PHB），从此开启了对 PHA 的研究。目前已研发出四代产品，包括聚 3-羟基丁酸酯（PHB）、3-羟基丁酸和 3-羟基戊酸共聚酯（PHBV）、3-羟基丁酸和 3-羟基己酸共聚酯（PGBHHx）、3-羟基丁酸和 4-羟基丁酸共聚酯（P34HB）[式（3-31）]。

$$\left[\!\!\begin{array}{c}O-\underset{R}{HC}-(CH_2)_m-\overset{O}{C}\end{array}\!\!\right]_n \tag{3-31}$$

PHA 的降解机理分为胞内分解和胞外分解。不同的降解方式可以间接地指明产品的应用方向和最终处理方法。以 PHB 为例，PHB 的胞内分解是一个以营养条件为变化依据的循环过程。当营养条件和碳源充足时，细胞内大量积聚 PHB；当营养平衡时，细胞开始分解 PHB。PHB 的胞内分解从端羟基开始，在酶（3-酮硫酯酶）的作用下降解。PHB 的胞外分解主要是水解作用。与 PLA 内外同时水解的过程不同，PHB 的水解是从表面开始逐渐向内降解。通常情况下，PHB 在环境中的降解过程存在一个迟滞期；随后微生物生成的 PHB 解聚酶逐渐增多，导致 PHB 的分解速率明显加快。

PHA 作为一种细胞能量储存的聚合物，微生物代谢的多样性和基质的变化都决定了合成路线的多样性。一般分为生物合成法和化学合成法。生物合成法是 PHA 研究的重点，分为纯菌种法和混合菌种法。主要是利用原核微生物在碳、氮营养失衡的情况下，主观合成的一类碳源和能量储存物质，在细胞质中积聚成直径为 100～800nm 的离散颗粒。自然界中主要合成 PHA 的菌种有产碱杆菌属（*alcaligenes*）、放线菌属（*actinomyces*）、甲基营养菌属（*methylotrophs*）、不动杆菌属（*acinetobacter*）、芽孢杆菌（*bacillus*）等。

PHA 的化学特性与结构密切相关，中长链的 PHA 表现出软而韧的弹性体特征，而短链 PHA 由于高结晶度，呈现出强而硬的塑料特性。通过生物、化学和物理的改性手段，可以获得更多的功能。生物改性是指在微生物合成 PHA 的过程中，接入其他的羟基烷酸的单元以形成不同链段组成的共聚物，如通过发酵在 PHB 的链段上接入羟基戊酸单元，得到 PHBV。化学改性是利用 PHA 丰富的侧链基团（苯环、卤素、不饱和键等）或者共聚反应来得到新型材料。在 PHA 材料中加入一些纳米材料（如纤维素纳米晶体、纳米蒙脱土等）或与性能优异的高分子材料共混（如 PLA、PGA、PLGA、PCL 等），可以降低成本、提高性能。

与其他合成可降解高分子材料相比，由微生物合成的特性使 PHA 具有微生物酶体系的高度选择性和专一性。作为聚酯材料所具有的优异光学性能、压电性和热塑性，开拓了 PHA 在医学、工业等领域的应用，如用作各种绿色包装材料、容器、纸张涂膜与生物可降解薄膜等。PHA 的改性材料由于其良好的组织相容性，可用作心血管材料和药物载体。

3.3.5.7　聚丁二酸丁二醇酯（PBS）

聚丁二酸丁二醇酯[poly(butylene succinate)，PBS]是由丁二酸（或酯）和丁二醇两种单体经酯化、缩聚反应制得[式（3-32）]。这两种单体可以通过石油化工路线生产或生物资源发酵得到。

R: H或CH₃
*如使用丁二酸二甲酯则为CH₃OH

　　由于分子主链中含有大量的酯键，在泥土、海水及堆肥中能发生完全降解，且降解产物无毒、无污染。因此，PBS 是一种典型的全生物降解脂肪族聚酯。在降解的过程中，微生物首先黏附并定殖在材料表面，在生物物理和生物化学的作用下，其分泌的脂肪酶使高分子链降解成为低聚物，以供微生物进一步代谢。但在自然条件下，PBS 降解速率较慢。将淀粉等天然可降解物质与 PBS 复合可以有效提高其生物降解性能。

　　PBS 的合成方法主要分为化学聚合法和生物酶聚合法。由于生物酶聚合法的成本高、合成条件难以控制等原因未得到广泛应用。化学聚合法成本低，主要包括熔融缩聚法、溶液缩聚法、酯交换法和扩链法等，目前工业上最常用的是熔融缩聚法。在氮气保护和 150～220℃条件下，使丁二酸和丁二醇发生酯化反应；然后在高真空、220～240℃条件下，进行缩聚反应合成高分子量的 PBS。

　　PBS 属热塑性塑料，有较高的结晶度（40%～60%），性能介于聚乙烯和聚丙烯之间，可直接作为塑料加工使用。PBS 的加工性能良好，可以在普通加工设备上成型，加工温度范围140～260℃。物料加工前须进行干燥，含水率须在 0.02%以下以避免降解。PBS 在使用过程中存在熔体强度低、结晶速率慢等不足。因此，需要与生物可降解聚酯、填充物、助剂等复合以提高 PBS 的性能。例如，加入活性炭（AC）、偶氮二甲酰胺（ADC）等可以有效改善 PBS 的结晶性能，PBS 和聚己内酯（PCL）熔融共混可以优化其力学性能。功能化的 PBS 可以广泛应用于垃圾袋、包装袋、化妆品瓶、塑料卡片、婴儿尿布、农用材料、药物缓释载体基质和生物医用高分子材料等，以及环境保护的各种塑料制品如土木绿化用的网、膜等。

3.3.5.8　聚对二氧环己酮（PPDO）

　　聚对二氧环己酮[poly (p-dioxanone), PPDO]是脂肪族聚酯的一种，由单体对二氧环己酮（PDO）开环聚合得到。合成过程对单体纯度要求较高、合成条件苛刻。工业上大多采用先预聚后扩链的两步法生产高分子量的 PPDO[式（3-33）]。

$$\left[O-CH_2-CH_2-O-CH_2-\overset{\overset{O}{\|}}{C}\right]_n \qquad (3-33)$$

　　PPDO 分子主链中含有大量的酯键，赋予了聚合物优异的生物降解性、生物相容性和生物可吸收性；加上独特的醚键，使得 PPDO 具有良好的机械强度和优异的韧性，是一种理想的医用生物降解材料。醚键也可以促进 PPDO 的水解作用及自然条件下的降解。

　　PPDO 是一种半结晶性聚合物，玻璃化转变温度为–10℃左右，熔点在 110℃左右。PPDO的热稳定性较差，影响热加工和成型过程。在 150～250℃减压条件下，PPDO 可直接裂解成单体 PDO。采用二异氰酸酯、酸酐或少量己内酯单体作为扩链剂或封端剂、加入层状纳米粒子起阻隔作用等可以有效提高 PPDO 的热稳定性。PPDO 的熔体强度也较低，表现为对温度十分敏感，加工窗口窄，难以通过吹塑成型。采用二异氰酸酯扩链法制得的 PPDO 复合材料通过吹塑成型，可得到力学性能优异的薄膜。将淀粉与 PPDO 复合，可以进一步降低 PPDO的成本、提高生物降解性。因此，采用扩链、共混复合等改性手段，使得 PPDO 被广泛应用于手术缝合线、组织工程、整形外科、药物载体、心血管治疗和骨科修复等生物医用材料领域。随着 PDO 的批量生产和成本的大幅度降低，PPDO 基生物材料有望成为最具有成本竞争优势的合成生物降解高分子材料。

3.3.5.9　聚碳酸亚丙酯（PPC）

　　聚碳酸亚丙酯（polypropylene carbonate，PPC）又称聚甲基乙撑碳酸酯，是以二氧化碳和环氧丙烷为原料合成的一种完全可降解的塑料[式（3-34）]。随着其分子量的增大，分子间链缠结和作用力也会增大，导致其降解速率变慢。在高效催化剂的作用下，CO_2 和环氧丙烷在常态下就能发生高活性的聚合。PPC 玻璃化转变温度为 25～45℃，略高于聚碳酸亚乙酯。

$$CO_2 + \underset{CH_3}{\triangle} \xrightarrow[\triangle]{催化剂} \underset{CH_3}{\overset{CH_3\ O}{\longleftarrow}} O \underset{}{\overset{O}{\longleftarrow}} O \underset{}{}_n \tag{3-34}$$

由于 PPC 分子主链中含有大量的酯键，导致其耐水性较差。在常态环境下，PPC 为无定形聚合物，分子间作用力小，力学性能也较差。但 PPC 具有良好的生物相容性，以及对氧气和水的优异阻隔作用。提高其热分解温度和拓宽应用范围是 PPC 改性研究的重点，包括共混、可控交联和封端等。功能化的 PPC 在医疗上，可以用作药物缓释剂、可吸收缝合线、输液器材、注射器和医用输液袋等一次性制品；在食品行业上，PPC 可用作一次性餐具、包装材料、薄膜制品甚至-80℃的肉制品保鲜膜和口香糖基料等；在工业上，PPC 可用作发泡包装材料和材料填充剂等。

3.4 工程塑料

工程塑料，是指作为结构材料使用，能经受较宽的温度变化范围和较苛刻的环境条件，具有优异的力学性能，耐热、耐磨，尺寸稳定的塑料。工程塑料与通用塑料的范围有一定的交叉，如聚丙烯既可作通用塑料也可作工程塑料；ABS 价格降低后也可作通用塑料。

工程塑料的特点是能作为结构材料，能承受较宽的温度范围，耐物理、化学环境，价格昂贵等。由于工程塑料的综合性能优异，其使用价值远远超过通用塑料。其发展是从 20 世纪 60 年代开始的，增长速度远远超过通用塑料。当前工程塑料的发展方向是对现有品种进行改性，进一步追求性能与价格之间的最佳平衡和拓宽应用范围。

常用的通用工程塑料有聚酰胺、聚碳酸酯、聚甲醛、改性聚苯醚、聚酯，特种工程塑料有聚酰亚胺、聚苯硫醚、聚砜、聚芳酯、聚芳醚酮及液晶聚合物等。工程塑料约有 1100 多个品级牌号，总产值占全部塑料的 18%左右。

3.4.1 聚酰胺

聚酰胺（polyamide，PA）俗称尼龙（Nylon），是指主链上含有酰氨基（—CONH—）重复结构单元的聚合物，首先由美国著名化学家卡罗瑟斯和他的科研小组发明。聚酰胺首先是作为最重要的合成纤维原料，而后发展为工程塑料；是开发最早的工程塑料，产量居于首位，约占工程塑料总产量的三分之一。近年来，除 PA6 和 PA66 等主要品种稳步增长外，由于汽车和电子电器等行业发展的需要，PA11、PA12、PA46 和一些芳香族聚酰胺逐渐得到应用，其重要性也在增大。当前，尼龙 66 产量最大，其次是尼龙 610 和尼龙 1010。尼龙 1010 是中国 1958 年首先研制成功并于 1961 实现工业生产的。将癸二酸和癸二胺以等摩尔比溶于乙醇中，在常压 75℃下进行中和反应，生成尼龙 1010 盐；然后在 240～260℃、1.2～2.5MPa 条件下缩聚制得尼龙 1010。国家产业政策鼓励尼龙 1010 产业向高技术产品方向发展，因此国内企业新增投资项目逐渐增多。虽然已有国外企业掌握尼龙 1010 生产技术，但一直以来全球尼龙 1010 产能主要集中在中国大陆地区，国外需求主要从中国进口。

聚酰胺的合成主要有两种途径：其一是将 ω-氨基酸进行缩聚，或将内酰胺开环聚合，如己内酰胺开环聚合制 PA6；其二是由二元酸和二元胺或其衍生物缩聚。二元酸和二元胺缩聚过程是先成盐再聚合，如 PA66。PA66 的前一个数字代表二元胺的碳原子数，后一个代表二元酸的碳原子数；其他尼龙类推。

聚酰胺大分子中的酰胺键与酰胺键之间有较大的分子间作用力（67.7kJ/kmol），—NH—又能和—CO—形成氢键，这样使大分子链排列较规整。但是也有一部分非结晶性的聚酰胺存在，这部分非结晶性的聚酰胺分子链中的酰胺基与水分子配位，具有吸水性。聚酰胺分子链结构的另一个特征是具有对称性结构，对称性越高，越易结晶。在聚酰胺分子链结构中还含有亚甲基（—CH₂—）、脂肪链和芳香基团，是影响聚酰胺柔顺性、刚性、耐热性等性能的重要因素。聚酰胺分子链末端还有氨基和羧基存在，在高温下有一定的化学反应性。

聚酰胺是典型的结晶高聚物。聚酰胺的分子结构是影响聚酰胺结晶性的决定性因素：分子链排列越规整，越容易结晶，结晶度越高，而大分子链段之间能形成氢键，有利于分子链排列整齐；大分子链之间相互作用增大有利于结晶；大分子链上取代基的空间位阻越小，越有利于结晶；分子结构越简单，越容易结晶。影响聚酰胺结晶性的因素还有温度、是否添加成核剂等。

聚酰胺的吸水性是由非晶部分极性酰胺基（亲水基团）的作用，程度由其分子结构决定。例如，PA6 分子中每两个酰胺基可与三个水分子配位；三个水分子中，一个水分子以强的氢键存在，另两个水分子以松散的结合状态存在。吸水性随着聚酰胺分子主链中的次甲基的增加而下降，主要原因是极性酰胺基的密度降低。PA46 的酰胺基团密度最大，吸水性也最高。另外，如果分子主链中引入芳基或侧链基团等，由于位阻的因素，吸水性会下降。

聚酰胺由于其结晶性，分子之间相互作用力大，熔点都较高。其中，分子主链结构对称性越强，酰胺基团密度越高，结晶度越大，聚酰胺的熔点越高。聚酰胺的熔点随碳原子数的增大，呈现典型的锯齿状降低趋势；聚氨酯也有类似的现象。氨基酸缩合制 PA，奇数氨基酸所得 PA 的熔点高于临近偶数氨基酸所得 PA 的熔点。二元酸和二元胺缩合制 PA，由偶数二酸、偶数二胺合成的 PA 熔点高于临近奇数二酸、奇数二胺合成的 PA 熔点（图 3-6）。

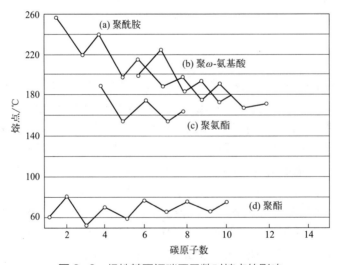

图 3-6 极性基团间碳原子数对熔点的影响

产生这种现象的原因可以用聚酰胺分子主链上的酰胺键形成氢键的概率来解释，该概率随着分子主链单元中碳原子数的奇偶而交替变化，进而影响结晶结构（图 3-7、图 3-8）。

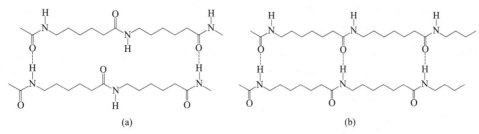

图 3-7　氨基酸缩合制 PA
（a）偶数氨基酸缩合制 PA，氢键密度小；（b）奇数氨基酸缩合制 PA，氢键密度大

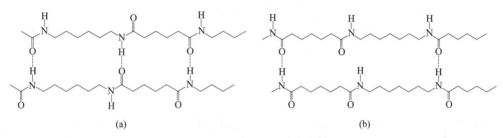

图 3-8　二元酸和二元胺缩合制 PA
（a）偶数二酸、偶数二胺时氢键密度大；（b）奇数二酸、奇数二胺时氢键密度小

聚酰胺由于分子之间存在较强的氢键，因而具有良好的力学性能。与金属材料相比，虽然刚性逊于金属，但是比抗拉强度高于金属，比抗压强度与金属相近，因此可部分代替金属材料应用。抗弯强度约为抗拉强度的 1.5 倍。易吸湿，随着吸湿量的增加，聚酰胺的屈服强度下降，屈服伸长率增大。聚酰胺的疲劳强度低于钢，但与铸铁和铝合金等金属材料相近。疲劳强度随分子量增大而提高，随吸水率的增大而下降。耐摩擦和耐磨耗性好，其摩擦系数为 0.1～0.3。聚酰胺对钢的摩擦系数在油润滑下下降明显，但在水润滑下却比干燥时高。聚酰胺的使用温度一般为-40～100℃，具有良好的阻燃性。同时在湿度较高的条件下也具有较好的电绝缘性。耐油、耐溶剂性良好。主要缺点是吸水性较大，影响其尺寸稳定性。

聚酰胺可用多种方法进行加工，如注射、挤出、模压、烧结、浇铸以及流化床浸渍涂覆等，以注射成型最重要，其次是挤出成型，两者在西欧占90%以上，在美国和日本也占80%以上。聚酰胺是具有高熔点的结晶性聚合物。某些品种的聚酰胺熔点与分解温度很接近，如PA46的熔点为290℃，在300℃时开始分解；约330℃时，会产生严重的裂解。聚酰胺的分解温度一般在 300℃以上。熔体流动性很好，很容易充模成型。为使聚酰胺顺利成型和确保制品质量，成型前对聚酰胺粒料必须充分干燥。经处理后的聚酰胺含水量应小于 0.1%，干燥时还应防止聚酰胺粒料氧化变色，因为酰胺键对氧敏感，容易发生氧化降解。加工过程中，也常加入各种添加剂，如稳定剂、增塑剂等。

聚酰胺的品级繁多，可以满足各种不同领域的一般需要。我国聚酰胺的应用研究较早，始于 20 世纪 60 年代。近年来应用范围不断拓宽，应用量增长较快，主要应用领域是机械、仪表、汽车等，其次是电子电气、兵器、家电、办公机器、电动工具等行业。

3.4.1.1　脂肪族聚酰胺

脂肪族聚酰胺是聚酰胺材料中最主要的一类，其产量和用量也是聚酰胺材料中最多的。

脂肪族聚酰胺的主要品种有聚己内酰胺（PA6）、聚己二酰己二胺（PA66）、聚十一内酰胺（PA11）、聚十二内酰胺（PA12）、聚己二酰丁二胺（PA46）、聚癸二酰己二胺（PA610）、聚十二烷酰己二胺（PA612）、聚癸二酰癸二胺（PA1010）和聚十二烷酰十二胺（PA1212）。

聚酰胺6的化学名称为聚己内酰胺（polycaproamide，PA6），又称尼龙6（Nylon 6），俗称卡普隆（Caprone），于1938年首先由德国IG Farben公司的P Schlack用己内酰胺开环聚合制得。1939年，该公司将聚合物熔体经抽丝所得PA6商品命名为Perluran，并于1941年建成聚合纺丝工厂。产品用于飞机轮胎与降落伞的制造，在第二次世界大战中发挥了重要作用。二战结束后，IG Farben公司的技术被公开，各国相继开发聚己内酰胺生产技术及其后加工装置。20世纪40～50年代尼龙纤维产品的迅速发展狂潮席卷世界，人们从头到脚穿上了尼龙织物，尼龙成了时代象征。

合成PA6的单体为己内酰胺，聚合方法有阴离子聚合、阳离子聚合和水解聚合。水解聚合是指单体在高温下水解得氨基己酸[式（3-35）]，然后在高温下聚合。其聚合是可逆反应，在每个反应温度下，己内酰胺与聚合物之间都要建立一个平衡[式（3-36）]。

$$HN—(CH_2)_5—CO+H_2O \rightleftharpoons H_2N—(CH_2)_5—COOH（水解） \qquad (3\text{-}35)$$

$$nH_2N—(CH_2)_5—COOH \rightleftharpoons H_2N \left[(CH_2)_5CONH\right]_n(CH_2)_5COOH+(n-1)H_2O（缩聚） \qquad (3\text{-}36)$$

$$H_2N—(CH_2)_5—COOH+nHN—(CH_2)_5—CO \rightleftharpoons H\left[NH(CH_2)_5CO\right]_{n+1}OH（加成） \qquad (3\text{-}37)$$

由于产品中一般含有8%～10%的低分子物，所以聚合物收率一般为85%～90%。

阴离子聚合尼龙则是在添加特定引发剂和活性剂的条件下，引发熔融的己内酰胺单体开环聚合制备高分子量的尼龙6[式（3-37）]。己内酰胺在碱催化聚合体系中呈现出很大的反应活性，与碱金属复合形成内酰胺阴离子型活性中心，使聚合反应的活化能大为降低，内酰胺阴离子进攻新的己内酰胺单体，并在分子链末端形成新的活性中心，反复进行实现分子链的迅速增长，最终形成高分子量的线形聚己内酰胺。内酰胺阴离子聚合与水解聚合相比，阴离子开环聚合时间短，操作简单，制品尺寸大；得到的尼龙6分子量高，结晶度大，力学性能好。但是阴离子开环聚合产物中会残留活性端基，耐热性能较差；由于分子量较高，没有低分子量产物的增塑作用，阴离子型尼龙6的韧性较差，抗冲击强度较低，易于脆性破坏，特别是低温环境中韧性更差。

聚合方法有间歇法、连续法和固相法等，其中以连续法为最常用，聚合温度一般控制在260℃左右。PA6的熔点为215～225℃，比PA66的熔点低，强度和弹性模量也低一些，吸水性比PA66稍大。但是PA6的断裂伸长率和冲击强度（韧性）比PA66优良，加工流动性也好一些，是物性与价格均优良的树脂。PA6可以加工成塑料制品、薄膜、单丝、衣用纤维等。

聚己二酰己二胺又称聚酰胺66，俗称尼龙66，简写为PA66。PA66是最早开发成功的聚酰胺品种，1935年Du Pont公司采用己二胺和己二酸缩聚制得，并于1939年实现工业化生产。由二元酸和二元胺制取PA66时，需要严格控制原料配比为等物质的量之比，才能得到分子量较高的聚合物，因此在生产中必须先把己二酸和己二胺混合制成PA66盐。制备PA66盐时，分别把己二胺的乙醇溶液与己二酸的乙醇溶液在60℃以上的温度下搅拌混合，中和成盐后析出[式（3-38）]，经过滤、醇洗、干燥，最后配制成63%左右的水溶液，供缩聚使用[式（3-39）]。

$$H_2N(CH_2)_6NH_2+HOOC(CH_2)_4COOH \longrightarrow H_3^+N(CH_2)_6NH_3^+ \cdot {}^-OOC(CH_2)_4COO^-$$

$$(3-38)$$

$$n\,H_3^+N(CH_2)_6NH_3^+ \cdot {}^-OOC(CH_2)_4COO^- \longrightarrow H[NH(CH_2)_6NHCO(CH_2)_4CO]_nOH+(2n-1)H_2O$$

$$(3-39)$$

PA66 的生产工艺分间歇法和连续法两种。连续法适合大规模生产，世界上生产 PA66 的主要厂家都采用连续法。间歇法仅在两种情况下采用：一是生产特殊或试验品级；二是在生产能力为 4500t/a 以下的小装置中。PA66 耐热性比 PA6 高，熔点为 260～265℃，成型速度快，受热下仍能保持刚性，耐热性优良。PA66 的结晶度为 30%～40%，比 PA6 高约 10%，强度、耐药品性能、吸水性等比 PA6 优良，特别是耐热性和耐油性好，适合制造汽车发动机周边部件和容易受热的部件，如电子电器部件等。

聚癸二酰癸二胺又名聚酰胺 1010，俗称尼龙 1010，简称 PA1010。聚酰胺 1010 是我国独创的聚酰胺品种，由上海赛璐珞厂在 1958 年研制成功。类似于 PA66，PA1010 成盐后再经缩聚反应得到。缩聚反应有连续缩聚和间歇缩聚两种工艺，目前大多数生产厂采用釜式间歇缩聚工艺，其特点是设备简单、操作方便，聚合物的黏度易于控制。PA1010 是一种半透明白色或微黄色固体，具有聚酰胺的一般共性。其对霉菌和光的作用非常稳定，无毒。在高于 100℃下，长期与氧接触逐渐变黄，机械强度下降，特别是在熔融状态下极易热氧化降解。

3.4.1.2　芳香族聚酰胺

芳香族聚酰胺是 20 世纪 60 年代首先由美国 Du Pont 公司开发成功的耐高温、耐辐射、耐腐蚀的尼龙新品种，主要包括半芳香族和全芳香族聚酰胺。半芳香族聚酰胺是在脂肪族聚酰胺的主链上部分引入芳环，主要品种有：聚己二酰间苯二胺（MXD6）、聚对苯二甲酰己二胺（PA6T）、聚对苯二甲酰壬二胺（PA9T）。全芳香族聚酰胺的主要品种有：聚对苯二甲酰对苯二胺（PPTA）、聚对苯甲酰胺（PBA）和聚间苯二甲酰间苯二胺（PMIA）。全芳香族聚酰胺主要用于生产高强度、高模量的合成纤维。

聚己二酰间苯二胺，俗称尼龙 MXD6，是由己二酸与间苯二甲胺（m-xylylenediamine）缩聚得到的结晶性半芳香族聚酰胺[式（3-40）]。

$$[NHCH_2-\!\!\bigcirc\!\!-CH_2NH-\!\!\underset{O}{\overset{}{C}}-(CH_2)_4-\underset{O}{\overset{}{C}}]_n \qquad (3-40)$$

20 世纪 50 年代，Lum 等用己二酸与间苯二甲胺为原料合成了结晶性的 MXD6 树脂。初期主要用于制造高性能纤维，现用作工程塑料。全球主要的 MXD6 生产厂家是日本的三菱瓦斯化学公司（Mitsubishi Gas Chemical Co.）和东洋纺织公司（Toyobo Co.Ltd）。MXD6 的聚合方法有两种。一种是直接缩聚法，即己二酸和间苯二甲胺直接进行熔融缩聚。此法最关键的问题是由于分子量增长所产生的体系黏度增大时，反应釜的传热系数下降而影响缩聚反应速度。另一种是将两单体制成盐，然后在加热加压条件下进行缩聚。

聚对苯二甲酰己二胺，俗称尼龙 6T（PA6T），是由 1,6-己二胺与对苯二甲酰氯缩聚得到的半芳香族聚酰胺[式（3-41）]。

$$[NH-(CH_2)_6-NH-\underset{O}{\overset{}{C}}-\!\!\bigcirc\!\!-\underset{O}{\overset{}{C}}]_n \qquad (3-41)$$

PA6T 的聚合方法有界面缩聚法和固相缩聚法，聚合过程与 MXD6 相似。PA6T 主要由日本三井石油化学工业公司开发。其最大特点是耐高温，熔点为 370℃，玻璃化转变温度为

180℃，可在 200℃下长期使用。其次是高强度、尺寸稳定、耐焊接性好、高温下线膨胀系数小，且耐药品性能优良。同时，耐摩擦性能好，耐疲劳和耐蠕变性良好，可在苛刻条件下使用，制品的形状保持较好，翘曲率低。主要用于汽车部件如油泵盖、空气滤清器，耐热电器部件如电线束接线板、断熔器等。

聚对苯二甲酰对苯二胺，简称 PPTA，是由对苯二甲酰氯与对苯二胺缩聚而得到的全芳香族聚酰胺[式（3-42）]，能制成高强度、高模量纤维。

$$+NH-\!\!\!\langle\bigcirc\rangle\!\!-NH-\overset{\overset{O}{\parallel}}{C}-\!\!\!\langle\bigcirc\rangle\!\!-\overset{\overset{O}{\parallel}}{C}+_{n} \qquad (3\text{-}42)$$

Du Pont 公司在 20 世纪 60～70 年代开发该类聚酰胺纤维，商品名为凯芙拉（Kevlar），我国称为芳纶Ⅱ或芳纶 1414。PPTA 的合成方法有低温溶剂法、低温界面缩聚法、高温催化法和气相聚合法。PPTA 的合成有两个特点：一是聚合反应速度很快，生成的聚合物不溶于溶剂；二是反应过程发生相态变化，即反应体系由液态很快变成固态。聚合用有机溶剂均为极性有机化合物。聚合工艺采用间歇聚合或连续聚合。连续聚合要求严格的单体摩尔比，聚合后期需要强混合捏合作用才能制备高分子量的 PPTA。PPTA 属于高刚性聚合物，其分子结构具有高度的对称性和规整性，大分子链之间形成很强的氢键。PPTA 的密度 1.46g/cm³，玻璃化转变温度在 300℃以上，热分解温度高达 560℃，180℃空气中放置 48h 后强度保持率为 84%。具有高强度、高模量、耐高温、热收缩小、尺寸稳定性好等优点，主要缺点有耐疲劳性和耐压性能较差。

聚对苯甲酰胺[Poly(p-benzamide)]，美国曾称为纤维 B 或 Kevlar-49，我国称为芳纶Ⅰ，由对氨基苯甲酸变成酰氯盐酸盐，在低温下进行溶液聚合得到[式（3-43）]。密度为 1.46g/cm³，分解温度 500℃。

$$+HN-\!\!\!\langle\bigcirc\rangle\!\!-\overset{\overset{O}{\parallel}}{C}+_{n} \qquad (3\text{-}43)$$

聚间苯二甲酰间苯二胺，简称 PMIA，是由间苯二胺和间苯二甲酰氯缩聚得到的全芳香族聚酰胺[式（3-44）]，与 PPTA 一样可纺成纤维。Du Pont 公司的商品名为 Nomex，日本帝人公司的商品名为 Conex，我国称作芳纶 1313 或芳纶Ⅲ。结构式为：

$$+NH-\!\!\!\langle\bigcirc\rangle\!\!-NH-\overset{\overset{O}{\parallel}}{C}-\!\!\!\langle\bigcirc\rangle\!\!-\overset{\overset{O}{\parallel}}{C}+_{n} \qquad (3\text{-}44)$$

合成 PMIA 一般有两种工艺路线。一为低温溶液聚合法，用二甲基乙酰胺做溶剂，在低温下，间苯二甲酰氯和间苯二胺按配比进行缩聚反应，得到聚合原液直接纺丝。二为界面缩聚法，将间苯二胺、间苯二甲酰氯溶于不含酸受体的极性有机溶剂中，反应生成末端具有活性的低聚物；随聚合的进行，生成的低聚物呈固体粉末状析出。将低聚物加入碱性水溶液中，使低聚物进一步缩聚得到高分子量的疏松的 PMIA 粉末，经分离水洗得到最终产物。PMIA 与 PPTA 具有类似的结构特征。常用铝片浸渍后剥离的方法制取薄膜，亦可层压制取层压板。密度 1.38g/cm³。340～360℃很快结晶，晶体熔点为 410℃，分解温度 450℃，脆点（T_b）-70℃，可在 200℃连续使用。285℃时强度为室温一半，304℃加热 100h 仍有较高强度。耐高温和耐低温性能优良；耐辐射。有优异的力学性能和电性能，抗拉强度 80～120MPa，抗压模量高达 4400MPa。难燃，同时具有一定的阻燃性，其氧指数达到 30、具自熄性，为 H 级绝缘材料，可做赛车手服装。PMIA 的电性能优良，在长期热老化过程中，表面电阻和体积电阻保持不变，并且在受潮情况下还能保持比云母好的电气绝缘性。

3.4.1.3　透明尼龙

透明尼龙是一种具有高透明性的聚酰胺品种。普通聚酰胺是结晶性聚合物，产品呈乳白色。要获得透明性，必须抑制晶体的生成，使其形成非晶体聚合物。一般采用主链上引入侧链的支化法及不同单体进行混缩聚法来实现。目前主要品种是支化透明尼龙 Trogamid-T 和混缩聚法透明尼龙 PACP-9/6。

Trogamid-T 是由德国 Dynamit Nobel 公司开发，化学名为聚对苯二甲酰三甲基己二胺[式（3-45）]。采用支化法以三甲基己二胺（TMD）和对苯二甲酸为原料缩聚而成，为自熄材料。可采用注射、挤出和吹塑法成型。

$$+NH-C(=O)-\!\!\!\underset{\bigcirc}{}\!\!\!-C(=O)-NH-CH_2-\underset{CH_3}{CH}-CH_2-\underset{CH_3}{\overset{CH_3}{C}}-CH_2-CH_2\!+_n \qquad (3\text{-}45)$$

PACP-9/6 以 2,2-双（4-氨基环己基）丙烷与壬二酸和己二酸混缩聚而得[式（3-46）]。其玻璃化转变温度高达 185℃，热变形温度 160℃。同样可采用注射、挤出、吹塑等方法成型。

$$+NH-\!\!\!\bigcirc\!\!\!-\underset{CH_3}{\overset{CH_3}{C}}-\!\!\!\bigcirc\!\!\!-NH-C(=O)-(CH_2)_x-C(=O)+_n \qquad (3\text{-}46)$$

虽然透明尼龙有很多品种，化学结构也不同，但是在分子链中大多数都含有芳环或脂环，因此具有以下共同特性：树脂和制品均透明；在负荷下的热变形温度比较高，对负荷质量的依赖较小；成型收缩率小，尺寸稳定性优良；容易制造出尺寸精度好的制品；吸水率小，吸水时物性变化小；耐药品性优良，但温水和醇对它有很小的影响；对氧气、二氧化碳等气体的阻隔性优良；密度小；与普通聚酰胺相比较，力学性能几乎处于同一水平。

透明尼龙一般均制成粒料再加工成型。成型前需进行干燥，以免成型时由于水分而影响制品的透明度。透明尼龙可采用注射、挤出和吹塑等方法成型。注射成型温度 250～320℃，注射压力 130MPa，模具温度 70～90℃。

透明尼龙作为一种理想的透明材料，可满足当前市场对高级镜框和镜片材料的要求。眼镜的发展史，在某种程度上，也就是新材料、新技术的发展史；正是由于新材料、新技术的不断涌现和改进，才推动了眼镜制造工艺的不断提高。透明尼龙产品几乎符合眼镜行业及客户对于太阳眼镜和运动眼镜的所有要求，质轻、不易碎、耐刮擦、耐化学腐蚀及抗应力开裂。Trogamid-T CX7323 的密度仅为 1.02g/cm³，可制造最轻质的眼镜镜片；即使镜片厚达 4mm，透光率仍超过 85%。在一般的镜片厚度（2mm）下，CX7323 在"日光"下的透光率达 92%，与 PMMA 相同。透明尼龙镜片，尤其是太阳镜镜片，可方便地染色，与染色剂的黏附性非常好，镜片染色后可进行机械加工而不会影响染色效果。渐进色镜片的加工过程中，CX7323 易于机械加工、抗应力开裂的特性更显得非常有价值。

高透明度、耐化学性等优异特性，使透明尼龙广泛应用于机械领域，制备各种注塑部件，包括水、燃料和压缩空气的过滤器、流量计、液位指示器、外壳、检查视镜、阀门零件、计量设备和导轨。

3.4.1.4　高抗冲尼龙

高抗冲尼龙是以 PA66、PA6 为基体，通过与其他聚合物共混的方法来进行增韧改性的新品种。第一个增韧聚酰胺复合材料是 1975 年由 Du Pont 公司开发的超韧 PA Zytel ST，是由聚酰胺和少量分散在其中的微细的聚烯烃弹性体（EPDM）组成。聚酰胺常用增韧剂主要有橡胶弹性体、热塑性弹性体、刚性聚合物、无机刚性粒子等。经过增韧改性的高抗冲尼龙的低温韧性、抗冲强度显著提高，刚性明显下降；表面光洁度有一定下降；吸水性得到改善；加工流动性下降；成型收缩率增加。

3.4.1.5　电镀尼龙

过去电镀塑料主要为 ABS 和 PC 塑料，近年来开发了电镀尼龙，如日本东洋纺织公司的 T-777 具有与电镀 ABS 相同的外观，但性能更为优异。尼龙电镀的工艺原理是，通过化学处理（浸渍）先使制品表面粗糙化，再使其吸附还原催化剂，最后进行化学电镀和电气电镀，使铜、镍、铬金属在制品表面形成密实、均匀和导电性薄层。

3.4.2　聚碳酸酯

聚碳酸酯（polycarbonate，PC）是指分子主链中含有碳酸酯基的一类高分子材料的总称。根据主链其他基团种类的不同，可分为脂肪族、脂环族、芳香族及脂肪族-芳香族聚碳酸酯等多种类型。目前用作工程塑料的聚碳酸酯只有双酚 A 型的芳香族聚碳酸酯[式（3-47）]。

$$\left[O - \bigcirc - \underset{\underset{CH_3}{|}}{\overset{\overset{CH_3}{|}}{C}} - \bigcirc - O - \overset{\overset{O}{\|}}{C} \right]_n \tag{3-47}$$

合成聚碳酸酯的方法主要有酯交换法和光气法。酯交换法[式（3-48）]是在碱性催化剂存在下，将双酚 A 与碳酸二苯酯在高温、高真空下熔融，待反应分子量达到所需值时出料，水下冷却、切粒即得成品。酯交换法只能生产低、中黏度的树脂。光气法[式（3-49）]是采用界面缩聚制备碳酸酯的方法，以溶有双酚 A 钠盐的氢氧化钠水溶液为一相，有机溶剂如二氯甲烷为另一相，将光气导入体系，在常温常压下，双酚 A 钠盐与光气进行界面缩聚得到聚碳酸酯，然后将经中和处理后的反应液再进行水洗与沉淀，以除去反应溶液中的盐和低分子量的聚合物以及未参与反应的双酚 A。光气法可以制备高、中、低分子量的树脂。

$$n HO - \bigcirc - \underset{\underset{CH_3}{|}}{\overset{\overset{CH_3}{|}}{C}} - \bigcirc - OH + n \bigcirc - O - \overset{\overset{O}{\|}}{C} - O - \bigcirc \tag{3-48}$$

$$\longrightarrow \left[O - \bigcirc - \underset{\underset{CH_3}{|}}{\overset{\overset{CH_3}{|}}{C}} - \bigcirc - O - \overset{\overset{O}{\|}}{C} \right]_n + (2n-1) \bigcirc - OH$$

$$n HO - \bigcirc - \underset{\underset{CH_3}{|}}{\overset{\overset{CH_3}{|}}{C}} - \bigcirc - OH + n Cl - \overset{\overset{O}{\|}}{C} - Cl \tag{3-49}$$

$$\longrightarrow \left[O - \bigcirc - \underset{\underset{CH_3}{|}}{\overset{\overset{CH_3}{|}}{C}} - \bigcirc - O - \overset{\overset{O}{\|}}{C} \right]_n + (2n-1) HCl$$

聚碳酸酯分子链上的苯环结构导致分子链刚性很大，分子链间缠结作用强，相互滑移困难。聚合物在外力作用下不易变形，尺寸稳定性高。大分子链取向困难，难于结晶，通常呈无定形态。

聚碳酸酯呈微黄色，是一种无毒、无味、透明的热塑性工程塑料，密度 1.20g/cm³。具有良好的透光性，折射率为 1.586。聚碳酸酯耐热性好，T_g 为 145～150℃，T_m 为 270℃，热变形温度为 135～145℃，热分解温度在 300℃以上，长期工作温度可达 120℃，线膨胀系数低；

耐寒性也很好，脆化温度在−100℃。在 15～130℃内保持良好的力学性能，最高使用温度为135℃；可在−100～130℃内使用。耐老化性能优良。

力学性能优良，既刚又韧，无缺口抗冲强度在热塑性塑料中名列前茅，接近玻璃纤维增强的酚醛或不饱和聚酯树脂，呈延性断裂。制品尺寸稳定性好。聚碳酸酯分子极性小，吸水性低，因此具有优良的电绝缘性能，体积电阻率和介电强度与聚酯（PET）相当，介电损耗角正切值稍大于聚乙烯、聚苯乙烯和聚四氟乙烯，且几乎不受温度影响。

聚碳酸酯室温耐水、稀酸、氧化剂、盐、油、脂肪烃，但不耐碱、胺、酮、酯、芳香烃，能在很多有机溶剂中溶胀，常用的溶剂有二氯甲烷、三氯甲烷、四氯甲烷等。在高温下易水解，耐疲劳强度和耐磨性较差。

聚碳酸酯主要采用注射、挤出和二次加工的方法成型。聚碳酸酯在高温下对微量水分十分敏感，成型加工前必须严格干燥，水分含量应低于 0.02%。若制品厚度较大、形状复杂、尺寸精度要求较高，则需进行退火处理；制品厚度越大，退火时间越长。

聚碳酸酯板材可以用于建筑行业，比建筑业传统使用的无机玻璃具有明显的技术性能优势。在汽车制造工业领域，由于聚碳酸酯具有良好的抗冲击、抗热畸变性能，而且耐候性好、硬度高，因此适用于生产轿车和轻型卡车的各种零部件，主要集中在照明系统、仪表板、加热板、除霜器及聚碳酸酯合金保险杠等。由于聚碳酸酯制品可经受蒸汽、清洗剂、加热和大剂量辐射消毒，且不发生黄变和物理性能下降，因而被广泛应用于人工肾血液透析设备和其他需要在透明、直观条件下操作并需反复消毒的医疗设备中，如生产高压注射器、外科手术面罩、一次性牙科用具、血液分离器等。近年来，随着航空、航天技术的迅速发展，对飞机和航天器中各部件的要求不断提高，使得聚碳酸酯在该领域的应用也日趋增加。据统计，仅一架波音飞机上所用聚碳酸酯部件就达 2500 个，单机耗用聚碳酸酯约 2t。而在宇宙飞船上则采用了数百个由玻璃纤维增强的聚碳酸酯部件，以及宇航员的防护用品等。除此以外，聚碳酸酯在包装、电子电器、光学器件等领域也广泛应用。聚碳酸酯以其优良的性能特点而成为世界光盘制造业的主要原料。此外，PC 也是制作护目镜、摩托车头盔的主要原料。近年来随着综合性能的完善，PC 也可以用于制作光学性能要求非常高的视力矫正镜片。

3.4.3　聚甲醛

聚甲醛（polyformaldehyde）是分子链中含有—CH_2O—链节的线形高分子，又称聚氧化次甲基（polyoxymethylene，POM），是一种高熔点、高结晶的热塑性塑料。聚甲醛分子几乎没有分支，结构规整度高。主链中的 C—O 键键能比 C—C 键大，键长比 C—C 键短。因此，聚甲醛沿分子链方向的原子密集度大，内聚能大。

聚甲醛分为均聚甲醛和共聚甲醛两类。均聚甲醛两端均为乙酰基，主链由甲醛单元构成，其化学结构式为$\text{─}CH_2O\text{─}_n$。均聚甲醛是 1959 年由美国 Du Pont 公司首先实现工业化生产，商品牌号为 Delrin。均聚甲醛以甲醛为单体制备。先将甲醛精制，通入含有引发剂的惰性溶剂中聚合成均聚甲醛，经稳定化处理，然后加入抗氧剂等助剂成为产品。均聚甲醛受热后—OH 端基易发生逐步解聚反应（拉链效应），因此必须通过乙酰化或三甲基氯硅烷处理，稳定其结构。

共聚甲醛则是通过三聚甲醛与其他单体如二氧五环或环氧乙烷开环共聚得到[式（3-50）]，端基为甲氧基醚或羟基乙基醚结构，经稳定化处理和添加助剂后得到产品。1961 年由美国 Ticona 首先制得共聚甲醛，商品牌号为 Celcon。

$$\text{(3-50)}$$

均聚甲醛虽然力学性能稍高，但热稳定性不及共聚甲醛，并且共聚甲醛合成工艺简单，易于成型加工。

聚甲醛是高密度、高结晶性的线形热塑性聚合物，密度为 $1.41\sim1.42\text{g/cm}^3$；结晶度大（70% 以上），外观呈乳白色。$T_m$ 为 $175℃$，T_g 为 $-73℃$，$100℃$ 下可长期使用。聚甲醛是耐疲劳性最好的热塑性塑料，同时其耐摩擦损耗性好，具有很高的强度、刚性和硬度，其比强度接近金属材料，在某些场合下可代替钢、铝、锌、铜及铸铁，抗长期蠕变性好。具有较高的热变形温度（$155℃$ 以上），其中均聚甲醛热变形温度更高，但共聚甲醛的热稳定性优于均聚甲醛。聚甲醛的电绝缘性较好，介电常数几乎不受温度和湿度的影响。同时，由于聚甲醛分子链结构紧密，结晶度高，所以常温下不被溶剂腐蚀，耐有机溶剂和油脂的能力十分突出，但耐强酸性差。除此以外，聚甲醛的耐候性不理想，如在室外使用时，应加入紫外线吸收剂和抗氧剂。通常共聚甲醛的耐候性好于均聚甲醛。

聚甲醛主要采用注射成型和挤出成型的方法加工，其制品和半成品可以进行车、钳、刨、铣、钻、镗、磨和刮削等机械加工。聚甲醛吸水率不高（0.2%）。对原料包装严密、外观质量要求不高的制品，在开封后可以不经干燥直接使用。聚甲醛为热敏性塑料，超过一定温度或在加工温度下长时间受热均会引起降解，放出大量甲醛气体，轻则使物料变色，制品起泡，重则可能引起料筒内气体膨胀而导致危险，故操作时应注意控制成型温度不超过 $240℃$，物料不可在料筒内停留时间过长。在保证制品质量和熔体流动性的情况下，应尽可能选用较低的成型温度和较短的成型周期。某些物料或添加剂，如 PVC 等聚合物以及卤素阻燃剂，会对聚甲醛有促进分解的作用，必须清除。

聚甲醛可以替代有色金属和合金在汽车、机床、化工、电气、仪表中应用，用来制造轴承、齿轮、法兰、各种仪表外壳、容器等，特别适用于某些不允许用润滑油情况下使用的轴承、齿轮等。由于聚甲醛对钢材的静、动摩擦系数相等，没有滑黏性，更加扩大了其应用范围。

3.4.4　聚苯醚

聚苯醚（polyphenyleneoxide，PPO）化学名称为聚 2,6-二甲基-1,4-苯醚，又称为聚亚苯基氧化物或聚亚苯基醚。主要通过氧化偶联聚合来得到[式（3-51）]：

$$\text{(3-51)}$$

1964 年，美国通用电气公司首先用 2,6-二甲基苯酚为原料实现聚苯醚工业化生产。聚苯醚的熔点为 $257℃$，T_g 在 $208℃$，分解温度 $350℃$，马丁耐热温度 $160℃$，脆化温度 $-170℃$；长期使用温度 $120℃$。聚苯醚分子结构中无强极性基团，且分子链中含有大量的芳香环结构，刚性较强，所以其耐水性尤其是耐热水性十分突出，吸水率在工程塑料中最低。成型收缩率低，且不容易产生加工过程中因分子取向所引起的应变、翘曲及其他尺寸变化。PPO 的力学性能与聚碳酸酯接近，机械强度高，刚性大，耐蠕变性优良。

纯聚苯醚由于熔融流动性差，加工困难，应用受到很大限制。1966 年，通用电气公司又生产了改性聚苯醚（modified polyphenylene oxide，MPPO）。一般采用聚苯乙烯或高抗冲聚苯乙烯掺混改性，如 Noryl 和 Xyron 分别是 PS 共混和接枝改性产品。目前市场上通用的主要是 MPPO。

MPPO 树脂密度小，无定形态密度为 1.06g/cm³，熔融状态为 0.958g/cm³，是工程塑料中最轻的。MPPO 具有较宽的热变形温度范围，根据聚苯乙烯含量从 150℃到 90℃不等。采用高抗冲聚苯乙烯掺混改性的 MPPO 的冲击韧性更高。

MPPO 介电性能优异，介电常数为 2.5～2.7，介电损耗角正切为 0.7×10⁻³，且几乎不受温度和频率的影响，体积电阻率高达 10¹⁷Ω·m，为工程塑料之首。

MPPO 基本不受酸、碱等腐蚀。受力情况下酯类、酮类及矿物油会使其产生应力开裂；脂肪烃、芳香烃等有机溶剂会使 MPPO 溶解或溶胀。

PPO 的氧指数为 29，为自熄性材料；掺入易燃的高抗冲聚苯乙烯后，其阻燃性降为中等程度可燃。

MPPO 的耐候性较差。由于芳香族醚链易光裂解，使其不耐紫外线，一般需加入紫外线吸收剂以提高其耐候性。

MPPO 可通过注射成型、挤出成型、压制成型、吹塑成型、发泡成型以及机械加工等工艺进行加工。其中，注射成型是 MPPO 的最主要成型方法。由于聚苯醚的吸湿性小，一般精度要求不高的制品可以不经预干燥直接加工。加工时注意物料在料筒中停留时间不宜过长，否则易变色甚至发生化学交联反应。

聚苯醚可以应用于潮湿而有载荷情况下需具备优良电绝缘性、力学性能和尺寸稳定性的场合，如潜水泵零件、医疗器械、蒸煮消毒器具、化工设备部件等。

3.4.5　聚对苯二甲酸丁二醇酯

聚对苯二甲酸丁二醇酯[poly(butylene terephthalate)，PBT]，最早由德国科学家 P.Schlack 于 1942 年研制而成。PBT 分子主链是由每个重复单元刚性的苯环和柔性脂肪醇连接起来的饱和线形分子组成[式（3-52）]。高度的几何规整性和刚性使聚合物具有较高的机械强度、突出的耐化学试剂性、耐热性和优良的电性能。分子中没有侧链，结构对称，满足紧密堆砌的要求，因而聚合物具有高度结晶性和高熔点。

$$\text{（3-52）}$$

PBT 是由对苯二甲酸或对苯二甲酸二甲酯与过量的 1,4-丁二醇（BG）在 150～170℃有催化剂存在下，通过直接酯化法[式（3-53）]或酯交换法[式（3-54）]制得对苯二甲酸双羟丁酯（BHBT）；然后升温 250℃，在真空或催化剂存在下缩聚而成[式（3-55）]。

$$\text{（3-53）}$$

$$\text{（3-54）}$$

$$\text{（3-55）}$$

采用直接酯化法生产 PBT 时，在酯化反应时丁二醇缩合后容易生成四氢呋喃。选择合适的酯化催化剂能很好地抑制四氢呋喃的生成。该法所生成的四氢呋喃能与水分开而作为副产物加以利用。但在酯交换法中，所生成的四氢呋喃与甲醇的分离则较为困难，因此生产成本较高。近年来，国外已实现 PBT 连续缩聚法，有的还采用了固相聚合新工艺，使 PBT 的生产成本进一步降低，从而提高了 PBT 与其他工程塑料的竞争能力。

PBT 的密度为 1.31g/cm³，熔点为 225～235℃，可在 120℃下长期使用。机械强度、耐应力开裂性优良，尺寸稳定，成型加工性能好。耐磨性优异，摩擦系数很小，仅大于氟塑料且与聚甲醛差不多。PBT 本身不具有难燃性，但它与阻燃剂亲和性好；随着高效阻燃剂的发展，PBT 广泛应用于电子电器行业中。PBT 没有强极性基团，分子结构对称并有几何规整性，具有十分优良的电性能。不耐强酸、强碱及苯酚类化学药品，在热水中机械强度会有明显下降。PBT 具有一定的耐候性，长时间暴露于高温条件下，其物理性能几乎不下降。

目前 PBT 的成型加工大多采用注射成型法。由于 PBT 的玻璃化转变温度处于室温附近（30℃左右），其结晶能快速进行，注射成型时模具温度可以较低，成型周期也可以缩短，而且被加热物料在模腔内的流动性也非常好。PBT 一般仅在成型片材和薄膜片材时，才采用挤出成型。挤出成型的工艺条件与注射成型基本相似，仅料筒温度略高。除此以外，还可进行涂装、粘接、超声波熔接、攻丝及其他机械加工等多种二次加工方法。

PBT 主要应用于制作电子电器、汽车、机械设备以及精密仪器的零部件以取代铜、锌、铝及铁铸件等金属材料、酚醛树脂、醇酸树脂及聚邻苯二甲酸二烯丙酯（polydiallylphthalate，PDAP）等热固性塑料以及其他一些热塑性工程塑料。可用作耐油润滑、耐蚀性及机械强度都有较高要求的机械零部件。在电子电器中 PBT 用于集成电路、插座、印刷电路基板、角形连接器、电视机回扫变压器的线圈绕线管、插座盖、断路器罩和转换开关等配线零件、音响器、视频器以及小型电动机的罩盖等。采用 PBT 制造的汽车内装零部件，主要有内镜撑条、控制系统中的真空控制阀等。在机械设备上，玻璃纤维增强 PBT 主要制作一些零部件如视频磁带录音机的带式传动轴、电子计算机罩、水银灯罩、烘烤机零件以及大量的齿轮凸轮、按钮等。

3.4.6　聚对苯二甲酸乙二醇酯

聚对苯二甲酸乙二醇酯[poly(ethylene terephthalate)，PET]又称涤纶树脂，化学结构为：

$$\left[\!\!-\!C(=O)\!-\!C_6H_4\!-\!C(=O)\!-\!O\!-\!(CH_2)_2\!-\!O\!-\right]_n \tag{3-56}$$

PET 的结构单元由柔性基团—CH₂—CH₂—、刚性基团苯环和酯基组成。由于酯基和苯环间形成了共轭体系，成为一个整体，增加了分子链的刚性。当大分子链绕着这个刚性基团转动时，因空间位阻较大，分子只能依靠链节运动，从而使柔性烷基的作用难以发挥。所以 PET 材料刚性较大，具有较高的玻璃化转变温度（T_g 为 80～120℃）和熔点（265℃，规则结构；255～265℃，工业产品）。大分子链规整排列，没有支链，易于取向和结晶，具有较高的强度以及良好的成纤和成膜性。极性酯基赋予了 PET 较强的分子间作用力、机械强度、一定的吸水性及水解性。一般 PET 的分子量控制在 2 万～5 万，分子量分布较窄。

PET 的合成与 PBT 类似，同样分两步进行，先由对苯二甲酸（DA）或对苯二甲酸二甲酯（DMT）与乙二醇反应制得对苯二甲酸双羟乙酯（BHET），然后再由 BHET 进一步缩聚反应得到 PET。BHET 的制备又可分为以 DMT 作原料的酯交换法和以 DA 作原料的直接酯化法两种。其反应过程参见 PBT 的合成。

PET 为乳白色的无味、无臭、无毒的固体颗粒，密度为 $1.37\sim1.38g/cm^3$，熔点 $255\sim265℃$，在 $280℃$ 以上开始分解。$120℃$ 高温下可长期使用，可燃烧。PET 的韧性在热塑性塑料中最大，其薄膜的抗拉强度可与铝膜媲美，为聚乙烯薄膜的 9 倍、聚碳酸酯的 3 倍。PET 薄膜的吸湿性很低，在 $25℃$ 水中浸渍一周，其吸水率仅 0.5%，并能保持良好的尺寸稳定性。撕裂强度虽比聚乙烯薄膜低，但比玻璃纸（一种以棉浆、木浆等天然纤维素为原料，用胶黏法制成的薄膜。它透明、无毒无味，空气、油、细菌和水都不易透过，可用于食品包装）和醋酸纤维素薄膜高。抗冲强度为其他薄膜的 $3\sim5$ 倍，抗蠕变性也十分优良。

PET 在较宽的温度范围内能保持优良的物理力学性能。未增强的 PET 的热变形温度为 $85℃$；玻璃纤维增强后，可升至 $238℃$。耐低温性能也相当良好，在 $-40℃$ 仍有一定的韧性。在高、低温交替作用下，其力学性能变化很小。

PET 耐药品性良好，不溶于一般的有机物，能溶于热间甲酚、热邻氯苯酚、热硝基苯、DMT 和 $40℃$ 的苯酚/四氯乙烷溶液中，不耐酸。

PET 同时也具有优良的电绝缘性，其电性能在较宽的温度范围内变化较小，可作为高温、高强度绝缘材料及电子电器零件。介电常数一般随温度上升及频率下降而增加。唯一缺点是耐电晕性差。

PET 薄膜主要采用双轴拉伸方法成型。PET 颗粒经干燥后在挤出机中加热熔融，挤出成型 PET 薄片，然后在高于玻璃化转变温度的条件下，先进行纵向拉伸，再将部分结晶的薄膜送入横向拉伸区进行横向拉伸。为了减少薄膜中分子松弛所产生的热收缩，还必须对薄膜进行热定型及热松弛处理，最后经冷却收卷得到成品。除此以外，吹塑成型法主要用于聚酯瓶的生产，而注射成型法主要用于增强 PET 成型。

PET 具有优良的性能，价格较低廉，故应用广泛。在电子电器行业，因 PET 薄膜透明度高、强度高和挠曲寿命长，它与聚乙烯或聚乙烯/聚偏氯乙烯复合制成的热焊封层压纸或涂覆物，同时兼具优良的气密性和防湿性，可用来包装电气零件，也可代替醋酸纤维素，作影片、照片和 X 光片基材。另外，PET 薄膜还适宜制造真空镀膜。增强 PET 在电子电器上广泛用于连接器、线圈绕线管、集成电路外壳、开关等，也用于制造电热器具、汽车结构零件等。除此以外，增强 PET 也被广泛用来制造齿轮、凸轮、叶片、泵壳体、皮带轮、电动机框架和钟表零件等。自 20 世纪 70 年代起，PET 聚酯瓶就开始进入包装容器应用领域，并以惊人的速度发展，用于盛装食品饮料、化妆品、农药、洗涤剂和灭火剂等。

3.4.7　聚酰亚胺

聚酰亚胺（polyimide，PI）是主链中含有 $\begin{smallmatrix} O & R & O \\ \| & \| & \| \\ -C-N-C- \end{smallmatrix}$ 基团的聚合物。按其结构在通常情况下可分为三类，即均苯型聚酰亚胺、可熔性聚酰亚胺和改性聚酰亚胺。

3.4.7.1　均苯型聚酰亚胺

均苯型聚酰亚胺的分子主链中含有杂原子氮所组成的五元杂环和刚性很大的芳香环，是一种半梯形聚合物，其合成过程如式（3-57）：

$$(3-57)$$

均苯型聚酰亚胺生产工艺分为聚酰胺酸的合成、化学亚胺化、分离、洗涤、溶剂回收等工序，制得模塑粉。由均苯四酸二酐和 4,4′-二氨基二苯醚在 N,N-二甲基乙酰胺中制得的聚酰胺酸溶液在脱水剂、催化剂、增溶剂、共沸剂存在下，于反应釜中加热回流，进行化学酰亚胺化反应，经 2～4h 反应后，得到聚酰亚胺沉淀物，经离心分离、丙酮洗涤，除去残留的低分子物，然后将聚酰亚胺粉送至醋酐回流塔，进一步脱水环化处理和丙酮洗涤，得到精制的聚酰亚胺模塑粉，再经真空高温烘干，包装备用。各种溶剂及脱水剂等，在回收工序中分别回收并部分循环使用。

均苯型聚酰亚胺的密度为 $1.43g/cm^3$ 左右，不加填料时的吸水性与其他热固性塑料相似；在高温高真空下具有极低的透气性。均苯型聚酰亚胺在高温及低温下均有较高的强度和模量，特别是高温下的强度保持率较高，是高分子合成材料中高温机械强度最好的品种之一。耐摩擦损耗性能优良，在惰性介质中，高载荷和高速下磨损量极小。

均苯型聚酰亚胺具有较高的热稳定性，这是由于其分子结构中，除芳香环和芳杂环外，只有两种单键（碳—氮键和碳—氧键），这两种单键又都具有较高的键能，氧原子和氮原子都和相邻的苯环形成牢固的共轭体系。均苯型聚酰亚胺在空气中的长期使用温度为 260℃，在无氧气的环境中长期使用温度高达 300℃以上。

除此以外，均苯型聚酰亚胺的耐辐射性能在高分子合成材料中也是最好的一类，其原因一是由于在辐射过程中，聚酰亚胺断链和交联反应同时进行，而交联反应速率比断链反应速率快；其次是辐射分解产物能重新结合。

均苯型聚酰亚胺分子结构中，虽然含有相当数量的极性基团（如羰基、亚胺基、醚基），但其电性能，特别是高温下的电性能，却比同样具有这些极性基团的聚酰胺、聚碳酸酯和聚酯等工程塑料好。这是因为聚酰亚胺的极性基团，如羰基和亚胺基存在于芳杂环结构中，极性活动受到束缚；且羰基呈对称结构，极性相互抵消；醚键氧原子与相邻苯环形成共轭体系，极性活动也受到限制。另外，由于均苯型聚酰亚胺分子链所具有的刚性和较高的玻璃化转变温度，使其在较宽的温度范围内偶极损耗很小，因此电性能十分优良。

由于均苯型聚酰亚胺分子链中最薄弱的亚胺环中的碳—氮键受到五元芳香环共轭结构的保护，因此它的化学稳定性大大超过具有相同碳—氮键的聚酰胺。但在强碱水溶液中可被水解破坏，高温能加速水解反应。能耐稀酸，但在浓硫酸和发烟硝酸等强氧化剂作用下，会发生氧化降解。

均苯型聚酰亚胺分子尽管是线形结构，但属于热固性塑料、不熔不溶。通常只能用粉末冶金方法由模塑粉压制塑料制品，或采用浸渍法（dip coating）或流延法（casting）制成薄膜，呈金色透明状。浸渍法是将聚酰胺酸溶液通过上胶机涂覆在铝箔上，浸烤到一定厚度，再经热酰亚胺化处理后脱模制成薄膜。浸渍法生产薄膜的工艺设备简单，薄膜厚度可以通过浸渍时间及放卷速度加以调节。缺点是需消耗大量铝箔，薄膜长度受到限制，溶剂回收困难，薄膜从铝箔剥离的品质较难控制，表面残留的少量铝粉影响电性能。流延法则是将聚酰胺酸溶液流延在连续运转的不锈钢带基材上，通过干燥和高温酰亚胺化后剥离，制得连续的薄膜。流延法生产的均苯型聚酰亚胺薄膜，长度不受限制，剥离方便，平整性好，厚度均匀，但对设备精度要求较高，聚酰胺酸溶液的黏度较大，消泡过滤较困难。此外，经聚酰胺酸溶液浸渍的玻璃布，经热压成型可制得板材。

均苯型聚酰亚胺薄膜广泛用于电框线圈的对地绝缘、铝线和电缆的绝缘、柔性印刷线路板等，应用于电子电器、航空宇航等方面，不仅具有优良的电绝缘性能，而且能耐很高的温度及在高温下具有令人满意的使用寿命。聚酰亚胺压敏胶带主要用于电机的包扎。在机械设备中被广泛用于制造垫圈、活塞环等密封零件，轴承、轴封、导轮、齿轮、凸轮等耐磨零部件，以及阀座、泵、弹簧底座等，其中对于需在高温下使用的多采用均苯型聚酰亚胺的模压件。

3.4.7.2　可熔性聚酰亚胺

为了改善以均苯四酸二酐为原料制成的不熔性聚酰亚胺的成型加工问题，开发成功了可熔性聚酰亚胺，主要品种有单醚酐型聚酰亚胺、双醚酐型聚酰亚胺、酮酐型聚酰亚胺等。

单醚酐型聚酰亚胺是以二苯醚四羧酸二酐代替均苯四酸二酐制得的[式（3-58）]。

$$\text{（3-58）}$$

单醚酐型聚酰亚胺除耐热性稍低于均苯型聚酰亚胺外，其他均苯型聚酰亚胺的优异性能均能保留。单醚酐型聚酰亚胺具有优异的机械强度、模量、耐磨性和尺寸稳定性，耐蠕变性优良。耐高低温性能优异，玻璃化转变温度 270~280℃，分解温度 530~550℃，可在-180~230℃内长期使用，最低使用温度-193℃。单醚酐型聚酰亚胺在宽广的温度范围内（-78~200℃）均能保持优异的介电性能。在绝大多数有机溶剂中均不溶解，并具有优异的耐辐照性能。

单醚酐型聚酰亚胺与均苯型聚酰亚胺相比，成型加工性能大为改善，不仅可模压加工，还可采用注射、挤出等方法成型。此外也可采用浸渍法和流延法制造薄膜，通常先制成单醚酐型聚酰胺酸的二甲基乙酰胺溶液，成膜后经高温处理使其酰亚胺化，得到产品。由于单醚酐型聚酰亚胺溶于二甲基乙酰胺中，也可直接制成聚酰亚胺溶液，经过浸渍或流延成膜后，不需高温处理，仅干燥后即可得到薄膜制品。如经双向拉伸，薄膜品质还可进一步提高。

单醚酐型聚酰亚胺成型性良好，而且制品尺寸稳定性好，耐磨性优良，强度和刚性相当高，因而用于制造各种机械设备、汽车和办公机械的零部件。利用其优异的耐热性、电绝缘性和耐辐照性等特点，还可用于制造插头、插座等电子电器零件，以及原子能和宇航工业上的耐辐射制品等，薄膜可用于电器元件的包覆。单醚酐型聚酰亚胺还可用作涂料和胶黏剂。

双醚酐型聚酰亚胺是以三苯二醚四酸二酐代替均苯四酸二酐制得的，其结构见式（3-59）：

$$\text{（3-59）}$$

双醚酐型聚酰亚胺的综合性能优良，耐高低温性能优异，可在-250~230℃长期使用，电绝缘性、耐磨性和耐辐照性能优良。

与均苯型聚酰亚胺相比，双醚酐型聚酰亚胺的加工性能大为改善，可模压、层压加工，也可注射和挤出加工。此外，它也可采用浸渍法或流延法加工成薄膜。双醚酐型聚酰亚胺主要用于制造机械设备、电气设备和汽车的密封零件及自润滑摩擦零部件。也可用于制造棒材、板材以及浸渍漆等。

酮酐型聚酰亚胺是以苯酮四酸二酐代替均苯四酸二酐制得的，其结构见式（3-60）：

$$（3-60）$$

酮酐型聚酰亚胺具有优良的综合性能。耐热性优异，长期使用温度为 260℃。与玻璃、金属等材料有良好的粘接能力。除此以外，还具有优良的耐磨性、阻燃性、电绝缘性和较高的机械强度。

酮酐型聚酰亚胺通常采用模压法成型加工，还可经层压成型后固化得到制品。酮酐型聚酰亚胺可加工成增强塑料、层压板、薄膜、胶黏剂、漆及泡沫塑料等。

3.4.7.3 改性聚酰亚胺

聚酰胺酰亚胺（polyamideimide，PAI）是在聚酰亚胺的分子主链中引入酰胺键[式（3-61）]。

$$（3-61）$$

聚酰胺酰亚胺引入酰胺键使极性增大，抗吸水性、介电性能和伸长率下降。聚酰胺酰亚胺除长期使用温度略低于均苯型聚酰亚胺外，其机械强度、刚性、耐磨性、耐碱性、耐辐照性等均相当或优于均苯型聚酰亚胺。聚酰胺酰亚胺在可以注射成型的热塑性工程塑料中具有最好的力学性能，在高温下性能也十分优良。抗冲强度很高，是均苯型聚酰亚胺和聚苯硫醚（PPS）的 2 倍。它还具有优异的耐蠕变性，尺寸稳定性良好，摩擦系数也很低，在高温下耐摩擦损耗性能也很好。聚酰胺酰亚胺的玻璃化转变温度为 280～290℃，热变形温度为 278℃（1.82MPa 载荷），长期使用温度范围为–200～220℃。聚酰胺酰亚胺的氧指数达 45，阻燃性能良好，其主要品级的阻燃性均可达到 UL94V-0 级。介电强度高，电绝缘性能优异。耐化学药品性能优良，能耐脂肪烃、芳香烃、氯化烃及几乎所有的酸，但不耐浓碱、饱和水蒸气及由浓硫酸和浓硝酸组成的混合酸。耐辐照性能同样优异。

聚酰胺酰亚胺与均苯型聚酰亚胺相比，明显地改善了加工性能，可用注射、层压方法成型，同样可用浸渍法或流延法制成薄膜。聚酰胺酰亚胺主要应用于机械、电子电器、车辆制造等方面，在航空及宇航领域，聚酰胺酰亚胺可用于制造喷气式飞机发动机零件、动力控制离合器、油压零件、天线、雷达罩以及火箭引擎零件等，以及代替金属用于制造飞机和飞船上的零部件。

除此以外，常用的改性聚酰亚胺品种还有聚醚酰亚胺、聚酯酰亚胺、联苯型聚酰亚胺等。

3.4.8 氟塑料

氟塑料是各种含氟塑料的简称，由含氟单体如四氟乙烯、六氟丙烯、三氟氯乙烯、偏氟乙烯、氟乙烯及乙烯等单体通过均聚或共聚制得。常用的氟塑料有聚四氟乙烯（PTFE）、四氟乙烯-全氟烷基乙烯基醚共聚物（PFA）、四氟乙烯-六氟丙烯共聚物（F-46）、乙烯-四氟乙烯共聚物（ETFE）、聚三氟氯乙烯（PCTFE）、聚偏氟乙烯（PVDF）、聚氟乙烯（PVF）等。碳—氟键键能高，碳链上的氟原子形成屏蔽效应，因此具有一系列突出的性能。

$$\left[\begin{matrix} F & F \\ | & | \\ C & C \\ | & | \\ F & F \end{matrix}\right]_n \quad \left[\begin{matrix} F & F \\ | & | \\ C & C \\ | & | \\ Cl & F \end{matrix}\right]_n \quad \left[\begin{matrix} & F \\ & | \\ CH_2 & C \\ & | \\ & F \end{matrix}\right]_n \quad \left[\begin{matrix} & F \\ & | \\ CH_2 & CH \end{matrix}\right]_n$$

PTFE　　　　　PCTFE　　　　　PVDF　　　　　PVF

3.4.8.1　聚四氟乙烯

1938 年，美国杜邦公司杰克森实验室（Jackson Laboratory）的化学家普伦基特（Plunkett）在研究氟烷的制冷剂时，发现了聚四氟乙烯（polytetrafluoroethylene，PTFE）并开始研究。1941 年，普伦基特通过专利首次把 PTFE 公之于世。1950 年美国杜邦公司开始投产。

PTFE 为白色粉状或颗粒状，无臭、无味、无毒。密度较大，为 $2.14\sim2.20g/cm^3$，结晶度 90%～95%，T_m 327～342℃。几乎不吸水，平衡吸水率小于 0.01%。PTFE 坚韧而无回弹性，大分子间的相互作用力较小，因此抗拉强度中等，在应力长期作用下会变形；断裂伸长率较高。硬度较低，易被其他材料磨损。

PTFE 分子间的相互作用力小，表面分子对其他分子的吸引力也很小，因此摩擦系数非常小，润滑性优异，而且静摩擦系数小于动摩擦系数。将这种特性用于轴承制造，可表现为起动阻力小，从起动到运转十分平稳，且摩擦系数不随温度而变化，只有在表面温度高于熔点时，才急剧增大。

PTFE 的热稳定性在所有工程塑料中极为突出，这是因为 PTFE 分子的碳—氟键键能大，碳—碳键四周包围着氟原子，不易受到其他原子如氧原子的攻击。从 200℃到熔点，PTFE 分解速度极慢，分解量极小，400℃以上才显著分解。在–250℃下不发脆，还能保持一定的挠曲性。在压力载荷作用下，即使在 260℃条件下，也还有耐蠕变性。PTFE 使用温度范围十分宽广，可在–250～260℃内长期使用。

PTFE 是一种高度非极性材料，介电性能极其优异。在 0℃以上的介电性能不随频率和温度而变化，也不受湿度和腐蚀性气体的影响。体积电阻率大于 $10^{17}\Omega\cdot cm$，表面电阻率大于 $10^{16}\Omega$，在所有工程塑料中处于最高水平。不吸水，即使长期浸在水中，其体积电阻率也没有明显下降；在 100%相对湿度的空气中，其表面电阻率也保持不变。PTFE 的耐电弧性极好，因为它在高电压下表面放电时，不会因碳化残留碳等导电物质而引起短路，而是分解成小分子碳氟化合物挥发，所以电绝缘性和耐电弧性优良。

PTFE 化学稳定性极为优异，这是因为 PTFE 分子中，易受化学侵蚀的碳链骨架被键合力很强的氟原子严密地包围起来，聚合物主链不受任何化学物质侵蚀。许多强腐蚀性、强氧化性的化学物质，如浓盐酸、氢氟酸、硫酸、硝酸、氯气、三氧化硫、氢氧化钠和有机酸碱等，对它都不起作用，因而有"塑料王"之称。只有熔融的碱金属能夺去 PTFE 分子中的氟原子，生成氟化物，使表面变成深棕色。

在大气环境中，由于 PTFE 无光敏基团，臭氧也不与之作用，因此耐大气老化性十分突出；即使长期在大气中暴露，表面也不会有任何变化。在高能射线下，主要是打开碳—氟键和碳—碳键，开始显著分解，但机械强度的保持率仍较高。在将 PTFE 加工成制品时，也无需添加任何防老剂和稳定剂。

PTFE 的阻燃性能非常突出，氧指数达 95%，居塑料之首。不加阻燃剂的 PTFE 阻燃性能可达 UL94 V-0 级。

不粘性是 PTFE 另一重要特性。PTFE 的表面能很低，为 $0.019J/m^2$，是已知表面能最小的固体材料品种，因此几乎所有固体材料都不能黏附其表面。

PTFE 的熔融温度为 327℃，但树脂在 380℃ 以上才处于熔融状态，熔体黏度高，且耐溶剂性极强，因此它既不能熔融加工，也不能溶解加工。不能采用熔融挤压、注射成型等常规的热塑性塑料成型工艺，只能采用类似粉末冶金的方法进行烧结成型。工业上，模压成型是 PTFE 目前大量采用的成型加工方法，也可采用喷涂法和浸渍法涂覆成型及压延成型的方法制成薄膜。

由于性能优异，并具有自润滑性和不粘性，PTFE 可以用于制造轴承、活塞环、机床滑动导轨及密封材料。在电子电器中，PTFE 最主要的用途是制造各种电线电缆绝缘层、高精度电容器、电子管管座、接线柱、绝缘柱、压敏型可粘绝缘带等元件的零件。PTFE 在化工设备、医疗器材、建筑、汽车工业、军事等方面也有广泛的应用。PTFE 薄膜经双向拉伸后，再与其他织物复合，可制成耐腐蚀过滤袋，防水、透气、防风和保暖性良好的雨衣，以及运动服、登山服、潜水服和轻便的军用帐篷等。近年来，以 PTFE 为原料，经涂覆成型制造不粘锅，已得到广泛应用。因其生物惰性，可用于制作血管、人工心肺装置、疝气补片、机械瓣和其他人工瓣膜中的隔离和保护材料等植、介入医疗器械。

3.4.8.2 四氟乙烯-全氟烷基乙烯基醚共聚物

四氟乙烯-全氟烷基乙烯基醚共聚物（PFA）的物理力学性能、电性能、化学稳定性、不粘性、阻燃性和耐大气老化性等与 PTFE 基本相同。其突出特点是热塑性良好，无 PTFE 的加工困难问题，因此有可熔性聚四氟乙烯之称。

PFA 的熔点虽比 PTFE 低，但长期使用温度却与 PTFE 相同，而且高温下的机械强度优于 PTFE。介电常数和介电损耗角正切值均很小，且受温度的影响不大。与 PTFE 一样，PFA 的化学性能极为稳定，除了在熔融碱金属和高温氟气中会分解外，其他化学药品对它几乎没有作用。阻燃性能优异，不加任何阻燃剂，也能达到 UL94 V-0 级水平，极限氧指数高达 95。

PFA 可采用模压、挤出、注射成型来进行加工。PFA 的应用领域基本上与 PTFE 相同，能制造用 PTFE 难于加工的形状复杂的制品，也广泛应用于电子电器、化工、机械、纺织、造纸、宇航等工业中。

3.4.8.3 四氟乙烯-六氟丙烯共聚物

四氟乙烯-六氟丙烯共聚物（F-46）是 PTFE 的改性品种。由于在聚四氟乙烯分子链中引入了部分三氟甲基支链，使熔体黏度降低到可用一般热塑性塑料的成型方法加工，从而解决了 PTFE 成型困难的问题。由于 F-46 由碳、氟两种元素以共价键形式结合而成，所以它的性能又与 PTFE 相近。

F-46 的力学性能、化学稳定性、耐大气老化性以及阻燃性等均与 PTFE 相仿，但耐热性低于 PTFE，长期使用温度比 PTFE 约低 50～60℃，起始热分解温度高于其熔点，在 380℃ 以上才会发生显著分解。耐蠕变性在室温时比 PTFE 好，但在高温下不及 PTFE，温度越高，蠕变也越大。表面光滑，静摩擦系数比动摩擦系数要小，摩擦系数随滑动速度增大而增加，随载荷增大而降低。耐磨耗性较差。介电性能优异，介电常数很小，并且基本上不受温度和频率的影响，体积电阻率在 $10^{18}Ω·cm$ 以上，是一种十分优异的电绝缘材料。

F-46 可以采用挤出、注射、热压、传递模塑成型制造各种形状的制品,使用最多的成型工艺是挤出成型和注射成型。由于 F-46 的熔体黏度大,为防止制品表面产生鲨鱼皮,挤出速度一般较低。另外,熔融状态的 F-46 对于大多数金属具有腐蚀性,因此凡接触 F-46 熔体的机件都必须镀铬,或采用不锈钢材料。

F-46 几乎适用于 PTFE 所能应用的各个领域,并能制造 PTFE 难于加工、形状复杂的制品。机械工业中用于制造仪表零部件等,电子电器工业用于制造电线电缆包覆层、各种电器元件、接插件、电子计算机导线绝缘层及零部件、线圈骨架等,还可用作耐腐蚀管道、阀门、容器等。医疗上可以用作修补心脏瓣膜和细小气管。

3.4.8.4　聚三氟氯乙烯

聚三氟氯乙烯(PCTFE)是一种结晶性聚合物,结晶度高达 85%~90%。其特点是制品透明度高,耐磨性和尺寸稳定性良好,成型加工性能优良,与金属的粘接性良好。

与 PTFE 相比,PCTFE 的机械强度和模量都较高,特别是抗压强度和耐冷流性明显优于PTFE。其力学性能随结晶度不同而有所变化。结晶度高的 PCTFE 树脂透明度较差,但机械强度、硬度和弹性模量较高,伸长率和抗冲强度较低,抗液体和气体的渗透能力极强。

PCTFE 的耐热性低于 PTFE,长期连续使用温度为 200℃,在 300℃以上发生分解。低温性能也十分突出,可在-200℃下长期使用。在液氧(-183℃)和液氮(-196℃)中浸渍,仍能保持一定的柔软性和抗冲强度。

与 PTFE 不同,PCTFE 为极性高分子,因此介电常数和介电损耗角正切较大。

PCTFE 的化学稳定性比 PTFE 稍差,但仍优于其他工程塑料。它能被熔融的碱金属、新生原子氟、高温氯磺酸、高温高压下的氨或氯气腐蚀,但对强酸、强碱、强氧化剂、混合酸等都表现出很强的抵抗性。在常温下几乎对所有的有机溶剂均稳定;在高温下,可被四氯化碳、苯、甲苯、二甲苯、环己烷、环己酮等有机溶剂溶解或溶胀。

PCTFE 的吸水率极低,能保持良好的尺寸稳定性和电绝缘性。在所有的塑料中,PCTFE的水—气渗透性最低,不渗透任何气体,是一种良好的屏蔽聚合物。

PCTFE 阻燃性优异,具自熄性,氧指数高达 95,和 PTFE 在同等水平。另外,还具有优良的耐辐射、耐大气老化性能,与金属的粘接性好,也能自身熔接或焊接。

PCTFE 的熔融温度大致在 212~217℃之间,并受结晶度影响,结晶度越大熔融温度越高。PCTFE 可用一般热塑性塑料的方法成型加工,但由于熔体黏度很高,必须在很高的温度和压力下才能成型。另外,其成型温度与初始分解温度十分接近,因此成型的温度范围较为狭窄。PCTFE 可采用模压、挤出、注射和涂覆成型等方法加工。PCTFE 的挤出成型与 F-46类似,螺杆、料筒要用不锈钢或镀铬的耐热钢。而 PCTFE 的涂覆成型则是先将 PCTFE 细粉悬浮在醇、酮、二甲苯等有机溶剂中配制成悬浮液,然后喷涂或浸渍涂覆在钢、不锈钢、铝、镍、银、镉、锡等金属表面上,再烧结形成涂层或衬里。

PCTFE 可用作机械设备的结构材料,制造透明配管及水准仪,尺寸精度高或常用于低温下工作设备的机械零部件等,能制成比 PTFE 形状更为复杂的制品。在电子电器领域,PCTFE可用于各种电子电器设备的零部件,如底座、插座、线圈轴、接插件、断路器、开关和印刷电路板等,还广泛用于制作电线被覆材料及电缆护套等。在化工领域,主要用于耐腐蚀垫料、导管、衬里阀、耐腐蚀泵及涂层等。在医疗器械方面,PCTFE 可制造注射器、滤血器以及紫外线杀菌的医疗器材等。另外,PCTFE 薄膜可用作精密零件的包装材料、标示板的保护薄膜,不仅透明，而且防水性优异。

3.4.8.5　聚偏氟乙烯

聚偏氟乙烯（PVDF）为白色粉末状结晶聚合物，结晶度约 68%，力学性能好，强于 PTFE，且耐磨性优异，抗压性能和耐蠕变性优良。PVDF 薄膜耐挠曲，挠曲寿命高达 $75×10^3$ 次。

PVDF 的熔融温度为 165～185℃，玻璃化转变温度−35℃，长期连续使用温度范围为−70～150℃，起始热分解温度 316℃以上。熔融温度受聚合温度及分子结构影响。一般来说，聚合温度越低，熔融温度越高；连接结构中头—头或尾—尾结构越多，熔融温度越低。

PVDF 极性较大，介电常数很高，介电损耗也大。电性能受晶体结构和结晶度等影响，十分敏感。体积电阻率为 $2×10^{14}Ω·cm$，同时介电强度也较低。吸水性极低，因此在高湿度及浸渍水的环境下，电性能没有明显下降。

PVDF 的耐化学药品性不及 PTFE 和 PCTFE，对无机酸、碱抵抗性优良，但对有机酸和有机溶剂的抵抗性则较差。在室温至 100℃，能被二甲基亚砜、丙酮、丁酮、戊二酮、环己酮、醋酸、醋酸甲酯、丙烯酸甲酯、碳酸二乙酯、二甲基甲酰胺、六甲基磷酰三胺、环氧乙烷、四氢呋喃、二氧六环等溶解或溶胀。

PVDF 的耐辐射性能优于 PTFE。在波长为 200～400nm 的紫外线照射一年后，性能基本不变；在辐射剂量为 10^7 戈瑞（Gy）以下的γ射线照射后，由于 PVDF 分子间产生一定程度的交联，力学性能反而有所提高。

由于 PVDF 的熔融温度与分解温度相差 130℃以上，故热加工性较好。通常在 220～270℃的熔体黏度能满足注射、挤出成型的要求。还可采用模压、涂覆等方法成型。加工时螺杆和料筒应采用特殊耐热耐腐蚀合金，成型的模具应选用镀铬硬钢或高镍不锈钢。流延浇铸成型主要用于制造薄膜。以二甲基乙酰胺配制成固含量为 20%或 45%的 PVDF 分散液，流延在铝箔上，经 204～316℃热熔后，用水急冷可制得强韧性薄膜。喷涂成型也可制备薄膜。

PVDF 广泛用于制作性能优异的压电、热电敏感元件，如头戴式受话器、高音扬声器。PVDF 压电材料被用于超声波探测器、听诊用传感器、血压测定传感器以及军事用的压电引信等。可用作电线电缆包覆层、接线板、热收缩管及印刷电路板等。在化工领域常用作管道防腐衬里、密封垫圈、耐腐蚀齿轮、轴承以及水性涂料等。在建筑方面，PVDF 可用作室内外建筑的装饰盒防护用涂层或薄膜。

3.4.8.6　聚氟乙烯

聚氟乙烯（PVF）是结晶性聚合物，分子量 6 万～18 万。密度为 $1.39g/cm^3$，是氟塑料中含氟量最低，密度最小的品种。熔融温度 198～200℃，初始热分解温度为 210℃，长期使用温度−100～150℃。在氟塑料中，PVF 抗压强度最高，气体渗透率很低，同时耐磨性良好，薄膜弯曲折叠寿命长。

PVF 的分子结构具有极性，介电常数很高，介电损耗角正切也较大，体积电阻率远远小于 PTFE，与 PVDF 在同一个量级。

PVF 的耐化学药品性良好，不受大多数酸和碱的侵蚀，100℃下仍能耐多种有机溶剂；但二甲基甲酰胺、二甲基乙酰胺、四甲基脲、六甲基磷酰三胺、乳酸丁内酯等在高温下能溶解 PVF。

PVF 的耐候性和耐辐射性同样优异。不吸收紫外光；薄膜在室外曝晒 10 年，其透明度和可挠性几乎不变。在辐射时，会产生一定程度的交联，力学性能在 10^7Gy 辐射剂量下反而有所提高。

PVF 主要用于制作薄膜，可采用流延或挤出法成膜。在成型温度下 PVF 会发生分解，但加入 5%～10%的增塑剂（如邻苯二甲酸二丁酯、磷酸三甲酚酯等），可改善其加工性能。流延制膜时，通常以二甲基甲酰胺配制成 8%左右的溶液，于 125～130℃流延成膜。另外，PVF 还可以用溶液、分散液的形式涂覆成型，将其涂覆于金属、陶瓷、木材、水泥等表面，形成保护膜。

PVF 可用于制作储槽、塔器等的衬里，反应设备及管道的密封垫圈，以及防腐涂层等。PVF 薄膜可应用于食品包装、药品包装、机械零件包装及农用薄膜材料。在电子电器领域，可制造直流电容器、绝缘电线被覆层以及一般电气设备的绝缘材料等。PVF 还可用作脱模剂。

3.4.9 聚砜类树脂

聚砜（polysulfone，PSF）树脂是一类在主链上含有砜基（—SO$_2$—）和芳环的高分子化合物。根据结构，主要有双酚 A 型聚砜树脂（即通常的 PSF）、聚芳砜和聚醚砜三种类型。砜基的两边都有芳环，形成共轭体系。由于硫原子处于最高氧化态，加之砜基两边的高度共轭，所以这类树脂具有优良的抗氧化性、热稳定性和高温熔融稳定性。此外还有优良的力学性能、电性能及食品卫生性能。自 20 世纪 60 年代问世以来，聚砜类树脂的应用领域不断扩大，主要的生产企业有英国石油（BP）公司、巴斯夫公司、ICI 公司等。

3.4.9.1 双酚 A 型聚砜

双酚 A 型聚砜（polysulfone，PSF），简称聚砜。其合成过程如式（3-62）所示：

$$\text{HO} - \phi - \underset{\underset{CH_3}{|}}{\overset{\overset{CH_3}{|}}{C}} - \phi - \text{OH} + \text{Cl} - \phi - SO_2 - \phi - \text{Cl}$$

$$\xrightarrow{\text{NaOH}} \left[O - \phi - \underset{\underset{CH_3}{|}}{\overset{\overset{CH_3}{|}}{C}} - \phi - O - \phi - SO_2 - \phi \right]_n$$

(3-62)

聚砜一般是由二苯酚的二碱金属盐（双酚 A 二钠盐）和活性芳族二卤化物（如式 3-62 中的 4,4'-二氯二苯砜）亲核取代缩聚而成。工艺上通常采用二步法，即先由双酚 A 原位反应生成双酚 A 二钠盐，然后再进行亲核取代缩聚。分子结构可看成是三种不同基团相连接的亚苯基线形聚合物，是通过亚异丙基、醚键、砜基把主链上的亚苯基连接起来的。其中，醚键和亚异丙基使聚合物具有优良的耐热性和耐氧化性，而难以活动的苯基和砜基使聚合物主链有一定的刚性，所以聚砜材料具有较高的强度和刚性。

聚砜在高温下仍能在很大程度上保持其在室温下所具有的力学性能和硬度。它的玻璃化转变温度为 190℃，能在–100～150℃内长期使用；在 1.82MPa 负荷下的热变形温度为 175℃，是耐热性优良的非结晶性工程塑料。聚砜的低温性能优异，在–100℃仍能保持韧性。在高温下的耐热老化性极好，经过 150℃、两年的热老化，聚砜的拉伸屈服强度和热变形温度反而有所提高，抗冲强度仍能保持 55%。在湿热条件下，聚砜也有良好的尺寸稳定性，因此可以在热水或水蒸气环境中使用。

聚砜在宽广的温度和频率范围内具有优良的电性能，即使在水中或 190℃下，仍能保持良好的介电性能。

聚砜的化学稳定性也较好，除氧化性酸（如浓硫酸、浓硝酸等）和某些极性溶剂（如卤代烃、酮类、芳香烃等）外，对其他试剂都表现出较高的稳定性。聚砜不发生水解，但在高温及载荷下，水能促进其应力开裂。

聚砜还具有较好的抗紫外线照射的能力。

聚砜可以用一般热塑性塑料的方法成型加工，但成型温度较高，而且在成型前物料必须进行预干燥，使其含水量降到 0.05% 以下。聚砜的熔体黏度与剪切速率关系不大，但对温度变化十分敏感，其熔体黏度及流动性可以通过温度的调节来进行控制。这一成型特性的优点是流动时的分子取向对制品的物理性能影响很小，并能减少挤出成型和吹塑成型时的脱模膨胀，从而有利于控制吹塑型坯的尺寸及挤出制品形状的大小。

聚砜可用于制造各种精密的小型元件，如电子连接器、继电器、开关、绝缘电刷、印刷线路板等，还可制造各种电器设备的壳体和支架，及用作电容器薄膜和电线电缆涂层。在机械方面，聚砜主要用作机械设备的零部件，如电动机罩、齿轮、泵体以及各种阀门等。医疗器材有防毒面具、呼吸器、灭菌器皿、人工心脏瓣膜、研究用注射器等。另外，聚砜还用于制造汽车、轮船、飞机上的一些部件和电器零件；聚砜复合材料可以用于宇航员面盔和宇航服；聚砜分离膜已广泛用于血液透析、海水淡化、气体分离、污水处理、超纯水制备等技术领域。

3.4.9.2　聚芳砜

聚芳砜（polyarylsulfone，PAS/PASF）由二苯醚和联苯双磺酰氯通过付氏反应合成得到[式（3-63）]：

$$（3-63）$$

与双酚 A 型聚砜相比，聚芳砜的相对密度稍大，吸湿性大，熔体黏度高，力学性能相近，但耐热性更好。聚芳砜的耐高低温性能优异，长期使用温度 260℃，能在 310℃下短期使用，耐低温达 −240℃。耐热老化性能极为突出，在 300℃、1000h，260℃、2000h，200℃、4000h，抗拉强度无变化，耐热老化性能优于聚酰亚胺。在超低温（−240℃）和高温（260℃）下均能保持良好的电性能；湿度对其电性能影响不大。聚芳砜的耐化学药品性能优良，耐酸、碱、盐溶液性能良好，不受燃料油、烃油、硅油、氟利昂等侵蚀；耐常用溶剂；但会溶于某些极性溶剂，如二甲基甲酰胺、二甲亚砜、N-甲基吡咯烷酮等。耐水解性能优良。

聚芳砜的熔体黏度高，流动性较差，其高黏度对剪切力不敏感，导致加工困难，从而在一定程度上限制了其发展；但仍能在一般热塑性塑料的加工设备上成型，如进行注射、挤出、压制及流延成型等。

聚芳砜耐热等级高，电绝缘性能优良，在电子电器工业上用于制作印刷线路板、线圈架、电线电缆涂层和连接器用绝缘体等，也用于制造微型电容器及配制结构型胶黏剂。

3.4.9.3　聚醚砜

聚醚砜（polyethersulfone，PES）有以下多种合成方法[式（3-64）]：

$$（3-64）$$

聚醚砜分子结构中既不含热稳定性较差的脂肪烃链节，也不含刚性大的联苯链节，而是由砜基、醚键和亚苯基组成。砜基和亚苯基能赋予其耐热性和优良的力学性能；醚键使聚合物链段在熔融状态时具有良好的流动性，易于成型加工；在对亚苯基结构上交替连接砜基和醚基能得到非结晶性的聚合物。聚醚砜问世后被人们誉为是第一个综合了高热变形温度、高抗冲强度和优良成型性的工程塑料。

聚醚砜具有优异的耐热性，其长期使用温度为180℃，在1.82MPa负荷下的热变形温度为203℃。随着热老化时间的延长，聚醚砜分子由于受热而自由体积减小，整个分子结构变得更为紧密，因而强度反而略有提高，后逐渐趋于平稳。线膨胀系数小，能在-100～225℃内保持稳定。尺寸稳定性好，成型收缩率小，仅为0.6%左右。

聚醚砜能在较宽温度范围内保持稳定的力学性能。在100℃下的弹性模量是所有热塑性工程塑料中最高的。聚醚砜的耐蠕变性能突出。在无缺口的情况下，抗冲强度与聚碳酸酯在同等水平；在有缺口的情况下，缺口半径对抗冲强度影响很大，缺口半径越小，应力集中效应越显著，抗冲强度越低。因此，聚醚砜的制品应尽量避免锐角缺口。

聚醚砜属自熄性材料，氧指数为38。燃烧发烟量很低，为聚四氟乙烯的1/2，聚碳酸酯和聚砜的1/4。

聚醚砜的电性能和耐辐射性能优异，对X射线、β射线和γ射线都具有较强的抵抗能力。

聚醚砜耐化学药品性能较好。除了强极性的有机溶剂、浓硫酸和浓硝酸等强氧化性酸外，能抵抗大多数化学试剂的侵蚀，还具有优良的耐水、耐热水和耐水蒸气性能。在23℃水中，由于水的增塑作用而使其拉伸强度稍有下降；在100℃水中，由于自由体积的减小与增塑作用同时并存，初期强度有所提高，后期又稍有下降。

聚醚砜属非结晶性热塑性树脂，具有良好的成型性能，可采用通用方法成型，一般以注射和挤出成型为主。此外，成型后的产品也可用切削、超声波熔接等进行二次加工。聚醚砜具有吸湿性，所以成型前必须进行预干燥；预干燥不充分时，制品表面往往会产生银纹或毛边。聚醚砜属于牛顿型流体，其流变性能类似聚碳酸酯，提高温度是增加熔体流动性的有效措施。根据聚醚砜的熔融温度和热稳定性，料筒温度控制在330～360℃，超过400℃则树脂开始炭化。此外，聚醚砜也可通过挤出成型或流延成型法制成薄膜；成膜后还可在拉伸机上进行单轴或双轴拉伸，以提高其性能。

聚醚砜可以作为F-H级绝缘材料用于制造各种耐高温线圈支架、电器开关、接线柱、熔断器和接插件等。在电子设备和仪器仪表上，可制作印制电路板和集成电路板等。线圈绕线管目前大量采用注射级聚醚砜来代替传统材料。聚醚砜薄膜除用作电子电器设备的绝缘材料外，还用作载波带、磁带盒、扬声器零件等。在机械方面，聚醚砜用作活塞环、齿轮、轴承保持架、齿轮泵壳体和叶轮等；用聚醚砜制造的热水测量表，广泛用于工厂热排水管道和暖气系统。在交通运输、医疗器具和分离膜等领域，聚醚砜同样具有广泛的应用。除此以外，聚醚砜还用作食品、药品等的包装材料；制造的胶黏剂可用于热成型和热封粘接等领域；制造的涂料对铝、铁等金属表面有良好的粘接力。

3.4.10 聚苯硫醚

聚苯硫醚[poly(p-phenylene sulfide)，PPS]是刚性的苯环和柔性的硫原子交替排列构成的线形高分子。合成PPS的方法很多，如碱金属硫化物与对二卤苯的溶液缩聚（硫化钠法），卤硫酚盐的自缩聚[式（3-65）]，对卤二苯和硫黄的熔融聚合，硫黄和苯的亲电子反应，硫黄和对二氯苯的溶液缩聚（硫黄溶液法），二苯二硫醚在路易斯酸作用下的聚合等。

$$Cl-\!\!\!\langle\rangle\!\!\!-Cl + Na_2S \quad \longrightarrow \quad \left[\!\!\langle\rangle\!\!-S\right]_n \tag{3-65}$$

$$X-\!\!\!\langle\rangle\!\!\!-SM$$

直接合成的 PPS 分子量较低（4000～5000），结晶度较高，加工前一般必须进行交联处理，使分子量进一步提高。PPS 的交联分为热交联和化学交联，目前以热交联为主。PPS 在高温下断链产生自由基，自由基链转移形成交联结构；或是利用空气中的氧气高温氧化产生氧自由基，氧自由基转移交联。

PPS 是特种工程塑料的第一大品种，在工程塑料中产量位列第六。美国、日本和中国掌握 PPS 树脂的工业化生产制造技术，拥有生产能力和产品。俄罗斯、印度正在积极进行 PPS 树脂工业化生产的研发。美国雪佛龙菲利普斯公司（Ryton PPS）、日本吴羽化学工业公司[包括佛特隆公司（Fortron PPS）]和大日本油墨化学工业公司（DIC-PPS）是全球最主要的三大 PPS 树脂生产商。其中，日本吴羽的 Fortron PPS，属于第 2 代 PPS，全面改善了 PPS 耐冲击性能差、性脆的致命缺点。直接制造纤维和薄膜；树脂本色浅，可制成各种色泽鲜艳的制品。

PPS 为结晶性聚合物，玻璃化转变温度为 150℃。未经拉伸的纤维具有较大的无定形区（结晶度约为 5%），在 125℃时发生结晶放热，熔点 281℃。拉伸纤维在拉伸过程中产生部分结晶（增加至 30%）；如在 130～230℃温度下对拉伸纤维进行热处理，可使结晶度增加到 60%～80%。因此，拉伸后的纤维没有明显的玻璃化转变或结晶放热现象，其熔点为 284℃。

PPS 的相对密度为 1.36g/cm³，透光率仅次于有机玻璃，跌落地上有金属响声。

PPS 具有极好的刚性，硬度较高，无论在长期载荷下还是在热载荷下都具有良好的耐蠕变性能。耐磨损性能较好，与 PTFE、二硫化钼或碳纤维复合可进一步降低其摩擦系数和磨损量，并表现出极其优异的自润滑性能。但是 PPS 的抗拉强度、抗弯强度和抗冲强度在工程塑料中仅属于中等水平，伸长率较小，脆性大、韧性差，耐冲击强度低。在实际应用中，PPS 大多添加玻璃纤维、碳纤维或无机填料进行增强改性，以提高其力学性能。

PPS 的热稳定性优于 PTFE，在 500℃以下的空气和氮气中，没有明显的质量损失；只有在 700℃空气中才会完全分解。玻璃纤维增强后的 PPS 的热变形温度大于 260℃，在高温热老化后强度保持率较高。

PPS 的阻燃性能非常突出，其分子结构中含有硫原子，本身即具有阻燃作用，因此无需加入阻燃剂就可以达到 UL94V-0 级。氧指数为 47，阻燃性接近聚氯乙烯，为不燃物。

PPS 与其他工程塑料相比，介电常数较小，介电损耗角正切很低。在高温、高湿下仍能保持良好的电性能，在宽广的温度和频率范围内都有稳定的介电性能。同时，改性后的 PPS 的耐电弧性和不饱和聚酯/玻璃纤维增强模塑料、密胺塑料等热固性塑料处于同一水平，在电气材料领域有可能取代传统热固性塑料获得应用。

PPS 的耐化学药品性能优异，在众多塑料中对普通化学药品的抵抗能力仅次于聚四氟乙烯。在 200℃以下，几乎不溶于所有有机溶剂。除氧化剂外，PPS 几乎耐所有酸、碱、盐，是一种耐腐蚀性优异的材料。同时，PPS 的耐候性同样良好，耐辐射性也十分优良。

PPS 的流动性好，仅次于尼龙，成型收缩率小（0.08%）、线膨胀系数较小，吸湿率很小（0.02%）。注射成型是其主要成型方法，不论是纯 PPS 树脂还是增强 PPS 都可用这一方法加工成型。PPS 高温成型时，不分解放出腐蚀性气体，因此加工设备无需使用特殊的材料和其他防腐措施。通常可在 350℃熔融加工。对于一些批量不大的特殊制品或大型制品，可进行压制成型。还可采用喷涂成型、挤出包覆成型等加工方法。

PPS 作为优良的电绝缘材料、结构材料和防腐蚀材料，广泛用于电子电器、汽车和机械等领域。在电子电器领域，PPS 已被用于制造电刷、电刷托架、启动器线圈、屏蔽罩、叶片、开关、印刷电路板、电容器及电缆电阻涂层等。在家用电器中，玻璃纤维增强的 PPS 由于其耐热、电绝缘性优良、成型加工容易，适于在高电压状态下长期使用，可被用作电视机的高电压元件外壳、高电压插座、绕线管、接线柱、CD 传感器外壳、高频电子食品加热器以及电熨斗等。此外，微波很容易通过 PPS，用它制造的微波炉蒸煮器，大量的微波能量很容易被食物所吸收；PPS 的导热率低，食品在蒸煮后又能直接取出。PPS 还适合制造各种水管；涂料可用于电解槽、反应容器、阀门及石油钻杆等。PPS 与金属或非金属材料均粘接良好，可用作耐高温胶黏剂。

3.4.11 聚苯酯

聚苯酯（poly-p-hydroxybenzoate，polybenzoate，polyphenyl ester，PHB）的结构是呈直链状的线形高分子，具有液晶性质，可归入热致液晶聚合物类。聚苯酯均聚物又称 Ekonol 101，其结构式如式（3-66）：

$$\left[O\!-\!\!\left\langle \quad \right\rangle\!\!-\!\!\overset{\displaystyle O}{\underset{\displaystyle }{C}} \right]_n \tag{3-66}$$

聚苯酯的单体为对羟基苯甲酸及其酯类。但单独采用对羟基苯甲酸较难进行自缩聚反应，实际生产中多采用其衍生物如对羟基苯甲酸酯类来进行缩聚反应。此工艺需要先制单体，再进行缩聚，在技术上称为两步法。聚苯酯的密度为 $1.45g/cm^3$，结晶度可高达 90%，吸水率为 0.02%。

聚苯酯热分解温度达 530℃，可在 315℃以下长期使用，短期使用温度高达 370～425℃。热稳定性优良，直到 425℃才开始出现明显的失重。加热到 538℃也不熔融，熔点 600℃以上，因此不能像其他热塑性塑料那样进行熔融加工。聚苯酯具有较低的线膨胀系数和优异的耐焊锡性能。作为耐高温工程塑料，在整个塑料中具有最大的热导率（为一般塑料的 3～5 倍）。

聚苯酯在宽广的温度范围内模量很高，弯曲模量约为聚酰亚胺的 2 倍；同时具有极高的耐压缩蠕变性，容易切削加工，有很高的承受载荷能力。聚苯酯模压件的动摩擦系数为 0.16～0.32，可无油润滑，耐磨性良好，在水中耐磨性更佳。

聚苯酯电绝缘性优良，介电强度超过聚酰亚胺和氟塑料，体积电阻率达 $10^{16}\Omega \cdot cm$。其高结晶度使其介电常数较高、介电损耗角正切较低。介电损耗角正切受温度和频率的影响较小，在较大范围内保持稳定。

聚苯酯耐有机溶剂性能突出，几乎对所有有机溶剂和油类（包括在加热条件下）均有优良的抵抗能力。不溶于任何溶剂和酸中，但会被浓硫酸和氢氧化钠等浓碱侵蚀。此外，聚苯酯的耐候性及耐辐射性能也十分优良。

聚苯酯的成型加工性较差，属于非熔融性树脂，一般只能用类似金属或热固性塑料的方法加工。压制成型有烧结法和热压法两种。前者大体上与聚四氟乙烯的工艺条件相仿；后者又可分为无压冷却法（适用于大批量、短周期的小型制品）和加压冷却法（适用于大型及尺寸及精度要求较高的制品）。此外，还可采用等离子喷涂成型、涂覆成型等加工方法。

聚苯酯在电子电器和机械等领域获得了广泛的应用。可用作各类开关、连接器、线圈绕线管、传感器、印刷线路板、电子封装零件及电子、电器、仪表零件等，也用作耐高温无油润滑轴承、滑块、活塞环、耐热夹具、垫圈、填料、止推环等，以及高温高速滑动条件下耐磨动、静密封环。在航空航天领域，聚苯酯用于制造喷气式发动机的轴承保持器、飞机燃料箱零件以及高空密封材料等。国内的晨光化工研究院将聚苯酯与铝粉混合物喷涂到飞机发动机的密封零件上，制得了均匀耐久的涂层，延长发动机使用寿命。在化工领域，可制造填充塔填料、泵零件、计量仪表零件等。聚苯酯还可用于制造原子能工业中使用的阀座等零部件。但因其成型加工差、产量低，实用价值受到了一定的限制。

3.4.12　聚芳酯

聚芳酯（polyarylate，PAR）是双酚 A 和对苯二甲酸与间苯二甲酸的混缩聚产物，其结构见式（3-67）：

$$\left[\!-O\!-\!\!\bigcirc\!\!-\!\!\underset{CH_3}{\overset{CH_3}{\underset{|}{\overset{|}{C}}}}\!\!-\!\!\bigcirc\!\!-O\!-\!\!\overset{O}{\overset{\|}{C}}\!\!-\!\!\bigcirc\!\!-\!\!\overset{O}{\overset{\|}{C}}\!-\!\right]_n \qquad (3\text{-}67)$$

聚芳酯密度在 $1.21\sim1.26g/cm^3$，为非结晶性工程塑料。分子主链中含有较密集的苯环，所以具有优异的耐热性。热变形温度达 175℃，热分解温度 443℃。玻璃化转变温度为 193℃，比聚碳酸酯约高 50℃左右，比聚砜高 3～4℃。因此聚芳酯各种性能受温度的影响，要比聚碳酸酯和聚砜更小；线膨胀系数小，尺寸稳定性更好。聚芳酯还具有优良的耐焊锡性和很低的热收缩率。

聚芳酯具有优良的力学性能，在很宽的温度范围内显示出较高的拉伸强度。与聚碳酸酯相比，聚芳酯的抗冲强度的绝对值略低，但它与试样厚度的依赖性比聚碳酸酯要小。当厚度在 6.4mm 以上时，其抗冲强度反而比聚碳酸酯高。聚芳酯还显示出优异的应变回复性，当形变较大时，其滞后损失比聚碳酸酯和聚甲醛小得多；在较高温度下，仍能保持这一优良性能，不致产生过大的残留应变。除此以外，聚芳酯也具有优良的耐蠕变性、耐磨性。

聚芳酯为自熄性材料，不燃。不含阻燃剂的聚芳酯材料可达 UL94 V-0 级，氧指数为 36.8，仅次于含有卤素的聚氯乙烯、聚偏氯乙烯及聚四氟乙烯，以及聚苯硫醚、聚酰亚胺。

聚芳酯的电性能类似于聚甲醛、聚碳酸酯和聚酰胺，而耐电压性特别好。吸湿性小，电性能在潮湿环境中也十分稳定。

聚芳酯容易被卤代烃、芳香烃或酯类溶剂所侵蚀，但其耐酸性和耐油性良好。分子量越小，环境温度越高，溶剂开裂的时间越短。

聚芳酯折射率为 1.61，高于聚碳酸酯和聚甲基丙烯酸甲酯；透明性优异，透光率可达 87%。耐紫外线照射性优良，是耐候性优异的工程塑料之一，明显优于聚碳酸酯。

聚芳酯的熔体黏度较高，要求有较高的成型温度，以获得较好的流动性。加工过程中，微量水分的存在会引起聚芳酯分解，因此成型前的预干燥十分重要，含水量通常控制在 0.02%以下。聚芳酯可以和一般热塑性塑料一样，通过注射、挤出、吹塑等方法成型加工；还可进行二次加工。与聚氨酯、环氧树脂及乙烯基类型的涂料有着很好的黏附性和密着性，在涂装时无需使用底漆。

聚芳酯在电子电器方面主要用作开关、电位器、插座、连接器、线圈绕线管、继电器、发光二极管、照明灯泡零件，还可应用于磁带录音机的滑动零件、计算机零件、CD-ROM 驱动器的结构零件。在汽车上，主要用于灯光反射器、照明装置零件、滑动零件及透明零部件。聚芳酯还可用于制造塑料泵和各种滑动零部件，传真机、打印机等零部件，手表和照相机零件等精密机械。在医疗及食品领域，可用作药品的中空容器、假牙等医疗器械，以及耐热瓶、梳子、眼镜架、夹子等。

3.4.13　聚醚醚酮

聚醚醚酮（polyetheretherketone，PEEK）是一种综合性能优良的特种工程塑料，其合成过程如式（3-68）所示。

$$\text{HO}-\text{\textbigcirc}-\text{OH} + \text{F}-\text{\textbigcirc}-\overset{\text{O}}{\underset{}{\text{C}}}-\text{\textbigcirc}-\text{F} \xrightarrow{\text{Na}_2\text{CO}_3} \left[\text{O}-\text{\textbigcirc}-\text{O}-\text{\textbigcirc}-\overset{\text{O}}{\underset{}{\text{C}}}-\text{\textbigcirc} \right]_n \qquad (3\text{-}68)$$

PEEK 采用亲核取代法制备，由 4,4′-二氟二苯甲酮与对苯二酚在二苯砜溶剂中，在碱金属碳酸盐作用下进行缩聚反应制得。PEEK 耐蠕变性和耐疲劳性能优良，同时在结晶聚合物中熔点（334℃）和玻璃化转变温度（143℃）都很高，在 200℃以上仍能保持较高的强度和模量。在宽广的温度范围内，PEEK 的摩擦系数和磨损量低，并能承受较高载荷的反复作用。

PEEK 具有优异的耐热性，在 240℃条件下可长期使用；用玻璃纤维增强的 PEEK 可在 300℃条件下使用。耐热水性和耐蒸汽是其最主要的特征之一，在所有工程塑料中耐蒸汽性能最高，可在蒸汽中长期使用。

PEEK 的电绝缘性能好，体积电阻率达 $10^{16}\Omega\cdot\text{cm}$，在高频下介电损耗角正切值较小。

PEEK 可溶解在浓硫酸中，除此以外几乎能耐任何化学药品，并在较高的温度下仍保持良好的化学稳定性。与聚碳酸酯、改性聚苯醚和聚砜比较，在应力作用下的耐化学药品性极为优异。结晶度不高时，在丙酮等部分化学药品中容易发生应力开裂。可通过退火处理提高其结晶度和耐应力开裂性。

PEEK 具有自熄性，不添加阻燃剂可达 UL94 V-0 级；强制燃烧下的发烟量也非常小，并且不含有毒气体。

PEEK 还具有很强的耐辐射性能，对 γ 射线的抵抗力是所有工程塑料中最好的。

PEEK 的熔点较高，与通用工程塑料相比，熔体黏度也较大，因此成型温度较高。成型前，物料一般需进行预干燥。常用的成型方法有注射成型、挤出成型、层压成型、静电涂覆等，也可以采用机械加工、超声波焊接、电镀、溅射等方法进行二次加工，还能用环氧树脂、聚氨酯、有机硅等胶黏剂来粘接。

PEEK 在电子电器、机械、航空航天、汽车工业等领域获得了广泛的应用，用作各种电线被覆、绝缘材料、机械零部件等。PEEK 还可以加工成高强度单丝，而薄膜制品可用于离子交换膜。有非常好的生物相容性，中空纤维可用于血液透析、椎间融合器、人工颅骨等可在体内长期使用。

3.4.14　液晶聚合物

液晶聚合物（liquid crystal polymer，LCP）是介于固体结晶和液体之间的中间状态聚合物，其分子排列虽然不像固体晶态那样三维有序，但也不是液体那样无序，而是具有一定（一维或二维）的有序性。液晶聚合物是一种新型的高分子材料，在熔融态时一般呈现液晶性，具有优异的耐热性能和成型加工性能。

液晶又可分为溶致液晶聚合物和热致液晶聚合物。前者在溶剂中呈液晶态，后者因温度变化而呈液晶态。热致液晶聚合物是继溶致液晶聚合物之后兴起的，其综合性能优异，而且能够进行注射、挤出成型加工。常见的溶致液晶聚合物有 Kevlar（聚对苯二甲酰对苯二胺），热致液晶聚合物有 Xydar[式（3-69）]和 Vectra[式（3-70）]。Xydar 是由对苯二甲酸、对羟基苯甲酸和联苯二酚三种单体缩聚而成；Vectra 是由对羟基苯甲酸和 2,6-萘衍生物熔融缩聚得到。

$$ \text{(3-69)} $$

$$ \text{(3-70)} $$

液晶聚合物分子的主链刚硬，分子之间堆砌紧密，且在成型过程中高度取向，所以具有线膨胀系数小、成型收缩率低、强度和弹性模量非常突出以及耐热性优良的特点。热变形温度高，有些可高达 340℃以上。液晶聚合物具有优良的耐化学药品和气密性。此外，有些液晶聚合物具有某些特殊的功能，如光导液晶聚合物、功能性液晶高分子分离膜及生物性液晶高分子等。一般热致液晶聚合物具有较好的流动性，易加工成型。其成型产品具有液晶聚合物特有的皮芯结构，树脂本身具有纤维性质，在熔融状态下有高度的取向，故可起到纤维增强的效果。

液晶聚合物具有高强度、高刚性、耐高温，且电绝缘性十分优良，被广泛用于电子、电气、光导纤维、汽车及宇航等领域。用液晶材料制成的纤维可以作渔网、防弹服、体育用品、刹车片、光导纤维及显示材料等，还可制成薄膜，用于软质印刷线路、食品包装等。热致液晶聚合物还可与多种塑料制成聚合物共混材料，起到纤维增强的作用，极大提高材料的强度、刚性及耐热性等。

3.5 热固性塑料

热固性塑料是体型结构、不熔不溶的聚合物，所以一般都是刚性的，而且大都含有填料。主要的热固性塑料品种有酚醛塑料、氨基塑料、环氧塑料、不饱和聚酯塑料以及有机硅塑料等。

热固性塑料在成型加工过程中，所用原料都是分子量较低的液态黏稠流体、脆性固态的预聚体或中间阶段的缩聚体，其分子内含有反应活性基团，为线形或支链结构。在成型为塑料制品过程中同时发生固化反应，由线形或支链形聚合物转变成体型聚合物。热固性塑料成型的方法一般是模压、层压及浇铸，有时亦可采用注射成型及其他成型方法。

热固性聚合物的固化机理可分为缩合反应机理和加成反应机理。缩合反应机理的固化过程中有小分子如 NH_3 或 H_2O 析出，成型多应在高压条件下进行，以使小分子化合物逸出而不聚集成气孔，造成制件缺陷。但是在低温、固化反应较慢的情况下也可选用常压成型，此时小分子缓慢扩散挥发而不致形成气孔。加成反应机理的固化过程中无小分子物析出，如环氧树脂和不饱和聚酯树脂，因此可以常压下成型。

  热固性树脂可以加工成各种塑料制品，也可用作胶黏剂和涂料，并且都要经过固化过程才能生成坚韧的涂层和发挥粘接作用。

3.5.1 酚醛塑料

  以酚类化合物与醛类化合物缩聚而得到的树脂称为酚醛树脂，其中主要是苯酚与甲醛缩聚物（phenol formaldehyde resin，PF）。19 世纪后期就已经成功地合成了一系列的酚醛树脂，然而其缩聚反应难以控制。1909 年，伯兰克（L. H. Backland）首先合成了有应用价值的酚醛树脂，从此开始了酚醛树脂的工业化生产。当前酚醛树脂世界总产量占合成聚合物的 4%～6%，居第六位。

  在酚醛树脂合成过程中，单体的官能度、物质的量之比以及催化剂的类型对生成的树脂性能有很大的影响。苯酚与甲醛反应时，由于存在着酚羟基，按其加成取代反应位置的规则，甲醛是在酚羟基的邻、对位进行加成反应，而酚羟基不参与和甲醛的反应。根据催化剂是酸性还是碱性和苯酚/甲醛的比例不同，可生成热固性或热塑性的酚醛树脂（都属于甲阶树脂）。

  热固性酚醛树脂（Resol）的聚合反应一般是在碱性条件（pH=8～11）下进行的，常用催化剂为氢氧化钠、氨水、氢氧化钡等。苯酚和甲醛的物质的量之比一般控制在 1：（1.1～1.5）。回流 1～2h 后，中和使呈微酸性，真空脱水，冷却。树脂分子量为 500～1000。该树脂受热后，苯环间形成亚甲基和醚键，形成交联结构。

  热固性酚醛树脂的合成首先是苯酚与甲醛的反应，生成羟甲基酚的混合物（图 3-9）。

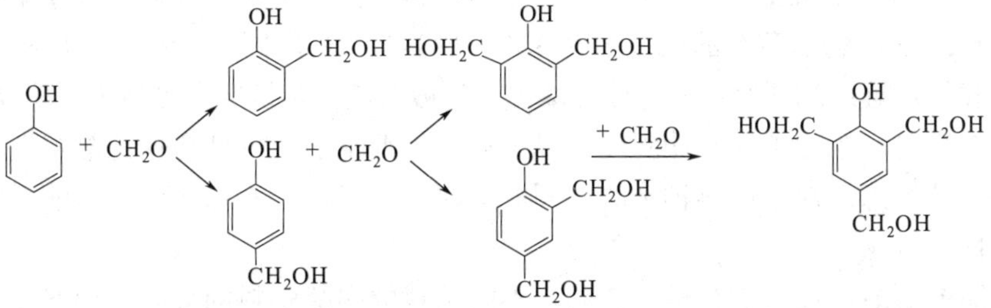

图 3-9 热固性酚醛树脂合成初期生成多种羟甲基酚

  羟甲基酚的缩聚反应生成的醚键在加热及碱性介质中不稳定，易脱去 CH_2O 形成次甲基键（图 3-10）。

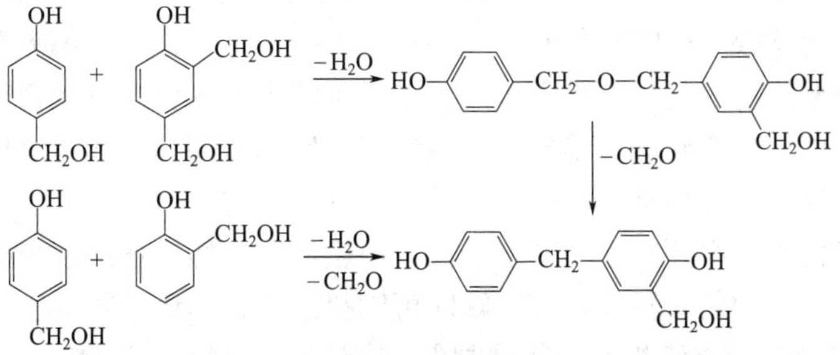

图 3-10 羟甲基酚脱水形成醚键，再脱甲醛形成稳定的次甲基键

  热塑性酚醛树脂（Novolac）又称线形酚醛树脂、酸性酚醛树脂或二步法酚醛树脂，通常是在酸性介质（pH=3 或 pH=4～7）中，苯酚与甲醛的物质的量之比一般为 1：（0.80～0.86），

常用的催化剂为盐酸、草酸等。回流2～4h后，160℃高温脱水，冷却、破碎。树脂分子量为500～900。热塑性酚醛树脂为松香状、性脆、可溶可熔，溶于丙酮、醚类、酯类等。

热塑性酚醛树脂在酸性介质中，H^+使甲醛活化[式（3-71）]，增强了甲醛碳原子的正电性，使之更容易与酚环上的邻、对位发生亲电取代反应，生成一羟甲基酚，再进行缩合反应[式（3-72）]。

$$CH_2O+H_2O+H^+ \longrightarrow HO-CH_2-OH+H^+ \longrightarrow {}^+CH_2OH+H_2O \tag{3-71}$$

$$2 \bigcirc\!\!OH + {}^+CH_2OH \longrightarrow \bigcirc\!\!OH-CH_2-\bigcirc\!\!OH + H_2O + H^+ \tag{3-72}$$

继续与甲醛反应，形成线形酚醛树脂，其酚环主要是通过次甲基键在对位和邻位上连接起来。理想化的线形酚醛树脂的结构为[式（3-73）]：

$$HO-\bigcirc-CH_2-\bigcirc\!\!OH-CH_2-\bigcirc\!\!\!\!\!\!\begin{array}{c}OH\\OH\end{array}-CH_2-\bigcirc-OH \tag{3-73}$$

因甲醛量不足，固化时需加入六次甲基四胺[乌洛托品，$(CH_2)_6N_4$]。在水存在下分解后，生成甲醛，从而完成交联[式（3-74）]。

$$\text{(六次甲基四胺)} + 6H_2O \longrightarrow 6CH_2O + 4NH_3 \tag{3-74}$$

酚醛树脂呈微褐色透明状，固化物性脆，其制品大多数是加填料的，因而不透明。酚醛树脂的密度为1.25～1.30g/cm³；而由酚醛树脂与填料及添加剂所制成的酚醛模塑料的密度则为1.25～1.90g/cm³。酚醛塑料的成型温度150～170℃，成型收缩率0.5%～1.0%。酚醛塑料的拉伸强度和抗压强度均很高；但弯曲性能差，易被折断，且抗冲强度较低，属易脆性材料；加纤维状填料后可大幅度提高抗冲强度。模塑料在室温下的机械蠕变性比热塑性树脂显著减小，但对温度的敏感性却依填料种类的不同而变化。含云母、石棉等无机质的模塑料具有良好的耐蠕变性能。

酚醛树脂的耐热性仅次于有机硅树脂，不同填料的酚醛塑料的最高使用温度有所差别。无机填料在160℃，有机填料在140℃，而玻璃纤维和石棉填料可高达170～180℃。

酚醛树脂的电气绝缘性良好，但其介电常数和介电损耗角正切值较大。同样的，酚醛树脂的电气性能因填料种类的不同而有较大幅度的变化。

酚醛塑料制件在低温干燥的冬季收缩比较厉害，在高温潮湿的夏季收缩较小，甚至膨胀，这种现象称为塑件的呼吸。酚醛塑件的呼吸同塑料中排出水分或从外部吸湿有密切关系。

不含填料的纯酚醛树脂几乎不受无机酸侵蚀，不溶于大部分碳氢化合物和氯化物，也不溶于酮类和醇类。但不耐浓硫酸、硝酸、高温铬酸、发烟硫酸、碱和强氧化剂等腐蚀。同时在研究制品耐腐蚀性时，还需把填料的耐腐蚀性一并考虑进去。

压塑粉是酚醛树脂的主要加工原料之一，采用辊压法、螺旋挤出法和乳液法使树脂浸渍填料并与其他助剂混合均匀，再经粉碎过筛即可制得压塑粉。压塑粉常用木粉作填料（也称电木粉），可制造某些高电绝缘性和耐热性制件；也可用云母粉、石棉粉、石英粉等无机填料。压塑粉可用模压、传递模塑和注射成型法制成各种塑料制品。

酚醛树脂由于其优异的性能，并且具有容易改性、工艺性好、原料易得、合成简便、价格低廉等优点，广泛用于电器、电子、仪表、机械、化工、军工、建筑等领域，主要用于制造各种塑料、涂料、胶黏剂及合成纤维等。热塑性酚醛树脂压塑粉主要用于制造开关、插座、插头等电气零件，日用品及其他工业制品；热固性酚醛树脂压塑粉常用于制造高电绝缘制件。以玻璃纤维、石英纤维及其织物增强的酚醛塑料主要用于制造各种制动器摩擦片和化工防腐蚀塑料；高硅氧玻璃纤维和碳纤维增强的酚醛塑料是航天工业的重要耐烧蚀材料。以松香改性的酚醛树脂、丁醇醚化的酚醛树脂以及对叔丁基酚醛树脂、对苯基酚醛树脂均与桐油、亚麻子油有良好的混溶性，是涂料工业的重要原料。前两者用于配制低、中级油漆，后两者用于配制高级油漆。

3.5.2　氨基塑料

氨基塑料是以氨基树脂为基本组分的塑料。氨基树脂是一种具有氨基官能团的原料（脲、三聚氰胺、苯胺等）与醛类（主要是甲醛）经缩聚反应而制得的聚合物，包括脲-甲醛树脂、三聚氰胺-甲醛树脂、苯胺-甲醛树脂以及脲和三聚氰胺与甲醛的混缩聚树脂。

3.5.2.1　脲醛树脂

通常的氨基塑料一般就是指脲-甲醛塑料。合成脲醛树脂（urea formaldehyde resin，UF）的单体是尿素和甲醛。尿素∶甲醛（摩尔比）为 1∶1 或 1∶2 时，在酸性介质中（pH<5）进行缩聚反应，则生成无定形且不透明非树脂状产物，包括亚甲基脲、亚甲基脲二聚体等。pH 值越小，生成的这类不溶物越多。

如果在碱性介质中（pH=11～13）进行缩聚反应，尿素∶甲醛（摩尔比）为 1∶1 时，可以生成羟甲基脲[式（3-75）]，但此缩聚反应同时也受温度的影响。

$$CH_2O + H_2N-\overset{\overset{\displaystyle O}{\|}}{C}-NH_2 \longrightarrow NH_2-\overset{\overset{\displaystyle O}{\|}}{C}-NH-CH_2-OH \qquad (3\text{-}75)$$

如果在中性介质中缩聚反应，温度为 20～30℃时，尿素∶甲醛（摩尔比）为 1∶2 时，生成物为二羟甲基脲[式（3-76）]。

$$2CH_2O + H_2N-\overset{\overset{\displaystyle O}{\|}}{C}-NH_2 \longrightarrow HO-CH_2-HN-\overset{\overset{\displaystyle O}{\|}}{C}-NH-CH_2-OH \qquad (3\text{-}76)$$

由于位阻效应，四羟甲基脲根本不存在，三羟甲基脲也很少。所以脲醛树脂就是由一羟甲基脲和二羟甲基脲之间进一步缩聚而成的[式（3-77）]，其中当然也有少量的三羟甲基脲参与缩合。工业上就是利用上述反应生成的混合物。因此，脲醛树脂是由尿素和甲醛加成反应生成羟甲脲衍生物，再通过羟甲基间或胺基缩合而成无臭、无味、无色的半透明粉料。线形树脂在固化剂如草酸、邻苯二甲酸等存在下，在 100℃左右可交联固化成体型结构。成型温度 160℃左右，成型收缩率 0.6%～1.0%。

$$n \begin{array}{c} HN-CH_2-OH \\ | \\ C=O \\ | \\ NH_2 \end{array} \longrightarrow \begin{array}{c} HN-CH_2 \\ | \\ C=O \\ | \\ NH_2 \end{array} \!\!+\!\! \begin{array}{c} N-CH_2 \\ | \\ C=O \\ | \\ NH_2 \end{array} \!\!\Big]_{n-2}\!\! \begin{array}{c} N-CH_2-OH \\ | \\ C=O \\ | \\ NH_2 \end{array} + (n-1)H_2O \qquad (3\text{-}77)$$

脲醛树脂，制品硬度大，抗冲强度低。耐热性差，使用温度小于 60℃。难燃，符合 UL94 V-0 级，有自熄性。具有防霉性，耐电弧性优良。耐油、耐溶剂性好，但不耐酸、碱和热水。与 α-纤维素等填料粘接性强，着色性好，固化速度快，价格便宜。脲醛树脂的主要优点之一是在固化前为水溶性的，并且能同其他许多种材料一起使用。缺点是在固化工程中或在某种情况下能放出甲醛，且制品在户外使用时耐候性差。

脲醛压塑粉需要混入纸浆、木粉或无机填料（石棉、玻璃纤维、云母等），填料的用量为物料总量的 25%～32%。采用脲醛树脂水溶液浸渍填料纸粕（纸浆）等添加剂，经干燥、粉碎等过程制得的压塑粉称为"电玉粉"。含填料的脲醛树脂产品密度可达 $1.5g/cm^3$。

脲醛塑料的成型加工方法有模压法、传递模塑法和注射成型法等。模塑料在模压成型之前要预压成毛坯，并把毛坯预热到 60～70℃后，再放入模腔内进行模压成型。最常用的预热方法是高频预热法。

脲醛塑料可用作纽扣、发卡、瓶盖、盒子和餐具等日用品。以 α-纤维素作为增强材料，可用作器具外壳和各种罩具，以及对于耐水性或者电气性能要求不高的工业用品，如电插头、开关、机器手柄、仪表外壳和旋钮等。用低分子量的脲醛树脂溶液，对纸张进行浸渍，或者对纸浆纤维进行浸渍，可以提高纸张的湿强度、拉伸强度、纸板破裂强度、耐折度、表面强度，同时改进其对印刷的适应性。用各种改性的脲醛树脂溶液处理纺织制品，能提高制品的牢度、挺括性、硬度、耐洗涤性以及耐日光性等功能。脲醛泡沫塑料常用于汽车、火车和轮船的夹壁隔热层，纺织工厂的隔热顶棚以及仪器电子元件厂房的保温隔热层等。

3.5.2.2 三聚氰胺-甲醛树脂

三聚氰胺-甲醛树脂（melamine formaldehyde resin，MF），又称密胺树脂，是三聚氰胺（密胺）与甲醛的缩聚物。反应在酸性或碱性介质中进行，通常采用的物质的量之比三聚氰胺：甲醛=1∶（2～3）。用三乙醇胺或六亚甲基四胺调节 pH 值为 7～8，并加热至 80℃；待三聚氰胺完全溶解，反应至所需程度，最后用三乙醇胺等碱性物质调节 pH 值至 10 左右。MF 树脂的分子结构示意见图 3-11。

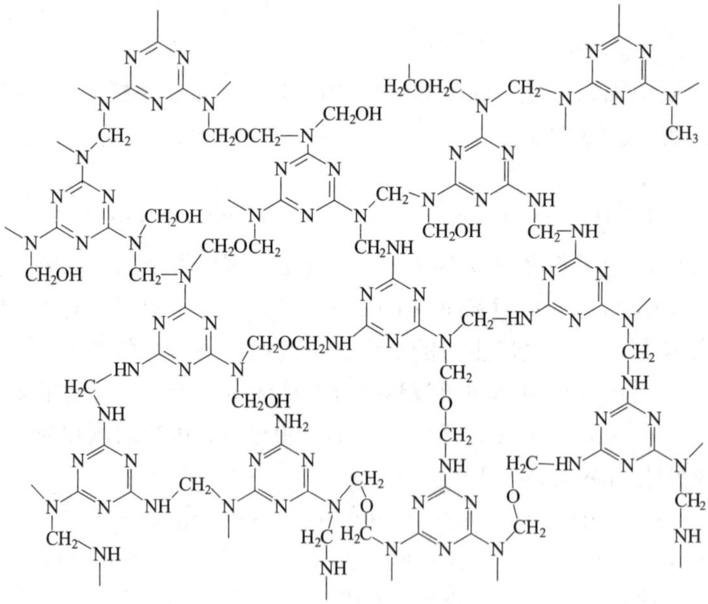

图 3-11 MF 树脂的结构

三聚氰胺-甲醛树脂是无臭、无味、无毒的浅色粉料，着色性好。抗冲强度优于酚醛塑料，耐应力开裂性好。表面硬度高，有光泽，耐刻划性好。有自熄性，耐热性、耐水性良好，高温、高湿下尺寸稳定性变化不大。耐酸碱性好，耐溶剂性优良，在有机物中基本不受侵蚀。

玻璃纤维填充的制品电性能、耐电弧性、力学性能、抗冲强度均高；而石棉填充的则耐热性、尺寸稳定性好。

三聚氰胺-甲醛为热固性塑料，固化速度快，成型前应预先进行干燥，除去水分和较多的挥发物。分解物呈弱酸性，因此成型设备应当镀铬防止腐蚀，且应当注意排气。三聚氰胺-甲醛塑料的成型工艺可分为模塑成型（包括传递模塑成型）、层压成型和注射成型。固化后的三聚氰胺-甲醛树脂无色透明，在沸水中稳定，甚至可以在150℃使用。

三聚氰胺-甲醛塑料可以制成各种颜色的日用品，如各种餐具、纽扣和助听器外壳等。能制作餐具是因为它无毒且吸水性低的缘故，不仅耐常温的水，耐沸水性也好，在-20~100℃之间的性能变化很小。由于其电性能好，而且在潮湿状态下仍保持良好的电性能，所以常用于制造高质量的电器零部件，如连接器、插头以及电器外罩等。其层压制品可以制作装饰板，如家具等。三聚氰胺-甲醛树脂还可以用作棉、毛织物的防皱耐缩处理剂等。在涂料、泡沫塑料制造中，三聚氰胺-甲醛树脂也成功开发出许多新品种，如阻燃性三聚氰胺-甲醛涂料、自熄性泡沫塑料、阻燃膨胀型涂料等。

3.5.3 呋喃塑料

呋喃塑料（furan plastics）是以呋喃树脂为基本组分的塑料。呋喃树脂是指分子链中含有呋喃环结构的热固性树脂。它主要是以糠醛或糠醇为主要原料而制成的树脂，原料来源于农副产品，如棉籽壳、稻壳、甘蔗渣、玉米芯和玉米秆等，在我国有着极其丰富的资源。其主要品种有糠醇树脂、糠醛树脂、糠酮树脂、糠脲树脂等。

呋喃树脂虽然发现较早，但由于树脂合成过程难于控制以及固化速度较慢，因此开始工业化生产时间比酚醛树脂晚。同时，由于呋喃树脂的脆性大、粘接性差以及固化速度慢所带来的施工工艺差等缺点，在很大程度上限制了其发展和应用。到了20世纪70年代中期以后，由于树脂合成技术和催化剂应用技术的突破，基本上克服了呋喃树脂存在的上述缺点，才得到了较快的发展，并用于复合材料的制造。

3.5.3.1 糠醇树脂

糠醇树脂（furfralcohol resin）主要是以糠醛（furfuraldehyde）制得的糠醇（furfralcohol）为单体，在酸性催化剂如盐酸、硫酸、三氯化铁等存在下缩聚而成，制得线形可溶透明液体树脂[式（3-78）]；在固化剂如苯磺酸等强酸作用下，呋喃环开环进行固化反应，室温即能迅速固化成体型不溶不熔高聚物。

$$\text{（见原式）} \tag{3-78}$$

糠醇树脂在未固化前为红色黏稠的透明液体，能溶于二氧六环、丙酮、醇、醚等有机溶剂中，但不溶于苯。它能与很多增塑剂、热塑性树脂、热固性树脂、橡胶等很好地混溶。耐热性较好，硬度较高，耐水性好，耐酸碱及有机溶剂侵蚀。最大的缺点是脆性大，对光滑无孔基材表面粘接性差，收缩性较大，通常需要用其他树脂改性。

糠醇树脂与石棉、石墨、木材、陶瓷等许多材料有良好的粘接性，用这些材料作填料可制成糠醇填充塑料。用玻璃纤维增强后可制成玻璃纤维增强层压塑料，还可以配制成各种防腐蚀胶泥和防腐涂料。

糠醇树脂的防腐蚀性能与环氧树脂、酚醛树脂相近，可作为耐腐蚀涂料、衬里、胶泥、玻璃钢管道、阀门、泵件等，用于化工防腐蚀场合以及木材等多孔性材质的胶黏剂。

3.5.3.2   糠酮树脂

糠醛丙酮树脂（furfural acetone resin）简称糠酮树脂，是将等物质的量之比的糠醛和丙酮在氢氧化钠催化剂存在下，于 40～60℃进行缩合反应生成糠酮单体；然后用硫酸调节至酸性，于 100℃下使单体进行缩聚[式（3-79）]；反应结束后加入液碱中和，水洗涤，最后脱水得到产品。

$$\text{糠醛} \text{—CHO} + H_3C\text{—}\overset{O}{\overset{\|}{C}}\text{—}CH_3 \xrightarrow{NaOH} \text{—CH=CH—}\overset{O}{\overset{\|}{C}}\text{—}CH_3 \xrightarrow{H^+} \left[\text{—CH=CH—}\overset{O}{\overset{\|}{C}}\text{—}CH_2 \right]_n \qquad (3\text{-}79)$$

糠酮树脂是一种褐色黏稠状液体，在苯磺酸、对氯苯磺酸等固化剂存在下可固化。固化后的树脂具有优良的耐酸碱性，良好的耐热性能和电绝缘性能。缺点是不耐氧化性介质。

糠酮树脂通过模压法、手糊法和缠绕法等方法成型，制成的玻璃钢可用于耐强酸碱交换使用的耐腐蚀介质设备。糠酮树脂与环氧树脂的混合物用于船舶螺旋桨上，作防护涂层效果良好。

3.5.3.3   糠脲树脂

糠脲树脂的全称糠醇改性脲醛树脂（furfuryl alcohol-modified urea formaldehyde），俗名呋喃 I 型树脂，主要用作胶黏剂。

糠脲树脂的制备是将甲醛和尿素按一定的比例投入反应釜中，在碱性催化剂存在下于 100℃反应到规定黏度后，中和脱水制成二甲醇脲；用乙醇醚化后，再加入糠醇进行醚交换反应，在酸介质中于 100～110℃反应，再经中和脱水即得线形糠醇改性脲醛树脂。

糠醇改性脲醛树脂是一种琥珀色或褐色透明黏稠液体，属热固性树脂。常用的固化剂有芳烃磺酸与工业磷酸的混合物。液态树脂遇酸即发生固化反应。它作胶黏剂时收缩性小，黏结力和耐热性均好。

糠脲树脂主要用于铸造行业翻砂制芯用的胶黏剂以代替桐油、合成油脂等。其优点是固化速度快，砂芯强度高，不易变形，铸件尺寸精确，粘接性好，耐热。还可用作清漆，以及浸渍纸张、石棉布等压制成层压制品。

3.5.4   环氧树脂

环氧树脂（epoxy resin，EP）是泛指含有 2 个或 2 个以上环氧基，以脂肪族、脂环族或芳香族链段为主链的高分子预聚物（某些环氧化合物因具有环氧树脂的基本属性也被不加区别地称为环氧树脂）。环氧基是环氧树脂的特性基团，它的含量多少是这种树脂最为重要的指标。通常用环氧当量、环氧值、环氧质量分数来描述环氧基含量。其中，环氧值的概念是每 100g 树脂中含有的环氧基团的摩尔数。

根据分子量、分子结构的不同，环氧树脂可以从液态到固态。它几乎没有单独的使用价值，一般只有和固化剂反应生成三维网状结构的不溶不熔聚合物才有应用价值。

环氧树脂的品种繁多，按化学结构分类，可分为缩水甘油醚型树脂、缩水甘油酯型树脂、缩水甘油胺型树脂、脂环族环氧化合物、线形脂肪族环氧化合物。工业上使用量最大的环氧树脂品种是上述第一类缩水甘油醚类环氧树脂，而其中又以二酚基丙烷型环氧树脂（简称双酚 A 型环氧树脂）为主。通常所说的环氧树脂一般就是指这种环氧树脂。其次是缩水甘油胺类环氧树脂。

双酚 A 型环氧树脂合成反应如式（3-80）所示：

$$(3-80)$$

线形环氧树脂按其平均聚合度 n 的大小可分为三种：低分子量环氧树脂（$n<2$，软化点在 50℃以下）、中等分子量环氧树脂（$n=2\sim5$，软化点在 50～90℃）和高分子量环氧树脂（$n>5$，软化点在 100℃以上）。

环氧树脂的固化原理分为两种类型。通过与固化剂产生化学反应而交联为体型结构的固化方式称为反应型，常用的固化剂为伯、仲胺或羧酸。在催化剂作用下环氧基发生聚合而交联的固化方式称作催化型，常用的有叔胺、路易斯酸等。

环氧树脂的结构中具有羟基、醚键和活性很大的环氧基，它们使环氧树脂的分子和相邻界面产生配位作用或化学键接。环氧基既能在固化剂作用下发生交联聚合反应，生成三维网状结构的大分子，分子本身又有一定的内聚力。除了聚四氟乙烯、聚丙烯、聚乙烯不能用环氧树脂胶黏剂直接粘接外，对于绝大多数的金属和非金属都具有良好的粘接性，因此称为"万能胶"。与许多非金属材料（玻璃、陶瓷、木材）的粘接强度往往超过材料本身的强度，因此可用于许多受力结构中，是结构型胶黏剂的主要品种之一。环氧树脂的机械强度相对地高于酚醛树脂和聚酯树脂。

环氧树脂的固化收缩率低，这是由于其固化主要是依靠环氧基的开环加成聚合，固化过程中不产生低分子物。而环氧树脂本身具有仲羟基，再加上环氧基固化时派生的部分残留羟基；这些羟基之间易于形成氢键，使分子排列紧密。因此，环氧树脂是热固性树脂中固化收缩率最低的品种之一，仅为 1%～2%。这使得制品尺寸稳定，内应力小，不易开裂。

环氧树脂的稳定性好，只要不含有酸、碱、盐等杂质，不易变质。固化后环氧树脂的主链是醚键和苯环，三维交联结构致密又封闭，因此它能耐酸碱及多种介质，性能优于酚醛树脂和聚酯树脂。

固化后的环氧树脂，不再具有活性基团和游离的离子，因此具有优异的电绝缘性。

环氧树脂具有良好的加工性。固化前的环氧树脂是热塑性的，低分子量的呈液体，中、高分子量的呈固体，加热可降低树脂的黏度。在树脂的软化点以上温度范围内，环氧树脂与固化剂、填料等其他助剂有良好的混溶性。由于在固化过程中没有低分子物放出，可以在常压下成型，不要求放气或变动压力，因此操作十分方便，不需要过分高的技术和设备。

由于环氧树脂具有优良的特性，在高新技术领域、通用技术领域、国防军事工业、民用工业以及人们的日常生活中广泛应用。环氧树脂的最大消费领域是涂料，占总消费量的 45%左右；其次是塑料，占 35%左右；此外还用作胶黏剂。环氧树脂可用压塑或传递模塑成型。可用作电子电器的封装、绝缘材料、结构件以及机械和仪表的零件。用玻璃纤维增强的环氧树脂，俗称"环氧玻璃钢"，是一种性能优异的工程材料。环氧层压塑料具有优良的力学性能、抗冲抗振和吸振性能、耐热性能、介电性能和耐腐蚀性能，其综合性能优于酚醛层压塑料，可用作结构材料、强电机械构件、印刷电路板等。

3.5.5 不饱和聚酯塑料

不饱和聚酯塑料是以不饱和聚酯树脂（unsaturated polyester resin，UPR）为基础的塑料。不饱和聚酯通常由不饱和二元酸（主要是顺丁烯二酸酐，其次是反丁烯二酸）混以一定量的饱和二元酸（邻苯二甲酸、邻苯二甲酸酐）与饱和二元醇（乙二醇、丙二醇等）缩聚获得线形预聚物，再在引发剂（AIBN、BPO等）作用下固化交联即形成体型结构。混合饱和二元酸的作用是降低交联密度和控制反应活性；常用的交联单体是苯乙烯等。不饱和聚酯树脂合成过程如下[式（3-81），以乙二醇为例]：

$$\text{HOCH}_2\text{CH}_2\text{OH} + \quad\longrightarrow\quad \left[\!\!\left[\text{OCH}_2\text{CH}_2\text{OOCCH}\!=\!\text{CHCO}\right]\!\!\right]_n \qquad (3\text{-}81)$$

在室温下，不饱和聚酯是一种黏稠流体或固体，分子量大多在 1000～3000 范围内，没有明显的熔点。密度在 $1.10\sim1.20\text{g/cm}^3$ 左右。固化时体积收缩率较大。力学性能比较好，具有较高的拉伸、抗弯、抗压强度。

通常不饱和聚酯树脂及固化体系由以下组分组成，引发剂如 AIBN、BPO 等；胺类、金属皂类加速剂（促进剂），提高引发剂的活性；阻聚剂如对苯二酚、取代对苯醌等，延长不饱和聚酯预聚物的存放时间；触变剂，如 PVC 粉、二氧化硅粉等，使树脂在外力（如搅拌等）作用下变成流动性液体，外力消失时又恢复到高黏度的不流动状态，防止大尺寸制品成型时垂直或斜面树脂流胶。在制备不饱和聚酯塑料时，一般先将上述组分混合（不加交联剂）使达到一定反应程度，再加入交联剂，发生交联固化反应。

不饱和聚酯的耐热性不高，绝大多数树脂的热变形温度都在 50～60℃，一些耐热性好的树脂热变形温度可达 120℃。易燃，但在树脂中加入三氧化二锑、四氯代邻苯二甲酸酐等阻燃剂，可赋予树脂以耐燃性。用三聚氰酸三丙烯酯或邻苯二甲酸二丙烯酯代替苯乙烯作交联剂，可使树脂的耐热性大为提高。

不饱和聚酯树脂耐水、稀酸、稀碱的性能较好，耐有机溶剂的性能差，可溶于乙烯基单体和酯类、酮类等溶剂中。已固化的不饱和聚酯对非氧化性酸、酸性盐及中性盐的溶液以及极性溶剂是稳定的，但不耐碱、酮、氯化烃类、苯胺、二硫化碳及热酸的作用，碱和热酸能使树脂水解。

不饱和聚酯的介电性能良好。耐光性较差，若树脂加入紫外线吸收剂 2-羟基-4-甲氧基二苯甲酮水杨酸苯酚酯，则树脂的耐光性可提高。与金属的黏结力不大。

不饱和聚酯的成型性好，可适用各种各样的方法成型，如手糊成型、喷射成型、注射、模压等。将不饱和聚酯浸渍于片状或纤维状的材料上，经固化成型而制得的塑料，通称不饱和聚酯增强塑料。常用的是经玻璃纤维增强后的塑料，俗称"玻璃钢"。由于不饱和聚酯树脂成型时不需要较大的压力，因此模型可不使用耐压力的钢材，而采用廉价的石膏、水泥、木材及金属铸品等。成型过程中应注意玻璃纤维间的空气泡应全部赶出，否则会影响制品的耐火焰性和力学性能。

不饱和聚酯的用途很广，可用作涂料、胶泥，也可用于铸塑、模压和层压塑料。不饱和聚酯树脂作为油漆使用，漆膜硬度高，抗冲击和耐腐蚀性良好。涂在木材表面上，不向木材空腔内渗透。光泽性与耐大气性优于硝化纤维素。不饱和聚酯还可用于制造各种电气设备以及零部件。

3.5.6 有机硅塑料

有机硅树脂（silicone resin）是高度交联的网状结构的聚有机硅氧烷（polysiloxane），其主链由硅氧键构成，侧基为有机基团（甲基、苯基等），兼有有机树脂与无机材料的特点[式(3-82)]。典型的缩合型硅树脂，多由 $MeSiX_3$、Me_2SiX_2、$MePhSiX_2$、$PhSiX_3$、Ph_2SiX_2 及 SiX_4（X 为 Cl、OMe、OEt）水解缩合而得。

$$\begin{array}{c} R' \\ | \\ -\!\!\left[Si\!-\!O\right]_n \\ | \\ R \end{array} \qquad (3-82)$$

由于有机硅分子间作用力小，有效交联密度低，因此硅树脂的机械强度一般较弱。但作为涂料使用的硅树脂，对其力学性能的要求，着重在于硬度、柔韧性和热塑性方面。硅树脂薄膜的硬度和柔韧性可以通过改变树脂结构而在很大范围内调整。提高硅树脂的交联度，可以得到高硬度和低弹性的漆膜；反之，则能获得富于柔韧性的薄膜。在硅原子上引入占有较大空间位阻的取代基，可以提高漆膜的柔韧性及热弹性。因而硅树脂无需使用特殊的增塑剂，只需靠软、硬硅树脂的适当搭配即可满足对塑性的要求。

粘接性是衡量有机硅树脂力学性能的另一重要指标。硅树脂对金属的粘接性较好，对玻璃和陶瓷也容易粘接。表面能越低或与硅树脂相容性越差的材料越难粘接。通过对基材表面的处理，特别是在硅树脂中引入增黏成分，可在一定程度上提高硅树脂对难粘基材的粘接性。

硅树脂最突出的性能之一是优异的热氧化稳定性。这主要是由于硅树脂是以硅氧键为骨架，分解温度高，可在 200～250℃下长期使用而不分解或变色，短时间可耐 300℃，若配合耐热填料则能耐更高温度。硅树脂如同硅油、硅橡胶一样具有优良的耐寒性，一般可在-50℃下使用。硅树脂兼具耐高、低温特性，并可经受-50～150℃的冷热反复冲击。

硅树脂还具有优异的电绝缘性能。在常态下硅树脂漆膜的电气性能与性能优良的有机树脂相近；但在高温及潮湿状态下，前者的电气性能则远优于后者。硅树脂极性低，其介电常数及介电损耗角正切值在宽广的温度内及频率范围内变化很小。此外，由于硅树脂的可炭化成分较少，故其耐电弧及耐电晕性能也十分突出。

完全固化的硅树脂漆膜，对化学药品具有一定的抵抗能力。相比于硅油及硅橡胶，硅树脂具有更少的碳硅键，因此其耐化学药品性能优于硅油及硅橡胶，但并不比其他有机树脂好。在常温下可耐 50%的硫酸、硝酸甚至浓盐酸达 100h 以上，对一些氧化剂和某些盐类等也比较稳定，对氯及稀碱液等具有良好的抵抗力，但强碱能断裂硅氧键。由于硅树脂分子间作用力较弱，而且有效交联密度不如有机树脂，固化不十分完全，因此其耐溶剂性能，特别是抵抗芳烃溶剂的能力较差。

硅树脂具有突出的耐候性，是任何一种有机树脂所望尘莫及的。即使在紫外线强烈照射下，硅树脂也耐泛黄。因此，使用耐光颜料并以硅树脂为基料的漆，其色彩可保持多年不变。

硅树脂的分子结构上，有机基团朝外排列，又不含极性基团，决定了其具有优良的憎水性。水接触角与石蜡相近（>90°），广泛用作防水材料。但是，硅树脂分子间作用力较弱，间隔也较大，因而对湿气的透过率大于有机树脂。这虽有不利的一面，但反过来去除吸入的水分也比较容易，从而使电性能等容易恢复。

3.5.7　双马来酰亚胺塑料

双马来酰亚胺（bismaleimide，BMI）是由聚酰亚胺树脂体系派生的另一类树脂体系，有与环氧树脂相近的流动性和可模塑性，可用与环氧树脂类同的一般方法进行加工成型，克服了环氧树脂耐热性相对较低的缺点，近三十年来得到迅速发展和广泛应用。由于其良好的物理力学性能、优异的耐热性、阻燃性、耐化学药品性、耐辐射、耐潮湿、电绝缘性、透波性等优点，被认为是很有发展前景的一类热固性聚合物基体树脂，有望成为环氧树脂的继任者，在航空航天领域得到广泛应用。典型的 BMI 树脂可通过马来酸酐和二胺类化合物聚合得到[式（3-83）]。

$$\text{（3-83）}$$

3.5.7.1　双马来酰亚胺结构与性能

以马来酰亚胺为活性端基的双官能团化合物，马来酰亚胺单体与自由基引发剂在高温/辐射热能作用下产生自由基，马来酰亚胺单体通过自由基自聚交联，形成热固性交联体。

BMI 由于含有苯环、酰亚胺杂环以及交联密度较高，固化物具有优良的耐热性，其热分解温度一般大于 250℃，使用温度范围为 177～232℃左右。脂肪族 BMI 中乙二胺是最稳定的，随着亚甲基数目的增多热分解温度下降。芳香族 BMI 的热分解温度一般都高于脂肪族 BMI，其中 2,4-二氨基苯类的热分解温度高于其他种类。另外，交联密度越大，热分解温度越高。BMI 树脂的固化反应属于加成型聚合反应，成型过程中无小分子副产物放出，且容易控制。固化物结构致密，缺陷少，因而 BMI 具有较高的强度和模量。BMI 还具有优良的电性能、耐化学性能及耐辐射等性能。

常用的 BMI 单体不能溶于普通有机溶剂如丙酮、乙醇、氯仿中，只能溶于二甲基甲酰胺（DMF）、N-甲基吡咯烷酮（NMP）等强极性、毒性大、价格高的溶剂中。这是由于 BMI 的分子极性以及结构的对称性所决定的，因此如何改善溶解性是 BMI 改性的一个重要内容。此外，由于固化物的交联密度高、分子链刚性强而使 BMI 呈现出极大的脆性，表现为抗冲击强度差、断裂伸长率小、断裂韧性低。韧性差阻碍了 BMI 在高技术领域和许多领域的应用，因此提高 BMI 的韧性是关键技术之一。近 30 年来，美国、日本、英国、德国等国家都相继对 BMI 进行了大量的改性研究。

3.5.7.2　双马来酰亚胺增韧改性

降低双马来酰亚胺分子本身的刚性，一种方法就是通过改变二元胺中苯环之间的连接方式，增加分子本身的柔性，从而在不改变或较小改变双马来酰亚胺自身优势的前提下，增加材料的韧性和抗冲击性，降低材料本身的加工难度。

聚硅氧烷具有突出的耐热性、耐久性和柔韧性。将硅氧键引入双马来酰亚胺，由于高旋转灵活性的硅氧键的引入及热稳定性酰亚胺结构的形成，可以同时提高韧性与热稳定性。另外，分子链刚性的降低及不对称结构的形成又可解决溶解性与热稳定性同时提高的难题。

降低分子刚性的另一种方法是在双马来酰亚胺分子的苯环结构上引入烷烃链，或者在酰亚胺五元环上引入烷烃链，破坏分子本身的规整度，从而在一定程度上降低分子自身的刚性，达到增韧的目的。以柠康酸酐和 4,4′-二氨基二苯甲烷为原料合成出了一种新型的双马来酰亚胺，4,4′-*N*,*N*′-二苯甲烷双柠康酰亚胺。双柠康酰亚胺在酰亚胺的环双键上多了一个甲基取代基。甲基的存在破坏了分子结构的高度对称性，极大改善了溶解性；熔点较双马来酰亚胺下降，改善了加工工艺性。其固化物交联密度降低、耐热性和强度下降，但韧性、抗冲击强度增大。

3.5.7.3　液晶型双马来酰亚胺

液晶型双马来酰亚胺是将液晶基元引入到双马来酰亚胺树脂中，制备出一类力学性能和热性能俱佳的新型材料。根据分子量及合成方式的不同，液晶型双马来酰亚胺树脂可分为单体及共聚物两种。通过液晶型双马来酰胺单体与二元酚、二元胺、环氧树脂、酚醛树脂、不饱和聚酯树脂等共聚，或者通过非液晶性的双马来酰亚胺树脂与含液晶基亚元的反应性化合物共聚，可以得到相应的液晶型双马来酰亚胺共聚物。

液晶型双马来酰亚胺集液晶性与热固性于一体，其固化产物具有三维网状结构，聚合物分子的液晶状态被不可逆地固定下来，因此其力学性能、热稳定性、光电性能以及成型工艺性比其他树脂更为优异，具有高强度、高模量、低线膨胀系数等，可以作为高性能结构材料在光、电、信息、生命科学等领域获得应用。

3.5.7.4　耐热型双马来酰亚胺

🖢 延伸阅读

天然树脂

航空航天等尖端技术领域的快速发展，对工程材料提出了更高的要求。将芳杂环引入双马来酰亚胺单体，可以进一步提高双马来酰亚胺树脂体系的耐高温性能。例如，将二氮杂萘酮联苯结构引入到二胺结构中，可以合成二氮杂萘联苯结构双马来酰亚胺，显著提高了材料的耐热性。

参考文献

[1]　申长雨，陈静波，刘春太，李倩.塑料添加剂及成型物料配置[J].工程塑料应用，1994，4：276-279.

[2]　郑宁来.巴斯夫计划扩能非邻苯二甲酸酯增塑剂[J].合成材料老化与应用，2012（2）：60.

[3]　辛明亮，郑炳发，马玉杰，许凯，陈鸣才.抗氧剂的抗氧机理及发展方向[J].中国塑料，2011，25（8）：86-90.

[4]　纪巍，张学佳，王鉴.亚磷酸酯类抗氧剂研究进展[J].塑料科技，2008，36（6）：88-93.

[5]　郑志庄.聚氯乙烯的稳定化[J].合成材料老化与应用，1983（2）：47-50.

[6]　蒋杰，徐战.塑料抗静电剂的研究进展[J].塑料工业，2006（5）：49-55.

[7]　曹新鑫，罗四海，张崇，戴亚辉，何小芳.聚氯乙烯树脂阻燃抑烟性能的研究进展[J].材料导报 A，2012，26（10）：78-85.

[8]　申长雨，陈静波，刘春太，李倩.塑料挤出成型工艺及质量控制[J].工程塑料应用，1999，27（12）：32-36.

[9]　李海梅，高峰，申长雨.注射成型工艺对制品质量的影响[J].工程塑料应用，2003，31（5）：51-56.

[10]　申长雨，陈静波，刘春太，李倩.吹塑成型技术[J].工程塑料应用，2000（2）：325-328.

[11]　管延彬.氯化聚氯乙烯的发展概况[J].聚氯乙烯，2002（1）：4-10.

[12]　刘继纯，李晴媛，付梦月，张玉柱，罗杰.聚甲基丙烯酸甲酯改性研究进展[J].化工新型材料，2009，37（1）：5-7.

[13]　李伯清，杨仲春.2-氰基丙烯酸酯的制法及用途[J].化工技术与开发，2007，36（3）：30-32.

[14]　闫福安，陈俊.水性聚氨酯的合成与改性[J].中国涂料，2008，23（7）：15-22.

[15]　孙东成.水性聚氨酯结构与合成[J].涂料技术与文摘，2012（6）：32-41.

[16]　王芳，阮家声，张宏元.非异氰酸酯聚氨酯的研究进展[J].聚氨酯工业，2008（1）：1-4.

[17]　曹民，肖中鹏，张传辉，史振国，姜苏俊.透明尼龙的性能与应用[J].化工新型材料，2014，42（6）：

213-225.

[18] 吴金坤.氟塑料工业发展概述[J].化工新型材料，2002，30（6）：9-14.

[19] 张丽珺，许云书.聚双马来酰亚胺的合成及应用研究进展[J].材料导报，2013（19）：65-69.

[20] 任荣，熊需海，刘思扬，陈平.双马来酰亚胺树脂固化技术及反应机理研究进展[J].纤维复合材料，2014（2）：10-14.

[21] 商国同，李春红.新型双马来酰亚胺研究进展[J].辽宁化工，2011，40（7）：723-725.

[22] 梁宁，胡先望，韩冲.酪素塑料合成研究[J].化学世界，2002（6）：298-300.

[23] 杨菊香，张雅欣，贾园，刘振.可降解高分子材料的制备及其降解机理[J].塑料，2021，50（02）；108-113.

[24] 魏民，常津，姚康德.生物可降解高分子材料——聚原酸酯[J].北京生物医学工程，1999（1）：60.

[25] 王如平，王彦明，王泽虎，李宗起，李萍，王光硕.生物可降解高分子材料应用研究进展[J].山东化工，2022，51（05）：98-99.

[26] 鲁手涛，沈学红，周超，段翠海，张海军.可降解高分子材料在医疗器械中的应用[J].工程塑料应用，2014，42（7）：109-112.

[27] 梁敏，王羽，宋树鑫，刘林林，齐小晶，张玉琴，董同力嘎.生物可降解高分子材料在食品包装中的应用[J].塑料工业，2015，43（10）：1-5.

[28] 张婷，张彩丽，宋鑫宇，翁云宣.PBAT薄膜的制备及应用研究进展[J].中国塑料，2021，35（07）：115-125.

[29] 陈龙，程昊，王谊，支朝晖，金征宇.淀粉基可降解材料及其在食品工业中的应用[J].中国食品学报，2022，22（01）：364-375.

[30] 齐艳杰，吴霞，周瑞，柳傲雪.淀粉基可降解塑料的应用及发展趋势[J].化工管理，2021（29）：27-28.

[31] 朱建，陈慧，卢凯，刘宏生，余龙.淀粉基生物可降解材料的研究新进展[J].高分子学报，2020，51（09）：983-995.

[32] 赵冬梅，初小宇，张勇，魏丽娜，贾连莹，刘宇.基于纤维素的食品包装材料的研究进展[J].食品工业科技，2022，43（05）：432-439.

[33] 李冬娜，马晓军.聚羟基烷酸酯降解包装材料的生物合成及进展[J].包装工程，2020，41（05）：128-136.

[34] 王琪，周卫强，杨小凡，唐堂，彭超，安泰，陈博，李义，佟毅，刘志刚，陶进，潘喜春.聚羟基脂肪酸酯改性材料研究应用进展[J].当代化工，2020，49（12）：2795-2799.

[35] 张雨欣，顾海龙，闻俊茹，李惠云，蒋敏艳，张春祥.聚乳酸基复合材料相容性研究进展[J].广东化工，2022，49（07）：88-89.

[36] 何晓莉，龚芮，杨秀英，唐娜，李正秋，张晓.聚乳酸降解行为和抗老化改性研究进展[J].工程塑料应用，2022，50（06）：166-171.

[37] 董露茜，徐芳，翁云宣.聚乙醇酸改性及其应用研究进展[J].中国塑料，2022，36（04）：166-174.

[38] 张宗飞，王锦玉，谢鸿洲，汤连英，卢文新.可降解塑料的发展现状及趋势[J].化肥设计，2021，59（06）：10-14.

[39] 孔维庆，胡述锋，俞森龙，周哲，朱美芳.木质纤维素功能材料的研究进展[J].纺织学报，2022，43（04）：1-9.

[40] 陶永亮.生物降解塑料PBAT材料改性介绍[J].橡塑技术与装备，2021，47（18）：15-19.

[41] 安福，陈琳，张松，赵书阳.我国聚乙醇酸发展现状与展望[J].当代石油石化，2021，29（12）：33-38.

[42] 王纲，杨卓妮，曾静，吕天一.聚丁二酸丁二醇酯的改性研究及产业化现状[J].广东化工，2021，48（15）：96-97.

[43] 张美琼，吴浩，张静，马蕊燕，何军，罗庆华.聚碳酸亚丙酯的性能分析和研究应用[J].炼油与化工，2020，31（05）：10-11.

[44] 杨科珂,王玉忠. 一种新型可循环利用的生物降解高分子材料 PPDO[J]. 中国材料进展,2011,30(08):25-34.

[45] 钱忠英,刘滔,杨环毓,冯凤琴. 脂肪酶降解聚丁二酸丁二醇酯研究进展[J]. 环境科学与技术,2019,42(08):69-75.

思考题

1. 第一种塑料是什么? 塑料的性能特点及用途是什么?

2. 塑料有哪些添加剂类型? 作用是什么? 请以增塑剂为例简述其应用原理和研究进展。

3. 塑料的成型方法及原理有哪些? 以 PP 管材为例,简述其加工方法及成型原理。

4. 聚烯烃塑料有哪些? 简述不同种类聚乙烯的合成原理及性能特点。聚乙烯的氯化可以得到哪些材料,性能特点及用途是什么?

5. 通用塑料与工程塑料的性能特点是什么? 简述 5 种常用的工程塑料。

6. 聚酰胺是谁发明制备的? 合成方法有哪些? 其性能特点及用途是什么? 写出 Kevlar-49 和 Trogamid-T 的结构式并简述其性能特点。聚酰亚胺与聚酰胺的区别是什么(请从分子结构、性能和用途等方面回答)?

7. 简述热固性塑料定义及结构特点是什么? 有哪些经典的热固性塑料体系? 以酚醛树脂为例,简述其成型原理、性能特点及用途。

8. 聚砜类材料的种类有哪些? 其主要的分子结构及性能特点是什么? 简述聚砜类材料的用途。

9. 请写出聚四氟乙烯的分子结构。其分子结构决定了聚四氟乙烯哪些优异性能及用途? 聚四氟乙烯的缺点是什么,如何改性?

10. 写出聚氨酯的结构通式,其性能特点如何? 简述制备聚氨酯泡沫材料的影响因素? 硬质聚氨酯泡沫与软质聚氨酯泡沫的区别与用途? 非异氰酸酯聚氨酯的合成原理及结构性能特点是什么?

11. 聚氨酯结构多样,性能丰富,既可以通过发泡作为多孔塑料大规模使用,也可以作为弹性体,还能通过纺丝得到纤维制品(氨纶),甚至可以制备胶乳用作涂料。请思考为什么同一类化学结构的聚氨酯可以用在如此多的领域? 试从高分子的合成—结构—性能—应用的关系,简要讨论这类材料。

第4章　橡胶

4.1　概述

橡胶（rubber），是人类社会不可缺少的重要材料之一。作为战略物资，历经两次世界大战的巨大需求，橡胶科学技术和工业得以蓬勃发展。目前，从天然橡胶到人工合成橡胶，世界橡胶制品的种类和规格约有十万多种，在其他行业实属罕见。随着航空航天、电子和汽车产业的发展，特种橡胶得到日益广泛的应用。

4.1.1　发现与定义

人类应用橡胶由来已久。考古发现在 11 世纪时，南美洲海蒂岛上的印第安人最早发现天然橡胶（natural rubber），用来制作娱乐用的弹性橡胶球。这种球由当地的高大树木上割取的白色浆液——Caout-chouc（印第安语"树的眼泪"）制得，这种树木后来称为巴西三叶橡胶树。哥伦布第二次航行探险（1493—1496）时将橡胶球带回欧洲，自此人们开始了解天然橡胶。1735 年，法国科学家康达明（Charles de Condamine）参加南美科学考察队，收集橡胶样本并记录资料，后将其寄回巴黎，加深了人们对橡胶的了解。1751 年，法国科学院宣布康达明的发现，欧洲人开始思考橡胶的利用问题。19 世纪初，橡胶的工业研究和应用开始发展起来。用苯溶解橡胶制造雨衣的工厂建立，成为橡胶工业的起点。1820 年，世界上第一个橡胶工厂在英国建立。由于橡胶具有高弹性，加工困难。1823 年，韩可克（Hancock）发明了双辊炼胶机，用机械使生胶获得塑性。随着橡胶用途的开发，1830 年到 1876 年，天然橡胶很快在东南亚地区栽培起来。虽然橡胶产量稳步提升，但性能很差，在硫化方法出现以前，主要直接使用胶乳和生胶。经过长期探索实践，1839 年，固特异（Goodyear）发明了橡胶纯硫黄硫化法，使得橡胶的弹性温度范围变宽，延长了橡胶的使用寿命，为橡胶制品的工业发展奠定了基础。1888 年，邓禄普（J. Dunlop）发明了用橡胶制作充气轮胎，随后建立了充气轮胎厂。到 19 世纪中叶，橡胶工业在英国初具规模，耗胶量已达 1800t。虽然纯硫黄硫化橡胶可以改善橡胶的性能，但此种方法使用硫黄多、时间长，得到的橡胶性能提高程度有限。1844 年，固特异添加碱式碳酸铅作为无机促进剂，开辟了半个世纪的无机促进剂时代。1904 年发现某些金属氧化物如氧化铅、氧化镁等有促进硫化作用，但效果不大。1906 年发现苯胺促进剂的效果优于无机促进剂，从此进入有机促进剂的新时代。1919 年发明了促进剂 D 和噻唑类促进剂 M，大大提高了生产效率。橡胶制品的应用范围迅速扩大，但强度、耐磨性等又成为新的亟待解决的问题。1912 年以前人们就已知氧化锌、陶土等填料可以提高橡胶的强度；但直到 1920 年，大量的炭黑掺杂到橡胶中后，才使得橡胶的性能得到全面的提高。炭黑的应用进一步促进了橡胶工业的发展。

1879 年，布恰尔达特在实验室第一次将异戊二烯制备成类似橡胶的弹性体，标志着合成橡胶（synthetic rubber）开始登上历史舞台。20 世纪 30 年代，乳液聚合的丁苯橡胶、丁腈橡胶、氯丁橡胶实现工业化生产。20 世纪 50 年代，Zeigler 和 Natta 发明了定向聚合的规整橡胶如乙丙橡胶、顺丁橡胶、异戊橡胶等。1965—1973 年，出现了热塑性弹性体，是橡胶领域的新突破。20 世纪 70 年代以来，进入橡胶分子的改性、设计以及大规模生产时期。

我国的橡胶工业已有 70 多年的历史。1915 年，广州建立了第一个橡胶厂——广州兄弟创制树胶公司。随后山东、辽宁、天津等地陆续建立了橡胶厂。我国海南、云南、两广等地域适于种植天然橡胶，是天然橡胶重要生产国之一。20 世纪 50 年代末，乙炔法氯丁橡胶（CR）、乳聚丁苯橡胶（ESBR）及丁腈橡胶（NBR）三套生产装置的建成投产，标志着我国合成橡胶工业正式步入发展阶段。我国合成橡胶工业经过 70 余年的发展，目前已形成比较完整的生产体系，年产量超过 820.79 万吨，进入世界合成橡胶生产、消费大国行列，具有相当的规模和实力。随着我国经济的快速发展，橡胶工业将迎来新的发展时期。

橡胶是一种具有高弹性的高分子化合物，是当今社会所需的重要材料之一。橡胶在很宽的温度范围（$-50\sim150℃$）内均具有优异的弹性，又称为高弹体。这类物质通常为无定形态，分子量很高（几十万到数百万），分子链呈卷曲状，分子间作用力小，玻璃化转变温度 T_g 比较低（$-30\sim-110℃$），施加较小的外力就会发生较大的形变，可达 1000% 及以上；去掉外力后，形变又能迅速地回复，具有可逆性。橡胶的高弹形变源于分子链中化学键的旋转位垒比较低，模量低，在外力作用下整条大分子链容易发生变形；当外力去除后，橡胶分子链朝熵增方向运动，使其回复到原来状态。橡胶与一般材料（金属、玻璃、塑料等）的普弹形变的主要区别为：

（1）形变大，伸长率可达 1000% 以上，而一般材料的伸长率小于<1%；

（2）模量很低，只有 $10^5\sim10^6$Pa，较普通材料小至少 3 个数量级；

（3）拉伸时放热（天然橡胶），而一般的材料拉伸时吸热；

（4）弹性随温度升高而增大，而一般材料呈相反的趋势；

（5）橡胶的应力-应变曲线不会出现屈服现象。

由于橡胶在室温上下很宽的温度范围内具有优越的高弹性、柔软性，并且具有优异的耐疲劳强度，很高的耐磨性、电绝缘性、致密性以及耐腐蚀、耐溶剂、耐高温、耐低温等特殊性能，因此成为重要的工业材料，广泛用于制造轮胎、胶管、胶带、胶鞋、电线、电缆，以及其他工业制品如减震制品、密封制品、化工防腐材料、绝缘材料、胶辊、胶布及其制品等。这些产品在交通运输、工业、农业、能源建设、医疗卫生、文化体育、日常生活等方面都有着极其广泛的用途。同时，在国防军工、航天、航海、宇宙开发等现代科学技术的发展中，都离不开各种耐高低温、耐辐射、耐腐蚀、耐真空、高强度、高绝缘性、减震性和密封性优异的各种特殊性能的橡胶材料和制品。

4.1.2 组分与作用

橡胶制品的主要原材料是生胶、再生胶以及各种配合剂。有些橡胶制品还需用纤维或金属材料作为骨架材料。

4.1.2.1 生胶和再生胶

生胶是一种具有高弹性的聚合物材料，是制造橡胶制品的母体材料，我国习惯上把生胶和硫化胶（vulcanized rubber）统称为橡胶。生胶单独使用时，多数情况不能制得符合各种使用要求的橡胶制品。要制得符合实际使用要求的橡胶制品、改善橡胶加工工艺以及降低产品成本等，还必须在生胶中加入各种化学物质，这些化学物质统称为橡胶配合剂（rubber ingredient）。生胶为分子量 10 万～100 万以上的黏弹性物质。生胶在室温和自然状态下有一定的弹性，在 50～100℃之间开始软化，此时进行机械加工能产生很大的塑性形变，易于将配合剂均匀地混入橡胶中制成各种胶料[称为混炼胶（rubber compounds）]，并能进一步加工成各种半成品。这种胶料或半成品在一定的温度下，经过一定时间的化学反应进行硫化，橡胶分子由线形转化为体型结构，从而丧失塑性，成为有使用价值的既有韧性又很柔软的弹性体。

　　生胶一般不含有配合剂。生胶一般情况下多呈块状、片状，也有颗粒状和黏稠液体状及粉末状。世界上生胶（包括塑料改性的弹性体）已有 100 多种，按牌号估算，实际上已超过1000 种。其分类大致如下。

　　（1）按来源分为天然橡胶与合成橡胶两大类，分别占消耗量的 1/3 和 2/3。天然橡胶是从自然界含胶植物中制取的一种高弹性物质。合成橡胶是人工合成的方法制得的高分子弹性材料，具有良好的耐疲劳强度、电绝缘性、耐化学腐蚀性以及耐磨性等。合成橡胶中，还有一类结构特殊的热塑性弹性体（thermoplastic elastomers，TPE），将在第 5 节详细介绍。图 4-1为橡胶按来源进行的分类。

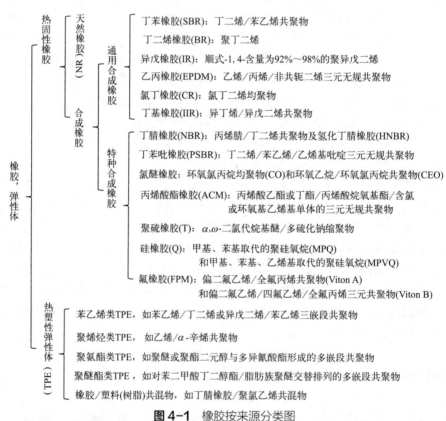

图 4-1 橡胶按来源分类图

　　（2）按化学结构分为碳链橡胶及杂链橡胶。其中，碳链橡胶根据主链特征，可分为不饱和非极性、不饱和极性、饱和非极性、饱和极性橡胶。杂链橡胶是指主链上引入 Si、O 等杂原子的橡胶。

（3）按外观表征分为固态橡胶（solid rubber，又称干胶，dry glue）、乳状橡胶（简称胶乳，latex）、液体橡胶（liquid rubber）和粉末橡胶（powdered rubber）四大类。其中固态橡胶的产量约占 85%～90%。

（4）按应用范围及用途可分为通用橡胶（general rubber）和特种橡胶（special rubber）。凡是性能与天然橡胶相同或相近、广泛用于制造轮胎及其他大量橡胶制品的（量大、面广、价格便宜），称为通用合成橡胶，如丁苯橡胶（butadiene styrene rubber，SBR）、顺丁橡胶（butadiene rubber）、氯丁橡胶（chloroprene rubber）、丁基橡胶（butyl rubber）等。凡是具有耐寒、耐热、耐油、耐臭氧等特殊性能，用于制造特定条件下使用的橡胶制品，称为特种合成橡胶，如丁腈橡胶（nitrile butadiene rubber，NBR）、硅橡胶（silicon rubber）、氟橡胶（fluororubber）、聚氨酯橡胶（polyurethane rubber）等。

另外，还可按照橡胶中填充材料的种类、单体组分、聚合方法、橡胶的工艺加工特点等方法进行分类。

再生胶（reclaimed rubber）是废硫化橡胶经化学、热及机械加工处理后所制得的，具有一定可塑性，可重新硫化的橡胶材料。再生过程中主要反应称为"脱硫（desulfuration）"，即利用热能、机械能及化学能（加入脱硫活化剂）使废硫化橡胶中的交联点及交联点间分子链发生断裂，从而破坏其网络结构，使再生胶恢复一定的可塑性（plasticity）。再生胶可部分代替生胶使用，以节省生胶使用量，降低成本。同时，再生胶还可以改善胶料工艺性能，提高产品耐油、耐老化等性能。

4.1.2.2　橡胶的配合剂

橡胶虽具有高弹性等一系列优越性能，但还存在许多缺点，如机械强度低，耐老化性差等。为了制得符合使用要求的橡胶制品，改善橡胶加工工艺性能以及降低成本等，必须加入各种配合剂。橡胶配合剂种类繁多，根据在橡胶中所起的作用，主要有以下几种。

（1）硫化剂（vulcanizing agent）

在一定条件下能使橡胶发生交联的物质统称为硫化剂。由于天然橡胶最早是采用硫黄交联的，所以将橡胶的交联过程称为"硫化"。随着合成橡胶的大量出现，硫化剂的品种也不断增加。目前使用的硫化剂主要有：硫黄、碲、硒、含硫化合物、过氧化物、醌类化合物、胺类化合物、树脂和金属化合物等。

（2）硫化促进剂（vulcanization accelerator）

凡能加快硫化速度、缩短硫化时间的物质称为硫化促进剂，简称促进剂。使用促进剂可减少硫化剂用量，或降低硫化温度，并可提高硫化胶的力学性能。

促进剂种类很多，可分为无机和有机两大类。无机促进剂有：氧化镁、氧化铅等，其促进效果小，硫化胶性能差，多数场合已被有机促进剂所取代。有机促进剂的促进效果大，硫化胶力学性能好，发展较快，品种较多。

有机促进剂可按化学结构、促进效果以及与硫化氢反应呈现的酸碱性进行分类。目前常用的是按化学结构分类，分为噻唑类、秋兰姆类、次磺酰胺类、胍类、二硫代氨基甲酸盐类、醛胺类、黄原酸盐类和硫脲类八大类，见表 4-1。其中常用的有硫醇基苯并噻唑（商品名为促进剂 M）、二硫化二苯并噻唑（促进剂 DM）、二硫化四甲基秋兰姆（促进剂 TMTD）等。

表4-1 各类促进剂结构通式

名 称	结构通式	名 称	结构通式
噻唑类	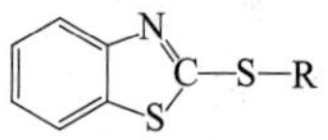	秋兰姆类	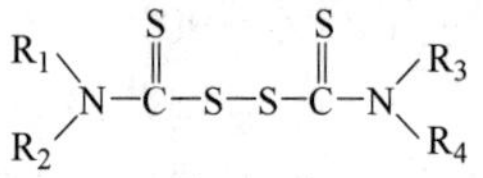
次磺酰胺类	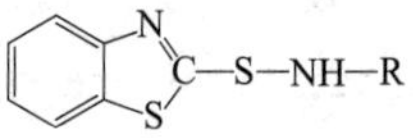	醛胺类	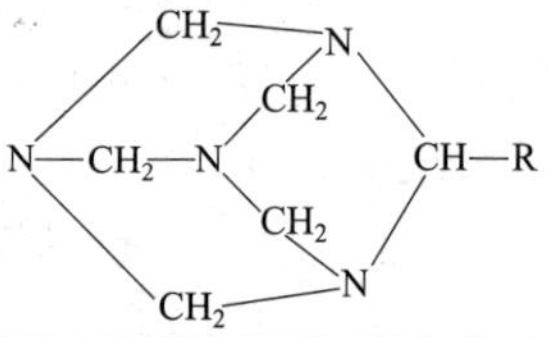
胍类			
		硫脲类	
二硫代氨基甲酸盐类	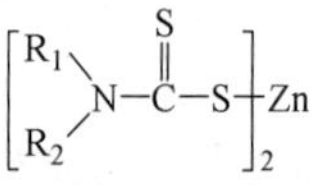	黄原酸盐类	已很少使用

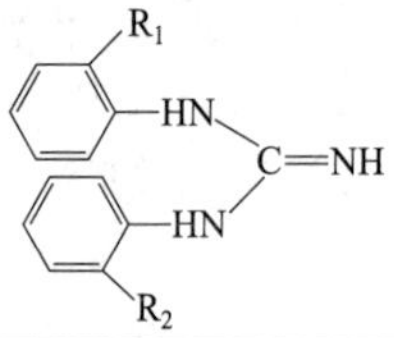

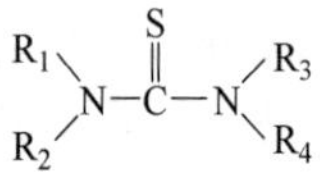

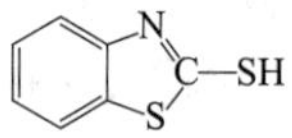

硫醇基苯并噻唑，M

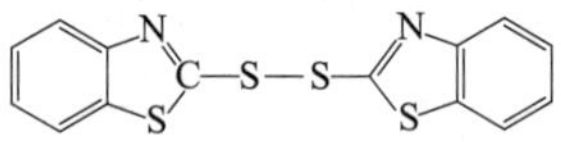

二硫化二苯并噻唑，DM

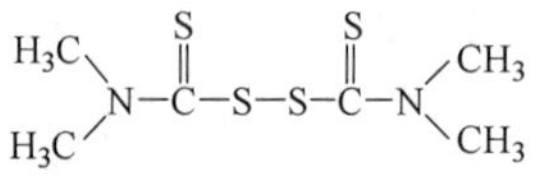

二硫化四甲基秋兰姆，TMTD

　　根据促进效果分类，国际上是以促进剂 M 为标准，凡硫化速度快于 M 的为超速或超超速级，相当或接近于 M 的为准超级，低于 M 的为中速及慢速级。

（3）硫化活性剂（vulcanizing activator）

硫化活性剂简称活性剂，又称助促进剂。其作用是提高促进剂的活性。几乎所有的促进剂都必须在活性剂存在下，才能充分发挥其促进效能。活化剂多为金属氧化物，最常用的是氧化锌。由于金属氧化物在脂肪酸存在下，对促进剂才有较大活性，通常是氧化锌与硬脂酸并用。

（4）防焦剂（scorch retarder）

防焦剂又称硫化延迟剂或稳定剂。其作用是使胶料在加工过程中不发生早期硫化，导致胶料塑性降低。防焦剂最好只防止胶料焦烧，而不妨碍正常硫化过程。但加入防焦剂会影响胶料性能，如降低耐老化性等，故一般不用。常用防焦剂包括有机酸（如水杨酸、邻苯二甲酸酐）、亚硝基化合物（如亚硝基二苯胺）以及 N-环己基硫代苯二甲酰亚胺等。

（5）防老剂（antiager）

橡胶在长期贮存或使用过程中，受氧、臭氧、光、热、高能辐射及应力作用，出现逐渐发黏、硬化、龟裂和弹性降低等现象称为老化。凡能防止和延缓橡胶老化的化学物质称为防老剂。

防老剂品种很多，根据其作用可分为抗氧化剂、抗臭氧剂、有害金属离子作用抑制剂、抗疲劳老化剂、抗紫外线辐射防老剂等。按作用机理，防老剂可分为物理防老剂和化学防老剂两大类。物理防老剂如石蜡等，是在橡胶表面形成一层薄膜而起到屏障作用。化学防老剂可破坏橡胶氧化初期生成的过氧化物，从而迟缓氧化过程。化学防老剂有胺类防老剂和酚类防老剂，其中胺类防老剂防护效果较为突出。

（6）补强剂（reinforcer）和填充剂（filler）

补强剂与填充剂之间无明显界限。凡能提高橡胶力学性能的物质称补强剂，又称为活性填充剂。凡在胶料中主要起增加容积作用的物质称为填充剂。橡胶工业常用的补强剂有炭黑、白炭黑和其他矿物填料。其中最主要的是炭黑，用于轮胎胎面胎，具有优异的耐磨性。通常加入量为生胶的 50%左右。白炭黑是水合二氧化硅（$SiO_2 \cdot nH_2O$），为白色，补强效果仅次于炭黑，故称白炭黑，广泛用于白色和浅色橡胶制品。橡胶制品中常用的填充剂有碳酸钙、陶土、碳酸镁等。

（7）增塑剂（plasticizer）

橡胶增塑剂通常是一类分子量较低的化合物，可以降低橡胶分子链间的作用力，使其他配合剂与生胶混合均匀，改善加工、成型等工艺过程。增塑剂按其来源可分为四类：石油系增塑剂、植物系增塑剂、煤焦油系增塑剂、合成增塑剂。来源于天然物质的增塑剂如三线油、六线油、凡士林、松焦油、松香、煤焦油等多用于非极性橡胶。合成增塑剂如邻苯二甲酸二辛酯、邻苯二甲酸二丁酯、磷酸三甲苯酯（包括邻、间、对三种异构体）等多用于某些极性合成橡胶。此外，还有一类增塑剂又称作塑解剂，通过化学增塑法，使生胶能够在尽量短的时间内塑化。常用的塑解剂大部分为芳香族硫酚的衍生物如 2-萘硫酚、二甲苯基硫酚、五氯硫酚等。目前，为了提高增塑效果，同时又能保持橡胶良好的性能，多数情况下把两种或两种以上的增塑剂混合使用。

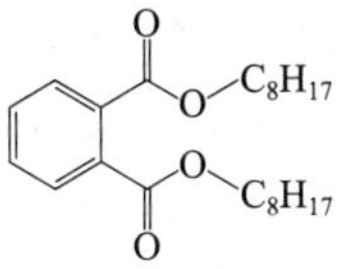

邻苯二甲酸二辛酯 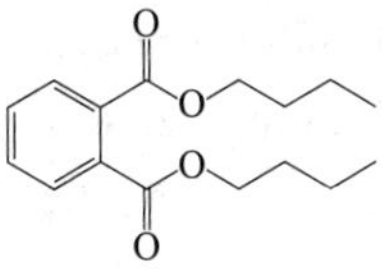　　　　　邻苯二甲酸二丁酯

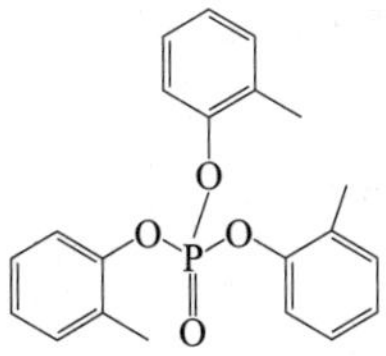

磷酸三邻甲苯酯 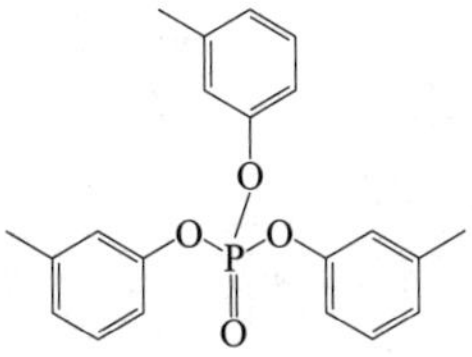　　　　　磷酸三间甲苯酯 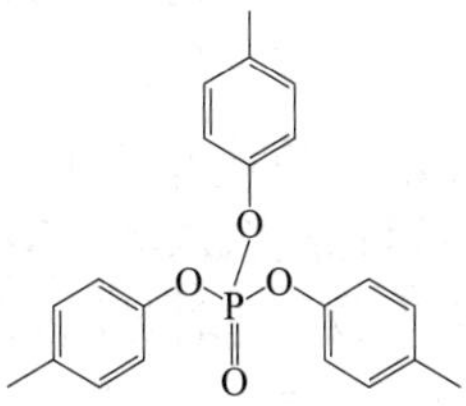　　　　　磷酸三对甲苯酯

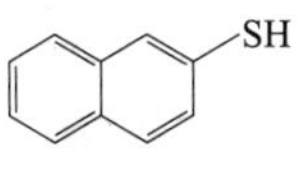

2-萘硫酚 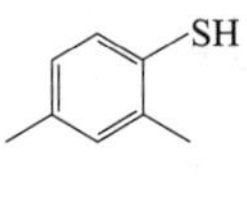　　　　2,4-二甲基苯硫酚 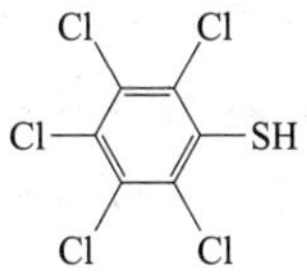　　　　五氯硫酚

（8）其他配合剂

除上述配合剂外，橡胶工业常用的配合剂还有增黏剂（增加未硫化胶黏度）、润滑剂（减小加工中摩擦力）、着色剂（使橡胶带有不同颜色）、溶剂（增加涂抹胶料黏性）、发泡剂（制备微孔结构橡胶）、阻燃剂（控制橡胶火焰不蔓延）、防霉剂（抵御微生物侵蚀和变质发霉）、抗静电剂（适度增加橡胶导电性）等。实际使用时，可根据橡胶制品的特殊要求进行选用。

（9）骨架材料（framework material）

橡胶的弹性大、强度低，外力作用下极易发生形变，因此，很多橡胶制品必须用纤维材料或金属材料作骨架材料，以提高制品的机械强度，减小变形。橡胶制品对骨架材料的要求如下：强度高、伸长率适中、耐挠曲、耐疲劳、耐热、吸湿性能好并且与橡胶基质黏合良好等。

橡胶骨架材料是复合橡胶制品中主要的受力部件，极大地稳定了橡胶制品在使用中的形状变化。如胶带、轮胎及减震橡胶制品就是橡胶部件与高模量高强度的材料复合而成的。骨架材料主要由纺织纤维（包括天然纤维如棉纤维和合成纤维如聚酯纤维、尼龙、碳纤维）、钢丝、玻璃纤维等加工制成，主要有帘布、帆布、线绳以及针织品等各种类型。金属材料除钢丝和钢丝帘布等作为骨架材料外，还可作结构配件，如内胎气门嘴、胶辊铁芯等。骨架材料的用量因品种而异，如雨衣用骨架材料约占总量的 80%～90%，输送带约占 65%，轮胎类约占 10%～15%。

4.1.3　橡胶的配方

橡胶配方，就是根据产品的使用性能要求和制造过程中的工艺条件，通过试验、优化以及鉴定，合理地选择原材料，确定各种材料之间的用量以及配比关系。主要包含：（1）主体材料，如天然橡胶、合成橡胶、橡胶与树脂共混物等；（2）硫化体系，包括硫化剂、硫化促进剂、活性剂等；（3）防护体系，包括各种防老剂（antiager）、稳定剂（stabilizer）等；（4）补强与填充体系；（5）增塑体系，如各种增塑剂、操作助剂等；（6）特种性能体系，如防焦剂、润滑剂（lubricant）、着色剂（colourant）、阻燃剂（fire retardant）、抗静电剂（antistatic agent）、发泡剂（foaming agent）、除臭剂（deodorant）、分散剂（disperser）等。

长期实践证明，只有通过合理科学的配方设计，把生胶和各种配合剂合理地配合起来组成一个多组分体系，并使各组分充分发挥作用，才能展现整个配方系统的效果，满足加工和使用的要求。橡胶配方设计的原则如下：

（1）硫化胶具有指定的技术性能，以使得产品达到最优的质量；

（2）胶料和产品制造过程中加工工艺良好，达到高产；

（3）尽量降低胶料成本，减少能耗；

（4）所用生胶及各种原材料质量可靠，有稳定的货源；

（5）符合环保要求。

任何一个橡胶配方都不可能使所有的性能都达到最优，在制品的性能、成本和工艺可行性之间取得最佳平衡即可。橡胶配方按用途可分为三种：基础配方（base recipe）、性能配方（performance recipe）及实用配方（practical recipe）。

4.1.3.1　基础配方（标准配方）

一般用于生胶和配合剂的鉴定。用来检测初次使用某种生胶或配合剂时橡胶的基本加工性能和物理性能。不同橡胶的基础配方有差异，但同一种胶种的基础配方基本相同。天然橡胶、异戊橡胶及氯丁橡胶等具有自补强性能的结晶型橡胶，基础配方可采用不加补强剂的纯胶配方，而一般合成橡胶强度太低需要外加补强剂。目前较有代表性的基础配方是以美国材料与试验协会（American Society for Testing and Materials，ASTM）作为标准提出的各类橡胶基础配方。表 4-2～表 4-6 分别为天然橡胶、异戊橡胶、丁基橡胶、丁腈橡胶及顺丁橡胶的基础配方。表 4-7、表 4-8 为特种合成橡胶硅橡胶和氟橡胶的厂标或国标的基础配方。

表 4-2　天然橡胶的基础配方

原材料名称	NBS 标准试样编号[①]	质量份	原材料名称	NBS 标准试样编号	质量份
天然橡胶	—	100	防老剂 PNB	377	1
氧化锌	370	5	促进剂 MBTS	373	1
硬脂酸	372	2	硫黄	371	2.5

① NBS 为美国国家标准局（US National Bureau of Standards）缩写。

硫化条件：140℃×10min、140℃×20min、140℃×40min、140℃×80min。

表 4-3　异戊橡胶的基础配方[①]

原材料名称	NBS 编号	HAF 炭黑配方/份[②]	原材料名称	NBS 编号	HAF 炭黑配方/份
异戊橡胶	—	100	硬脂酸	372	1
氧化锌	370	5	促进剂 NS	384	1
硫黄	371	2.25	HAF 炭黑	378	2.5

① 纯胶配方采用天然橡胶基本配方。

② HAF：High abrasion furnace black，高耐磨炉黑。

硫化条件：135℃×20min、135℃×30min、135℃×40min、135℃×60min。

表 4-4　丁基橡胶的基础配方[①]

原材料名称	NBS 编号	纯胶配方/份	槽黑配方/份	HAF 炭黑配方/份
丁基橡胶	—	100	100	100
氧化锌	370	5	5	3
硫黄	371	2	2	1.75
硬脂酸	372	—	3	1
促进剂 DM	373	—	0.5	—
促进剂 TMTD	374	1	1	1
槽法炭黑	375	—	50	—
HAF 炭黑	378	—	—	50

① 生产中可使用硬脂酸锌，因此纯胶中不使用硬脂酸。

硫化条件：150℃×25min、150℃×50min、150℃×100min、150℃×20min、150℃×40min、150℃×80min。

表 4-5　丁腈橡胶的基础配方

原材料名称	NBS 编号	瓦斯炭黑配方/份	原材料名称	NBS 编号	瓦斯炭黑配方/份
丁腈橡胶	—	100	硬脂酸	372	1
氧化锌	370	5	促进剂 DM	373	1
硫黄	371	1.5	天然气炭黑	382	40

硫化条件：150℃×10min、150℃×20min、150℃×40min、150℃×80min。

表 4-6　顺丁橡胶的基础配方

原材料名称	NBS 编号	瓦斯炭黑配方/份	原材料名称	NBS 编号	HAF 炭黑配方/份
顺丁橡胶	—	100	促进剂 NS	384	0.9
氧化锌	370	3	HAF 炭黑	378	60
硫黄	371	1.5	ASTM103 油		15
硬脂酸	372	2			

硫化条件：145℃×25min、145℃×35min、145℃×50min。

表4-7　硅橡胶的基础配方

原材料名称	质量份
硅橡胶	100
硫化剂 BPO	0.35

硫化条件：一段硫化 125℃×5min；两段硫化 250℃×24h。硅橡胶配方，一般需添加填充剂。硫化剂的用量可根据填充剂用量不同而变化，硫化剂多用易分散的浓度为 50% 的膏状物。

表4-8　氟橡胶的基础配方

原材料名称	质量份	原材料名称	质量份
氟橡胶（Viton B）	100	中粒子热裂法炭黑	20
氧化镁[①]	15	硫化剂 Diak 3[②]	2.5

① 选择要求耐水时用 11 份氧化钙代替氧化镁。
② N,N'-二亚肉桂基-1,6-己二胺。
硫化条件：一段硫化 150℃×3min；两段硫化 250℃×24h。

4.1.3.2　性能配方（技术配方）

为达到某种性能要求而提出的配方，以满足产品的性能要求和加工工艺要求，提高某种特性等。性能配方在基础配方的基础上，全面考虑各种性能的搭配，通常是配方设计人员在实验室进行产品研发时所做的配方实验。

4.1.3.3　实用配方（生产配方）

从实验室研制出的配方经过现场生产设备和生产工艺的考核，顺利投产的配方，还包含胶料的含胶率、密度、体积成本或质量成本、工艺性能等。由于实验室条件下研制的性能配方，在投入生产时往往出现一些工艺上的问题，如混炼时配合剂分散不均、胶料的焦烧时间短、挤出时口型胀大、压延粘辊等。因此，性能配方需经现场生产设备和工艺条件的考核即扩试，通过扩试以后，才能正式投产。表 4-9 为橡胶配方的表示形式。

表4-9　橡胶配方的表示形式

原材料	基本配方/份	配方（质量分数）/%	配方（体积分数）/%	生产配方/kg
天然橡胶	100	62.11	76.70	50
硫黄	3	1.86	1.03	1.5
促进剂 M	1	0.62	0.50	0.5
氧化锌	5	3.11	0.63	2.5
硬脂酸	2	1.24	1.54	1
炭黑	50	31.06	19.60	25
合计	161	100	100	80.5

4.1.4　橡胶的加工

橡胶工业历来以材料和产品品种繁多、加工工艺复杂为特点。其加工工艺学是专门研究橡胶材料和制品的生产和加工原理及方法的学科。橡胶材料和制品的加工工艺是由一系列加工过程单元和操作构成的各种复杂的加工制造系统。橡胶制品的基本加工工艺过程如图 4-2 所示。其中基本的加工过程单元是塑炼（mastication）、混炼（compounding）、压延（rolling）、压出（pulsion）、成型（molding）、硫化等。

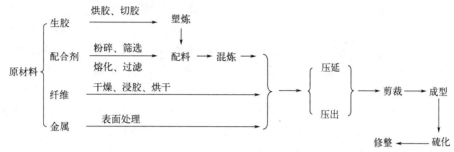

图 4-2 橡胶制品的基本加工工艺过程

4.1.4.1 塑炼

塑炼是橡胶制品生产过程第一步，是将生胶由弹性状态转变为可塑状态，降低橡胶分子量、增加塑性并提高加工性能的工艺过程。

（1）塑炼目的

塑炼可以使生胶获得适当的可塑性和流动性，利于后续工序进行，如混炼时配合剂易于分散，压延时胶料易于渗入纤维织物。

由于生胶的高弹性给加工过程带来极大的困难，各种配合剂难以分散均匀，流动性很差，难以成型，而且动力消耗很大。因此必须在一定条件下对生胶进行机械加工，使之由强韧的弹性状态变为柔软的可塑状态，以满足各种加工工艺过程对胶料可塑性的要求。

生胶具有适当的可塑性对橡胶制品的制造和产品质量至关重要。但生胶的塑炼程度或可塑性大小并不是任意确定的，主要根据加工过程单元的要求和硫化胶的物理力学性能的要求来确定。塑炼胶的可塑性大小必须适当，在满足工艺加工过程要求的前提下，塑炼胶的可塑性应当尽量减小，以避免生胶的过度塑炼。如生胶塑炼后可塑性过大，产品的物理力学性能和使用性能会受到严重损害。

（2）塑炼方法和机理

在橡胶工业中，最常用的塑炼方法有机械塑炼法和化学塑炼法。机械塑炼法主要是通过开放式炼胶机、密闭式炼胶机和螺杆式塑炼机等机械力发挥作用。依据塑炼工艺条件不同，机械塑炼又分为低温机械塑炼和高温机械塑炼两种方法。密炼机和螺杆式塑炼机的塑炼温度都在100℃以上，属高温塑炼；开炼机塑炼温度在100℃以下属低温塑炼。化学塑炼法是借助某些助剂的化学作用，使生胶达到塑化目的。通常，在机械混炼过程中加入塑解剂提高塑炼效果的方法也归属于化学塑炼法。

生胶经过塑炼后，分子量降低，黏度下降，可塑性增大。生胶塑炼后获得可塑性是橡胶分子链断裂、平均分子量降低造成的。如图 4-3 所示，塑炼时间延长，分子量下降，同时分子量分布变窄。这是由于机械力作用下大分子链中央部位受力和伸展变形最大，其两端仍然保持一定的卷曲状态。分子链越长，中央部位受力越大，越容易断裂。胶料中的高分子量级分减少，低分子量级分含量基本不变，中等分子量级分含量增加，使得分子量分布变窄。在塑炼初期机械断链最剧烈，平均分子量随塑炼时间急剧下降，后逐渐趋于平缓，到一定时间

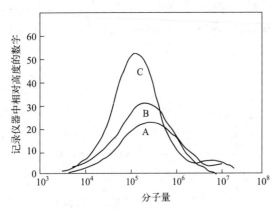

图 4-3　NR 分子量分布与开炼机塑炼时间的关系
A—塑炼 8min；B—塑炼 21min；C—塑炼 38min

后不再变化，此时的分子量为最低极限值。不同生胶的极限值不一样，天然橡胶为 7 万～10 万，BR 为 40 万，SBR、NBR 的极限值介于 NR 和 BR 之间。

塑炼过程是典型的力化学过程，同时存在机械力作用和氧化裂解作用。在机械力作用下，使橡胶分子链断裂、分子量降低。橡胶分子链在塑炼过程中，受机械的剧烈摩擦、挤压和剪切作用，导致相互卷曲缠结的分子链产生局部应力集中现象；当集中的应力值超过主链中该部位的键能时，便会造成分子链的断裂。氧化裂解作用是在塑炼过程中，橡胶分子链处于应力伸张状态，活化了分子链，促进了氧化裂解反应的进行。橡胶分子链在机械力作用下，断裂生成化学活性很大的大分子自由基，这些大分子自由基必然引起各种化学变化。塑炼过程中空气中的氧可以直接与大分子自由基发生氧化作用，使其产生氧化裂解反应，同时氧又可以作为活性自由基的终止剂。所以氧在塑炼过程中起着极为重要的双重作用。在塑炼过程中，机械力作用和氧化裂解作用同时存在。根据所采用的塑炼方法和工艺条件的不同，两种作用发生的过程不同，所产生的塑炼效果也不相同。

4.1.4.2　混炼

（1）混炼目的

混炼是将各种配合剂均匀混入生胶（塑炼胶）中，制成质量均匀稳定的混合物的过程，是橡胶材料制备的关键技术之一。混合物称混炼胶，是一种复杂的分散体系。塑炼和混炼统称为炼胶工艺。混炼对胶料的后续加工和制品的质量起决定性作用。混炼效果不好，胶料会出现配合剂分散不均匀、可塑度过高或过低、焦烧、喷霜等现象，使后续加工难以正常进行，严重影响产品质量。

（2）混炼方法和机理

混炼过程中除发生氧化降解反应外，还发生其他力化学作用，使橡胶分子链与活性配合剂（如炭黑）产生化学和物理的结合，形成某些不能溶解于有机溶剂的结合橡胶，对混炼胶和硫化胶的性能产生重要的影响。

对混炼胶的质量要求主要有两个方面：一是胶料能保证制品具有良好的物理力学性能；二是胶料本身要具有良好的工艺加工性能。二者之间相互制约，因此必须正确制定配方，严格控制混炼工艺条件，确保胶料中的配合剂达到最佳分散状态，保证硫化胶具有必要的物理力学性能，并使胶料达到进行压延、挤出等各后序加工过程的最低可塑性要求。这就要求混炼时：

各种配合剂要与生胶混合分散均匀，达到一定程度的分散；

各种补强性填料表面与生胶产生一定的结合作用，达到补强效果；

胶料应具有适当而均匀的可塑度；

尽量缩短混炼时间，提高效率，减少能耗。

混炼操作之前，尚需做一些准备性工作。例如，各种原材料与配合剂的质量检验；对某些配合剂进行补充加工（粉碎、干燥、筛选、过滤等）以及称量配合等前期工作。

混炼过程中采用的混炼方法分为间歇混炼和连续混炼两种。用开放式炼胶机混炼和密闭式炼胶机混炼属于前者，也是最早出现的混炼方法。连续混炼是 20 世纪 60 年代末出现的，混炼设备是外形类似挤出机的连续混炼机，主要特点是自动化、连续化生产水平高，但加料系统比较复杂，仍存在一定局限性，故应用尚不广泛。目前混炼方法仍以开炼机混炼和密炼机混炼为主。现已开发出密炼机自动化炼胶系统，以密炼机为中心，配备上、下辅机系统，操作管理自动控制系统等。这种密炼机组，已广泛应用于大型橡胶制品企业的生产。

4.1.4.3　压延

压延、压出和成型这三个过程单元的目的是制造具有一定形状的半成品，可统称为成型工艺。压延前须完成胶料的热炼与供胶、纺织物的浸胶与干燥、化学纤维帘线的热伸长处理等准备工作。压延是混炼胶或与纺织物通过压延机进行压型或织物挂胶的过程单元，是延展变薄的过程。

压延工艺是利用压延机辊筒的挤压力作用使胶料发生塑性流动和变形，并延展成为具有一定断面形状的胶片，或在纺织物表面上实现挂胶的加工工艺。包括压片、贴胶和擦胶等工艺形式。

影响压延加工性能的因素有很多，而且其影响相互交错，难以确定与配合剂的关系。压延需要注意：

（1）胶料不得严重粘辊，可以连续顺利地引出胶片；
（2）压延胶片的光滑程度和收缩率应保持在允许范围内；
（3）胶片不含气泡。

胶种不同，影响因素也不同。天然橡胶中的易操作橡胶、丁苯橡胶中的溶聚丁苯橡胶以及氯丁橡胶中的高凝胶含量型等混炼胶压延效果较好。此外，加入再生胶时利于操作，同时可减小收缩率。炭黑、白炭黑、碳酸镁等补强剂可减小压延胶片的收缩率。加入油膏、煤焦油、沥青等，可使压延胶片比较光滑。

（1）压片

压片是得到光滑表面的胶片。断面厚度小于 3mm 的胶片可以利用压延机一次完成压延。压延胶片要求表面光滑无褶皱，内部密实无气泡、海绵或空穴，断面厚度符合精度要求等。辊温、辊速、胶料配方特性与含胶率及可塑度大小等均影响压片质量。压片设备有两辊压延机、三辊压延机和四辊压延机等。

（2）压型

压型是将胶料压制成一定断面形状的半成品或表面有花纹的胶片，例如胶鞋大底、轮胎胎面等。压型可用带有花纹或图案的二辊、三辊、四辊的压延机。压型要求规格准确，图案清晰，胶料致密。在胶料配方上主要控制含胶率。由于橡胶有弹性和回复性，当含胶率较高时，压型后的花纹容易消失。因此，可加入适量填充剂、再生胶、硫化油膏等防止花纹塌扁。压型操作中也常采用提高辊温、降低转速、迅速冷却已出胶片等方法提高压型胶片的制品质量。

（3）贴合

胶片贴合是利用压延机将两层以上的同种胶片/异种胶片压贴在一起变成一层胶片的压延作业，用于制造较厚和要求较高的胶片。常用贴合工艺是两辊压延机贴合、三辊压延机贴

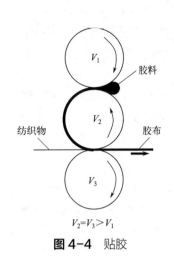

$V_2=V_3>V_1$

图 4-4 贴胶

合、夹胶防水布贴合以及四辊压延机贴合。在进行胶片贴合时，必须要求各胶片有一定的可塑度，否则贴合后会发生脱层、鼓泡等现象。当配方和厚度都不同的两层胶片贴合时，最好将压延机压延出来的两块新鲜胶片同时进行热贴合，这样利于完全贴牢，防止产生气泡或者起皱。

（4）贴胶

是使纺织物和胶片通过压延机以相同速度回转的两个滚筒之间，在滚筒的挤压作用下贴合在一起，制成胶布的挂胶方法，如图 4-4 所示。采用这种方法时，供胶的两辊转速可以相同也可以不同。合适的速比有利于除去气泡，提高贴合效果。贴胶的优点是速度快，效率高，对纺织物的损伤较小，帘线耐疲劳性能较高。缺点是胶料不易渗到布缝中，布与胶的附着力较差，且两面胶层之间有空隙，容易产生气孔。

（5）擦胶

擦胶是压延机利用辊筒之间速比的作用将胶料挤擦到纺织物缝隙的挂胶方法。胶料渗透力大，提高结合强度，适合于纺织物结构比较紧密的帆布挂胶，但易损伤纺织物，不适于帘布挂胶。采用这种方法时，两辊转速不等。擦胶方法分为两种：一种是中辊包胶法，即纺织物经过中、下辊缝时，部分胶料被擦入纺织物中，余胶仍包在中辊上，如图 4-5 所示。此法附着力较高，但刮胶质量差，成品耐挠曲性差。另一种是中辊不包胶法，当纺织物通过中、下辊缝时，胶料全部擦入纺织物中，中辊不再包胶，如图 4-6 所示。此法所得胶层较厚，可提高成品耐挠曲性，但附着力较差，容易发生波动，用胶量较大。

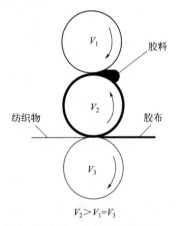

$V_2>V_1=V_3$

图 4-5 中辊包胶法擦胶

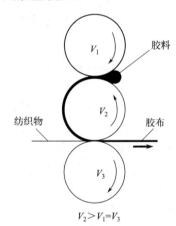

$V_2>V_1=V_3$

图 4-6 中辊不包胶法擦胶

4.1.4.4 压出

与挤出类似，压出是混炼胶通过挤出机挤出各种断面的半成品的过程单元。在挤出机机筒和螺杆挤压下，连续通过一定形状的口型，得到各种断面形状的半成品，如胎面胶条、内胎胎筒、纯胶管、门窗胶条等。

4.1.4.5 成型

成型是通过成型机将各种半成品构件经粘贴、压合、组装成可供硫化的半成品，也将构成制品的各种部件，通过粘贴、压合等方法组合成一个整体的过程。对于全胶类制品，模具中直接硫化即可；对含金属、织物等制品，需借助模具黏合或压合将各零件组合而成。

4.1.4.6 硫化

硫化是指在一定条件下，将橡胶的线形大分子链通过化学交联作用形成三维网状结构的化学变化过程。硫化的本质是化学交联，源于最初用硫黄交联，故称为硫化。最早是 1839 年橡胶之父 Charles Goodyear 用硫黄和橡胶混合加热得到硫化胶，改变了橡胶受热后发黏、流动的弱点，此法沿用至今。橡胶的类型不同，所用的交联剂和形成的交联键的性质也各不相同，进而导致交联的橡胶性能有很大差异。通常来说，二烯烃类橡胶如异戊橡胶、顺丁橡胶、丁苯橡胶、丁腈橡胶和丁基橡胶等不饱和橡胶主要用硫黄（S_8）+硫化促进剂、活化剂体系交联，也可以用酚醛树脂、有机过氧化物、醌肟或亚硝基化合物等交联剂交联。氯丁橡胶由于分子中含有氯原子，使双键部位的活性下降，不能用硫黄进行硫化，而选用金属氧化物（如 MgO、ZnO）与氯反应，形成醚键交联。单烯烃类饱和橡胶如二元乙丙橡胶、聚硅氧烷橡胶等，由于分子链中无烯丙基（—CH=CH—CH_2—）单元，常用有机过氧化物或高能辐射进行交联。氟橡胶虽为饱和主链橡胶，由于带有特殊官能团，常用二胺类或金属氧化物等通过官能团与交联剂之间的反应来进行交联。分子链上带羧基的饱和或不饱和橡胶还可以用金属氧化物如 ZnO 交联，形成羧酸盐离子交联键。

目前，硫化体系一般由硫化剂、活性剂、促进剂三部分组成。硫化方法分为冷硫化、室温硫化和热硫化。一般硫化过程可分为四个阶段，即硫化诱导阶段、预硫化阶段、正硫化阶段和过硫阶段，如图 4-7 所示。

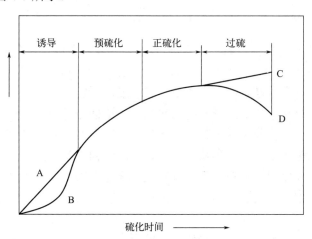

图 4-7 硫化过程的各阶段

A—起硫快速的胶料；B—有延迟特性的胶料；C—过硫后定伸强度继续上升的胶料；D—具有返原性的胶料

（1）硫化诱导阶段（焦烧时间）

交联尚未开始，胶料在模具内有很好的流动性，进行充模。胶料的焦烧时间包括操作焦烧时间和剩余焦烧时间。操作焦烧时间是指在橡胶的加工过程中由混炼、压延、挤出等过程的热积累效应而消耗掉的焦烧时间。剩余焦烧时间是指胶料在定型前尚能流动的时间。一般硫化曲线的焦烧时间是从剩余焦烧时间开始测得的。焦烧时间主要取决于促进剂的品种和用量以及操作工艺条件。

（2）预硫化阶段

该阶段以交联反应为主，逐渐形成硫化网络结构。橡胶的弹性和强度迅速提高，是交联反应的标志性阶段。硫化速度的快慢主要与促进剂的种类、用量以及硫化温度有关，促进剂活性越高、用量越多、温度越高，硫化速度也越快。但交联程度低，即使到硫化后期，硫化胶的扯断强度、弹性也不能达到最佳水平。

（3）正硫化阶段

该阶段交联反应已基本完成，进入熟化过程，硫化胶的各项物理性能分别达到或接近最佳点，或达到性能的综合平衡。

（4）过硫阶段

该阶段相当于交联反应中网络结构形成以后的反应，主要是交联键发生重排、裂解以及结构化等反应，进入过硫期，因此胶料性能发生很大变化。一种是曲线继续上升（定伸强度继续增加），是由于在过硫阶段中产生结构化反应的结果，如非硫黄体系硫化的丁苯橡胶、丁腈橡胶、氯丁橡胶和乙丙橡胶等合成橡胶会出现这种现象；一种是曲线下降（定伸强度下降），是发生网络结构热裂解所致，如天然橡胶的交联密度和强度都会下降，出现所谓硫化"返原"现象。

硫化过程中的压力、温度和时间对硫化胶质量有决定性影响。在硫化过程中，会导致某些性能升高，也会导致某些性能下降。在一定的硫化温度和压力条件下，有一最适宜硫化时间。硫化的时间过长产生过硫化，时间过短产生欠硫化。

4.1.5　橡胶的结构与性能

4.1.5.1　结构特征

橡胶结构通常是指生胶分子链结构和众多分子链堆砌而成的聚集态结构（或凝聚态结构）。链结构又分为近程结构和远程结构。其中，近程结构是指分子链的构成及排布、单体单元的键接顺序、取代基和端基种类、支链及支链长度，以及分子链中由于不对称因素造成的单体单元的构型等。远程结构是指分子链的尺寸和由柔性分子链内旋转导致的多种构象异构体。对于天然橡胶和合成橡胶来说，其大分子链结构键类型主要包括碳链和杂链。橡胶的弹性和力学性能主要由分子链的许多构象引起。聚集态结构则是指众多分子链间的几何排列形式和堆砌状态。橡胶在常温无负荷时经常堆砌成无定形态结构，属于液相固体；某些橡胶虽可以发生拉伸结晶，但最终仍属于结晶与无定形相共存且后者占优势的液相固体。橡胶分子的主要特征如下。

（1）大分子链具有足够的柔性，T_g 比室温低很多。橡胶类聚合物的内聚能密度较小，一般在 $290kJ/cm^3$ 以下，比塑料和纤维类聚合物的内聚能密度低得多。橡胶材料的使用温度范围在 T_g 与 T_m 之间。

（2）在使用条件下不结晶或结晶度很小。反式聚异戊二烯结晶，熔点在 70℃ 左右，室温下为塑料性质，可做高尔夫球壳；PE（T_g 为-125℃）、POM（T_g 为-73℃）结晶度大，是典型的塑料，室温下不能做橡胶使用。天然橡胶在拉伸时可结晶，且结晶度不大，而除去负荷后结晶又熔化，提高了材料的强度和模量，而不影响其弹性回复性能。

（3）在使用条件下无分子间相对滑动，即无冷流。因此大分子链上应存在可供交联的位点，以进行交联，形成网络结构。

4.1.5.2 结构与性能的关系

（1）弹性和强度（主要性能指标）

① 主链键型：若分子链均由单键构成，一般是杂链聚合物的柔性大于碳链聚合物。分子链的柔顺性大的橡胶，其弹性大。线形、规整性好、等同周期大、侧基小的橡胶，通常柔性大，弹性好，如高顺式聚 1,4-丁二烯是弹性最好的橡胶。

② 取代基：极性取代基的极性越大，数目越多，由极性和体积效应导致的分子间作用力就越大，此时分子链内的单键内旋转受阻，柔性变差。若取代基为非极性烃基，则取代基的体积越大、内旋转位阻越大，导致柔性越差。所以橡胶弹性：顺丁橡胶>异戊橡胶>丁苯橡胶。

③ 分子量增大，弹性和强度大，故橡胶分子量通常在百万量级。

④ 适度交联可提高弹性和强度。

（2）耐热性和耐老化性

橡胶的耐热性主要取决于主链上化学键的键能。表 4-10 列出了一些经典键的离解能。此外，当温度低于 T_g 时，或者由于结晶，橡胶失去弹性。因此，降低其 T_g 或避免结晶，可以提高橡胶材料的耐寒性。表 4-11 为几种主要橡胶的玻璃化转变温度及使用温度范围。此外，交联度提高，T_g 也相应升高（表 4-12）。

表 4-10 一些主要化学键的离解能

键	平均键能 /(kJ/mol)	键	平均键能 /(kJ/mol)	键	平均键能 /(kJ/mol)	键	平均键能 /(kJ/mol)
O—O	146	C—N	305	N—H	389	C=O（醛酮）	约 740
Si—Si	178	C—Cl	327	C—H	430~510	C≡N	890
S—S	270	C—C	346	O—H	464		
C—C（π键）	272	C—O	358	C—F	485		
Si—C	301	Si—O	368	C=C	611		

表 4-11 几种主要橡胶的玻璃化转变温度及使用温度范围

名称	T_g/℃	使用温度范围/℃	名称	T_g/℃	使用温度范围/℃
天然橡胶	−73	−50~120	丁腈橡胶（70/30）	−41	−35~175
顺丁橡胶	−105	−70~140	乙丙橡胶	−60	−40~150
丁苯橡胶（75/25）	−60	−50~140	聚二甲基硅氧烷	−120	−70~275
聚异丁烯	−70	−50~150	偏氟乙烯-全氟丙烯共聚物	−55	−50~300

表 4-12 结合硫对玻璃化转变温度的影响

硫/%	0	0.25	10	20
T_g/℃	−64	−65	−40	−24

通常来讲，降低橡胶 T_g 的途径有：

① 降低分子链的刚性；

② 减小分子链间作用力；

③ 提高分子的对称性；

④ 与 T_g 较低的聚合物共聚；

⑤ 支化以增加链端浓度；

⑥ 减少交联键密度；

⑦ 加入溶剂和增塑剂。

避免橡胶结晶的方法：

① 采用无规共聚；

② 聚合后无规地引入侧基；

③ 进行链支化和交联；

④ 采用不导致立构规整性的聚合方法；

⑤ 控制几何异构。

弱键能引发降解反应，对耐热性影响很大。不饱和橡胶主链上的双键易被臭氧氧化，次甲基的氢也易被氧化，因而耐老化性差。饱和橡胶如乙丙橡胶没有不饱和双键，耐热、耐老化性能好。带供电取代基者容易氧化，如天然橡胶；而带吸电取代基者较难氧化，如氯丁橡胶（双烯类橡胶中耐热性最好）。

（3）橡胶的化学改性

橡胶的化学改性通常是指橡胶分子骨架保持不变的情况下，通过加入某种填充物或化学试剂起化学反应，以改善橡胶加工性能或赋予其他特性。前者如生胶充油、充炭黑母炼胶，加入加工油、增塑剂或与其他聚合物共混等进行物理改性；后者如生胶经氢化、卤化、羧化、环化等进行改性。一般化学改性可在聚合阶段同时进行。例如二烯烃用含特定官能团的化合物作为引发剂、偶联剂或链端改性剂反应，与特定单体共聚，或是两种单体直接合成聚合物互穿网络等。橡胶的化学改性反应可以采用本体（熔体）、溶液、悬浮和乳液等常规方法来实施。但是，由于橡胶的化学改性反应经常是生胶大分子与低分子量化学试剂之间的反应，导致反应不均匀，效果经常不理想。如天然橡胶和异戊橡胶，无论使用溶液法、悬浮法还是固相法都可以用氯气或液氯迅速氯化，制得含氯量为60%～64.5%的氯化改性产品。由于橡胶在氯化过程中发生了严重降解，产品分子量只有5000～20000，拉伸强度、伸长率很低，只能用作耐酸、碱和强氧化剂的涂料和胶黏剂。近年来，通过活性链端改性（如锡化物改性丁苯橡胶链段以提高其加工性能）、加氢改性（如加氢无规共聚丁腈橡胶以提高其耐热、耐氧化性能）、卤化改性（如丁基橡胶氯化改性增加其黏合强度）、磺化改性（如丁基橡胶磺化后提高其力学性能）、环氧化改性等方法来优化橡胶某些性能，以满足实际使用要求。

（4）加工性能

橡胶的加工性能既与生胶的分子结构有关，又受配方和工艺条件的影响。其中，对于生胶流变过程，主要影响如下：

① 挤出胀大。胶料在挤出口型后会发生体积膨胀。例如天然橡胶的挤出膨胀率比丁苯橡胶、氯丁橡胶和硬丁腈橡胶要小，是因为后三者的分子间作用力大、带有体积庞大或极性取代基使分子链的内旋转困难且松弛时间较长所致。橡胶的分子量大，可塑性小、黏度大、流动性差，流动过程中弹性变形所需要的松弛时间长、收缩较慢，则挤出膨胀率大。

② 挤出破裂。当挤出速度超过某一极限值时，挤出物表面会出现一系列不规整畸变，发生无规断裂。一般来说，分子量较低、分子量分布较宽的胶料，其可塑性较大，松弛时间短，可逆弹性小，不易破裂，挤出物表面光滑。

橡胶的塑炼、混炼、压延等加工过程中，由于加入各种配合剂，各种因素影响加工性能比较复杂。

4.1.6 橡胶的主要性能指标

橡胶的物理性能是决定产品性能的主要因素。

4.1.6.1 威氏可塑度（The Williams plasticity）

快速确定生胶的塑炼程度及评价加工性能的好坏，常用威氏可塑度 P 来表示胶料的流动性。威氏可塑度是指试样在一定外力作用下产生压缩形变的大小和除去外力后保持形变的能力，可塑度越高，胶料的流动性越好。威氏可塑度是用威廉姆斯塑度计（Williams plastometer）在一定温度（70℃）、时间（3min）和规定的载荷（50N）下产生的压缩形变量及去掉负荷后保持形变的能力，又称定负荷压缩性[式（4-1）]：

$$P=（h_0-h_2）/（h_0+h_1） \tag{4-1}$$

式中，h_0 为橡胶的初始高度；h_1 为压缩 3min 后的橡胶高度；h_2 为去掉负荷恢复 3min 的高度，见图 4-8。P 的范围是 0 到 1，数值越大橡胶越柔软。

例如，天然橡胶威氏可塑度达 0.7 时的黏合性能最佳，其配方为：天然橡胶 100，硫黄 6，氧化锌 5，硬脂酸 2，促进剂 M 1，防老剂 D 1.5，松焦油 5，槽法炭黑 30，胶黏剂 B 2～2.5，助剂 C 1。

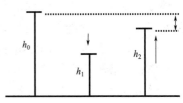

图 4-8 测试威氏可塑度橡胶变形及恢复过程示意图

4.1.6.2 门尼黏度（Mooney viscosity）

塑炼胶可塑性的表征参数主要是门尼（Mooney）黏度，是在一定温度、时间和压力下，根据试样在转子与模腔之间变形时所承受的扭力来确定生胶的可塑性。检测时，将未硫化橡胶按要求放入模腔内，在 100℃下预热 1min，待转子转动 4min 时，所测取的扭力值即为门尼黏度（黏度计转子转动所产生的剪切阻力）。

表示为：

$$ML_{1+4}^{100} \qquad 或 \qquad MS_{1+4}^{100}$$

式中，M 为门尼黏度；L 为大转子；S 为小转子；100 为预热温度 100℃；1 为预热 1min；4 为转动 4min 后的读数。单位为门尼，也就是 N·m。胶料黏度小用大转子，黏度大则用小转子。

门尼黏度反映橡胶加工性能的好坏和分子量高低及分布范围。门尼黏度高，胶料不易混炼均匀及挤出加工，分子量高、分布范围宽。门尼黏度低，胶料易粘辊，分子量低、分布范围窄。但门尼黏度过低会导致硫化后制品的抗拉强度低。从门尼黏度-时间曲线还能看出胶料硫化工艺性能。

4.1.6.3 门尼焦烧（Mooney scorch）

焦烧（scorching）是指胶料在贮藏、混炼、压延、压出或其他硫化过程前的加工操作中就发生硫化反应，造成可塑性降低，使制品不能加工的现象，也叫早期硫化或自然硫化。混炼胶在贮藏中的焦烧也叫保存中焦烧。用门尼黏度计测定门尼焦烧时间和硫化指数。在一定的交联密度范围内，交联密度随硫化时间延长而增大，同时胶料的黏度也随之升高，因此可用门尼黏度值变化的情况来反映胶料早期硫化的情况。

在 120℃，用大转子[直径为（38.10±0.03）mm]或小转子[直径为（30.5±0.03）mm，黏度较大时]，橡胶在密闭腔体内预热 1min，开动电动机，记录起始黏度值。从试验开始到门尼黏度下降到最低值，再转入上升 5 个门尼值（大转子）或 3 个门尼值（小转子）所需的时间，即为焦烧时间。图 4-9 中的焦烧时间为 10min。

从门尼焦烧点再上升 30 个单位的时间称为门尼硫化时间，可用来预测胶料的硫化速度和最适硫化时间。

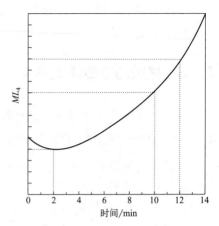

图 4-9 测试焦烧过程中门尼黏度随时间的变化

4.1.6.4　拉伸性能（tensile property）

硫化橡胶的拉伸性能，通常是指拉伸强度、断裂拉伸强度、扯断伸长率、定伸应力、定应力伸长率、屈服点拉伸应力、屈服点伸长率、扯断永久变形等。这些性能都是橡胶材料最基本的力学性能，是鉴定硫化橡胶性能的重要项目。

（1）拉伸强度（tensile strength）

硫化橡胶的拉伸强度，是橡胶力学性能中的一个重要指标，也是鉴定橡胶制品硫化性能的有效方法之一。拉伸强度指的是试样拉伸至断裂过程中的最大拉伸应力。拉伸应力为试样拉伸时产生的应力，其值为所施加的力与试样的初始横截面积之比。

（2）断裂拉伸强度（fracture tensile strength）

在拉伸试验中，试样在断裂点时所能承受的最大抗张应力。以试样在断裂处的原面积为准计算，不能以断裂后已经减少了的面积计算。

（3）扯断伸长率（elongation at break）

橡胶经硫化后，其原有的线形高分子结构被交联成网状结构，分子间作用力增大，具有一定的强度，能承受一定的作用力。当橡胶试样拉断时，其伸长部分与原长度之比定义为扯断伸长率，以百分率（%）表示。

（4）定伸应力（stress at definite elongation）

拉伸试样时，试样工作部分（标距）拉伸至给定伸长时的拉伸应力。一般测定伸长为 100%、200%、300%、500%时的定伸应力。

4.1.6.5　撕裂强度（tear strength）

撕裂性能是某些橡胶制品的一项重要的力学性能。例如汽车内胎、自行车内胎、手套和一些厚度较薄的制品，其撕裂性能的好坏，直接影响这些制品的使用寿命。撕裂强度是试样被撕裂时单位厚度所承受的负荷。国际上关于撕裂试验的方法很多，试样形状也不同。我国采用的撕裂试验方法有两种，即直角形撕裂试验和新月形（又称圆弧形）撕裂试验，如图 4-10 所示。前者是把直角形试样在拉力机上以一定的速度连续拉伸直到撕断时单位厚度所承受的负荷。后者操作时，按国家标准 GB/T 529—2008 的规定，圆弧形试样试验前应于试样圆弧凹边的中心处割口。割口深度为（0.50±0.05）mm。可采用特制的割口器进行割口。将试样夹在拉力试验机上，以一定速度连续拉伸直到撕断时单位厚度所承受的负荷。

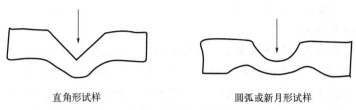

直角形试样   圆弧或新月形试样

图 4-10 橡胶撕裂强度制样示意图

4.1.6.6 邵氏硬度（Shore hardness）

橡胶硬度试验是测定橡胶试样在外力作用下，抵抗外力压入的能力。目前世界上普遍采用两种硬度：一种是邵氏硬度；另一种是国际橡胶硬度（IRHD，International Rubber Hardness Degree）。邵氏硬度在我国应用最为广泛，它分为邵氏 A 型（测量软质橡胶硬度）、邵氏 C 型（测量半硬质橡胶硬度）和邵氏 D 型（测量硬质橡胶硬度）。一般橡胶制品都采用邵氏 A 硬度计测量硬度。将硬度计的压针压入试样中，测量压针压入试样的深度，以硬度计指针直接表示。由于这种硬度计属于弹簧式结构，弹簧力的校正不准、弹簧疲劳、压针磨损以及试样厚度的影响等，均可能造成较大的试验误差。而 IRHD 属于定负荷式结构，它的测量精度高、稳定性好，特别是微型硬度计不受试样形状和厚度的影响，可直接从产品上取样进行测试，使用起来十分方便。IRHD 测量的硫化胶硬度范围为 30～95IRHD。国际橡胶硬度和邵氏 A 硬度的相关性较好，两者的硬度值基本相同。

4.1.6.7 压缩变形（compressive deformation）

与拉伸测试相比，压缩应力-应变测试与产品实际应用关系更为密切。压缩变形试验，包括恒定压缩永久变形试验和静压缩试验。前者是将硫化橡胶试样压缩到规定高度下，经一定温度和时间，或经介质浸润后，测定试样压缩永久变形率；而后者是在拉力试验机上进行，在试样两端施加一定的压力，以测定试样压缩永久变形率。压缩永久变形率可以判断硫化胶的硫化状态，了解制品抵抗静压缩应力和剪切应力的能力。

4.1.6.8 有效弹性（effective elasticity）和滞后损失（hysteresis loss）

硫化橡胶的有效弹性是将试样在拉力机上拉伸到一定长度，测量试样收缩时的恢复功与伸长时所消耗功之比的百分数。滞后损失是测量试样伸长后，收缩时所损失的功与伸长时所消耗的功之比的百分数。

4.1.6.9 摩擦（friction）与磨耗性能（wearing ability）

橡胶的摩擦与磨耗性能，是橡胶制品特别是动态条件下使用的橡胶制品极为重要的技术指标，它与某些制品如轮胎、输送带、胶鞋、动态密封件等的使用性能如可靠性、安全性和使用寿命都有密切的关系。因此，橡胶的摩擦与磨耗，尤其是磨耗性能及其测试，对橡胶配方设计是至关重要的。

（1）橡胶的摩擦及测试

橡胶的摩擦比其他工程材料要复杂得多，其影响因素很多，除温度、压力、速度、表面状态、橡胶弹性模量等因素之外，还涉及许多橡胶微观结构方面的问题，诸如橡胶大分子的拉伸、破坏、松弛、力学损耗等。因此，其测试相当困难，至今也没有列入标准。摩擦性能的测试，主要是测定摩擦系数，使用的仪器有恒牵引力式摩擦仪、恒速式往复运动摩擦仪、恒速式旋转运动摩擦仪、摆式摩擦仪等。

（2）橡胶磨耗的测试

磨耗是橡胶表面在各种复杂因素的综合作用下，受摩擦力的作用而发生微观破损和宏观脱落的现象。磨耗试验所用的仪器种类很多，其中比较重要的有阿克隆磨耗（Akron abrasion）试验机，这是我国目前应用最为广泛的一种橡胶磨耗试验机。阿克隆磨耗试验是指在一定的倾斜角和一定的负荷作用下，试样经一定行程后在砂轮上的磨损体积。

4.1.6.10　疲劳性能（fatigue property）

疲劳试验就是在实验室模拟橡胶制品在使用过程中的主要使用条件，从而定量地测出该制品的耐疲劳性能。疲劳试验结果常以疲劳寿命表征。疲劳试验可分为压缩挠曲实验、挠曲疲劳试验、伸张疲劳试验和回转疲劳试验。

（1）压缩挠曲试验（compression bending test）

是以一定的频率和变形幅度，反复压缩试样，测定其生热、变形和疲劳寿命等性能。

（2）挠曲龟裂试验（flex cracking test）

测定橡胶由于多次挠曲而产生裂口时的挠曲次数，或用橡胶割口扩展法测定一定挠曲次数时割口的扩展长度。

（3）回转挠曲疲劳试验（rotary flexure fatigue test）

所用的回转疲劳试验机可以向两坐标轴施力，即试样不仅轴向受力，而且还受与轴向垂直的作用力，以便模拟某些橡胶制品的真实受力情况。

4.1.6.11　低温性能（cryogenic property）

橡胶耐寒性能的好坏是衡量它应用价值的一个重要指标。根据生产的实际需要，在低温时，不同的橡胶制品分别在拉伸、压缩、冲击、弯曲、剪切、扭转、扭摆等状态下使用，因此相应的低温试验方法也很多。目前国内外常用的试验方法有橡胶脆性温度测定法、耐寒系数测定法、吉门扭转测定法（通过扭转不同角度测试低温下橡胶的刚性）、玻璃化转变温度测定法以及温度回缩测定法等。低温试验用的介质也很多，常用的有酒精，其次有丙酮、煤油、空气等。常用的制冷剂有干冰、液氮、氟利昂、液空（液态的空气混合物）等。此外，半导体制冷技术在低温试验中也有着广阔的前途。由于不同的介质对橡胶分子的作用不同，因此，同一种胶料的试验在不同介质中进行时，其结果往往缺乏可比性。另外，对于加入邻苯二甲酸二丁酯等的橡胶制品，当在油性介质中使用时，由于介质对耐寒剂有抽出作用，导致此类橡胶的低温试验结果与使用结果相差较远。

总之，各种低温试验都是用来测定橡胶低温性能好坏的方法，它们对控制、改善产品质量，研究和应用新型材料都有着重要的意义。但是应尽可能根据橡胶制品的工作状态和工作环境来选择适当的试验方法、试验介质和试验温度，否则试验结果缺乏指导实际应用的意义。

（1）脆性温度（brittleness temperature）

通过试样在低温下冲击断裂时的温度，了解材料的耐低温性能。试验的仪器有 XCW—A 型多试样脆性温度测定仪、单试样脆性温度测定仪。

（2）耐寒系数（cold-resistant coefficient）

通过冷冻前后试样的弹性减少或硬度增加的程度，衡量硫化橡胶耐寒性的优劣。测量的仪器有拉伸耐寒系数测定仪、压缩耐寒系数测定仪。

（3）低温刚性（low temperature rigidity）

可通过测定橡胶试样在不同温度时的扭转角度，计算其扭转模量的变化，用以衡量橡胶在低温下刚度增加的程度。试验的仪器是吉门扭转仪。

（4）玻璃化转变温度（glass transition temperature）

橡胶由玻璃态向高弹态转变时，许多物理性能如弹性模量、膨胀系数、比热容、密度等，都会发生突变，因而可利用这些性能的突变来测定玻璃化转变温度。玻璃化转变温度能表征橡胶材料的极限使用温度（最低工作温度）。试验的仪器有温度-形变曲线测定仪、膨胀计、差热分析仪、动态力学试验机等。

（5）温度-回缩（temperature retraction）试验

通过温度-回缩试验，又称 TR 试验，可以了解胶料在低温下的黏弹性能，比较不同配方的硫化胶在低温应变下的结晶趋势等重要的低温性能数据。温度-回缩试验是测定硫化橡胶低温特性的重要方法之一。使用的仪器是 TR 测试仪。

4.1.6.12　黏弹性能（viscoelasticity）

（1）静态黏弹性能（static state viscoelasticity）

① 冲击弹性（回弹性）（impact elasticity）。是描述橡胶在变形时，特别是在冲击变形时，保持其机械能的一个指标。机械能损失少的橡胶回弹性大，反之则回弹性小。常用的仪器有冲击弹性试验机。

② 蠕变（creep）。对橡胶试样施加一恒定的力，试样的形变随时间延长而逐渐增大，增大的速度可反映胶料塑性变形能力的大小。测试的仪器有压缩型蠕变试验仪、拉伸型蠕变试验仪和剪切型蠕变试验仪。

③ 应力松弛（stress relaxation）。试样在固定的应变条件下，应力随时间延长而逐渐减小。通过应力松弛的速度可以测定某些橡胶密封制品的密封性能、评价橡胶材料的耐老化性能、估算产品的使用寿命等。试验仪器有压缩应力松弛仪、拉伸应力松弛仪。

（2）动态黏弹性能（dynamic viscosity）

测定橡胶试样在周期性外力作用下，动态模量、阻尼（$\tan\delta$）的大小。它更能反映产品的使用性能，是一种最有效的黏弹性试验，其测试结果可直接用作工程参数。测试仪器有杨子尼机械示波器、扭摆试验机、劳利动态试验机、动态模量仪、黏弹谱仪等。动态黏弹性试验的结果包括弹性剪切模量（G'）、损耗剪切模量（G''）、复数剪切模量（G^*）、损耗因子（$\tan\delta$）等。

4.1.6.13　热性能（thermal property）

（1）热导率（heat conductivity）

测量橡胶试样在单位厚度上温度相差 1K 时，单位时间通过单位截面的热量，用以了解材料的热传导特性。测试仪器有热导率测定仪。

（2）比热容（specific heat capacity）

测量单位质量的硫化橡胶，温度上升 1℃所需的热量，即单位质量的热容量。试验的仪器有滴落式量热器、差热分析仪（DTA）、示差扫描量热仪（DSC）、热重分析仪（TGA）和热机械分析仪（TMA）等。

（3）线膨胀系数（coefficient of linear expansion）

测量温度每升高 1℃时，每厘米橡胶试样伸长的长度，即线膨胀系数。测试的仪器有立式膨胀计和卧式膨胀计。

（4）分解温度（decomposition temperature）

测量橡胶在受热情况下，大分子裂解时的温度，可用以衡量使用温度的上限。测试仪器主要是热重分析仪（TGA）。

（5）耐热性能（heat-resistant quality）

① 马丁耐热试验（Martin heat resistance test）。在等速升温环境中，在一定的静弯曲力矩作用下，达到一定的弯曲变形时的温度，称为马丁耐热温度。该试验适用于硬质橡胶。试验仪器有马丁耐热试验仪。

② 维卡耐热试验（Vika heat resistance test）。在等速升温的恒温箱中，用断面为 $1mm^2$ 的圆柱形钢针和试样表面接触，测量在一定负荷下钢针压入试样深度达 1mm 时的温度。测试仪器是维卡耐热试验仪。

（6）耐燃烧性能（combustion-resist performance）

测量橡胶的燃烧速度、燃烧时间、燃烧失重率等，表征材料的难燃程度和阻燃性。测试的仪器有氧指数仪、水平燃烧和垂直燃烧试验装置、发烟量和烟浓度测定仪等。目前常用的是氧指数仪。

4.1.6.14　电性能（electrical property）

（1）绝缘电阻率（insulation resistance）

通过测量硫化橡胶的体积电阻率和表面电阻率来评估其绝缘性能。测试仪器有检流计测试仪和高阻仪。

（2）介电常数（dielectric constant）和介质损耗（dielectric loss）

通过介电常数可以了解橡胶在单位电场中单位体积内积蓄的静电能量的大小。通过介电损耗角正切值可以了解橡胶在电场作用下，单位时间内消耗的能量。测试的仪器采用工频高压电桥测试仪、音频电容电桥测试仪和高频介质损耗测试仪等。

（3）击穿电压强度（breakdown voltage strength）

橡胶试样在某一电压作用下被击穿时的电压值，称为击穿电压。击穿电压与试样厚度之比，即为击穿电压强度或介电强度。该试验可为电力工程选用绝缘材料时提供可靠的依据。试验的仪器是高压击穿测试仪，如 JC—5A 型自动高压击穿溅试仪。

（4）导电性（electrical conductivity）和抗静电性（antistatic property）

测量具有导电或抗静电性能的硫化橡胶试样的体积电阻率，适用于电阻率小于 $10^6\Omega \cdot cm$ 的胶料。试验方法分为有压法和无压法两种。有压法电阻率按式：

$$\rho=RS/L=Rbd/L \qquad (4-2)$$

式中，ρ 为体积电阻率，$\Omega \cdot cm$；S 为试样横截面面积，cm^2；b 为试样宽度，cm；d 为试样厚度，cm；L 为电压电极两刃口的距离，cm；R 为电阻值，Ω（$R=U/I$；U 为电极两刃口间电压，V；I 为电流计的读数，A）。

无压法采用 YDS—1 型无压法导电橡胶电阻率测试仪，这是我国研制的一种较为先进的仪器。其优点是试样在电极接触上不需要施加压力，能做到接触稳定、不必加温，而且用半导体集成运算器制作高输入阻抗的电势测量部分，可以直接读出电阻率真实值。

4.2 天然橡胶

4.2.1 天然橡胶的分类

天然橡胶来源于自然界中含胶植物，如橡胶树、橡胶草和橡胶菊等，其中三叶橡胶树含胶多、产量大、质量好，是天然橡胶的主要来源。天然橡胶的利用始于 15 世纪，主要来源于巴西等国。我国天然橡胶产量占世界第四位。

天然橡胶的主要成分是橡胶烃，它是由异戊二烯链节组成的天然高分子化合物，其结构式为：

$$\left[CH_2\text{-}\underset{\underset{CH_3}{|}}{C}\text{=}CH\text{-}CH_2 \right]_n$$ （4-3）

n 值为 10000 左右，分子量为 3 万～3000 万，多分散性指数为 2.8～10，并具有双峰分布规律，见图 4-11。因此，天然橡胶具有良好的力学性能和加工性能。

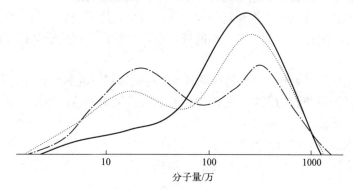

图 4-11 天然橡胶分子量分布曲线类型

橡胶树的种类不同，其大分子的立体结构也不同。巴西橡胶（巴西三叶橡胶树）含 97%以上顺式异戊二烯-1,4-加成结构[式（4-4）]，在室温下具有弹性以及柔软性，通常"天然橡胶"指的就是这种顺式聚异戊二烯橡胶。而古塔波胶又叫马来树胶，是反式异戊二烯-1,4-加成结构[式（4-5）]，室温下呈硬固状态。杜仲胶为杜仲树皮、叶浸提液制得的橡胶，也是反式异戊二烯-1,4-加成结构，室温下坚硬，无弹性，50℃方呈弹性。

$$\left[\begin{array}{c} H_2C \\ H_3C \end{array} C\text{=}C \begin{array}{c} CH_2 \\ H \end{array} \quad \begin{array}{c} H_3C \\ CH_2 \end{array} C\text{=}C \begin{array}{c} H \\ CH_2 \end{array} \right]_n$$ （4-4）

顺式-1,4-加成结构(天然橡胶)

$$\left[\begin{array}{c} H_2C \\ H_3C \end{array} C\text{=}C \begin{array}{c} H \\ CH_2 \end{array} \quad \begin{array}{c} CH_2 \\ H_3C \end{array} C\text{=}C \begin{array}{c} H \\ CH_2 \end{array} \right]_n$$ （4-5）

反式-1,4-加成结构(古塔波胶)

4.2.2 天然橡胶的品种

天然橡胶（顺式聚异戊二烯橡胶）分为天然胶乳和固体天然橡胶。

天然胶乳是一种黏稠的乳白色液体，外观像牛奶，它是橡胶粒在近中性介质中的乳状水分散体。在空气中由于氧和微生物的作用，胶乳酸度增加，2～12h即能自然凝固。为防止自然凝固，需加入一定量的氨溶液作为保护剂。

固体天然橡胶（常称天然生胶）是指胶乳经加工制成的干胶。用于橡胶工业生产的天然生胶品种很多，最主要的品种有烟胶片、绉胶片、标准马来西亚橡胶和风干胶片。

烟胶片（ribbed smoked sheet）也称烟片胶，简称RSS，是天然生胶中有代表性的品种。因生产设备比较简单，产量和用量较大，适用于小胶园生产。烟胶片为表面带有菱形花纹的棕黄色片状橡胶。由于烟胶片是以新鲜胶乳为原料，并且在烟熏干燥时，烟气中含有的一些有机酸和酚类物质对橡胶具有防腐和防老化的作用，因此胶片干、综合性能好、保存期较长、颜色为棕黄色，是天然橡胶中力学性能最好的品种，可用来制造轮胎及其他橡胶制品。但由于制造时耗用大量木材，生产周期长，因此成本较高。

绉胶片（crepe film）用胶乳凝块或杂胶为原料，经洗涤、压炼成表面有皱纹、经自然风干或热风干燥而制成的橡胶。根据制造时使用原料和加工方法的不同，可分为胶乳绉胶片和杂绉胶片。胶乳绉胶片是以胶乳为原料制成，包括白绉胶片、浅色绉胶片和一种低级的乳黄绉胶片。杂绉胶片一般色深、杂质多、性能低，但价格便宜，可用于制造深色的一般或较低档制品。

标准马来西亚橡胶是颗粒胶，原料有两种。一种是以鲜胶乳为原料，制成高质量的产品；另一种是以胶杯凝胶等杂胶为原料，生产中档和低档质量的产品。用途与烟胶片相同，但颗粒胶胶质较软，更易加工，但耐老化性能较差。

风干胶片是以胶乳为原料，其生产工艺与烟胶片的不同之处仅仅在于热空气干燥取代熏烟干燥，其他工序则完全相同。因此风干胶片颜色较浅，质量较好，用于制造轮胎胎侧和其他浅色制品。

4.2.3 天然橡胶的成分

（1）水分

生胶水分过多，贮存过程中容易发霉，而且还影响橡胶的加工，例如混炼时配合剂结团、不易分散，压延、压出过程中易产生气泡，硫化过程中产生气泡或孔洞等。含量低于1%以内的水分在橡胶加工过程中均可以除去。

（2）灰分

在胶乳凝固过程中，大部分灰分留在乳清中而被除去，仅少部分转入干胶中。灰分是一些无机盐类物质，主要成分为钙、镁、钾、钠、铁、磷等，除了吸水性较大会降低制品的电绝缘性以外，还会因含微量的铜、锰等变价离子，使橡胶的老化速度大大加快。因此，必须严格控制铜、锰含量。

（3）蛋白质

天然橡胶中的含氮化合物主要是蛋白质（酶）类。蛋白质有防老化的作用，如除去蛋白质，则生胶老化过程会加快。蛋白质中的含氮基团，以及醇溶性蛋白质有促进硫化的作用。但是，蛋白质在橡胶中易腐败变质而产生臭味，且由于蛋白质的吸水性而使制品的电绝缘性下降。蛋白质含量较高时，会导致硫化胶硬度较高，生热加大。部分人群对天然橡胶中的蛋白质产生过敏反应，因此作为医用材料时应尽可能去除。

（4）丙酮抽出物

是一些树脂状物质，主要是一些高级脂肪酸和固醇类物质。高级脂肪酸是一种硫化活性剂，可促进硫化，并能增加胶料的塑性。而固醇类及某些还原性强的物质则具有防老化的作用。

（5）水溶物

主要是糖类及酸性物质。它们对生胶的可塑性及吸水性影响较大。因此，对于耐水制品和绝缘制品要注意去除水溶物。

4.2.4　天然橡胶性能与应用

天然橡胶具有一系列优良的力学性能，是综合性能最好的橡胶。

（1）良好的弹性，弹性模量约为钢铁的 1/30000，伸长率为钢铁的 300 倍。伸长率最大可达 1000%。回弹率在 0～100℃ 范围内可达 50%～80%。

（2）较高的机械强度，在外力作用下拉伸时可结晶，结晶度较小，且受温度影响较大，产生自补强作用。纯胶硫化胶的抗张强度为 17～25MPa，炭黑补强硫化胶可达 25～35MPa。

（3）很好的耐挠曲疲劳性能，滞后损失小，多次变形时生热低；良好的耐寒性、优良的气密性、防水性、电绝缘性和绝热性能。

天然橡胶的缺点是耐油性差，耐臭氧老化性和耐热氧老化性差。天然橡胶为非极性橡胶，因此，易溶于汽油和苯等非极性有机溶剂。天然橡胶含有不饱和双键，因此化学性质活泼。在空气中易与氧进行自动催化氧化的连锁反应，使分子断链或过度交联，橡胶发生粘连或龟裂，即发生老化现象。未加防老剂的橡胶曝晒 4～7d 即出现龟裂；与臭氧接触几秒钟内即发生裂口。加入防老剂可以改善其耐老化性能。

天然橡胶是用途最广泛的一种通用橡胶。大量用于制造各种轮胎和各种工业橡胶制品，如胶管、胶带、乳胶手套等。此外，天然橡胶还广泛用于日常生活用品。

4.2.5　古塔波胶

古塔波胶，也称天然"塑料"，是野生天然橡胶的一种，取自马来西亚古塔胶树的树汁。在空气中变硬，室温下呈硬的热塑性树脂状性质，在热水中变软并容易成型。过去马来西亚土著用来做马鞭手柄和工具。20 世纪 50 年代，古塔波胶用于制造高尔夫球，称古塔胶球。制作方法是加热古塔波胶，用手捏成球状。目前，古塔波胶主要用作海底电缆绝缘材料和高尔夫球外壳等，也可用作橡胶制品、医用夹板、电热开关、热封涂层、压敏性胶黏剂、热塑性塑料抗冲改性剂等。

4.2.6　杜仲胶

与古塔波胶一样，杜仲胶也是反式聚异戊二烯。苏联利用杜仲叶提取硬性橡胶（杜仲胶）。贵州和湖南过去用土法提取杜仲胶，但后来中断了。杜仲除木材外，全身均含杜仲胶。纯杜仲胶为白色。市场上应用的杜仲胶的品级，以树脂含量少、橡胶烃多为高级品。

杜仲胶具有热塑性、高度绝缘性、耐水性、耐潮湿性、高黏着性、抗酸和抗碱性等，有广泛应用。

（1）杜仲胶能提高其他橡胶的质量

杜仲胶可掺入天然橡胶制成的软质混炼胶中（加入量为生胶量的 6%），能增大其耐磨性。若加到硬质混炼胶中（加入量为生胶量的 20%～25%），可增大硬质胶的耐挠曲性和黏性，并降低脆性。

（2）耐水性强

杜仲胶中因含蛋白质少（约 1%），而吸收水分少（纯碳氢化合物吸水不到 0.2%），故杜仲胶为最耐水材料之一。宜作为海底电线及地下电缆的被覆层，可埋入土中 20～40a 而不发生变化。杜仲胶膨胀率只有 0.1% 左右，耐寒性亦强，适于在飞机上应用。

（3）高度绝缘性

杜仲胶具有高度的介电性质，介电常数为 2.6～3.2，单位电阻 $10^{14}\Omega\cdot cm$。故杜仲胶适于作为电皮线及电工绝缘材料。

（4）高度黏着性

杜仲胶可制成胶浆专用。胶浆对于金属、木材和皮革的黏着力很大，是价值很高的胶黏剂。

（5）耐酸耐碱性

杜仲胶耐酸（硝酸除外）、耐碱、耐溶剂，较一般胶为好，尤其耐氢氟酸，适于作为化学药品的容器。

（6）耐摩擦

杜仲胶属天然硬橡胶之一，耐摩擦性强，是制备轮胎、靴底的良好原料。

（7）耐寒热性

杜仲胶有不传寒热的特性，对齿髓无刺激作用，是医用补牙的良好材料。杜仲胶也可用作骨科夹板。杜仲胶稍高于体温就软化，待温度变低时就硬化。作为骨折夹板，可打孔，具有通气性，比石膏夹板更便于应用（石膏夹板上不能打孔）。

4.3　二烯类橡胶

二烯类橡胶包括二烯类均聚橡胶和二烯类共聚橡胶。属于前一类的有聚丁二烯橡胶、聚异戊二烯橡胶和聚间戊二烯橡胶等，属于后一类的主要是丁苯橡胶、丁腈橡胶和丁吡橡胶等。二烯类共聚橡胶主要由自由基聚合反应制得，发展较早。而由于二烯类单体聚合时常形成各种立体异构体，直到 1954 年发明了 Ziegler-Natta 催化剂后，才合成了立体规整性好的二烯类均聚橡胶。

4.3.1　聚丁二烯橡胶（polybutadiene，PB）

聚丁二烯橡胶是以 1,3-丁二烯为单体聚合得到的一种通用合成橡胶。1956 年美国首先合成了高顺式聚丁二烯橡胶，我国于 1967 年实现顺丁橡胶的工业化生产。由于制造顺丁橡胶的原料来源丰富，价格低廉，以及顺丁橡胶的优异性能，顺丁橡胶是合成橡胶中发展较快的一个品种，在全世界合成橡胶的产量和耗量上仅次于丁苯橡胶，居第二位。

4.3.1.1 种类和制法

（1）按聚合方法

按聚合方法可分为溶聚丁二烯橡胶、乳聚丁二烯橡胶和本体聚合丁钠橡胶三种。

溶聚丁二烯橡胶：丁二烯在有机溶剂中，利用 Ziegler-Natta 催化剂、碱金属或其他有机化合物催化聚合得到。

乳聚丁二烯橡胶：丁二烯单体在水介质中进行乳液聚合的产物。

本体聚合丁钠橡胶：用金属钠作催化剂，丁二烯单体进行本体聚合的产物。1932 年，苏联开始工业化生产，因其性能不好，未大规模生产和应用。

（2）按分子结构

① 按结构不同可分为 4 种聚合产物：顺式-1,4-聚丁二烯（又称顺丁橡胶）、反式-1,4-聚丁二烯以及 1,2-聚丁二烯。后者还有等规和间规之分。

不同结构的聚丁二烯性能差别很大，其玻璃化转变温度和结晶熔点的区别见表 4-13。顺丁橡胶分子链与分子链之间的距离较大，在常温下是一种弹性很好的橡胶，具有高弹性和低滞后性，高抗拉强度和耐磨性，拉伸时可结晶。高反式-1,4-聚丁二烯结构也比较规整，容易结晶，在常温下是弹性很差的塑料，回弹性差。而 1,2-聚丁二烯为非晶态，有高抗拉强度和低滞后性，低温性能较差，主要用作胶黏剂和密封剂。

$$H_2C=CH-CH=CH_2 \qquad \left[\begin{array}{c} H_2C \\ H \end{array} C=C \begin{array}{c} CH_2 \\ H \end{array}\right]_n \qquad \left[\begin{array}{c} H_2C \\ H \end{array} C=C \begin{array}{c} H \\ CH_2 \end{array}\right]_n \qquad \left[CH_2-CH\right]_n \atop CH=CH_2$$

丁二烯 　　　　　 顺式-1,4-聚丁二烯 　　　　 反式-1,4-聚丁二烯 　　　 1,2-间规聚丁二烯

表 4-13　不同结构聚丁二烯的玻璃化转变温度和结晶熔点的区别

名称	$T_g/℃$	$T_m/℃$
顺式-1,4-聚丁二烯	−105	3
反式-1,4-聚丁二烯	−83	145
1,2-间规聚丁二烯	−15	156

② 聚丁二烯橡胶按照顺式-1,4 结构含量的不同，可分为高顺式（顺式含量 96%～98%）、中顺式（顺式含量 90%～95%）和低顺式（顺式含量 40%以下）三种类型。

高顺式聚丁二烯橡胶合成用钴或镍化物构成的 Ziegler-Natta 催化体系，其力学性能接近于天然橡胶，某些性能还超过了天然橡胶。因此，目前各国都以生产高顺式聚丁二烯橡胶为主。

中顺式聚丁二烯橡胶，以钛化物体系催化制得，其力学性能和加工性能都不及高顺式聚丁二烯橡胶，故趋于淘汰。

低顺式聚丁二烯橡胶中含有较多乙烯基（即 1,2-结构）的中乙烯基丁二烯橡胶，用烷基锂催化剂制得，具有较好的综合平衡性能，并克服了高顺式聚丁二烯橡胶的抗湿滑性差的缺点，最适宜制造轮胎，正在发展中。

4.3.1.2 性能与应用

溶聚高顺式聚丁二烯橡胶是最重要的品种，因此主要讨论这种橡胶的性能与应用。

（1）分子链非常柔顺、分子量分布较窄，因此具有比天然橡胶还要高的回弹性，其弹性是目前橡胶中最好的；滞后损失小，动态生热低。此外，它还具有极好的耐寒性（玻璃化转变温度为−105℃），是通用橡胶中耐低温性能最好的一种。

（2）结构规整性好、无侧基、摩擦系数小，所以耐磨性特别好，非常适于制作耐磨的橡胶制品，但是抗湿滑性差。

（3）顺丁橡胶为不饱和橡胶，使用硫黄硫化，但易发生老化。因其双键的化学活性比天然橡胶稍低，故硫化反应速度较慢，介于天然橡胶和丁苯橡胶之间，而耐热氧老化性能比天然橡胶稍好。

（4）耐挠曲性能优异，制品的耐动态裂口生成性能好。

（5）分子链柔性好，湿润能力强，因此比丁苯橡胶和天然橡胶可填充更多的补强填料和操作油，从而有利于降低胶料成本。

（6）分子间作用力小，分子链段的运动性强，所以顺丁橡胶虽属结晶性橡胶，但在室温下仅稍有结晶性，只有拉伸到300%～400%的状态下或冷却到−30℃以下，结晶才显著增加。因此，在通常的使用条件下，顺丁橡胶无自补强性。其纯胶硫化胶的拉伸强度低，仅有 1～10MPa。通常需经炭黑补强后才有使用价值（炭黑补强硫化胶的拉伸强度可达 17～25MPa）。此外，顺丁橡胶的撕裂强度也较低，特别是在使用过程中，胶料会因老化而变硬变脆，弹性和伸长率下降，导致其出现裂口后的抗裂口展开性差。

（7）非极性橡胶，分子间空隙较多，因此顺丁橡胶的耐油、耐溶剂性差。橡胶在其自重影响下向四周底部流散的现象为冷流，其特点是形变速率很小和时间很长。橡胶冷流性源于分子量较低、分子量分布较窄、分子链柔顺性好、分子间作用力小且分子链间的物理缠结点少（如没有支化、交联等）。但这类橡胶硫化时的流动性好，特别适于注射成型。

（8）在机械力作用下胶料的内应力易于重新分配，以柔克刚，且分子量分布较窄，分子间作用力较小，因此加工性能较差。不易进行增塑及塑炼，开炼机混炼时，辊温稍高就会产生脱辊现象（这是由于顺丁橡胶的拉伸结晶熔点为65℃左右，超过其熔点温度，结晶消失，胶片会因缺乏强韧性而脱辊）；成型贴合时，自粘性差。

优点总结：高弹性，是当前橡胶中弹性最高的一种；耐低温性能好，是通用橡胶中耐低温性能最好的一种；耐磨性能优异；滞后损失小，生热性低；耐挠曲性好；与其他橡胶的相容性好。缺点总结：抗张强度和抗撕裂强度均低于天然橡胶和丁苯橡胶；用于轮胎时，抗湿滑性不良；工艺加工性能和黏着性能较差。

顺丁橡胶所具有的优点特别是优异的弹性、耐磨性、耐寒性以及生热低，使其广泛地用于制造轮胎。所得轮胎胎面在苛刻的行驶条件下，如高速、路面差、气温很低时，可以显著地改善耐磨耗性能，提高轮胎使用寿命。顺丁橡胶还可以用来制造其他耐磨制品，如胶鞋、胶管、胶带、胶辊等，以及各种耐寒性要求较高的制品。顺丁橡胶性能上的缺点，诸如抗湿滑性差、撕裂强度低、抗裂口展开性差、加工困难、冷流性大等，可以通过与其他橡胶并用以及通过配方和工艺的改进而得到改善。

4.3.1.3　聚丁二烯橡胶新品种

聚丁二烯橡胶的新品种主要从结构上进行调整。

中乙烯基丁二烯橡胶：含有35%～55%的1,2-结构，改善抗湿滑性能和热老化性能，但强度和耐磨性下降。

高乙烯基丁二烯橡胶：70%的1,2-结构，抗湿滑性高，适于制造轿车轮胎的胎面胶。

低反式丁二烯橡胶：顺式占90%，反式占9%，许多性能如强度提高。

超高顺式丁二烯橡胶：顺式 ≥98%，拉伸时结晶快，结晶度高，分子量分布宽。

4.3.2 聚异戊二烯橡胶（polyisoprene，IR）

顺式聚异戊二烯橡胶简称异戊橡胶，其分子结构和性能与天然橡胶相似，也称作合成天然橡胶。

异戊二烯单体在催化剂作用下，经溶液聚合而制得的顺式聚 1,4-异戊二烯[式（4-6）]。

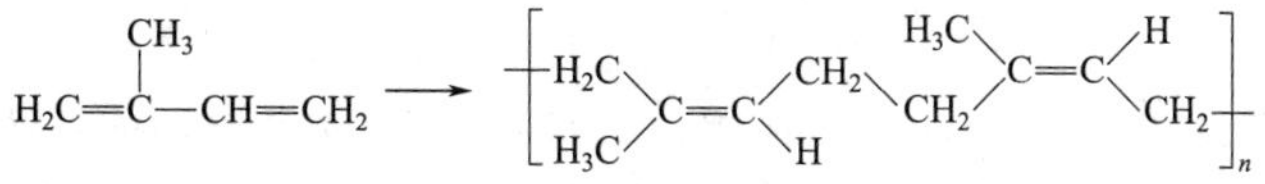

$$
\begin{array}{c}
CH_3 \\
H_2C=C-CH=CH_2
\end{array}
\longrightarrow
\left[
\begin{array}{c}
H_2C \\ H_3C
\end{array}
C=C
\begin{array}{c}
CH_2 \\ H
\end{array}
\begin{array}{c}
H_3C \\ CH_2
\end{array}
C=C
\begin{array}{c}
H \\ CH_2
\end{array}
\right]_n
\tag{4-6}
$$

Ziegler-Natta 为催化剂时，顺式-1,4-结构含量为 96%～98%；丁基锂为催化剂时，顺式-1,4-结构含量为 92%～93%；有机酸稀土盐三元催化体系制备的异戊橡胶，顺式-1,4-结构含量为 93%～94%。

聚异戊二烯橡胶是综合性能最好的一种通用合成橡胶；具有优良的弹性、耐磨性、耐热性、抗撕裂及低温挠曲性；与天然橡胶相比，又具有生热小、抗龟裂的特点，且吸水性小，电性能及耐老化性能好。

缺点是硫化速度较天然橡胶慢，炼胶时易粘辊，成型时黏度大，而且价格较贵。

主要用于制造轮胎、各种医疗制品、胶管、胶鞋、胶带以及运动器材等。

其他异戊橡胶：充油异戊橡胶，改善性能，降低成本，流动性好。

反式聚 1,4-异戊二烯橡胶，又称合成巴拉塔橡胶（Gutta-balate）。常温下是结晶状态，具有较高的拉伸强度和硬度，主要用于制造高尔夫球皮层，还可制作海底电缆、电线等。

4.3.3 丁苯橡胶（styrene-butadiene rubber，SBR）

丁苯橡胶是最早工业化的合成橡胶，1937 年德国首先实现工业化生产。目前，丁苯橡胶的产量和消耗量在合成橡胶中占第一位。它是以丁二烯和苯乙烯为单体共聚而得到的高分子弹性体[式（4-7）]。

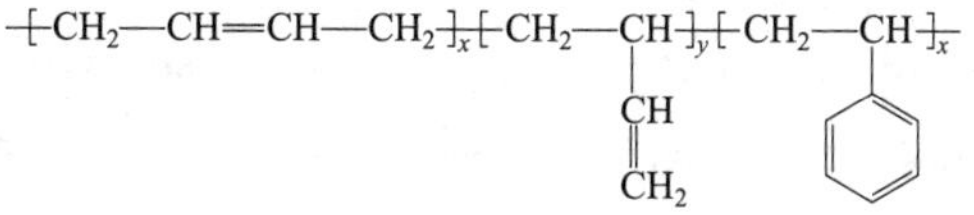

$$
+CH_2-CH=CH-CH_2\!\!\!\frac{}{x}+CH_2-CH\!\!\!\frac{}{x}+CH_2-CH\!\!\!\frac{}{x}
$$

$$
\begin{array}{c} | \\ CH \\ \| \\ CH_2 \end{array} \qquad
\tag{4-7}
$$

丁苯橡胶品种很多，通常根据聚合方法和条件、填料品种、苯乙烯单体含量不同进行分类（图 4-12）。

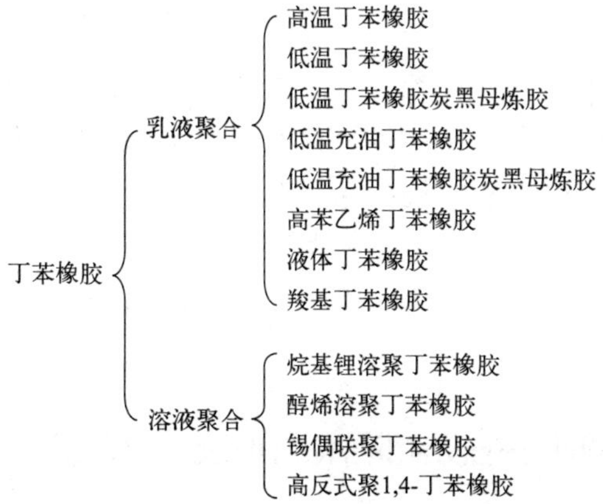

（1）按聚合方法和条件，分为乳液聚合丁苯橡胶和溶液聚合丁苯橡胶。乳液聚合丁苯橡胶又可以分为高温乳液聚合丁苯橡胶和低温乳液聚合丁苯橡胶，后者应用较广，而前者趋于淘汰。

乳聚低温丁苯橡胶：氧化-还原引发体系，反应温度为 5～8℃，当苯乙烯为 23.5%时性能最好。

高苯乙烯丁苯橡胶：由含 85%～87%苯乙烯的苯乙烯树脂胶乳与 SBR 胶乳共沉淀而成。

丁苯橡胶
- 乳液聚合
  - 高温丁苯橡胶
  - 低温丁苯橡胶
  - 低温丁苯橡胶炭黑母炼胶
  - 低温充油丁苯橡胶
  - 低温充油丁苯橡胶炭黑母炼胶
  - 高苯乙烯丁苯橡胶
  - 液体丁苯橡胶
  - 羧基丁苯橡胶
- 溶液聚合
  - 烷基锂溶聚丁苯橡胶
  - 醇烯溶聚丁苯橡胶
  - 锡偶联聚丁苯橡胶
  - 高反式聚1,4-丁苯橡胶

图 4-12 丁苯橡胶的主要品种

羧基丁苯橡胶：苯乙烯和丁二烯，加上 1%～3%丙烯酸类单体反应制得。

溶聚 SBR：以烷基锂为催化剂制得。

（2）按填料品种，可以分为充炭黑丁苯橡胶、充油丁苯橡胶和充炭黑充油丁苯橡胶。

（3）按苯乙烯含量，分为丁苯橡胶-10、丁苯橡胶-30、丁苯橡胶-50 等，其中数字为聚合时苯乙烯的含量（质量），最常用的是丁苯橡胶-30。

结构特点：

（1）丁苯橡胶因分子结构不规整，在拉伸和冷冻条件下不能结晶，为非结晶性橡胶。

（2）与天然橡胶一样，为不饱和碳链橡胶，但与天然橡胶相比双键数目减少，且不存在甲基侧基及推电子作用，双键的活性也较低。

（3）分子主链上引入了庞大苯基侧基，并存在丁二烯-1,2-结构形成的乙烯侧基，因此空间位阻大，分子链的柔性较差。

（4）平均分子量较低，分子量分布较窄。

性能与应用：

（1）由于低温丁苯橡胶是不饱和橡胶，因此可用硫黄硫化，与天然橡胶、顺丁橡胶等通用橡胶的并用性能好。但因不饱和程度比天然橡胶低，因此硫化速度较慢，但加工安全性提高，表现为不易焦烧、不易过硫、硫化平坦性好。

（2）由于其分子结构较拥挤，特别是庞大苯基侧基的引入，使分子间力加大，所以其硫化胶比天然橡胶有更好的耐磨性、耐透气性，但也导致弹性、耐寒性、耐撕裂性（尤其是耐热撕裂性）差，多次变形下生热大，滞后损失大，耐挠曲龟裂性差（挠曲龟裂发生后的裂口增长速度快）。

（3）由于低温丁苯橡胶是碳链胶，取代基非极性，因此是非极性橡胶，耐油性和耐非极性溶剂性差。但由于其结构较紧密，所以耐油性和耐非极性溶剂性、耐化学腐蚀性/耐水性均比天然橡胶好；且由于含杂质少，所以电绝缘性也比天然橡胶稍好。

（4）低温丁苯橡胶为非结晶橡胶，无自补强性，纯胶硫化胶的拉伸强度很低，只有 2～5MPa。必须经高活性补强剂补强后才有使用价值，其炭黑补强硫化胶的拉伸强度可达 25～28MPa。

（5）由于聚合时控制了分子量使其处于较低范围，因而大部分低温乳聚丁苯橡胶的初始门尼黏度值较低，在 50～60 左右，因此可不经塑炼，直接混炼。但由于分子链柔性较差，分子量分布较窄，缺少低分子级分的增塑作用，因此加工性能较差。表现在混炼时，对配合剂的湿润能力差，温升高，设备负荷大；压出操作较困难，半成品收缩率或膨胀率大；成型贴合时自粘性差等。

总结优点：耐磨性、耐热性、耐油性和耐老化性均比天然橡胶好，硫化曲线平坦，不容易焦烧和过硫，与天然橡胶、顺丁橡胶混溶性好。总结缺点：弹性、耐寒性、耐撕裂性和黏着性能均较天然橡胶差，纯胶强度低，滞后损失大，生热高，硫化速度慢。

丁苯橡胶成本低廉，其性能不足之处可以通过与天然橡胶并用或调整配方得到改善。因此，至今仍是用量最大的通用合成橡胶。可以部分或全部代替天然橡胶，用于制造各种轮胎及其他工业橡胶制品，如胶带、胶管、胶鞋等。

4.3.4　丁腈橡胶（nitrile rubber，acrylonitrile-butadiene rubber，NBR）

丁腈橡胶[式（4-8）]是以耐油性和耐非极性溶剂而著称的特种合成橡胶，以丁二烯和丙烯腈为单体经乳液共聚而制得的高分子弹性体。1937 年德国首先投入工业化生产。

$$-\!\!\left[CH_2\!-\!CH\!=\!CH\!-\!CH_2\right]_x\!\!\left[\!\!\begin{array}{c}CH_2\!-\!CH\\ |\\ CN\end{array}\!\!\right]_y$$

(4-8)

依聚合温度不同，可分为热聚丁腈橡胶和冷聚丁腈橡胶。前者聚合温度为 25～50℃（引发剂为过硫酸盐），而后者为 5～20℃（引发剂为过硫酸盐和硫酸亚铁）。

按其含量不同分为五类，见表 4-14。丁腈橡胶中丙烯腈含量一般在 15%～50% 范围内。固体丁腈橡胶分子量达几十万，门尼黏度在 20～140 之间。按门尼黏度可分为许多种类。

表 4-14　各种丁腈橡胶的丙烯腈含量

名　称	丙烯腈含量/%	名　称	丙烯腈含量/%
极高丙烯腈丁腈橡胶	43 以上	中丙烯腈丁腈橡胶	25～30
高丙烯腈丁腈橡胶	36～42	低丙烯腈丁腈橡胶	24 以下
中高丙烯腈丁腈橡胶	31～35		

丁腈橡胶的主要结构特点如下：

（1）分子结构不规整，属非结晶性橡胶。

（2）丁腈橡胶分子链上引入了强极性的氰基团，因而为极性橡胶。丙烯腈含量越高，极性越强，分子间力越大，分子链柔性也越差。

（3）因分子链上存在双键，属不饱和橡胶。但双键数目随丙烯腈含量的提高而减少，即不饱和程度随丙烯腈含量的提高而下降。

（4）分子量分布较窄。如中高丙烯腈含量的丁腈橡胶分子量分布指数为 4.1。

丁腈橡胶在很多方面具有优异的性能：

（1）耐油性仅次于聚硫橡胶和氟橡胶，而优于氯丁橡胶。由于氰基有较高的极性，因此丁腈橡胶不被非极性和弱极性油类溶胀，但对芳香烃和氯代烃油类的抵抗能力则较差。

（2）因含有丙烯腈结构，不仅降低了分子的不饱和程度，而且由于氰基较强的吸电子能力，使烯丙基位置上的氢比较稳定，故耐热性优于天然橡胶、丁苯橡胶等通用橡胶。选择适当配方，最高使用温度可达 130℃，在热油中可耐 150℃高温。

（3）腈基的极性增大了分子间力，从而使耐磨性提高，其耐磨性比天然橡胶高 30%～45%。

（4）丁二烯在分子链中主要以反式-1,4-结构与丙烯腈无规共聚，形成非结晶橡胶；分子中大量的氰基极性较大，使其结构紧密，透气率较低，和丁基橡胶同属于气密性良好的橡胶。

（5）丙烯腈的引入提高了分子链结构的稳定性，耐化学腐蚀性优于天然橡胶，但对强氧化性酸的抵抗能力较差。

（6）无自补强性，纯胶硫化胶的拉伸强度只有 3.0～4.5MPa。因此，必须经补强后才有使用价值，炭黑补强硫化胶的拉伸强度可达 25～30MPa，优于丁苯橡胶。

（7）由于分子链柔性差和非结晶性，使硫化胶的弹性、耐寒性、耐挠曲性、抗撕裂性差，变形生热大。丁腈橡胶的耐寒性比一般通用橡胶都差，脆性温度为 -20～-10℃。

（8）分子极性导致其成为半导电性胶，不宜作电绝缘材料使用，其体积电阻只有 10^9～$10^{10}\Omega\cdot cm$，与半导体材料的体积电阻率 $10^{10}\Omega\cdot cm$ 相当；介电常数为 7～12，是电绝缘性最差的橡胶。

（9）因具不饱和性而易受到臭氧的破坏，加之分子链柔性差，使臭氧龟裂扩展速度较快。

尤其制品在使用中与油接触时，配合时加入的抗臭氧剂易被油抽出，造成防护臭氧破坏的能力下降。

（10）因分子量分布较窄、极性大、分子链柔性差，以及本身特定的化学结构，导致加工性能较差，表现为塑炼效率低，混炼操作较困难，塑混炼加工中生热高，压延、压出的收缩率和膨胀率大，成型时自粘性较差，硫化速度较慢等。

丁腈橡胶是以耐油性和耐非极性溶剂而著称的特种合成橡胶，广泛用于各种耐油制品。高丙烯腈含量的丁腈橡胶一般用于直接与油类接触、耐油性要求比较高的制品，如油封、输油胶管、化工容器衬里、垫圈等。中丙烯腈含量的丁腈橡胶一般用于普通耐油制品，如耐油胶管、油箱、印刷胶辊、耐油手套等。低丙烯腈含量的丁腈橡胶用于耐油性要求较低的制品，如低温耐油制品和耐油减震制品等。丁腈橡胶具有半导电性，因此可用于需要导出静电、以免引起火灾的地方，如纺织皮辊、皮圈、阻燃运输带等。

丁腈橡胶还可与其他橡胶或塑料并用以改善各方面的性能，最广泛的是与聚氯乙烯并用，以进一步提高其耐油、耐臭氧老化性能。

特种丁腈橡胶是在丁腈橡胶基础上添加或改性后引入新的性能以满足特殊应用需求。如羧基丁腈橡胶是由含羧基的单体（丙烯酸或甲基丙烯酸）和丁二烯、丙烯腈三元共聚制得的。在羧基丁腈橡胶的3种结构单元中，丁二烯链段赋予分子链柔性，使聚合物具有弹性和耐寒性；丙烯腈链段主要赋予聚合物优异的耐油性能；羧基的引入进一步增加了聚合物的极性，提高了耐油性和与金属的粘接性能。另外，羧基丁腈橡胶具有很高的强度，又称为高强度橡胶。此外，还有部分交联NBR（如二乙烯基苯交联）、液体NBR、交替NBR（AlR_3+$AlCl_3$+$VOCl_3$催化）等也因其特殊性能而引起广泛关注。

4.4　其他橡胶

4.4.1　氯丁橡胶（chloroprene rubber，CR）

氯丁橡胶是2-氯-1,3-丁二烯聚合而成的一种高分子弹性体[式（4-9）]。于1931年美国首先实现工业化生产，是合成橡胶的主要品种之一。

$$\text{--}CH_2\text{---}C\text{==}CH\text{---}CH_2\text{---}_n \qquad \underset{Cl}{|}$$

（4-9）

氯丁橡胶可由乳液聚合法生产，生产工艺流程多为单釜间歇聚合。聚合温度多控制在40～60℃，聚合后经凝聚、水洗、干燥而得成品，转化率则在90%左右。聚合温度、最终转化率过高或聚合过程中进入空气（氧气）均会导致产品质量下降。生产中用硫黄-秋兰姆（四烷基甲氨基硫羰二硫化物）体系调节分子量。硫黄-秋兰姆体系的主要缺点在于多硫键不够稳定，这是影响贮存性的重要原因之一。若用硫醇调节分子量，则可改善此种性能。氯丁橡胶与一般合成橡胶不同，它不用硫黄硫化，而是用氧化锌、氧化镁等硫化。氯丁橡胶根据其性能和用途分为通用型和专用型两大类。通用型氯丁橡胶又可分为硫黄调节型和非硫黄调节型。

氯丁橡胶为浅黄色至褐色的弹性体，密度较大，为1.23g/cm³。能溶于甲苯、氯代烃、丁酮等溶剂中；在某些酯类（如乙酸乙酯）中可溶，但溶解度较小；不溶于脂肪烃、乙醇和丙酮。

CR 的结构特点决定了氯丁橡胶在具有良好的综合力学性能的前提下，还具有耐热、耐臭氧、耐天候老化、耐燃、耐油、黏合性好等特性，所以它被称为多功能橡胶。

（1）氯丁橡胶中 85%的丁二烯是反式-1,4-结构，分子中含有氯，属于极性橡胶，分子规整度高，有较强的结晶性，自补强性大，分子间作用力大，在外力作用下分子间不易产生滑移，因此氯丁橡胶与天然橡胶有相近的力学性能。其纯胶硫化胶的拉伸强度、扯断伸长率甚至大于天然橡胶；炭黑补强硫化胶的拉伸强度、扯断伸长率则接近于天然橡胶。其他力学性能也很好，如回弹性、抗撕裂性仅次于天然橡胶，而优于一般合成橡胶，并有接近于天然橡胶的耐磨性。

（2）结构稳定性强，有很好的耐热、耐臭氧、耐天候老化性能。其耐热性与丁腈橡胶相当，能在 150℃下短期使用，在 90～110℃下能使用四个月之久。耐臭氧、耐天候老化性仅次于乙丙橡胶和丁基橡胶，而大大优于其他通用型橡胶。此外，氯丁橡胶的耐化学腐蚀性、耐水性优于天然橡胶和丁苯橡胶，但对氧化性物质的抵抗力较差。

（3）极性强，因此氯丁橡胶的耐油、耐非极性溶剂性好，仅次于丁腈橡胶，而优于其他通用橡胶。除芳香烃和卤代烃油类外，在其他非极性溶剂中都很稳定，其硫化胶只有微小溶胀。

（4）结构紧密，因此气密性好，通用橡胶中仅次于丁基橡胶，比天然橡胶的气密性好。

（5）由于氯丁橡胶在燃烧时放出氯化氢，起阻燃作用，因此遇火时虽可燃烧，但切断火源即自行熄灭。氯丁橡胶的耐延燃性在通用橡胶中是最好的。

（6）氯丁橡胶的粘接性好，因而被广泛用作胶黏剂。氯丁橡胶系胶黏剂占合成橡胶类胶黏剂的 80%。其特点是粘接强度高，适用范围广，耐老化、耐油、耐化学腐蚀，具有弹性，使用简便，一般无需硫化。

缺点：氯丁橡胶分子结构的规整性好、极性大，内聚力较大，限制分子的热运动，特别在低温下热运动更困难。因此，低温结晶使橡胶拉伸变形后难以回复原状而失去弹性，甚至发生脆折现象。氯丁橡胶的玻璃化转变温度为-40℃，低温使用范围一般不超过-30℃，耐寒性不好。氯丁橡胶因分子中含有极性氯原子，所以绝缘性差，体积电阻为 10^{10}～$10^{12}\Omega\cdot cm$，仅适于 600V 以内的较低压使用。除此之外，贮存稳定性差，贮存过程中易结晶硬化。

由于氯丁橡胶不仅具有最好的耐燃性，合成橡胶中最好的耐水性，优良的耐热、耐老化、耐油、耐腐蚀等特殊性能，而且综合力学性能良好，所以是一种能满足高性能要求、用途极为广泛的橡胶材料。氯丁橡胶可用来制造轮胎胎侧、耐热输送带、耐油及耐化学腐蚀的胶管、容器衬里、垫圈、胶辊、胶板、汽车和拖拉机配件、电线电缆包皮胶、门窗密封胶条、橡胶水坝、公路填缝材料、建筑密封胶条、建筑防水片材、某些阻燃橡胶制品及胶黏剂等。

在氯丁橡胶中引入不同官能团，会获得不同的性能。如含有—COOH 的氯丁橡胶为压敏胶黏剂；与丙烯腈共聚得到氯丙橡胶，提高了耐油性；凝胶型的氯丁橡胶（不加分子量调节剂，分子量很大）可作透明鞋底；在液体氯丁橡胶中引入特殊基团，如—SH、—COOH、—OH、环氧基等，可以作结构预聚物（structural prepolymer）。

4.4.2　聚异丁烯和丁基橡胶

4.4.2.1　聚异丁烯（polyisobutylene）

聚异丁烯是异丁烯的聚合产物，是接近无色或白色的弹性体。聚异丁烯是第一个实现工业化生产的聚烯烃，1931 年美国首先投入工业化生产。

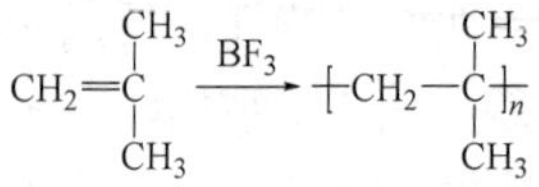

$$CH_2=\underset{\underset{CH_3}{|}}{\overset{\overset{CH_3}{|}}{C}} \xrightarrow{BF_3} +CH_2-\underset{\underset{CH_3}{|}}{\overset{\overset{CH_3}{|}}{C}}_{n}$$

$$(4-10)$$

聚异丁烯是异丁烯在阳离子催化剂（Luis 酸）作用下，低温聚合（<-50℃）而制得的。因其有供电子基团，可以形成稳定的烯丙基自由基，因此不能进行自由基聚合。在聚合过程中每升高 1℃，数均分子量降低 5 万～10 万。

聚异丁烯按其分子量分为高分子量聚异丁烯和低分子量聚异丁烯。

（1）低分子量聚异丁烯：分子量<1000

浅黄色黏稠液体或膏状物，密度为 0.83～0.91g/cm³。可溶于氯化烃、乙醚和乙酸乙酯；耐光、热和氧化性好；用作胶黏剂基料、增黏剂、填隙腻子和涂料；密封材料和口香糖胶料等。

（2）高分子量聚异丁烯：分子量 1000～100 万

无味无臭、无色或白色的固体。聚异丁烯是完全饱和的烃类弹性体，分子链不含双键，故不能用普通的硫黄硫化体系。聚异丁烯的硫化通常采用过氧化物硫化体系。过氧化物自由基的初始反应就是从聚合物分子链上的甲基夺取氢原子，形成聚合物自由基，迅速发生断裂和重排，完成硫化。但采用过氧化物如二叔戊基过氧化物、二叔丁基过氧化氢或含硫化合物如硫化树脂（如叔丁酚醛硫化树脂）、硫化四甲基秋兰姆进行硫化时，均未得到性能满意的硫化胶。无定形态的聚异丁烯密度为 0.84g/cm³，T_g 为-65～-30℃；结晶性聚异丁烯密度为 0.94g/cm³，T_m 为 3～24℃。

由于聚异丁烯具有高度饱和结构，所以耐热性、耐老化性和耐化学腐蚀性好。分解温度达 300℃；同时耐寒性好，-50℃下仍能保持弹性。聚异丁烯有优异的介电性能，优良的防水性和气密性，以及与橡胶和填料的混溶性。聚异丁烯耐油性差，具有冷流性。

聚异丁烯广泛用来与天然橡胶、合成橡胶和填料并用。其硫化胶可用于制作防水布、防腐器材、耐酸软管、输送带等。

4.4.2.2 丁基橡胶（butyl rubber，isobutylene isoprene rubber，IIR）

丁基橡胶为异丁烯和少量异戊二烯的共聚物。1943 年美国开始工业生产。由于性能好，发展较快，已成为通用橡胶之一。其结构见式（4-11）：

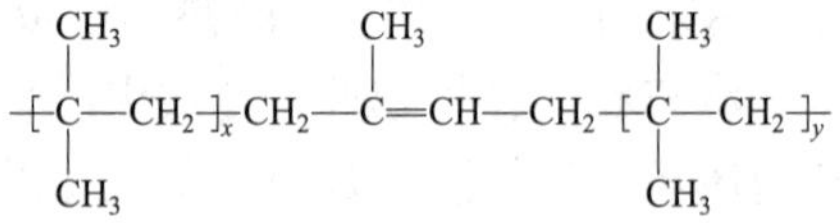

$$+\underset{\underset{CH_3}{|}}{\overset{\overset{CH_3}{|}}{C}}-CH_2\underset{x}{]}CH_2-\underset{}{\overset{\overset{CH_3}{|}}{C}}=CH-CH_2-\underset{\underset{CH_3}{|}}{\overset{\overset{CH_3}{|}}{C}}-CH_2\underset{y}{]}$$

$$(4-11)$$

丁基橡胶采用阳离子聚合，将二种单体（异丁烯：异戊二烯单体比约 97：3）溶于氯甲烷中，于-96℃下聚合得到。丁基橡胶为白色或灰白色半透明弹性体，密度 0.91～0.92g/cm³。其性能特点如下：

（1）丁基橡胶中分子主链呈螺旋状排列，双键较少，不饱和度很低，主要体现烷烃的特性，结晶对温度不敏感。因分子链柔性差，结构紧密，其气密性为橡胶之首。如在常温下丁基橡胶的透气率约为天然橡胶的 1/20、顺丁橡胶的 1/45、丁苯橡胶的 1/8、乙丙橡胶的 1/13、丁腈橡胶的 1/2。

（2）有极好的耐热、耐天候、耐臭氧老化和耐化学品腐蚀性能，经恰当配合的丁基硫化胶，在 150～170℃下能较长时间使用，耐热极限可达 200℃。丁基橡胶制品长时间暴露在日光和空气中，其性能变化很小，特别是抗臭氧老化性能比天然橡胶要好 10～20 倍以上。丁基橡胶对除了强氧化性浓酸以外的酸、碱及氧化-还原溶液均有极好的抗耐性，在醇、酮及酯类等极性溶剂中溶胀很小。这些特性归因于丁基橡胶的不饱和程度极低、结构稳定性强和非极性特点。

（3）由于丁基橡胶典型的非极性和吸水性小（在常温下的吸水速率比其他橡胶低 10～15 倍）的特点，使其电绝缘性和耐电晕性均比一般合成橡胶好，其介电常数只有 2.1，而体积电阻可达 $10^{16}\Omega \cdot cm$ 以上，比一般橡胶高 10～100 倍。

（4）分子链的柔性虽差，但由于等同周期长，低温下难于结晶，所以仍保持良好的耐寒性，其玻璃化转变温度仅高于顺丁、乙丙、异戊和天然橡胶，于-50℃低温下仍能保持柔软性。

（5）在交变应力下，因分子链内阻大，使振幅衰减较快，所以吸收冲击或震动的效果良好，它在-30～50℃温度范围内能保持良好的减震性。

（6）纯胶硫化胶有较高的拉伸强度和扯断伸长率，这是由丁基橡胶在拉伸状态下具有结晶性所致。因此，不加炭黑补强的丁基硫化胶已具有较好的强度，故可用来制造浅色制品。

丁基橡胶的缺点是硫化速度很慢，需要高温或长时间硫化；自粘性和互粘性差，与其他橡胶相容性差，难以并用；耐油性不好。主要用于气密性制品，如汽车内胎、无内胎轮胎的气密层等。也广泛用于蒸汽软管、耐热输送带、化工设备衬里、各种耐热耐水密封垫片等。

4.4.3 以乙烯为基础的橡胶

聚乙烯分子链柔性大，其内聚能与橡胶材料相近，玻璃化转变温度也很低。但由于分子链规整性好，易于结晶，常温下不呈弹性而是皮革状聚合物。在聚乙烯分子中引入其他原子或基团时，可以破坏分子结构的规整性、抑制结晶，从而获得弹性的橡胶类物质。据此，开发了乙丙橡胶、氯磺化聚乙烯及氯化聚乙烯等弹性材料。

4.4.3.1 乙丙橡胶（ethylene-propylene rubber，EPM）

乙丙橡胶是以乙烯、丙烯[二元乙丙橡胶，EPM，式（4-12）]或乙烯、丙烯及少量非共轭双烯（三元乙丙橡胶，EPDM）为单体，在立体有规催化剂作用下制得的无规共聚物。是一种介于通用橡胶和特种橡胶之间的合成橡胶。1957 年，意大利首先实现了二元乙丙橡胶的工业化生产。

$$\text{-}(CH_2CH_2\text{-})_x CH_2CH\text{-}]_n \qquad (4\text{-}12)$$
$$\underset{CH_3}{|}$$

（1）品种

乙丙橡胶包括二元乙丙橡胶和三元乙丙橡胶。为了达到用硫黄硫化体系进行交联的目的，开发了三元乙丙橡胶，在分子链中引入少量非共轭二烯类单体结构单元，提供了不饱和双键，其用量为总单体质量的 3%～8%。

双环戊二烯　　　乙叉降冰片烯　　　1,4-己二烯

由于亚乙基降冰片烯三元乙丙橡胶（ENB-EPDM）的硫化速度快，硫化效率高，发展较快，是三元乙丙橡胶的主要品种。

合成乙丙橡胶的催化剂体系经历了三个重要的发展阶段，即经典的钒-铝 Ziegler-Natta 型催化剂体系、载体钛（钒）-铝 Ziegler-Natta 型催化剂体系和茂金属催化剂体系。这三种催化剂体系，目前在工业生产中都有应用。

工业聚合方法为溶液聚合或悬浮聚合。所谓悬浮聚合法采用高效钛系催化体系，在带夹套的搅拌釜中进行反应，反应釜出来的蒸气物料压缩冷却后返回反应釜，聚合物经闪蒸脱除未反应单体。液态丙烯用量较多，既是单体又是溶剂，生成的共聚物不溶于丙烯溶液，得到的共聚物为粉状、片状或颗粒。悬浮聚合可以在较高浓度下进行共聚，生产能力高，生产工艺简单，易生产高门尼黏度的乙丙橡胶，因此优于较低浓度下进行共聚反应的溶液法。

（2）性能与应用

乙丙橡胶为白色至浅黄色半透明弹性体，密度为 $0.86\sim0.87\mathrm{g/cm^3}$，是所有橡胶中最低的。

从单体单元在分子链中的序列来说，完全没有嵌段型倾向的序列是乙丙交替共聚物[式（4-13）]，可与天然橡胶[式（4-14）]结构比较如下：

$$\begin{array}{c}\text{(4-13)}\end{array}$$

$$\begin{array}{c}\text{(4-14)}\end{array}$$

可以看出这种结构的乙丙橡胶实质上是"饱和的天然橡胶"（氢化天然橡胶，即采用溶液均相氢化、固态氢化、常压胶乳氢化等方法将双键还原后的橡胶）。EPDM 因分子链中无极性取代基，仅在侧链中含有少量双键，所以分子间内聚能低，分子链柔顺性好，具有极高的化学稳定性和耐老化性能。

① 饱和橡胶，耐老化性能是通用橡胶中最好的一种。具有突出的耐臭氧性能，优于以耐老化而著称的丁基橡胶；耐热性好，可在 120℃长期使用；最低使用温度可达-50℃以下。

② 具有较高的弹性和低温性能，其弹性仅次于天然橡胶和顺丁橡胶。

③ 具有非常好的电绝缘性和耐电晕性。

④ 耐化学腐蚀性较好，对酸、碱和极性溶剂有较大的抗耐性。

⑤ 较好的耐蒸汽性、低密度和高填充性。

⑥ 缺点：硫化速度慢，不易与不饱和橡胶并用，自粘性和互粘性差，耐燃性、耐油性和气密性差。

乙丙橡胶主要用于汽车零件、电器制品、建筑材料、橡胶工业制品以及家庭用品，如汽车轮胎胎侧，内胎及散热器胶管，高、中压电缆绝缘材料，代替沥青的屋顶防水材料，耐热输送带，橡胶辊，耐酸、碱介质的罐衬里材料以及冰箱用磁性橡胶，等。

4.4.3.2　氯化聚乙烯（chlorinated polyethylene rubber，CPE）

氯化聚乙烯是聚乙烯经氯化反应的产物。20 世纪 60 年代，德国 Hoechst 公司首先研制成功并实现工业化生产。由于取代的氯元素在分子链中呈无规分布[式（4-15）]，破坏了聚乙烯分子结构的规整性及其结晶性能，因而成为弹性体。氯化聚乙烯最初是作为塑料改性剂出现的，后来开发出氯化聚乙烯弹性体。

$$\{(CH_2CH_2)_x-(CH_2CH)_y-(CH_2-\underset{Cl}{\overset{Cl}{C}})_z\}_n$$

(4-15)

氯化聚乙烯为饱和橡胶,通用普通硫黄硫化体系不能对其有效地硫化。硫化体系比较成熟的是过氧化物硫化体系,其硫化速度较快,产品物理性能好,压缩永久形变小。

含氯量对氯化聚乙烯的性能影响很大。含氯量在 16%~24%时主要是作为塑料改性剂使用的热塑性弹性体;含氯量在 25%~48%之间为橡胶状弹性体。

氯化聚乙烯是一种饱和橡胶,有优秀的耐热氧老化和臭氧老化、耐酸碱、耐油性化学药品性能。氯化聚乙烯中含有氯元素,具有极佳的阻燃性能。由于 Cl 呈无规分布,在受热作用时不致引起连锁脱氯反应,因此氯化聚乙烯比聚氯乙烯热稳定性好。

氯化聚乙烯主要应用于电线电缆行业、汽车配件制造业、液压胶管、车用胶管、胶带、胶板等。

4.4.3.3　氯磺化聚乙烯(Hypalon,chlorosulphonated PE,CSM)

氯磺化聚乙烯首先由美国 Du Pont 公司于 1952 年以 Hypalon(海帕龙)为商品名投入市场。氯磺化聚乙烯是由聚乙烯(PE)经过氯化和氯磺化反应后生成的一种弹性材料,属于高性能的特种合成橡胶。氯磺化聚乙烯中氯和硫的含量决定了其本身的性能和型号。

氯磺化是将聚乙烯溶解在四氯化碳、四氯乙烯或六氯乙烷中,质量分数为 0.2%~0.5%,以偶氮二异丁腈为催化剂或在紫外线照射下,通入 Cl_2 和 SO_2 的混合气进行反应[式(4-16)]:

$$PE \xrightarrow[SO_2]{Cl_2} \{(CH_2CH_2CH_2\underset{Cl}{\overset{}{CH}}CHCH_2CH_2)_x-\underset{SO_2Cl}{\overset{}{CH}}\}_n$$

(4-16)

为了确保氯磺化聚乙烯的强度,所用的聚乙烯分子量在 2 万~10 万之间。

氯原子的引入降低了分子链的规整性,减弱甚至消除其结晶性,增加弹性。适宜的氯含量为 35%~37%、硫含量为 0.8%~1.7%,产物的耐油、耐溶剂性和耐老化性均较好,高温强度也较高。

分子链中的亚磺酰氯基(—SO_2Cl)主要起交联活性点的作用,进行交联反应。—SO_2Cl 基含量过高,胶料易于焦烧,一般为 1%~2%。可以用 MgO 等金属氧化物进行硫化。

氯磺化聚乙烯是密度为 $1.12~1.18g/cm^3$ 的白色固体。由于是具有饱和的碳链高分子,因此耐日光老化、耐热老化和化学稳定性均优于不饱和的碳链橡胶。由于分子链中含有氯原子,起阻燃作用,是仅次于氯丁橡胶的耐燃橡胶。氯磺化聚乙烯不溶于酸、脂肪烃及其他非极性溶剂。此外,氯磺化聚乙烯加工性好,能与其他橡胶并用。缺点是耐低温性能差,–18℃丧失弹性,–56℃变脆。氯磺化聚乙烯在电线电缆、防水卷材、汽车工业等领域已得到广泛应用。

4.4.4　其他合成橡胶

有一些品种的合成橡胶,一般力学性能较差,但却具有某方面的独特性能,可满足某些特殊需要,所以尽管产量不大、用量不多,但在技术上、经济上都具有特殊重要的意义。

4.4.4.1　聚氨基甲酸酯橡胶(polycarbamate,polyurethane rubber)

聚氨基甲酸酯橡胶简称聚氨酯橡胶,是由聚酯或聚醚与异氰酸酯反应而得。聚合物分子链除含有氨基甲酸酯基团外,还含有酯基、醚基、脲基、芳香基和脂肪链等。通常是由低聚物多元醇、多异氰酸酯和扩链剂反应而成。

不同的二元醇和不同的二异氰酸酯可以合成出不同的弹性体，而同一种二元醇和同一种二异氰酸酯，若改变其合成条件，也可以得到不同的弹性体。假若二元醇过量，得到的聚合物端基为羟基；若二异氰酸酯过量，得到的聚合物端基则为异氰酸酯基。这些材料的性能和用途都不尽一致。低分子量的二醇或二胺类化合物常用作聚氨酯橡胶的扩链剂。若用二醇作扩链剂，反应后生成的是氨基甲酸酯链段；若用二胺类化合物作扩链剂，则反应后生成脲基。因此，聚氨酯橡胶随使用原料和配比、反应方式和条件等不同，可以形成不同的结构和品种类型。

聚氨酯可以制成橡胶、塑料、纤维及涂料等。它们的差别主要取决于链的刚性、结晶度、交联度及支化度等。混炼型橡胶的刚性和交联度都是较低的，浇注型橡胶的交联度比混炼型橡胶要高，但刚性和结晶度等都远比其他聚氨酯材料低，因而它们有橡胶的宝贵弹性。但聚氨酯橡胶结晶度和刚性远高于其他通用橡胶。

聚氨酯橡胶（polyurethane rubber）传统的分类是按加工方法来划分的，分为浇注型聚氨酯橡胶、混炼型聚氨酯橡胶和热塑型聚氨酯橡胶（见表4-15）。由于使用的原料、合成和加工方法以及应用目的等不同，又出现了反应注射型聚氨酯橡胶（reaction-injection molding polyurethane rubber，RIMPU）和溶液分散型聚氨酯橡胶。按形成的形态则分为固体体系和液体体系。也有按原料化学组分来分的，低聚物多元醇一般有聚酯类或聚醚类之别，因而有聚醚类聚氨酯橡胶和聚酯类聚氨酯橡胶。

表4-15 不同聚氨酯橡胶的性能特点

项　　目	混　炼　型	浇　注　型	热　塑　型
加工方法	混炼——高温硫化	浇注成型——高温硫化	注射成型或模压成型
性状	一般为固体	黏稠液体	一般为固体颗粒状
端基	—OH（基本为线形，分子量2万~3万的低聚物）	—NCO（预聚体）	—OH（线形或轻度交联的聚合物）
交联剂或扩链剂	交联剂：硫黄、过氧化物、多异氰酸酯	扩链剂：水、多元胺，醇胺类、多元醇类等	—
产品性能	机械强度较低，硬度变化范围窄	机械强度高，硬度变化范围宽	机械强度较高，永久变形大，耐腐蚀性较差

聚氨酯橡胶的结构特性不仅决定了它具有宝贵的综合力学性能，而且也使聚氨酯橡胶可通过改变原料的组成和分子量以及原料配比来调节橡胶的弹性、耐寒性、模量、硬度和机械强度等性能。聚氨酯橡胶的一般性能如下。

（1）具有很高的拉伸强度（一般为28~42MPa，甚至可高达70MPa以上）和撕裂强度。

（2）弹性好，即使硬度高时，也富有较高的弹性。

（3）扯断伸长率大，一般可达400%~600%，最大可达1000%。

（4）硬度范围宽，最低为10（邵氏A），大多数制品具有45~95（邵氏A）的硬度。当硬度高于70（邵氏A）时，拉伸强度及定伸应力都高于天然橡胶。当硬度达80~90（邵氏A）时，拉伸强度、撕裂强度和定伸应力都相当高。

（5）耐油性良好，常温下对多数油和溶剂的抗耐性优于丁腈橡胶。

（6）耐磨性极好，其耐磨性比天然橡胶高9倍，比丁苯橡胶高3倍。

（7）气密性好，当硬度高时，气密性可接近于丁基橡胶。

（8）耐氧、臭氧及紫外线辐射作用性能佳。

（9）耐寒性能较好。

但是，由于聚氨酯橡胶的二级交联（物理交联）作用在高温下被破坏，所以其拉伸强度、撕裂强度、耐油性等都随温度的升高而明显下降。聚氨酯橡胶长时间连续使用的温度界限一般只为80～90℃，短时间使用的温度可达120℃。其次，聚氨酯橡胶虽然富有弹性，但滞后损失较大，多次变形下生热量高。

聚氨酯橡胶的耐水性差，也不耐酸碱，长时间与水作用会发生水解。相比而言，聚醚型的聚氨酯橡胶耐水性优于聚酯型的。可利用聚氨酯橡胶水解反应放出二氧化碳的特点，制得密度很小（比水轻30多倍）的泡沫橡胶，具有良好的力学性能，用于绝缘、隔热、隔音、防震等，效果良好。

与其他橡胶相比，聚氨酯橡胶的力学性能较为优越，所以一般用于一些性能需求高的制品，如耐磨制品、高强度耐油制品和高硬度、高模量制品等。实心轮胎、胶辊、胶带、各种模制品、鞋底、后跟、耐油及缓冲作用密封垫圈、联轴节等均可用聚氨酯橡胶来制造。

4.4.4.2　硅橡胶（silicon rubber）

硅橡胶（简称 SiR）是由环状有机硅氧烷开环聚合或不同硅氧烷进行共聚而制得的弹性共聚物。分子主链由硅原子和氧原子组成（—Si—O—Si—），其侧链主要是烷基、苯基、乙烯基、氰基和含氟基团等。硅橡胶1940年实现工业化生产。由于具有独特的性能，现已成为国防尖端科学、交通运输、电子电气及医疗卫生等领域中不可缺少的材料。硅橡胶分热硫化型（高温硫化硅橡胶，high temperature vulcanizing，HTV）和室温硫化型（room temperature vulcanizing，RTV）；其中室温硫化型又分缩聚反应型和加成反应型。

硅橡胶室温硫化型通常用氯硅烷制备。先将氯硅烷水解，生成羟基化合物，再经缩合生成聚合物[式（4-17）]：

$$\underset{\underset{R}{|}}{\overset{\overset{R}{|}}{Cl-Si-Cl}} \xrightarrow{水解} \underset{\underset{R}{|}}{\overset{\overset{R}{|}}{HO-Si-OH}} \xrightarrow{缩合} \left[\underset{\underset{R}{|}}{\overset{\overset{R}{|}}{Si-O}}\right]_n \tag{4-17}$$

室温硫化硅橡胶主要是作为粘接剂、灌封材料或模具使用。

高温硫化硅橡胶通常以高纯度八甲基环四硅氧烷和带有—C_6H_5、—CH=CH_2、—CH_2CH_2—CF_3等基团的环四硅氧烷为原料，用酸碱催化剂开环共聚，经脱除催化剂和低挥发分即得高温硫化硅橡胶生胶。生胶无色透明，有塑性，分子量35万～70万，能溶于苯等溶剂中。橡胶加工时，先加入结构控制剂（二苯基甲硅二醇）和补强填料（气相法二氧化硅）、抗氧剂（三氧化二铁）等，再在炼胶机上混炼，经高温（约200℃）处理后加有机过氧化物（2,5-二甲基-2,5-二叔丁基过氧化己烷）作硫化剂。混炼胶入模后要加温、加压。制品出模后有的还要后硫化。高温硫化硅橡胶制品耐氧化、抗臭氧，高频下电气绝缘性优良，耐电弧、电晕，并有透气和对人体生理惰性等特点。高温硫化硅橡胶用于制造各种硅橡胶制品，如用作苛刻条件下的电线、电缆绝缘层及密封件、导管、登月鞋等。因其无致癌性，有较好的抗凝血性和生物相容性，已大量用于制作人体内外用的导管、插管、人工关节等。

热硫化型硅橡胶又分甲基硅橡胶（methyl-silicone，MQ）、甲基乙烯基硅橡胶（vinyl-methyl-silicone，VMQ）、甲基乙烯基苯基硅橡胶（phenyl-vinyl-methyl-silicone，PVMQ），还有氟硅

橡胶等。

（1）甲基硅橡胶（MQ）

甲基硅橡胶是二甲基硅氧烷的均缩聚物[式（4-18）]，称为二甲基硅橡胶，是早期的品种。由于硫化活性低，工艺性能差等原因，已经逐渐被淘汰。

$$\left[\!\!\begin{array}{c} CH_3 \\ Si-O \\ CH_3 \end{array}\!\!\right]_n \qquad\qquad (4\text{-}18)$$

$$n=5000\sim10000$$

（2）甲基乙烯基硅橡胶（MVQ）

甲基乙烯基硅橡胶是由二甲基硅氧烷与少量乙烯基硅氧烷混缩聚而成，简称乙烯基硅橡胶。其结构见式（4-19）：

$$\left[\!\!\begin{array}{c} CH_3 \\ Si-O \\ CH_3 \end{array}\!\!\right]_x\!\!\left[\!\!\begin{array}{c} CH_3 \\ Si-O \\ CH=CH_2 \end{array}\!\!\right]_y \qquad\qquad (4\text{-}19)$$

$$x=5000\sim10000,\ y=10\sim20$$

少量乙烯基的引入改进了二甲基硅橡胶的缺点，提高了硅橡胶的硫化活性，可使用活性较小的有机过氧化物硫化交联，且用量较少。同时也改善了硫化胶性能，如提高制品硬度，降低压缩变形，厚制品硫化进行较均匀并减少气泡产生等。甲基乙烯基硅橡胶由于硫化活性提高，使用温度范围宽（-70~300℃），耐热性和高温抗压缩变形有很大改进，是产量最大、应用最广的一类硅橡胶，品种牌号也最多。除通用型胶料外，各种专用性和具有加工特性的硅橡胶，也都以它为基础进行加工配合，如高强度、低压缩变形、导电性、迟燃性、导热性硅橡胶等。这类硅橡胶广泛用作 O 型密封圈、油密封、各种管道、密封剂和胶黏剂等。

（3）甲基乙烯基苯基硅橡胶（MPVQ）

甲基乙烯基苯基硅橡胶主要是在乙烯基硅橡胶的分子链中引入二苯基硅氧烷（或甲基苯基硅氧烷）结构单元[式（4-20）]，简称为苯基硅橡胶。

$$\left[\!\!\begin{array}{c} CH_3 \\ Si-O \\ CH_3 \end{array}\!\!\right]_x\!\!\left[\!\!\begin{array}{c} CH_3 \\ Si-O \\ C_6H_5 \end{array}\!\!\right]_y\!\!\left[\!\!\begin{array}{c} CH_3 \\ Si-O \\ CH_2=CH_2 \end{array}\!\!\right]_z \qquad\qquad (4\text{-}20)$$

按分子链中苯基含量分为低苯基硅橡胶[苯基含量 5%~15%（摩尔分数）]，中苯基硅橡胶[15%~25%（摩尔分数）]和高苯基硅橡胶三种。

苯基硅橡胶的使用温度范围为-100~350℃。应用在要求耐低温、耐烧蚀、耐高能辐射和隔热等场合。

（4）氟硅橡胶（fluorinated silicone rubber）

氟硅橡胶主要是在乙烯基硅橡胶分子链中引入氟代烷基[一般为三氟丙烷，式（4-21）]。

$$\left[\!\!\begin{array}{c} CH_3 \\ Si-O \\ CH_2CH_2CF_3 \end{array}\!\!\right]_x\!\!\left[\!\!\begin{array}{c} CH_3 \\ Si-O \\ CH_2=CH_2 \end{array}\!\!\right]_y \qquad\qquad (4\text{-}21)$$

这种硅橡胶比乙烯基硅橡胶具有更好的耐油性能和耐溶剂性，特别是耐热油性能良好，工作温度范围为-50~250℃。

氟硅橡胶的性能及应用：

① 由于分子主链由硅原子和氧原子构成，其 Si—O 键的键能（368kJ/mol）比 C—C 键（346kJ/mol）大，因此氟硅橡胶具有更好的热稳定性。由于侧基是有机基团，又赋予硅橡胶一系列优异性能。

② 优异的耐臭氧老化、耐氧老化、耐光老化和耐天候老化性能。氟硅橡胶硫化胶在自由状态下置于室外数年性能无变化。

③ 优良的电绝缘性能。氟硅橡胶硫化胶的电绝缘性能在受潮、频率变化或温度升高时的变化较小，燃烧后生成的二氧化硅仍为绝缘体。此外，氟硅橡胶分子结构中碳原子少，而且不用炭黑作填料，所以在电弧放电时不易烧焦，因而在高压场合使用十分可靠。它的耐电晕性和耐电弧性极为优良，耐电晕寿命是聚四氟乙烯的 1000 倍，耐电弧寿命是氟橡胶的 20 倍。

④ 特殊的表面性能和生理惰性。氟硅橡胶的表面能比大多数有机材料低，因此具有低吸湿性，长期浸于水中其吸水率仅 1%左右，力学性能不下降，防霉性能良好；此外，它对许多材料不粘，可起隔离作用。氟硅橡胶无味、无毒，对人体无不良影响，与机体组织反应轻微，具有优良的生理惰性和抗生理老化性。

⑤ 高透气性。氟硅橡胶和其他高分子材料相比，具有极为优越的透气性，室温下对氮气、氧气和空气的透过量比天然橡胶高 30～40 倍。此外，它还具有对气体渗透的选择性能，即对不同气体（例如氧气、氮气和二氧化碳等）的透过性差别较大，如对氧气的透过性是氮气的 1 倍左右；对二氧化碳透过率为氧气的 5 倍左右。

⑥ 主要缺点是抗张强度和撕裂强度低，耐酸碱腐蚀性差，加工性能不好。

氟硅橡胶具有独特的综合性能，可应用在许多其他橡胶无法使用的场合，满足现代工业和日常生活的各种需要。氟硅橡胶可以用于汽车配件、电子配件、宇航密封制品、建筑工业的黏结缝、家用电器密封圈、医用人造器官、导尿管等。在高温设备以及在碱、次氯酸钠和双氧水浓度较高的设备上作密封材料也有良好的表现。

4.4.4.3　氟橡胶（fluororubber）

氟橡胶是指主链或侧链的碳原子上含有氟原子的一种合成高分子弹性体。含氟烯烃类氟橡胶主要是偏氟乙烯（CH_2=CF_2）与六氟丙烯（CF_2=CF—CF_3）、四氟乙烯（CF_2=CF_2）、三氟氯乙烯（CF_2=CFCl）以及丙烯等单体的共聚物。多数是采用氧化还原体系引发剂，在高温高压下通过乳液聚合制得。

我国从 1958 年开始发展了几种氟橡胶，主要为聚烯烃类氟橡胶，例如 23 型、26 型、246 型以及亚硝基类氟橡胶，后来又发展了较新品种的四丙氟橡胶、全氟醚橡胶、氟化磷腈橡胶。

（1）26 型氟橡胶。偏氟乙烯/六氟丙烯的共聚物，是目前最常用的氟橡胶品种。国外牌号为 Viton A 型氟橡胶。

（2）246 型氟橡胶。偏氟乙烯/四氟乙烯/六氟丙烯的共聚物。国外牌号为 Viton B 型氟橡胶。

（3）23 型氟橡胶。偏氟乙烯/三氟氯乙烯的共聚物。是较早开发的氟橡胶品种，性能比 26 型氟橡胶差。国外牌号为 Kel-F 型氟橡胶。

（4）四丙氟橡胶。偏氟乙烯/丙烯的共聚物。由于丙烯单体价格低廉，所以这种氟橡胶除具有氟橡胶的性能外，加工性好、密度小且价格低。国外牌号为 Aflas 型氟橡胶。

氟橡胶具有耐高温、耐油及耐多种化学药品侵蚀的特性，是现代航空、导弹、火箭、宇宙航行等尖端科学技术及其他工业方面不可缺少的材料。

氟橡胶结构特点为：

（1）无不饱和的 C═C 键结构。由于聚烯烃类氟橡胶（26 型氟橡胶、23 型氟橡胶）和亚硝基氟橡胶主链上都没有不饱和的 C—C 键结构，减少了由于氧化和热解作用在主链上产生降解断链的可能。

（2）—CH$_2$—基团的作用。偏氟乙烯中亚甲基基团对聚合物链的柔顺性起着相当重要的作用。例如氟橡胶 23-21 和氟橡胶 23-11 分别是由偏氟乙烯和三氟氯乙烯按 7：3 和 5：5 的比例组成，前者比后者更柔软。

（3）共聚物的结构。无论是偏氟乙烯和三氟氯乙烯，或者前者和六氟丙烯的共聚物以及它们和四氟乙烯的三聚物，都可以是以晶态为主或无定形态为主。这取决于当一个单体为共聚物的主要链段时，另一个单体介入的含量。电子衍射研究指出，在偏氟乙烯链段中六氟丙烯含量达 7%（摩尔分数，下同），或者在三氟氯乙烯的链段中偏氟乙烯的含量达 16%时，这两种共聚物仍具有和其相当的均聚物的晶体结构。但是，当前者的六氟丙烯增加到 15%以上，或者后者的偏氟乙烯增加到 25%以上时，晶格就被大幅度破坏，导致它们具有无定形结构。这是由于第二单体引入量的增加，破坏了其原有分子链的规整性。

氟橡胶具有独特的性能，其硫化胶各项性能简介如下。

（1）一般力学性能。氟橡胶一般具有较高的拉伸强度和硬度，但弹性较差。26 型氟橡胶的摩擦系数（0.80）较丁腈橡胶摩擦系数（0.90～1.05）小，耐磨性较好，但在光滑金属表面上的耐磨性较差。这是因为此时有较大的运动速度，产生较高的摩擦生热，从而导致橡胶的机械强度降低。

（2）耐热和耐温性能。在耐老化方面，氟橡胶可以和硅橡胶相媲美，优于其他橡胶。26 型氟橡胶可在 250℃下长期使用，在 300℃下短期使用；23 型氟橡胶经 200℃×1000h 老化后，仍具有较高的强度，也能承受 250℃短期高温的作用。四丙氟橡胶的热分解温度在 400℃以上，能在 230℃下长期使用。

应当指出，氟橡胶在不同温度下性能变化大于硅橡胶和通用的丁基橡胶，其拉伸强度和硬度均随温度的升高而明显下降。其中拉伸强度的变化特点是：在 150℃以下，随温度的升高而迅速降低；在 150～260℃之间，则随温度的升高而缓慢下降。

（3）耐腐蚀性能。氟橡胶的特点之一是具有极优越的耐腐蚀性能。一般说来，它对有机液体（燃料油、溶剂、液压介质等）、浓酸（硝酸、硫酸、盐酸）、高浓度过氧化氢和其他强氧化剂作用的稳定性方面，均优于其他各种橡胶。

23 型氟橡胶耐强氧化性酸（发烟硝酸和发烟硫酸等）的能力比 26 型氟橡胶好，但在耐芳香族溶剂、含氯有机溶剂、燃料油、液压油以及润滑油（特别是双酯类、硅酸酯类）和沸水性能方面，较 26 型差。

（4）耐热水与蒸汽的性能。氟橡胶对热水作用的稳定性，不仅取决于生胶本身的性质，而且还决定于胶料的配合。对氟橡胶来说，这种性能主要取决于它的硫化体系。过氧化物硫化体系比如胺类、双酚 AF 类硫化体系为佳。26 型氟橡胶采用胺类硫化体系的胶料性能较一般合成橡胶如乙丙橡胶、丁基橡胶还差。采用过氧化物硫化体系的 G 型氟橡胶，其硫化胶的交联键较胺类、双酚 AF 类硫化胶的交联键对水解稳定性要好。G 型过氧化物硫化体系的氟橡胶具有优良的耐高温蒸汽性。

（5）压缩永久变形性能。压缩永久变形性能是密封制品必须控制的一个重要性能。26 型氟橡胶的压缩永久变形性能较其他氟橡胶都好，这是它获得广泛应用的原因之一。在 200～300℃的温度范围内其压缩永久变形显得很大。但在 20 世纪 70 年代美国 DuPont 公司对其进行了改进，发展了一种低压缩永久变形胶料（Viton E-60C），它是从生胶品种（Viton A 改进为 Viton E-60）和硫化体系选择上（从胺类硫化改进为双酚 AF 硫化）进行改进的，使氟橡胶在 200℃高温下长期密封时的压缩永久变形性较好。氟橡胶在 149℃长期存放的条件下，其密封保持率在各类橡胶中处于领先的地位。

（6）耐寒性能。26 型氟橡胶的耐寒性能较差，它能保持橡胶弹性的极限温度为-20～-15℃。温度降低会使它的收缩加剧，变形增大。所以，当用作密封件时，往往会出现低温密封渗漏问题。但是，氟橡胶硫化胶的拉伸强度却随温度降低而增大，即它在低温下是强韧的。因此，其脆性温度随试样厚度而变化。例如 26 型氟橡胶在厚度为 1.87mm 时，其脆性温度是-45℃；厚度为 0.63mm 时是-53℃，厚度为 0.25mm 时是-69℃。标准试样 26 型氟橡胶的脆性温度是-30～-25℃，246 型氟橡胶的脆性温度为-40～-30℃，23 型氟橡胶的脆性温度为-60～-45℃。

（7）透气性能。氟橡胶的透气性是橡胶中较低的，与丁基橡胶、丁腈橡胶相近。填料的加入能使硫化胶的透气性变小，其中硫酸钡的效果较中粒子热裂法炭黑（MT）显著。

氟橡胶的透气性随温度升高而增大，气体在氟橡胶中的溶解度较大，但扩散速度则很小，这有利于在真空条件下应用，但在加工时易产生"卷气"的麻烦。

（8）耐候、耐臭氧性能。氟橡胶对日光、臭氧和气候的作用十分稳定。例如其硫化胶经过 10a 自然老化后，还能保持较好的性能。拉伸 25%的 Viton 型氟橡胶试样，在 0.01%臭氧的空气中，经受 45d 作用后，未产生任何明显的龟裂。在日光中曝晒 2a 后，也未发现龟裂。氟橡胶对微生物的作用也是稳定的。

（9）耐辐射性能。氟橡胶是属于耐中等剂量辐射的材料。高能射线的辐射作用能引起氟橡胶产生裂解和结构化。高能射线对 26 型氟橡胶的主要作用是使其产生结构化，表现为硬度增加，伸长率下降；对 23 型氟橡胶则以裂解为主，表现为硬度、强度和伸长率均下降。

（10）耐燃性能。橡胶的耐燃性取决于分子结构中卤素的含量，卤素含量愈多，耐燃性愈好。氟橡胶与火焰接触能够燃烧，但离开火焰后就自动熄灭，所以氟橡胶属于自熄型橡胶。

（11）电性能。26 型氟橡胶的电绝缘性能不是太好，只适于低频、低电压场合应用。温度对其电性能影响很大，即随温度升高，绝缘电阻明显下降。因此，氟橡胶不能作为高温下使用的绝缘材料。填料种类和用量对电性能影响较大，沉淀碳酸钙赋予硫化胶较高的电性能，其他填料则稍差；填料的用量增加，电性能则随之下降。23 型氟橡胶由于吸水较低，其电性能较 26 型氟橡胶好。

（12）耐高真空性能。氟橡胶具有极佳的耐真空性能。这是由于氟橡胶在高温、高真空条件下具有较小的放气率和极小的气体挥发量。26 型、246 型氟橡胶能够应用于 1.33×10^{-8}～1.33×10^{-7}Pa 的超高真空场合，是宇宙飞行器中的重要橡胶材料。

氟原子的电负性极高，由于在侧基上的氢原子几乎完全被氟原子取代，使氟橡胶具有优良的化学稳定性和极佳的耐燃性，如亚硝基氟橡胶甚至在纯氧中也不燃烧。氟原子的半径（0.064nm）相当于 C—C 键长的一半，因此能够紧密地排列在碳原子周围，对 C—C 键产生屏蔽作用，使分子结构具有很高的热稳定性和化学惰性。C—F 键的键能随碳原子氟化程度在 435～485kJ/mol 之间，由于键能较高，故氟橡胶具有高度稳定性、很高的耐热性和耐化学品性。主要缺点是弹性和加工性差。

氟橡胶可以与丁腈橡胶、丙烯酸酯橡胶、乙丙橡胶、硅橡胶、氟硅橡胶等进行并用，以降低成本，改善力学性能和工艺性能。

由于氟橡胶具有耐高温、耐油、耐高真空及耐酸碱、耐多种化学药品的特点，使其在现代航空、导弹、火箭、宇宙航行、舰艇、原子能等尖端技术及汽车、造船、化学、石油、电讯、仪表、机械等工业部门中获得了广泛应用。

除上述介绍的三种橡胶外，还有丙烯酸酯橡胶、聚硫橡胶、氯醚橡胶等。

4.5　热塑性弹性体（thermoplastic elastomer，TPE）

热塑性弹性体是指在高温下能塑化成型而在常温下能显示橡胶弹性的一类材料。

热塑性弹性体具有类似于硫化橡胶的力学性能，又有类似于热塑性塑料的加工特性，而且加工过程中产生的边角料及废料均可重复加工使用。因此这类新型材料自 1958 年问世以来，引起极大重视，被称之为"橡胶的第三代"，得到了迅速发展。目前已工业化生产的有聚烯烃类、聚苯乙烯嵌段共聚物类、聚氨酯类和聚酯类热塑性弹性体。

4.5.1　结构特征

（1）交联形式

热塑性弹性体和硫化橡胶相似，大分子链间也存在"交联"结构。这种"交联"可以是化学"交联"或者是物理"交联"，其中以后者为主要交联形式。但这些"交联"有可逆性，即温度升高时，"交联"消失；当冷却到室温时，这些"交联"又能起到与硫化橡胶交联键相类似的作用。

（2）硬段和软段

热塑性弹性体高分子链的突出特点是它同时串联或接枝化学结构不同的硬段和软段。硬段要求链段间作用力足以形成物理"交联"或"缔合"，或具有在较高温度下能离解的化学键。软段则是柔性较大的高弹性链段。硬段不能过长，软段不能过短，硬段和软段应有适当的排列顺序和连接方式。

（3）微相分离结构

热塑性弹性体从熔融态转变成固态时，硬链段凝聚成不连续相，形成物理交联区域，分散在周围大量的橡胶弹性链段之中，从而形成微相分离结构（图 4-13）。

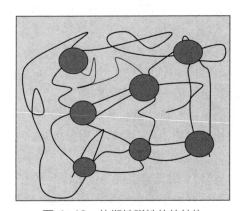

图 4-13　热塑性弹性体的结构

4.5.2　聚烯烃类热塑性弹性体（polyolefin thermoplastic elastomer）

聚烯烃类热塑性弹性体主要指热塑性乙丙橡胶，此外还包括丁基橡胶接枝改性聚乙烯。1971 年美国首先开发并投产，商品名 TPR。

热塑性乙丙橡胶由二元或三元乙丙橡胶与聚烯烃树脂（聚丙烯或聚乙烯）共混而制得。共混比例随用途而异，100 份乙丙橡胶混入 25～100 份聚丙烯为最好。丁基橡胶接枝聚乙烯是将丁基橡胶用酚醛树脂接枝到聚乙烯链上而制得的。

聚烯烃类热塑性弹性体具有良好的综合力学性能、耐紫外线和耐气候老化性。使用温度范围较宽,为−50～150℃。对多种有机溶剂和无机酸、碱具有化学稳定性。此外,电绝缘性能优异,但耐油性差。主要用于汽车车体外部配件、电线电缆、胶管、胶带和各种模压制品。

4.5.3 聚苯乙烯类嵌段共聚物

聚苯乙烯类热塑性弹性体市场上有两种:一种是苯乙烯与丁二烯的三嵌段共聚物,简称 SBS,1963 年美国 Philips 公司首先投入生产;另一类是苯乙烯与异戊二烯的三嵌段共聚物,简称 SIS。SBS 采用单官能团引发的三步合成法,或采用双官能团引发的两步合成法,也可采用单官能团的两步合成加偶联反应制得。

在聚苯乙烯类热塑性橡胶中,聚苯乙烯嵌段为硬段(塑料段),聚丁二烯(或聚异戊二烯)嵌段为软段(橡胶段),因此呈微观相分离,并有各自的玻璃化转变温度,分别为 70～80℃和−100℃。由于这种串联的硬段和软段结构,当弹性体从熔融态过渡到固态(常温)时,分子间作用力较大的硬段首先凝聚成不连续相,形成物理交联区。物理交联区大小、形状随硬段与软段的结构数量比的不同而异。这种由硬段和软段形成的交联网络结构与普通硫化橡胶的网络结构有相似之处,所以常温下显示出硫化橡胶的特性,但高温下发生塑性流动。

聚苯乙烯类热塑性弹性体具有卓越的生胶强度和弹性,高透气性、电绝缘性;但耐油性和耐老化性能较差。可用于塑料和橡胶改性剂、胶黏剂和制鞋工业等行业。

4.5.4 聚酯类(polyester type)

聚酯类热塑性弹性体是一种线形嵌段共聚物,是用缩聚反应制备的,其结构特征是含有易结晶的嵌段部分,使之形成"硬区",形成物理交联作用。1972 年美国投入生产,商品名 Hytrel(海翠)。

由对苯二甲酸二甲酯、聚四亚甲基二醇和 1,4-丁二醇进行酯交换反应制得无规嵌段共聚物[式(4-22)]。其中的软段结构是聚四亚甲基二醇低聚物,其余基团组成硬段。

$$\left[\!\!\begin{array}{c}O\\\parallel\\C\end{array}\!\!-\!\!\bigcirc\!\!-\!\!\begin{array}{c}O\\\parallel\\C\end{array}\!\!-\!\!O(CH_2)_4O\right]_n\!\!\left[\!\!\begin{array}{c}O\\\parallel\\C\end{array}\!\!-\!\!\bigcirc\!\!-\!\!\begin{array}{c}O\\\parallel\\C\end{array}\!\!-\!\!O(CH_2CH_2CH_2CH_2O)_x\right]_m \tag{4-22}$$

聚酯型热塑性弹性体弹性好,耐挠曲性能优异,耐磨,使用温度范围宽(−55～150℃),耐蚀、耐油、耐老化。可制作耐压软管、浇铸轮胎、传动带等。

4.5.5 聚氨酯类(thermoplastic polyurethane,TPU)

热塑性聚氨酯弹性体(TPU)是最早实现商业化的热塑性弹性体。这种嵌段共聚物主链上存在氨基甲酸酯键,与聚酯共聚物热塑性弹性体一样都是—A—B—A—B—A—B—样结构,具有聚苯乙烯类热塑性弹性体和聚酯共聚物热塑性弹性体相同的软/硬链段形态(图 4-14)。它们的软链段是聚酯或聚醚型二醇嵌段(分子量 800～3500),硬链段含有氨基甲酸酯键。

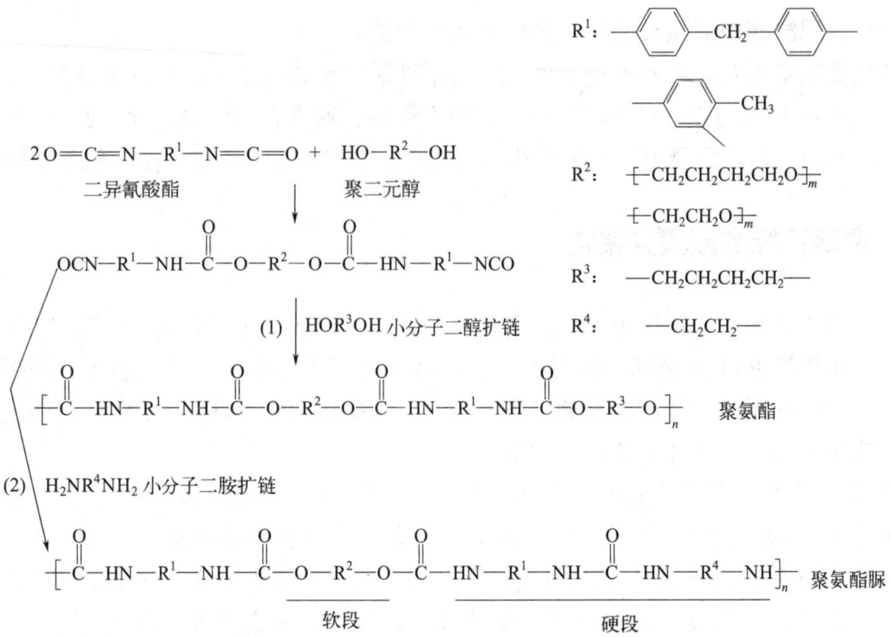

$$R^1: \quad \text{（结构式）} $$

$$R^2: \quad -\left[CH_2CH_2CH_2CH_2O\right]_m \quad -\left[CH_2CH_2O\right]_m$$

$$R^3: \quad -CH_2CH_2CH_2CH_2-$$

$$R^4: \quad -CH_2CH_2-$$

图4-14　热塑性聚氨酯和聚氨酯脲弹性体的合成过程

热塑性聚氨酯弹性体具有突出的耐腐蚀性和对其他表面的低摩擦系数。大多数热塑性聚氨酯的硬度在热固性橡胶硬度范围的上端。与聚酯共聚物热塑性弹性体不同的是，它可以制备低硬度的产品。随着硬度的提高，硬相/软相比率提高，使得拉伸强度、模量和耐溶剂性能也相应提高。

热塑性聚氨酯弹性体中硬链段的熔点决定了其使用温度的上限，软链段的玻璃化转变温度决定了其使用温度的下限。作为一种极性嵌段共聚物，热塑性聚氨酯弹性体具有良好的耐非极性溶剂（如燃料、油、润滑油等）性能。

由于热塑性聚氨酯弹性体的性能优异，如耐磨、有一定的硬度和弹性，抗撕裂强度大，抗臭氧、耐化学试剂等，现在已广泛应用在汽车、胶管、鞋材、成衣、充气玩具、水上及水下运动器材、医疗器材、健身器材、汽车椅座材料、雨伞、皮箱、皮包等方面，是当今生产生活中不可或缺的一种材料。

参考文献

[1]　焦书科.橡胶化学与物理导论[M].北京：化学工业出版社，2009.

[2]　[美]詹姆斯·美格尔（James McGraw）.合成橡胶手册[M].胡杰，陈为民，王桂轮，译.北京：化学工业出版社，2007.

[3]　杨清芝.实用橡胶工艺学[M].北京：化学工业出版社，2005.

[4]　纪奎江.实用橡胶制品生产技术[M].北京：化学工业出版社，2000.

[5]　傅政.橡胶材料性能与设计应用[M].北京：化学工业出版社，2003.

[6]　焦书科，周彦豪等.橡胶弹性物理及合成化学[M].北京：中国石化出版社，2008.

[7]　邓本诚，纪奎江.橡胶工艺原理[M].北京：化学工业出版社，1984.

[8]　朱敏.橡胶化学与物理[M].北京：化学工业出版社，1984.

[9]　[美] 约翰·S·迪克.橡胶技术配合与性能测试[M].游长江，贾德民，等译.北京：化学工业出版社，2004.

[10]　刘印文，刘振华.氯丁橡胶配合、加工与应用[M].北京：化学工业出版社，2001.

[11]　张殿荣，马占兴，杨清芝.现代橡胶配方设计[M].北京：化学工业出版社，1994.

[12]　韦邦风，翁国文.橡胶压延成型[M].北京：化学工业出版社，2006.

[13]　蔡树铭，梁星宇，蔡洪志.氟橡胶应用技术[M].北京：化学工业出版社，2008.

[14]　缪桂韶.橡胶配方设计[M].广州：华南理工大学出版社，2000.

[15]　蔡小平，陈文启，关颖，等.乙丙橡胶及聚烯烃类热塑性弹性体[M].北京：中国石化出版社，2011.

[16]　吕百龄，刘登祥.实用橡胶手册[M].北京：化学工业出版社，2001.

[17]　李国超，段继海，范军领，吴国鑫.由聚乙烯合成氯磺化聚乙烯的研究进展[J].2016，45（5）：968-970.

[18]　于清溪.合成橡胶发展现状与未来趋势（上）[J].橡塑技术与装备，2009，35（4）：9-14.

[19]　于清溪.合成橡胶发展现状与未来趋势（中）[J].橡塑技术与装备，2009，35（5）：9-17.

[20]　于清溪.合成橡胶发展现状与未来趋势（下）[J].橡塑技术与装备，2009，35（6）：6-13.

思考题

1. 天然橡胶有哪些优异的性能和不足之处？并说明原因。

2. 塑炼是什么工艺过程？在此过程中橡胶大分子会发生哪些结构及性能变化？

3. 橡胶分子在硫化过程中发生什么结构变化？对橡胶性能产生哪些影响？

4. 简述丁苯橡胶的合成方法、性能特点和主要应用。

5. 氯丁橡胶（CR）与丁腈橡胶（NBR）相比，尽管含有更多的不饱和双键，但却具有更好的抗臭氧性能，而且 CR 不能像 NBR 一样用硫黄交联。请解释原因。CR 用什么方法进行交联？交联原理是什么？

6. 乙烯或丙烯均聚产物是硬塑料，而 50/50 的共聚产物却是乙丙橡胶弹性体。为什么？

7. 抗湿滑性能、滚动阻力和耐磨耗性能被称为轮胎的魔鬼三角，通常很难实现三种性能的同时提高。如何通过不同种类橡胶的复合应用来一定程度上解决这个问题？

8. 简述 TPE 的结构特征及其区别于传统橡胶最主要的优点。

9. 列举两种特种橡胶，说明其结构、性能及其应用。

10. 举例说明橡胶的单体结构对其结晶性能的影响。

第5章　纤维

5.1　纤维概述

纤维（fiber）是指细而长的，且具有一定柔韧性的物质，是一维线形材料。所谓"细"，是指其直径为几微米至几十微米；所谓"长"，是指其长度一般超过 25mm。纤维最常用于纺织材料，供纺织应用的纤维长径比（L/D）一般大于 1000/1。纤维的形状决定了它的可编织性、可纺织性，并使纤维在复合材料中得到广泛应用。随着新材料的发展，形式多样的纤维增强复合材料，在现代复合材料开发应用的地位日益重要。

5.1.1　纤维的分类

根据化学结构纤维可以分为无机纤维（inorganic fiber）和有机纤维（organic fiber）；根据来源可以分为天然纤维（natural fiber）和化学纤维（chemical fiber）。天然纤维主要有棉（cotton）、麻（fibrilia）、羊毛（wool）、蚕丝（silk）等。化学纤维就是用天然或合成的高分子化合物经化学加工制得的纤维。根据高聚物的来源和化学结构，化学纤维又分为人造纤维（artificial fiber）和合成纤维（synthetic fiber）。人造纤维是以天然高聚物为原料，经过化学处理与机械加工而制得的纤维。最常见的是再生纤维素纤维（regenerated cellulose fiber）和再生蛋白质纤维（regenerated protein fiber）。再生纤维素纤维是以含有纤维素的物质如棉短绒、木材等为原料制得的。再生蛋白质纤维以蛋白质为原料制得。合成纤维是由合成的高分子化合物加工制成的纤维。根据大分子主链的化学组成，又分为杂链纤维和碳链纤维两类，其主要类型如图 5-1 所示。

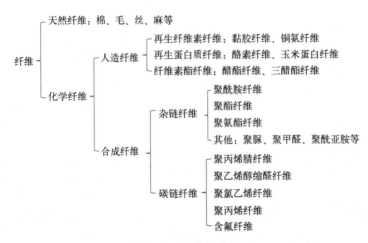

图 5-1　纤维的分类

5.1.2　纤维的主要性能指标

5.1.2.1　纤维粗细程度指标

纤维的粗细度（fineness）是影响纱线（yarn）性质最重要的因素之一，不仅影响纤维的强度、刚性、弹性和形变的均匀性，而且极大地影响织物的手感、风格以及纤维和织物的制造过程。羊毛和一些化学纤维的截面是圆的，而棉、麻、丝以及另一些化学纤维的截面是不规则的。纤维的粗细度曾经定义为它的直径大小，但这只能用于圆形截面的纤维，对于椭圆或其他不规则截面的纤维就不能用直径来表示粗细度。在法定计量单位中，表示化学纤维粗细的单位为"线密度"（linear density）。其法定单位是特克斯（tex），简称特。它是指 1000m 长纤维所具有的克数。

表示线密度的单位还有旦（denier），但它不是法定单位，是指 9000m 长的纤维所具有的质量（以克计）。除在外贸上经常使用外，一般不推荐使用。

还有一种粗细度表示法是线密度的倒数，即每克纤维所具有的长度，在纺织行业中称为支数（count）。

5.1.2.2　断裂强度

拉伸试验中纤维试样拉伸至断裂时的最大负荷与纤维的截面积之比称为断裂强度（breaking strength），单位为 Pa。因测量纤维的截面积很不方便，所以采用纤维所能承受的最大负荷与纤度（tex 或 dtex）之比表示。单位为 N/tex、cN/tex、cN/dtex 等。

断裂强度是反映纤维质量的一项重要指标。断裂强度高，纤维在加工过程中不易断头、绕辊，最终制成的纱线和织物的牢度也较高；但是断裂强度太高，纤维的刚性增加，手感变硬。

纤维在干燥状态下测定的强度称为干强度；纤维在润湿状态下测定的强度称为湿强度。回潮率（moisture regain）较高的纤维，湿强度比干强度低。大多数合成纤维的回潮率很低，湿强度接近或等于干强度。

5.1.2.3　断裂伸长率

断裂伸长率（ε）是指在连续增加负荷的作用下，直至断裂时的相对伸长率，即纤维在伸长至断裂时的长度比原来长度增加的百分数[式（5-1）]。

$$\varepsilon\,(\%) = (L_1 - L_0) / L_0 \times 100\% \tag{5-1}$$

式中，L_0 为原始长度；L_1 为拉伸后的长度。

纤维的断裂伸长率是决定纤维加工条件以及制品使用性能的重要指标之一。断裂伸长率大的纤维手感比较柔软，在纺织加工的时候可以缓冲所受到的力，毛丝、断头比较少；但是断裂伸长率也不宜过大，否则织物易变形。普通纺织纤维的断裂伸长率为 10%～30%；工业用强力丝则一般要求断裂强度高、断裂伸长率低，使其最终产品不易变形。两种不同的纤维进行混纺时，要求其断裂伸长率相同或相近，才能承受较大负荷而不断裂。

5.1.2.4　初始模量

模量是材料抵抗外力作用下形变能力的量度。纤维的初始模量是指纤维伸长为原长的1%时所需的应力与纤度的比值，即应力-应变曲线起始一段直线部分的斜率，相当于塑料的杨氏模量，但其单位为 N/tex 或 cN/tex。在衣着上则反映纤维对小的拉伸作用或弯曲作用所表现的硬挺度。纤维的初始模量越大，越不容易变形，亦即在纤维制品的使用过程中形状的改变越小。例如在主要的合成纤维品种中，涤纶的初始模量最大，其次为腈纶，锦纶最小。因此涤纶织物挺括，不易起皱，而锦纶织物则易起皱，保形性差。

5.1.2.5　回弹率

纤维在纺织加工和使用中，会经常受到比断裂负荷小得多的反复拉伸作用，纤维承受多次加负荷和去负荷的循环作用会遭受破坏而断裂，这与纤维的回弹性密切相关。纤维弹性回复高，耐疲劳性能好。同时，织物的抗皱能力与纤维的拉伸变形后恢复能力有关，织物的褶皱回复性与纤维在小变形下的拉伸回复能力呈线性关系。常见纤维的定伸长回弹率见表 5-1。

表 5-1　常见纤维（3%）定伸长回弹率

纤维名称		回弹率/%	纤维名称		回弹率/%
聚酰胺-6	短纤维	95～100	聚氨酯纤维		95～99（50%）
	长丝	98～100	聚丙烯腈短纤维		90～95
聚酯	短纤维	90～95	黏胶纤维	短纤维	55～85
	长丝	95～100		长丝	60～80
聚乙烯醇缩醛纤维	短纤维	70～85	铜氨纤维	短纤维	55～60
	长丝	70～90		长丝	55～80
聚氯乙烯	短纤维	70～85	蛋白质纤维		96（2%）
	长丝	80～90	棉		74（2%）
聚四氟乙烯纤维		80～100	毛		99（2%）
			丝		54～55

将可回复的弹性伸长与总伸长之比称为回弹率[式（5-2）]。

$$回弹率（\%） = (L_D - L_R) / (L_D - L_0) \times 100\% \qquad (5\text{-}2)$$

式中，L_0 为原长；L_D 为拉伸后的长度；L_R 为除负荷后过一定时间的长度。

5.1.2.6　燃烧性能

纤维的燃烧性能是指纤维在空气中燃烧的难易程度。

由于各种纤维的化学组成不同，其燃烧性能也各不相同。纤维的燃烧行为主要由纤维被引燃的难易程度、纤维燃烧时火焰传播的速度和自熄程度等因素决定。纤维以及制品的可燃性通常采用极限氧指数（limiting oxygen index，LOI）表示。极限氧指数就是将点燃的材料离开火源置于氧和氮的混合气体中，维持继续燃烧时所需要的最低含氧体积百分率，以最低含氧体积百分率的数值来表示[式（5-3）]。

$$LOI = O_2 \text{ 的体积}/(O_2 \text{ 的体积 } + N_2 \text{ 的体积}) \times 100\% \qquad (5\text{-}3)$$

显然，LOI 值愈大，材料燃烧时所需氧的浓度就越高，即越难燃烧。通常空气中含氧百分率为 21%，所以纤维的燃烧性也可以按照 LOI 进行分类。将 LOI 低于 20 的称为易燃纤维，20～26 之间的称为可燃纤维，26 以上的称为难燃纤维，又称阻燃纤维。表 5-2 为部分纤维的极限氧指数。

表 5-2　部分纤维的极限氧指数

纤维名称	LOI	纤维名称	LOI
腈纶	18.2	锦纶	20.1
醋酯纤维	18.6	涤纶	20.6
丙纶	18.6	羊毛	25.2
维纶	19.7	芳纶	28.2
黏胶纤维	19.7	氯纶	37.1
棉	20.1	偏氯纶	45～48

5.1.2.7　吸湿性

纤维的吸湿性是指在标准温湿度下（20℃±3℃，相对湿度 65%±3%）纤维的吸水率（water absorption），一般采用回潮率 R[式（5-4）]和含湿率 M[式（5-5）]两种指标表示：

$$R(\%) = (G - G_0) / G_0 \times 100\% \tag{5-4}$$

$$M(\%) = (G - G_0) / G \times 100\% \tag{5-5}$$

式中，G_0 为纤维干燥后的质量；G 为纤维未干燥的质量。

各种纤维的吸湿性有很大差异；同一种纤维的吸湿性也因环境温湿度的不同而有很大变化。

吸湿性影响纤维的加工性能和使用性能。吸湿性好的纤维，摩擦和带静电作用小，穿着舒适。对于吸湿性差的合成纤维，利用化学改性的方法，在聚合物大分子链上引入亲水性基团，可以使其吸湿性有所提高。利用物理改性的方法，在纤维中产生无数有规律的毛细孔或者进行适宜的表面处理，以改变纤维的表面结构，对于改善其吸湿性也是很有效的。

5.1.2.8　染色性

染色性是纺织纤维的一项重要性能。它包含的内容主要有：可采用的合适染料、可染的色谱是否齐全及深浅程度、染色工艺实施的难易、染色均匀性以及染色后的各项染色牢度等。纤维的染色性与三方面因素有关：染色亲和力、染色速度和染料-纤维复合物的性质。

染料和纤维的结合力包括离子键、氢键以及偶极的相互作用等，对于活性染料的染色还包括共价键的相互作用，有时则是各种作用的综合结果。纤维结构对纤维与染料的亲和力影响很大。对于合成纤维，采用适当的共聚、共混等改性方法，既可以引入亲染料基团，增加染色亲和力，又可以增大纤维结构上的无序结构和松散性，提高染色速度。

染色速度也是一个非常重要的指标。染料从溶液中进入纤维是一个扩散过程，它取决于染浴中的染料向纤维表面扩散、染料被纤维表面吸附以及染料从纤维表面向内部扩散。这与纤维结构的无序程度和松散性有关。

纤维-染料复合体的稳定性是决定染色牢度的结构因素。各种色牢度如耐洗色牢度和耐光色牢度等，主要与纤维-染料复合物的性质有关，而不仅仅取决于染料本身的性质。

染色均匀性反映纤维结构的均匀性，它与纤维生产的工艺条件（特别是纺丝、拉伸和热定型条件）密切相关。染色均匀性是化学纤维长丝的重要质量指标之一。

为了简化化学纤维的染色工艺并提高染色牢度，在化学纤维生产中可采用纺前染色的方法，如色母粒染色法、纺前着色法等，使聚合物切片、熔体或纺丝溶液着色，由此可制得有色的化学纤维。

5.1.2.9　卷曲度

普通合成纤维的表面比较挺直光滑，纤维之间的抱合力较小，不利于纺织加工。对纤维进行化学、物理或机械卷曲变形加工，赋予纤维一定的卷曲，可以有效地改善纤维的抱合性，同时增加纤维的蓬松性和弹性，使其织物具有良好的外观和保暖性。

可采用下列指标表征短纤维的卷曲度[式（5-6）～式（5-9）]：

$$卷曲数(个/cm) = 弯折点个数 \times 0.5/L_0 \tag{5-6}$$

$$卷曲率 = (L_1 - L_0)/L_0 \times 100\% \tag{5-7}$$

$$卷曲回复率 = (L_1 - L_2)/L_1 \times 100\% \tag{5-8}$$

$$卷曲弹性回复率 = (L_1 - L_2)/(L_1 - L_0) \times 100\% \tag{5-9}$$

式中，L_0 为预加张力为 1.26×10^{-3} dN/tex 时的纤维长度；L_1 为加负荷为 8.8×10^{-2} dN/tex 并保持 1min 后测得的纤维长度；L_2 为去除负荷使纤维松弛 2min 后，再加预张力测得的纤维长度。

卷曲数和卷曲率反映纤维卷曲的程度，其数值越大，表示卷曲波纹越细密，这主要由卷曲加工条件来控制。卷曲率一般为 6%～18%，与它相对应的卷曲数为 3～7 个/cm。通常，棉型短纤维要求高卷曲数（4～5.5 个/cm），毛型短纤维要求中卷曲数（3.5～5 个/cm）。卷曲回复率和卷曲弹性回复率反映纤维在受力或受热时的卷曲稳定性，用来衡量卷曲的坚牢度。其值越大，表示卷曲波纹越不易消失，这主要由热定型来强化并巩固。

5.1.2.10　沸水收缩率

将纤维放在沸水中煮沸 30min 后，其收缩的长度与原来长度之比，称为沸水收缩率。

沸水收缩率是反映纤维热定型程度和尺寸稳定性的指标。沸水收缩率越小，纤维的结构稳定性越好，纤维在加工和使用过程中遇到湿热处理（如染色、洗涤等）时尺寸越稳定且不易变形，同时力学性能和染色性能也越好。纤维的沸水收缩率主要由纤维的热定型工艺条件来控制。

5.1.3　纤维加工的一般过程

5.1.3.1　纺丝

将成纤高聚物的熔体或者溶液，经纺丝泵连续、定量而均匀地从喷丝头小孔压出，形成黏稠的细流，细流在空气、水或凝固浴中进行冷却固化或相分离固化形成初生纤维的过程称为纺丝（spinning）。纺丝是化学纤维生产过程中的核心工序。改变纺丝工艺条件可以在很宽范围内调节纤维的结构，从而改变所得纤维的各项性质。

工业上常用的合成纤维纺丝的方法主要有熔融纺丝法（melt spinning）和溶液纺丝法（solution spinning）两种。其他的纺丝方法有干湿法纺丝、液晶纺丝、冻胶纺丝、相分离纺丝法、乳液及悬浮液纺丝法、反应纺丝法、喷射纺丝法等。

（1）熔融纺丝法

熔融纺丝法是将高聚物加热熔融制成熔体，并经喷丝头喷成细流，通过凝固介质使之凝固而形成纤维的方法（图 5-2）。此方法适用于高温下较为稳定的聚合物。由于熔体细流在空气介质中冷却，传热和丝条固化速度快，而丝条运动所受阻力很小，因此熔融纺丝的速度要比湿法纺丝高得多，一般纺丝速度为几百~几千米/分。

熔融纺丝法包括直接纺丝法和切片纺丝法等。直接纺丝法是采用合成的高聚物熔体直接纺丝。其特点是生产流程大大简化，成本较低，但是单体和低聚物不易除去，得到的纤维质量较差。切片纺丝法是先将高聚物熔体铸带、切粒制成切片，再熔融纺丝。

（2）溶液纺丝法

溶液纺丝法是将高聚物溶解于溶剂中制成黏稠的纺丝液，由喷丝头小孔压出黏液细流，通过凝固介质使之凝固成纤维。此方法适用于可溶的聚合物。溶液纺丝法根据凝固介质分为湿法纺丝（wet spinning）（图 5-3）和干法纺丝（dry spinning）（图 5-4）两种。

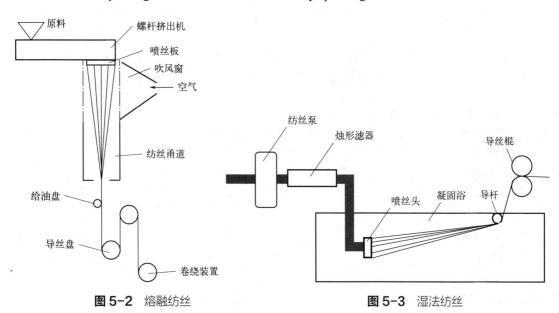

图 5-2　熔融纺丝　　　　　　　　图 5-3　湿法纺丝

湿法纺丝以液体为凝固介质。从喷丝头小孔压出的黏液细流，在液体的凝固浴中通过时，原液细流中的溶剂向凝固浴中扩散，而凝固浴中的沉淀剂向细流中渗透，使得聚合物在凝固浴中成丝析出，形成纤维。湿法纺丝中的扩散和凝固不仅是一般的物理化学过程，对某些化学纤维如黏胶纤维还会同时发生化学变化。因此，湿法纺丝的成形过程比较复杂，纺丝速度受溶剂和凝固剂的双扩散、凝固浴的流体阻力等因素影响，所以纺丝速度较慢，一般为几米~几十米/分。为了提高喷丝的效率，常采用多孔喷丝头（可达 10 万孔），主要用于生产短纤维。

采用湿法纺丝时，必须配备凝固浴的配制、循环以及回收设备，工艺流程复杂，厂房建筑和设备投资费用都比较大，纺丝速度慢，成本高而且对环境污染较为严重。目前腈纶、维纶、氯纶、黏胶纤维以及某

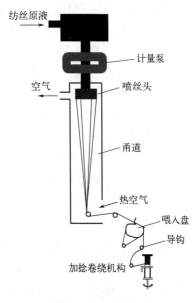

图 5-4　干法纺丝

些由刚性大分子构成的成纤高聚物都需要采用湿法纺丝。

　　干法纺丝以气体为凝固介质，从喷丝头小孔压出的黏液细流，被引入通有热空气流的通道中，由于热空气气流的作用，黏液细流中的溶剂快速挥发并被空气带走，而黏液细流脱去溶剂后很快转变成细丝（图 5-4）。此方法纺丝的速度取决于溶剂挥发快慢，所以选择的溶剂应使溶液中高聚物的浓度尽可能高，而溶剂的沸点和蒸发潜热应该尽可能的低，这样就可以减少在纺丝溶液转化成纤维过程中所需挥发的溶剂量，降低热能消耗，并可提高纺丝速度。除了技术经济要求之外，还应考虑溶剂的可燃性以满足安全防护要求。常用的干法纺丝的溶剂为丙酮、二甲基甲酰胺等。干法纺丝的速度一般为 200～500m/min。由于受溶剂挥发速度的限制，干纺的速度还是要比熔纺低，而且还需要设置溶剂回收等工序，故辅助设备比熔融纺丝多。干纺一般适用于生产化学纤维长丝，主要生产的品种有腈纶、醋酯纤维、氯纶、氨纶等。

　　整体而言，干法纺丝的纺丝溶液制备与湿法纺丝相似；纺丝细流在甬道内固化成型，成形过程和设备外形结构又与熔融纺丝法有些相似。表 5-3 归纳了三种基本成型方法的特征。

表 5-3　不同纺丝方法的主要特征

纺丝方法	熔融纺丝法	干法纺丝	湿法纺丝
纺丝状态	熔体	溶液	溶液或乳液
纺丝液浓度/%	100	18～45	12～16
纺丝液黏度/Pa·s	100～1000	20～400	2～200
喷丝头孔数	1～30000	10～4000	24～160000
喷丝孔直径/mm	0.2～0.8	0.03～0.2	0.07～0.1
凝固介质	冷却空气、不回收	热空气，回收、再生	凝固浴、回收、再生
凝固机理	冷却	溶剂挥发	脱溶剂（或伴有化学反应）
卷曲速度/（m/min）	20～7000	100～1500	18～380

　　其他的纺丝方法主要适用于新型高聚物。

　　干湿法纺丝。将纺丝原液从喷丝头压出后，先经过一段空气层，再进入凝固浴，从凝固浴中导出的初生纤维的后处理过程与湿法纺丝相同。干湿法纺丝的纺丝速度一般比湿法纺丝高 5～10 倍，可以达到 200～400m/min，极大地提高了纺丝的生产效率。

　　液晶纺丝。该方法利用了液晶的特殊流变性质：浓度大于临界浓度（$c>c_0$）时，黏度下降，在低切变速率下出现切力变稀区。通常该纺丝液在高浓度下可以保持低黏度，在低切变应力下可以保持高取向度，从而制得液晶纺丝高强度纤维（如 Kevlar 纤维）。

　　冻胶纺丝。又称为半熔体纺丝法，该方法是将高浓度（35%～55%）的高聚物溶液或者塑化的冻胶经喷丝头挤出后冷却固化成形，适用于熔融温度高于分解温度的高聚物，纺丝速度快。

5.1.3.2　后加工

　　采用上述方法纺制出的纤维，强度很低，手感粗硬，甚至发脆，不能直接用于纺织加工制成织物，必须经过一些后加工工序，才能得到结构稳定、性能优良、可以进行纺织加工的纤维。

　　除此之外，目前化学纤维还大量用于与天然纤维混纺，因此在后加工的过程中有时需将连续不断的丝条切断，得到与棉花、羊毛等天然纤维相似的、具有一定长度和卷曲度的纤维，以适应纺织加工的要求。

根据加工处理的纤维种类的不同，后加工的流程和设备均有差异，基本分为短纤维和长丝两类。另外通过某些特殊的后加工可以得到具有特殊性能的纤维，如弹力丝、膨体纱等。

（1）短纤维的后加工

短纤维的后加工主要由集束、牵伸、水洗、上油、干燥、热定型、卷曲、切断、打包等一系列工序组成。

集束是将纺出的若干纤束合并成一定粗细的大股丝束，导入拉伸机进行拉伸（牵伸）。牵伸可以提高大分子的取向度进而改善其物理性能。各种纤维可以根据不同纺丝工艺和要求采用不同的拉伸方式，如聚丙烯腈纤维可以先预热拉伸然后沸水或者蒸汽浴拉伸；而聚乙烯醇纤维可以先导杆拉伸、导盘拉伸、湿热拉伸再干热拉伸等。

水洗的目的是除去初生纤维中含有的一定量溶剂。为了保证纤维后加工的需要，通常要求水洗后纤维上的残余溶剂含量不超过 0.1%。可以先拉伸后水洗，也可以先水洗后拉伸。

上油使纤维表面覆上一层油脂，赋予纤维平滑柔软的手感，改善纤维的抗静电性能。上油后可以降低纤维之间以及纤维和金属之间的摩擦系数，提高可纺性。

热定型是为了消除纤维的内应力，提高纤维的尺寸稳定性，并且进一步改善其物理化学性能。热定型操作可以消除纤维在拉伸过程中的内应力，使大分子发生一定程度的松弛，提高纤维的结晶度，改善纤维的弹性，降低纤维的热收缩率，使其尺寸稳定。热定型可以在张力下进行，也可以在无张力下进行。影响热定型的主要参数是定型温度、时间和张力等。

化学纤维（如涤纶等）表面光滑，外观为圆柱形，纤维之间抱合力极差，不易与其他纤维抱合在一起，故可纺性差。卷曲的目的是使短纤维能够具有类似天然纤维的卷曲性能。进行卷曲加工后，纤维具有一定的抱合力，能够与棉、毛或其他化学纤维混纺，织成各种织物。卷曲的好坏对纺织后加工起着重要的影响。化学纤维的卷曲分三种类型：化学卷曲（较少采用）、物理卷曲（如复合纤维的卷曲）、机械卷曲。机械卷曲是一种施加机械力于已成形纤维而造成卷曲的方法，目前较为广泛采用的为填塞箱法。这种方法制得的纤维弯折小，抱合力好，而且设备紧凑，卷曲效果比较明显。

短纤维通常是与棉、羊毛以及其他化学纤维混纺的。根据所混纺纤维品种不同，要将短纤维丝束切断成相应的长度。如棉型短纤维切断长度为 38mm，并要求均匀度好。毛型短纤维要求纤维较长，用于粗梳毛纺的切断长度为 64～76mm，用于精梳毛纺的切断长度为 89～114mm。中长纤维可与黏胶短纤维或其他纤维混纺，切断长度为 51～76mm。目前应用较多的切断机有沟轮式切断机和压轮式切断机。

（2）长丝的后加工

长丝的后加工与短纤维的后加工相比，加工工艺和设备结构都比较复杂，这是由于长丝加工需要将细丝束分别进行，而不像短纤维那样集束形成大股丝束后加工。处理过程中要求对每缕细丝的条件要一致。

长丝的后加工工序包括拉伸、加捻、复捻、热定型、络丝、分级、包装等。

加捻（twisting）是长丝后加工的特有工序，其目的是使纤维须条成纱或使纱捻合成股线，使纤维、单纱、单丝在纱、线中获得一定的结构形态，使制品具有一定的力学性能和外观结构。加捻过程中，外层纤维向内层挤压，挤压力改变了纱条的结构，增加了纤维间的摩擦力，使纱条紧密抱合，从而增加纱条的紧密度和强度（图 5-5）。不同的加捻方法得到的纱条成纱结构、性质及生产率均不相同。

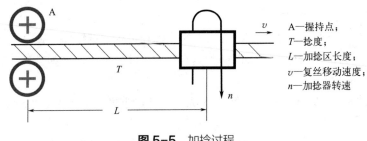

图 5-5 加捻过程

络丝是指把经拉伸、加捻的长丝缠绕在丝筒上的过程。一般绕成双锥形筒子，能防止光滑的丝条从筒子端面脱落，便于运输和加工。在络丝过程中，还须少量上油，以增加丝条表面的润滑，改进手感，并可减少纤维在纺织加工中的静电。

长丝的后加工中，拉伸和热定型的目的和短纤维后加工基本相同。

根据纤维品种的不同，长丝后加工的工序可能有所不同，如纺制黏胶纤维长丝时，纤维已经受了足够的拉伸，并且在卷曲时已经获得了一定的捻度，因此黏胶纤维可以省去拉伸和加捻工序。

（3）弹力丝的加工

热塑性合成纤维长丝经过特殊的变形热处理，便可制得富有弹性的弹力丝。弹力丝在长度上的伸缩性可以达到原丝的数倍，而蓬松性可相当于普通纤维的数十倍。

弹力丝的加工方法有多种，有假捻法、填塞箱法、空气喷射法等。其中以假捻法应用最为广泛，目前世界上约有 80%的弹力丝是以该方法生产的。假捻（false twisting）的原理如图 5-6 所示。一根复丝的两端被固定，当在其中部用转子带动它旋转时，则在转子的左右两边的复丝上，可以加上捻向相反而捻度数相等的捻度[图 5-6（a）]；但如果在转子两边的复丝分别考虑时，则捻度仍然是真的，只是整根复丝上捻度数的代数和等于零，所以这种加捻称为假捻。

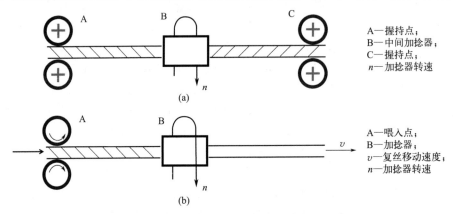

图 5-6 假捻原理（a）和假捻后，捻度消除（b）

在真正的假捻过程中，由于转子连续回转，而复丝又不断向前运行，一旦复丝通过转子即抵达平衡状态，捻度即消除[图 5-6（b）]。这是因为在喂给一边加上了捻度，而在输出一边解除了捻度。解除捻度的丝由于捻缩和退捻转矩的作用，单丝上形成卷曲状的反转圈，这就制成了伸缩性大而膨松性好的加工丝，即弹力丝，由其组成的纱线称为变形纱（图 5-7）。

弹力丝可分为高弹和低弹两种。如图 5-8（a）所示，加捻定型后的各根单丝的形态已被固定成螺旋卷曲状，所以尽管复丝全数退捻而单丝的卷曲变形仍保留在复丝中，从而改善了长丝的外观，提高了蓬松性和弹性，成为具有高伸缩性、高蓬松性的假捻变形纱，俗称高弹丝。如图 5-8（b）所示，在一次定型的基础上对高弹丝进行二次松弛定型（两级热箱）消除残余扭矩，稳定内部结构，这是改性假捻变形加工，得到低弹丝。

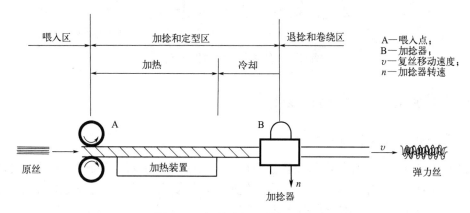

A—喂入点；
B—加捻器；
v—复丝移动速度；
n—加捻器转速

图 5-7　假捻法加工弹力丝过程

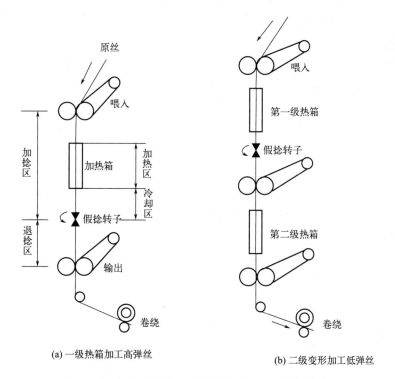

(a) 一级热箱加工高弹丝　　　(b) 二级变形加工低弹丝

图 5-8　假捻变形加工高弹丝（a）和低弹丝（b）

（4）膨体纱的加工

膨体纱以腈纶为主，利用其热塑性制得的蓬松性的纱线。制法是将一般短纤维后加工的腈纶纱束（不经切断）在牵伸机上进行热拉伸，然后取其中的 50%～60%丝束在一定的温度下进行松弛热定型，经过处理后其收缩性减小。这样就得到了具有高收缩性和低收缩性的两种不同的纤维。将这两种纤维进行混纺，再将纺出的纱线在一定温度下进行热处理；高收缩性的纤维收缩成芯子，而低收缩性的则浮在表面。这样就得到了蓬松柔软的膨体纱（图 5-9）。

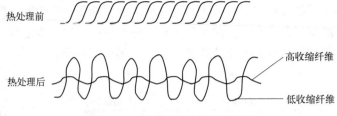

热处理前

热处理后

高收缩纤维

低收缩纤维

图5-9 膨体纱形成过程示意图

5.1.4　纤维加工过程中结构的变化

5.1.4.1　纺丝过程中的取向与结晶

在纤维成形过程中液体细流从喷丝板的小孔流出后，在与周围介质进行传热、传质、冷却、凝固的同时，纺丝细流受到拉力作用，使细流直径变化。沿着外力作用的方向使纤维的外形、粗细发生连续的变化，具有一定的初步结构和性能，所以称为初生纤维。

拉伸过程是纺丝中丝线受力后的延伸过程。使液体细流中的大分子结构从无序排列向有序排列转化。纤维沿着作用力的方向变化。纤维中的分子链就产生取向和结晶作用。

（1）取向

纤维成形时受到的作用力来自两个方面：一是纺丝泵给的推动力使液体能够通过喷丝孔流出；二是卷绕装置上给的拉伸力，使喷出的细流在拉力的作用下变形，最后形成初生纤维。前者使纤维发生剪切取向，而后者属于拉伸取向，在高速纺丝的条件下取向度提高。上述情况以熔融纺丝为代表。湿法纺丝过程中，由于大分子的运动能力较强，因此纤维的取向度相对较低。

（2）结晶

纤维的结晶度和纤维的固化条件有关：固化快，结晶慢，如PET，无结晶；熔融纺丝过程，固化速度中等，结晶度中等；湿法纺丝过程中（如赛璐珞、PVA），纤维的固化速度慢，因此结晶度高。

5.1.4.2　拉伸过程中纤维结构的变化

用不同的纺丝法制成的初生纤维，虽然具有纤维的基本结构和性能，特别是经过纺丝过程的初步拉伸和定向后，纤维已具有一定的结晶度和取向度，但是纤维的力学性能还不适宜作纤维成品。这是由于其取向度和结晶度还比较低，结晶不稳定，结构不稳定、易变形，强度和模量都不够高，伸长率大。因此，初生纤维需要进一步加工处理，使其具有一定的力学性能和稳定的结构，以符合纺织加工的要求，并具有优良的使用性能。

在初生纤维后加工过程中，最主要的并对纤维的结构与性能影响最大的是拉伸和热定型两道工序。拉伸又称为合成纤维的二次成型，它是提高纤维物理力学性能必不可少的手段。

拉伸过程是纺丝中丝线受力后的延伸过程。在拉伸过程中，纤维的大分子链或聚集态结构单元发生舒展，并沿纤维轴向排列取向。在取向的同时，通常伴随着相态的变化，以及其他结构特征的变化。

各种初生纤维在拉伸过程中所发生的结构和性能的变化并不相同。拉伸过程对纤维的取向和结晶变化都有一定的影响。

（1）拉伸对取向的影响

非晶态高聚物纤维的拉伸取向分为两种：大尺寸取向和小尺寸取向。大尺寸取向是指整个分子链的取向，而链段未取向，这是熔融纺丝中熔体的流动取向的主要方式。小尺寸取向是指链段取向，而整条大分子未取向，这是温度较低时进行拉伸取向的主要取向方式。

对于晶态聚合物来说，拉伸会使聚合物晶体中的伸直链增多，折叠链减少，这在一定程度上提高了纤维的强度和韧性。上述两种聚合物纤维的取向有一个共同点，即纤维的低序区（对结晶高聚物来说即为非晶区）的大分子沿纤维轴向的取向度大大提高，同时伴有密度、结晶度等其他结构方面的变化。由于纤维内大分子沿纤维轴取向，形成并增加了氢键、偶极作用以及其他类型的分子间力，纤维承受外加张力的分子链数目增加了，从而使纤维的断裂强度显著提高，伸长率下降，耐磨性和对各种不同类型形变的疲劳强度亦明显提高。

（2）拉伸对结晶影响

拉伸对纤维结晶的影响主要有以下三种：相态结构无变化，即非晶态-非晶态，晶态-晶态，如结晶性纤维素的湿纺纤维在塑化浴中的拉伸情况；拉伸过程中原有的结构发生破坏，结晶度降低，其中温度低、结晶结构完整，晶体破坏严重，如 PA、PP；拉伸过程中进一步结晶，结晶度增大，尤其是温度较高时，分子运动性增强，其主要原理是取向和应力诱导结晶。

5.1.4.3　热定型过程中纤维结构的变化

热定型操作可以消除纤维在拉伸过程中的内应力，使大分子发生一定程度的松弛，提高纤维的结晶度，改善纤维的弹性，降低纤维的热收缩率，使其尺寸稳定。同时，非晶区受热以后，分子链发生松弛，链段运动而发生解取向，因此分子链的取向度变小。但是如果在热定型的过程中保持纤维的长度不变，纤维的取向度保持不变或者变化很小。

5.1.5　结构与性能的关系

为了使成纤聚合物能够加工成纤维，要求其具有较好的纺丝性能和加工性能。通常成纤聚合物应该有如下的一般特性。

（1）分子结构

成纤聚合物的分子必须是线形结构，没有较长的支链、交联结构和很大的取代基。用于溶液纺丝的聚合物要求能溶于溶剂中制成聚合物溶液，溶解及熔融后的液体具有适当的黏度。成纤聚合物的分子量及其分布影响纤维性能，分子量高的才能制成强度好的纤维，分子量分布窄的比宽的好。分子量低于某个临界值，将不能成纤或强度很差；而分子量高到一定数值后，会给纺丝的黏度、流动性带来不利影响。一般希望分子量在某个适当的值，如尼龙 66 成纤分子量为 1.6 万～2.2 万，等规聚丙烯成纤分子量为 18 万～30 万。成纤聚合物的分子结构要有一定的化学及空间结构的规则性，同时还应具有好的结晶性；玻璃化转变温度高于纤维通常的使用温度，熔化温度应大大地超过洗涤和熨烫温度。

同时，成纤聚合物还必须要有好的染色性、吸附性、耐热性和对水以及化学物质的稳定性，还应该有一定的亲水极性基团。有些情况下，还应该具有抗细菌、耐光及导电性能等。

（2）形态结构

纤维的形态结构，是指纤维在光学显微镜或电子显微镜，乃至原子力显微镜（AFM）下能被直接观察到的结构。主要有纤维的外观形貌、表面结构、断面结构和多重原纤结构，以及存在于纤维中的各种裂隙与孔洞等。

① 多重原纤结构和表面形态　纤维中的原纤是带有缺陷并为多层次堆砌的结构。原纤在纤维中的排列大多为同向平行排列，提供给纤维良好的力学性质和弯曲能力。

纤维的原纤按其尺度大小和堆砌顺序可分为基原纤（protofibril 或 elementary fibril）→微原纤（microfibril）→原纤（fibril）→大原纤（macrofibril）→纤维（fiber）。基原纤是原纤中最小、最基本的结构单元（1～3nm），由数根聚合物分子链构成，亦称晶须，无缺陷。微原纤是由若干根基原纤平行排列组合在一起的大分子束（10～50nm），亦称微晶须，带有在分子链端不连续的结晶缺陷，是结晶结构。原纤是一个统称，有时可以代表若干基原纤或若干微原纤，大致平行组合在一起的更为粗大的大分子束（0.1～0.5μm）。大原纤是由多个微原纤或者原纤维堆砌而成的结构体（1～3μm）。而纤维是由大原纤或者微原纤直接堆砌而成的（几十微米），并有明显的边界。

原纤结构与肌腱结构较为类似。不同大小、尺寸的晶区、非晶区、缝隙、孔洞、沟槽等，决定了纤维的吸附、光学、物理机械和各向异性等，这些都与多重原纤结构有关。多重原纤的结构与性能主要取决于纺丝条件。纤维的表面形态主要取决于纤维品种、成型方法和纺丝工艺。一般纤维的表面形态连续光滑，较规整。

② 横截面形状和皮芯结构　棉花是一种天然卷曲的空心纤维，因而具有良好的保暖性和吸湿性；蚕丝的横截面是三角形的，因而具有柔和的光泽和舒适的手感；而羊毛则是种多层鳞片的弯钩形，因而使其具有稳定的卷曲与优良的蓬松性和弹性。合成纤维在成型过程中，一般采用圆形孔眼喷丝板，因此形成纤维的横截面通常是实心、圆形或接近圆形。纤维横截面的形状对其性能有很大的影响，因而合成纤维在性能上存在一定的不足之处。

为了改善合成纤维的弹性、光泽、手感、吸湿、透气、染色、回弹等性质，人们在天然纤维的形态启发下，制造出了各种非圆形孔眼的喷丝板（图 5-10），以制造各种截面形状的异形纤维、空心纤维及复合纤维等新型化学纤维，具有类似天然纤维的形态结构，其性能有很大的改善。复合纤维是将两种或两种以上不同的纺丝熔体或浓溶液，分别输入同一纺丝组件，在组件内适当部分汇合，再经同一纺丝孔喷出而形成的纤维，又称为组合纤维。双组分的复合纤维可按在横截面上不同组分的分布情况，分为并列型复合纤维和皮芯型复合纤维（图 5-11）。由于复合纤维是由两种组分组成，所以在热处理时会发生不同程度的收缩，使纤维产生三维空间的螺杆状稳定卷曲形状。因此复合纤维具有高度的体积蓬松性，具有羊毛一样的弹性、手感柔和、抱合好等优点。

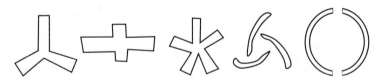

图 5-10　制造异形纤维喷丝板的喷孔形状

在通常情况下，均聚物纤维中均有皮芯结构生成。这一现象在合成纤维和再生纤维中都存在。这是由于湿纺中凝固液在纺丝液细流内外分布不均匀，使细流内部和周边的高聚物以不同的机理进行相分离和固化，从而导致纤维沿径向产生结构上的差异。外表有一层极薄的皮膜，皮膜内部是纤维的皮层，里边是芯层。皮层中一般含有较小的微晶，并且具有较高的取向度。芯层结构较疏松，微晶尺寸也较大。皮层含量一般随凝固浴的组分而改变。纤维的皮芯结构对吸附性能、染色性、强度及断裂伸长率等影响较大，例如高强度黏胶纤维的结构特征之一是具有全皮层结构，所以力学性能较好。

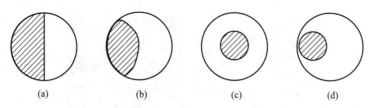

图 5-11 双组分复合纤维横截面的典型类型

（a）、（b）并列型；（c）、（d）皮芯型

③ 纤维中的孔洞　在微原纤和原纤等结构中均存在着缝隙和孔洞，这是在纺丝过程中形成的。纤维中的微孔、缝隙往往是合成纤维不均匀、强度不高的主要原因。但是纤维中存在一定数量的微孔结构，可改善纤维的吸湿性、染色性等。最经典的例子是湿法纺丝制备PAN。这种结构的优点是吸湿性较好，染色性能优良；但是存在强度较低的缺点。

5.2　天然纤维和人造纤维

5.2.1　天然纤维

根据来源，天然纤维包括植物纤维和动物纤维。其中棉纤维和麻纤维属于植物纤维，而毛和蚕丝属于动物纤维。

5.2.1.1　棉纤维

棉纤维是由胚珠（将来的棉籽）表皮壁上的细胞伸长加厚而成。一个细胞长成一根纤维，每粒细绒棉棉籽表面有 1 万～1.5 万根纤维。棉纤维的主要成分是纤维素，约占 90%～94%，其余是水、脂肪、蜡质和灰分等。纤维素是由许多失水 β-葡萄糖基连接而成的天然高分子化合物，其分子式为 $(C_6H_{10}O_5)_n$，n 为平均聚合度，一般可以达到 1000～15000。

正常的棉纤维形态呈中间粗两头细的结构。棉纤维的截面由许多同心层组成，从外至内分成初生层（蜡质与果胶）、次生层（纤维素）、中腔。成熟的棉纤维截面形状呈腰圆形，扁平带状，纤维长/径比大约为 1000～3000，如图 5-12 所示。正常成熟的棉纤维，纵向外观上具有天然转曲，即棉纤维纵向呈不规则且沿纤维长度方向不断改变转向的螺旋形扭曲。天然转曲是棉纤维特有的纵向形态特征，因此在纤维鉴别中可以从天然卷曲这一特征将棉与其他纤维区分开来。天然转曲使棉纤维具有一定的抱合力，有利于纺纱过程的正常进行和成纱质量的提高。

棉纤维的物理力学性能主要包括以下几个方面：长度、线密度、吸湿性、拉伸性能、成熟度以及光学性质、导热和导电性质等。

棉纤维的长度主要取决于棉花的品种、生长条件和初加工。一般来说，长度越长，且长度整齐度越高，短绒越少，可纺纱越细，纱线条干越均匀，强度高，而且表面光滑，毛羽少。

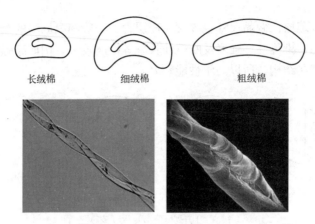

长绒棉   细绒棉   粗绒棉

图 5-12   棉纤维形态结构

线密度主要取决于棉花品种和生长条件等。在正常成熟度的条件下，棉纤维的线密度越小，越有利于提高成纱强力和条干（yarn levelness，纱线、条子的主要线）的均匀度。如果是由于成熟差造成的纤维线密度小，在加工过程中容易扭结、折断，形成棉结、死纤维，对成纱品质有害。

吸湿性主要通过回潮率来表示，我国原棉的回潮率一般在 8%～13%。回潮率的高低会影响重量、用棉量的计算以及后续的纺纱工艺。有很多地方也采用含水率来表示吸湿量。我国规定原棉的标准回潮率为 10%。

棉纤维的拉伸性能通常采用拉伸断裂应力或者比强度、断裂伸长率等表示。

棉纤维中细胞壁的增厚程度，即棉纤维生长成熟的程度称为成熟度。棉纤维的成熟度几乎和各种物理性能都有密切关系。正常成熟的棉纤维，天然转曲多、抱合力大、弹性好、有丝光，对加工性能和成纱品质都有益。成熟度差的棉纤维，线密度小、强度低、天然转曲少、抱合力差、吸湿性较大，而且染色性和弹性较差，加工过程中经不起打击，容易纠缠成棉结。过成熟的棉纤维天然转曲少，纤维偏粗，也不利于保持成纱强度。

光学性质主要是指纤维的色泽、双折射性、耐光性和二色性等。

此外，一般的无机酸对棉纤维都有侵蚀作用。稀碱溶液在常温下处理棉纤维不发生破坏作用，但是会使棉纤维膨化。氧化剂有破坏棉纤维的天然色素而使棉纤维发生氧化漂白的作用。棉纤维的热稳定性不错。在湿度较大的环境中如果存放时间较长，会因为某些细菌和霉菌生长而发生生物变化，产生霉变以致霉烂。

5.2.1.2　麻纤维

麻纤维按其来源分为两种。一种是双子叶一年或多年生草本植物，可制取纤维的韧皮并从中获得纤维；因取自植物的韧皮，故称为韧皮纤维（bast fiber）。另一种是单子叶植物，有可制取纤维的叶脉和叶鞘。从中获得的纤维称为叶纤维（leaf fiber）。韧皮纤维的种类主要有苎麻、亚麻、胡麻、黄麻、洋麻、青麻、大麻、罗布麻八种。而叶纤维主要有剑麻、蕉麻等。

麻纤维的组成物质与棉纤维相似。其断面形状有扁圆形、椭圆形、多角形等，纵向上粗细不均，有横节，有不规则纵纹。表面平滑，不容易变形，如图 5-13 所示。

麻类纤维具有吸湿散湿快、断裂强度高、断裂伸长率小的独特性能，非其他纤维所能完全替代，适宜用作服装、装饰织物和产业用织物的原料。但是麻类纤维有不耐磨、易折皱等缺点。

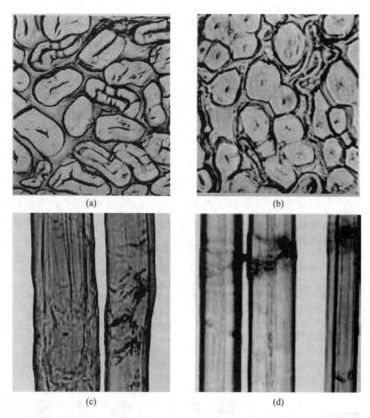

图 5-13 苎麻（a）、（c）和亚麻（b）、（d）的横截面（a）、（b）和纵截面（c）、（d）

麻纤维的应用广泛。以苎麻纤维为例，可以用作服装面料，夏装清汗离体、透气凉爽；春秋装挺括粗犷；装饰用品独特豪放；床上用品卫生性能好；工业用品尺寸稳定；国防用品强度高、防霉防腐，是服装、装饰、产业用品三大领域的良好纺织纤维材料。

5.2.1.3 毛纤维

毛纤维主要有羊毛、驼毛、兔毛等。其中羊毛纤维是产量最大，应用最广的毛纤维。从动物身上剪下来的毛纤维一般叫做原毛，其中夹杂着动物的生理杂物以及生活环境中的杂物等。因此在毛纤维加工之前要将杂物尽可能的除净。

毛纤维是由包覆在纤维外部的鳞片层、组成羊毛实体主要部分的皮质层、处于纤维中心的髓质层构成（图 5-14）。鳞片层约占羊毛总量的 10%，是由角质化的扁平状细胞通过细胞

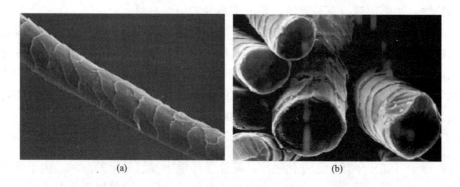

图 5-14 羊毛的表面（a）和断面（b）形态结构

间质粘连而成，是羊毛纤维的外壳。皮质层是羊毛纤维的最主要的组成部分，占羊毛总体积的 75%～90%。皮质层是由纺锤形的皮质细胞分泌得到，其主要成分是由谷氨酸、胱氨酸等组成的角质蛋白，又称角朊，它决定着羊毛的主要物理和化学性能。髓质层是由结构疏松、内部充有空气的薄膜细胞所组成，它们在纤维横截面上彼此联系成网状，细胞壁由疏密不等的角质物组成。毛纤维弹性好，吸湿率较高，耐酸性好。但强度低，耐热性和耐碱性较差。

5.2.1.4　蚕丝

蚕丝又称为天然丝。蚕丝是由两个丝素蛋白和覆盖在外面的丝胶蛋白组成的连续型长纤维（图 5-15）。其中蛋白质含量高达 98%，丝素占 73%，外层紧包丝胶占 25%。丝素蛋白结构致密，结晶度高，不溶于水，但能被 $CaCl_2$ 溶解；而丝胶蛋白分子中极性基团稍多，无定形部分比例较高，因而亲水性较强，能与水形成均匀胶体溶液。除去丝胶蛋白得到的纤维俗称熟丝。白色，柔软有光泽，强度高，是热和电的不良导体。

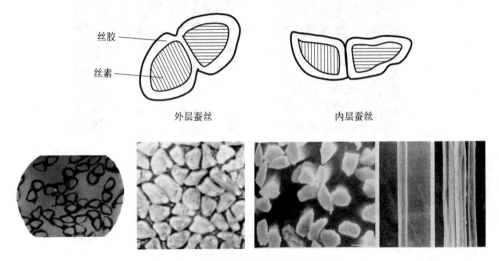

图 5-15　蚕丝的截面形态和纵向形态

5.2.2　人造纤维（artificial fiber）

人造纤维是指由天然的高分子材料（纤维素、蛋白质、淀粉等）为原料，经过化学处理与机械加工而制得的纤维。人造纤维一般具有与天然纤维相似的性能，有良好的吸湿性、透气性和染色性，手感柔软，富有光泽，是一类重要的纺织材料。

人造纤维按化学组成可分为再生纤维素纤维、纤维素酯纤维、再生蛋白质纤维三类。再生纤维素纤维是以含纤维素的农林产物（如木材、棉短绒等）为原料制得，纤维的化学组成与原料相同，但物理结构发生变化。纤维素酯纤维也以纤维素为原料，经酯化后纺丝制得，纤维的化学组成与原料不同。再生蛋白质纤维的原料则是玉米、大豆、花生以及牛乳酵素中的蛋白质。常见的人造纤维有黏胶纤维、醋酯纤维、铜氨纤维等。

5.2.2.1　黏胶纤维（viscose rayon）

黏胶纤维于 1905 年开始工业化生产，是化学纤维中发展最早的品种。由于原料易得、成本低廉而应用广泛，至今在纤维中仍占有相当重要的地位。它是以天然纤维素为原料经碱化、老化、磺化等工序制成可溶性纤维素黄原酸酯（cellulose xanthate），然后溶于稀碱制成黏胶，经湿法纺丝而制成的纤维。它的基本组分是纤维素，普通黏胶纤维的聚合度 $n=250\sim500$，强力黏胶纤维的 $n=550\sim600$。

（1）生产方法

黏胶纤维是以木材、棉短绒、甘蔗渣、芦苇等为原料，经湿法纺丝制成的。先将原料经预处理提纯，得到 α-纤维素含量较高的"浆粕"（pulp）；再依次通过浓碱液和二硫化碳处理，得到纤维素黄原酸钠[式（5-10）、式（5-11）]，再溶于稀氢氧化钠溶液中而成为黏稠的纺丝液，称为黏胶。

$$C_6H_7O_2(OH)_3+NaOH+nH_2O \Longleftrightarrow C_6H_7O_2(OH)_3{\cdot}NaOH+nH_2O \tag{5-10}$$

$$[C_6H_7O_2(OH)_3{\cdot}NaOH]_n+nCS_2 \Longleftrightarrow [C_6H_7O_2(OH)_2{-}(OCS_2Na)]_n+nH_2O \tag{5-11}$$

黏胶经过滤、熟成（在一定温度下放置约 18～30h，以降低纤维素黄原酸酯的酯化度）、脱泡后，进行湿法纺丝，凝固浴由硫酸、硫酸钠和硫酸锌组成。纤维素黄原酸钠与硫酸作用而分解[式（5-12）]，从而使纤维素再生析出。

$$[C_6H_7O_2(OH)_2{-}(OCS_2Na)]_n+nH_2SO_4 \Longleftrightarrow [C_6H_{10}O_5]_n+nNaHSO_4+nCS_2 \tag{5-12}$$

最后经过水洗、脱硫、漂白、干燥即得到黏胶纤维。黏胶短纤维是将成型后的纤维束切断后再进行上述处理。

（2）性能

黏胶纤维的优点如下：吸湿性能较高，在标准状态下回潮率为 12%～14%，手感柔软，悬垂性好、穿着舒适；染色性能优良，可采用直接、活性等染料常温常压染色，印花通常采用直接染料为主的工艺。为了提高色牢度和鲜艳度，可采用活性染料印花工艺；彩色涂料直接印花较少使用，仅采用白色涂料。同时，织成的织物外观光泽好。

黏胶纤维的缺点：被水浸湿后，强度显著降低，只有干态强度的 60%左右。这是由于黏胶纤维的大分子链聚合度较低，分子取向度较小，分子链间排列不够紧密，从而造成了其湿态下的强度变差问题。所以，其洗涤时不能强烈搓洗，否则织物的寿命短。另外，黏胶纤维的缩水率大，尺寸稳定性差，其弹性、耐磨性较差，易变形，在穿着时容易产生褶皱。

（3）应用

黏胶纤维按照用途可以分为纺织和工业两大类。用于纺织的纤维可以分为长丝、短纤维两种。

黏胶长丝又称为黏胶人造丝，1903 年英国考陶尔兹公司首先实现工业化，是最早工业化的化学纤维品种之一。黏胶长丝主要用于制造针织物、丝织物和编织物。它可以纯纺，也可以与蚕丝、棉纱、合成纤维长丝或纱交织。黏胶丝的织物质地轻薄、光滑、柔软，吸色力强，能够染成色彩鲜艳的织物，深受欢迎。

黏胶短纤维是通过机械的方法切断成短段状，是最古老的品种，产量较大。与纯棉相比较，切断长度与线密度的范围广，可进行原液着色，加工性能好，纱线的均匀性提高。可以与棉、羊毛混纺成各种织物，用于内衣、外衣、桌布、窗帘等。还可以制成毛线，也可以与合成纤维混纺。其产品与纯合成纤维制品相比，较舒适，既有高的亲水性又兼有柔软性，易染色印花，不带电，热稳定性好，纤维不熔，不起球。目前短纤维以多种形式用于内衣、服装和一般的内穿织物、家具布、涂层织物、绷带布等方面。

普通的黏胶纤维（黏胶长丝和黏胶短纤维）虽然有着古老的历史，但是其本身仍存在某些缺陷和不足。例如，短纤维的湿态强度低，耐碱性差，织物尺寸不稳定和容易变形等。这就促使人们对黏胶纤维进行改性，以提高其性能。

通过改善黏胶纤维的工艺参数和成形条件或进行化学或物理改性，可以有效改善其性能。例如，高湿模量永久卷曲黏胶短纤维是在高湿模量纤维和永久卷曲黏胶纤维的成形基础上发展起来的新产品，它既有高湿模量纤维的高强度、高湿模量等优良性能，又具有卷曲纤维所特有的高卷曲、高弹性等优点；其织物既有高强度、高模量、不变形等特色，又具有优良的弹性、保湿性和良好的手感。

从全球国家或地区角度看，20 世纪 50 年代到 60 年代是黏胶纤维生产能力增长最快的时期，每年的黏胶纤维生产量达 300 万吨左右。到了 20 世纪 70 年代，由于合成纤维的迅速崛起，以及黏胶纤维生产过程的污染问题，一些发达国家对黏胶纤维不作重点发展，因而一直呈下降走势。发展中国家黏胶纤维生产能力则增长迅猛。发达国家的减产部分，由发展中国家的增产抵消，所以世界黏胶纤维的生产总量没有出现明显变化。

近年来全球黏胶长丝总产能约为 28 万吨左右，其中我国产能占比达到 75%以上。由于黏胶短纤维性能较为优异，近 20 年一直处于需求的增长期。黏胶短纤维全球产能不断增加，同时也高度集中。虽然自 2020 年起中国黏胶短纤维产能增速有所放缓，但目前仍居世界首位，2021 年占全球产能高达 73%。

5.2.2.2　醋酯纤维（cellulose acetate，acetyl cellulose）

醋酯纤维又称醋酸纤维素纤维，是以醋酸纤维素为原料经纺丝而制得的人造纤维。

醋酸纤维素是以精制棉短绒为原料，与醋酐进行酯化反应得到三醋酸纤维素，酯化度为 280～300（酯化度：纤维素分子链上每 100 个葡萄糖基上羟基酯化的个数）。经过部分水解后得到酯化度为 200～260 之间的醋酸纤维素（二醋酸纤维素），在丙酮中可以完全溶解。因此，醋酸纤维根据其酯化度不同，分为二醋酯纤维和三醋酯纤维两类。通常醋酯纤维即指二醋酯纤维。

三醋酯纤维（triacetate fiber），以纤维素完全乙酰化所得的三醋酸纤维素为原料，经纺丝制得。三醋酯纤维长丝一般用干法纺丝制得，溶剂由二氯甲烷和少量乙醇组成，纺丝液浓度 20%～22%。短纤维以湿法纺丝制得。三醋酯纤维的性能与二醋酯纤维相似，湿态强度降低 30%，耐热性较优；经热处理后能在 240～250℃下不变形。但回潮率仅为 3.2%，耐磨性较差。

二醋酯纤维（diacetate fiber），以二醋酸纤维素为原料，溶于丙酮中，配成浓度为 22%～30%的纺丝液，进行纺丝而成。其长纤维生产用干法纺丝；短纤维用湿法纺丝。

醋酯纤维是一种热塑性纤维，软化点在 190～205℃范围内，熔点约在 260℃。力学性能随温度变化而有适度的变化，但是在常温贮存或者使用其强度不受影响。

醋酯纤维丝的耐磨性较差，因此在织制过程中应该避免长时间的拉伸变形，否则会影响织物的耐磨性。醋酯纤维是导电性较差的纤维，因此是优秀的绝缘材料。

醋酯纤维是一种亲水性纤维，能用分散染料染色。其回潮率约为 6.5%，与漂白棉相似。醋酯纤维的吸湿性比合成纤维高，比真丝和黏胶纤维低，因此脱水容易。由于它的膨润度小，所以洗涤后几乎不收缩。因其无定形结构，在高温和潮湿条件下，剩余收缩率较低。然而，织物结构和工艺条件会影响洗涤或干洗过程中织物的收缩性。醋酯纤维不能热定形。

醋酯纤维中的酯键不耐碱，遇强碱后会皂化水解。三醋酯纤维由于大分子的规整性较好，结晶度较高，因此具有一定的耐碱能力。而二醋酯纤维对碱较为敏感，遇强碱后极易皂化水解。醋酯纤维的耐光性较好，经过一般光照，强度基本不变；醋酯纤维在通过日光照射以后，织物的强力损失比棉、黏胶织物小。

醋酯纤维的染色性能较好，织物色彩鲜艳，外观明亮，但是其强度较低，在工业上的应用受到一定的限制。主要应用在丝绒织物、装饰用丝绸、高档里子料、绣制品底料、缎类织物和编织物以及时装及高级服装面料等。因醋酯纤维的弹性模量低，长丝光泽优雅，手感柔软，有良好的悬垂性，酷似真丝，适于制作内衣、浴衣、童装、室内装饰织物等，具有良好的穿着性能。长丝还可作香烟滤嘴材料。短纤维用于与棉、羊毛或合成纤维混纺，但在湿态下强度降低 40%～50%。中空纤维具有透析功能，可用于医疗和化工净化与分离等。

5.2.2.3　铜氨纤维（cuprammonium rayon）

铜氨纤维是将棉短绒等天然纤维素溶解在氢氧化铜或碱性铜盐的浓氨溶液中，配成纺丝溶液，经过滤和脱泡后，在水或稀碱溶液的纺丝浴中凝固成形，再在含硫酸溶液的第二浴液中使铜氨纤维素分子化合物发生分解而再生出纤维素。生成的水合纤维素纤维经水洗涤，再用稀酸液处理除去残留的铜离子，最后经洗涤上油并干燥而成。其废弃物容易分解，符合生态环保要求。

铜氨纤维具有会呼吸、清爽、抗静电、悬垂性佳四大功能。铜氨纤维的截面近似圆形，强度高、颜色洁白、光泽柔和悦目、手感柔软；表面多孔、无皮层，所以具有优越的染色性能，吸湿、吸水；其体积质量较黏胶、真丝、涤纶等大，因此极具悬垂感；其回潮率较高，仅次于羊毛，与丝相等，而高于棉和其他化纤，织物穿着更具有舒适感。

铜氨纤维的化学稳定性与黏胶纤维相近，可以被热硫酸或者冷浓酸溶解，遇到稀碱则轻微损伤。强碱可以使纤维膨化以及强度损失，最后溶解。铜氨纤维一般不溶于有机溶剂。耐热性和热稳定性较好。但是与黏胶纤维一样容易燃烧，在 180℃时枯焦。因为其吸湿性强，因此抗静电性能很好。

一般铜氨纤维纺制成长丝，特别适合于制造变形竹节丝，纺成很像蚕丝的粗节丝。铜氨纤维适于织成薄如蝉翼的织物和针织内衣，穿用舒适。

5.2.2.4　莱赛尔纤维（Lyocell）

Lyocell 纤维最初是由荷兰 Akzo Nobel 公司发明并取得专利。1989 年国际人造纤维标准局（BISFA）正式命名为"Lyocell"。国际标准化组织（ISO）将其归类为人造纤维素六大成员之一，注册商标为 Tencel，我国常称为"天丝"。

莱赛尔纤维是溶剂法再生纤维素纤维中的一种。它以纤维素浆粕为原料，采用无毒的 N-甲基吗啉-N-氧化物（4-methylmorpholine N-oxide，NMMO）为溶剂。整个生产过程为封闭过程，溶剂需得到 99%以上的回收（NMMO 的价格较贵，高回收率是该技术能够应用的前提），避免了废液废料处理的环境污染问题，纺丝流程也比黏胶纤维短。纤维具有棉的舒适性、涤纶纤维的强度、黏胶纤维的悬垂性和蚕丝般的手感，有几乎相同的干、湿态强度，好的染色性，产品可生物降解。因此，Lyocell 纤维适应了当今世界的环保潮流，也被称为"21世纪的绿色纤维"。

（1）生产方法

Lyocell 纤维的生产采用干-湿法纺丝工艺，主要分为四个阶段（图 5-16）。①纺丝原液的制备：将纤维素浆粕溶解在 NMMO 的水溶液中，形成稳定浓溶液（10%～20%），过滤、脱泡；②纤维的纺丝成形：高黏度纺丝原液由喷丝孔挤出，经过一定长度的气隙，随后进入

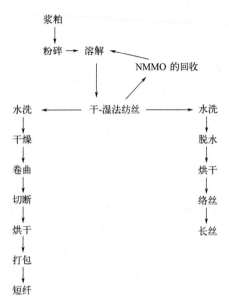

```
        浆粕
         ↓
  粉碎 → 溶解
              ↘
                NMMO 的回收
         ↓
  水洗 ← 干-湿法纺丝 → 水洗
   ↓                    ↓
  干燥                  脱水
   ↓                    ↓
  卷曲                  烘干
   ↓                    ↓
  切断                  络丝
   ↓                    ↓
  烘干                  长丝
   ↓
  打包
   ↓
  短纤
```

图 5-16 Lyocell 干-湿法纺丝工艺流程图

NMMO 水溶液、水、醇或其混合液所组成的凝固浴中，沉淀再生得到纤维素初生纤维；③初生纤维经洗涤、拉伸、干燥、后整理，得到可供纺织的纤维素纤维；④溶剂的回收、纯化和再利用。

与黏胶纤维生产流程相比，Lyocell 纤维的生产工艺省去了碱化、老成、磺化、熟成等工序；整个过程共需大约 3h，相对于黏胶纤维的 24h 大大缩短。同时，Lyocell 纤维的生产工艺不需要经过化学反应，纤维素分子避免了因化学反应而导致的降解。

采用常规 Lyocell 纤维成形工艺所制备的纤维具有均匀的圆形或椭圆形横截面和光滑的表面，同时缺乏卷曲，这使纤维具有"塑料"外观，其表面微纤维排列非常整齐，互相呈平行状态，这些微纤在后加工过程中易相互分离。因此，需在人造短纤维的切断前进行卷曲加工工序。也可采用添加消光剂（如 TiO_2）的方式，或采用纺制异形截面纤维的手段进行改进。

（2）性能

Lyocell 纤维具有高聚合度、高结晶度、高取向度的结构特点，因而纤维表现出高的干湿强度、高初始模数、低的收缩率、高吸水膨润性及突出的原纤化效应。表 5-4 是 Lyocell 纤维与普通黏胶纤维、棉纤维的性能比较。

表 5-4 Lyocell 纤维与普通黏胶纤维、棉纤维的性能比较

性能	Lyocell 纤维	普通黏胶纤维	棉纤维
结晶度/%	40	25	60
回潮率/%	11.5	13	8
水中膨化度/%	67	88	50
干态强度/（cN/tex）	40~42	24~26	24~28
湿态强度/（cN/tex）	34~36	12~13	25~30
湿强/干强/%	85	50	105
干态伸长/%	15~17	18~20	7~9
湿态伸长/%	17~19	21~23	12~14
钩结强度/（cN/tex）	20	7	20~26
原纤化等级	4	1	2

① 力学性能   Lyocell 纤维的干湿强度高于棉及其他再生纤维素纤维，干态强度几乎接近涤纶，且远远大于其他的黏胶纤维。Lyocell 湿态强度相对于干态强度降低很小，且大大高于棉纤维和黏胶纤维，因此，它能经受许多机械和化学物理处理。由于 Lyocell 纤维的干湿强度高，因此其服装面料的适用性强，而突出的高强度对于纱线及织造加工、染整加工均有利，可用于制备高质轻薄纱线织物。

Lyocell 纤维具有高强度、中伸长和在负荷状态下具有优异尺寸稳定性的特点，从而为织

物提供优良的保形性和更高的撕破及拉伸强度。

②　吸湿性能　Lyocell 纤维在水中具有明显的膨润现象，同时其润湿的异向特征十分明显：横向膨润率可达到 40%，而纵向仅为 0.03%。这主要由于在 Lyocell 纤维在制造过程中，依靠纺丝中的牵伸诱导结晶，使原纤的结晶化更趋向于沿纤维轴向排列。因此，纤维大分子之间横向结合力相对较弱，而纵向结合力较强，并形成层状结构。在润湿状态下，水分子进入无定形区，大分子链间的横向结合被切断，分子间联结点被打开，扩大了分子间的距离，因而纤维的形态变粗。

由于 Lyocell 纤维具有优异的湿模量，织物的缩水率低，经、纬向缩水率仅为 2%左右，超过了高湿模量的富强纤维和棉纤维，而吸水性和保水性略高于棉。Lyocell 纤维特殊的吸湿膨润现象使湿态下织物的纱线间存在一定的挤压和弯曲。这部分弯曲所产生的应力只能依靠纬纱的移位来加以平衡，所以纬纱更易于运动而紧凑在一起。同时，经纱也会由于纤维吸湿直径增大而紧缩。一旦织物脱水干燥，纤维和纱线的直径又将恢复到原来的大小，而此时织物的尺寸已不能恢复。因此，在干燥后织物的经纬线间留下一定的空隙，给织物一定的可压缩空间。织物表现出松软和优良的悬垂性。

由于 Lyocell 纤维具有较高的结晶度及较大的晶粒粒子，因此其沸水收缩率较低。Lyocell 纤维对水的亲和性使其应用非常广泛。在生产吸水产品方面，具有比棉更高的膨润性。当其暴露在水中时，Lyocell 纤维的横截面积可增加 50%，为棉溶胀的 2 倍以上。以重量百分比来计算，该纤维具有更大的防水渗透能力，并可改善其常规防护性能，因而用作帐篷织物有较大优势。

③　耐溶剂性能　在温度不变的条件下，纤维强度随 NaOH 浓度的增加而呈下降趋势。这主要是由于纤维经 NaOH 溶液处理后发生溶胀，其内部大分子间的横向氢键被削弱，分子链的定向性被破坏，纤维的结构在经过洗涤和干燥后变得比较疏松，无定形区增大，使得纤维强度降低，伸长率增大。因此，在用碱液对 Lyocell 纤维织物进行整理时，应将浓度和温度结合考虑，浓度高时，可选择较低的温度；浓度低时，则可选择较高的温度。在满足其他工艺要求的前提下，尽量选择较低的处理温度。纤维在 25℃、9%NaOH 溶液条件下出现最大膨胀值，并最终裂解。

在室温条件下，Lyocell 具有好的耐酸性能，但在遇到热稀无机酸和冷浓无机酸时，会发生水解。随温度的提高，纤维的减量率迅速增大。

④　原纤化特性　原纤化是 Lyocell 纤维的特点之一。由于 Lyocell 纤维具有高结晶、高取向结构，一旦吸水后，纤维只会向横向膨胀，而不会沿纤维轴向伸长。因此在湿态条件下，由于机械力（物理性摩擦）的作用，单根纤维沿长度方向分裂出直径小于 $1\sim4\mu m$ 的微细纤维，表现为纤维纵向分离出更细小的原纤，在纱线表面产生毛羽。原纤化产生的原因是：Lyocell 纤维是高结晶纤维，由取向度很高的纤维分子的集合体原纤或微原纤沿纵向平行排列而成，相邻的原纤与原纤之间以氢键等微弱的结合状态相联结。这种结构一方面使纤维具有较高的纵向强度；另一方面导致在润湿状态时，纤维径向的强度非常小。这时若加以机械性摩擦处理，原纤与原纤之间的结合被切断而发生分离，从而出现原纤化现象。利用 Lyocell 易于原纤化的特性，开发具有特殊效果的桃皮绒织物，以及卫生绷带、口罩等。这些微纤在经过适当的酶处理后，在织物表面产生"桃皮绒效果"，其绒毛纤细、茂密、短匀，手感细腻平滑，类似于蚕丝。但另一方面，原纤化给光洁织物的生产和使用带来了麻烦，如生产中加工工艺的控制、设备和助剂的选用；使用过程中织物易起毛、起球，并且色光会发生变化。另

外 Lyocell 面料制成的服装经过多次日常洗涤后的严重原纤化，使服装具有很强烈的陈旧感。

（3）应用

Lyocell 纤维的性能集天然纤维与合成纤维的优点于一身：具有良好的吸湿性、染色性和穿着舒适性，以及蚕丝一般的优异手感、光泽和悬垂性，又具有合成纤维的高强度、高模量、低收缩率，良好的物理加工性能以及微纤化特性。作为一种纺织新材料而言具有独特的优势。另外，其原料来源广阔，资源可再生，生产过程无污染，最终产品可生物降解，因而发展前景十分广阔。

Lyocell 纤维可纺性好，可纯纺也可与棉、羊毛、丝、麻、锦纶、氨纶纤维（聚氨酯纤维）等混纺。其纯纺纱与其他纤维同号纱相比，具有强度高、不匀率低的特点。在整个混比范围内，Lyocell/棉，Lyocell/黏胶混纺纱的强度随 Lyocell 纤维的增加而增大。Lyocell 纤维的高强度及适中的伸长特性，使其与聚酯纤维能够很好地混纺并可获得高强混纺纱。

① 服装、装饰　Lyocell 纤维作为"舒适"载体，可增加产品的柔软性、舒适性、悬垂性、飘逸性，可用于生产高档女衬衫、套装、高档牛仔服、内衣、时装、运动服、休闲服、便服等。由于其独特的微纤化特性，可用于制备具有良好手感和观感的人造麂皮。由于材料具有抗菌除臭等效果，还可用于制作各种防护服和护士服装、床单、卧室产品，包括床用织物（被套、枕套等）、毯类、家居服；毛巾及浴室产品；装饰产品，如窗帘、垫子、沙发布、玩具、饰物及填料等。

② 工业用制品　由于纤维具有高的干、湿强度且耐磨性好，可用于制作高强、高速缝纫线。Lyocell 非织造布可大量应用于生产特种滤纸，具有过滤空气阻力小、粒子易被固定的特点。用于生产香烟滤嘴，能降低吸阻，同时提高对焦油的吸附性。在造纸业，Lyocell 的加入可提高纸张的撕破强度。在医用卫生方面，可用于制作医用药签及纱布，易于清洁，消毒后仍能保持高强度，且抗菌防臭，无过敏。此外，还可用于生产工业揩布、涂层基布、生态复合材料、电池隔板等，所得产品强度高、尺寸稳定性和热稳定性好。

5.2.2.5　再生蛋白质纤维

蛋白质也可以纺制成人造纤维。1866 年英国人 E.E.休斯首先成功地从动物胶中制出人造蛋白质纤维，但未工业化。1935 年意大利弗雷蒂从牛乳内提取奶酪素，并制成人造羊毛。蛋白质人造纤维从 20 世纪 30 年代开始实现工业化生产，但随着众多合成纤维的问世相继停止生产。这是由于蛋白质人造纤维的强度低，保暖性不如羊毛，而且所用原料大多数是营养价值很高的食品，如牛乳、花生、大豆以及玉米等。20 世纪 90 年代初开始，国内外致力于开发再生动物和植物蛋白纤维。蛋白质纤维的主要品种有酪蛋白纤维、大豆蛋白质纤维、玉米蛋白质纤维和花生蛋白质纤维等。

（1）酪蛋白纤维的典型代表，是用从牛乳中提炼出来的乳酪素纺制而成的。它是最早的蛋白质人造纤维。其中乳酪素存在于动物乳中，化学组成和羊毛最相近，含磷质较多。它是球形蛋白质，但在纤维制造过程中它的结构可以适当地转化，特别是经过拉伸过后，分子的伸展性增加，纤维的强度提高。酪蛋白纤维采用湿法纺丝。

（2）玉米蛋白质是球形的，形状像打结过的线，但是溶于碱后，分子就能微微伸直。若把玉米蛋白质溶于有机溶剂内，就可以采用干法纺丝。玉米蛋白质纤维的强度是蛋白质人造纤维中最高的。纤维的外观呈金黄色，相对密度为 $1.25g/cm^3$，含水率为 10%。这种纤维不受虫蛀，也不会霉烂，但是日光照射后强度下降。纤维的热稳定性高，因此可以用通常处理羊毛的方法进行加工或者染色。

（3）大豆蛋白质纤维的外观呈淡黄色，但可以漂白。手感以及其他许多性能和羊毛相似，相对密度为 $1.31g/cm^3$，含水率为 11%，强度较低。大豆蛋白质纤维能够抵抗稀酸，但是能够被氢氧化钠所溶解。染色性能和羊毛相同，但是须在更低的温度下进行。

（4）花生蛋白质纤维的耐磨性很差。其余的很多性能，特别是染色性能，和羊毛一样。

蛋白质纤维的化学组成、相对密度、弹性、染色性能以及吸湿性接近羊毛，适于和羊毛混纺。

5.2.2.6　壳聚糖纤维

壳聚糖纤维是以壳聚糖为主要原料，在适当的溶剂中将其溶解，配制成一定浓度的胶体纺丝原液，再经喷丝、凝固成形、拉伸等工艺，制备成具有一定机械强度的高分子功能纤维。

早在 1942 年，美国就首先研制成功壳聚糖纤维。由于当时对壳聚糖纤维的特性研究不太深入，尤其是壳聚糖纤维的抗菌性未被发现，因而未被人们重视。20 世纪 80 年代，日本开展壳聚糖和甲壳素及其衍生物纤维的研究，到 90 年代初期，日本的富士纺织株式会社实现了壳聚糖纤维的工业化生产。我国自 90 年代中期才真正开始对壳聚糖纤维制备及其功能性进行广泛研究。壳聚糖纤维的生物相容性、广谱抗菌性、生物可降解性等特殊功能，已为人们所关注。

通常将壳聚糖溶解于 2%～5% 的稀醋酸溶液中，适当添加 0.5%～1% 尿素、0.2%～0.4% 乙酸锌等助剂制备成含 1%～5% 壳聚糖的纺丝原液，将过滤、真空脱气后的纺丝原液，经喷丝头喷入碱溶液中使其凝固，再经拉伸、洗涤，在张力状态下于 80℃ 干燥 0.5h 得到壳聚糖纤维。

壳聚糖纤维的干态强度为 0.97～2.73cN/dtex，湿强为 0.35～0.97 cN/dtex。壳聚糖纤维的干态伸长率为 8%～14%、湿态伸长率为 6%～12%。因其大分子结构中含有大量的亲水性基团，同时又是通过湿法纺丝而成，分子间形成了许多微孔结构，致使纤维具有很好的透气性和保水率，一般保水率在 130% 以上。

壳聚糖具有广谱抗菌性。自 1979 年 Allan 提出壳聚糖的抗菌性以来，其抗菌性和抗菌机理一直是国内外学者研究的热点。尽管对其抗菌机理尚有争议，但其抗菌性能已是公认的事实。壳聚糖作为低等动物组织中的衍生成分，从大分子结构上来看，它们既与植物组织中的纤维素结构相似，又与高等动物组织中的糖胺多糖结构相类似。因此它们不但与人体有着极好的生物相容性，同时又可被生物体内的溶菌酶分解并被人体吸收。

壳聚糖纤维具抗菌、防霉、去臭、吸湿、保湿、柔软、染色性好等优点，作为新型功能性天然绿色纺织材料应用于保健内衣、内裤、止血纱布、绷带等。除了在医疗和纺织服装领域中应用外，壳聚糖纤维表面存在大量胺基基团，是极好的螯合聚合物，能吸收许多重金属离子，如 Ag^+、Cu^{2+}、Zn^{2+} 等，因此壳聚糖纤维可应用于含重金属的废水处理。

5.2.2.7　其他人造纤维

其他的人造纤维还有玻璃纤维、玄武岩纤维、海藻纤维等。

（1）玻璃纤维

玻璃纤维（glass fiber）按成分可分为有碱玻璃纤维（A-玻璃纤维）、无碱玻璃纤维（E-玻璃纤维）、耐化学药品玻璃纤维（C-玻璃纤维）等；按性能可分为普通玻璃纤维（S-玻璃纤维）和高性能玻璃纤维（T-玻璃纤维）等。在纤维复合材料中最常用的两种代表性的玻璃纤维是 E-玻璃纤维和 S-玻璃纤维。

玻璃纤维强度高、模量适中、吸湿性小、耐热性好以及耐化学性优异，广泛应用于各种工业用纺织物和纤维增强复合材料。用玻璃纤维增强材料的拉伸强度、弯曲强度、刚度、冲击强度和耐热性都有很大的提高。因此，玻璃纤维在纤维增强复合材料制造业中，占有重要地位。随着高性能玻璃纤维的出现，它与其他高性能纤维如芳纶和碳纤维，在先进复合材料领域形成相互竞争态势。

（2）玄武岩纤维

玄武岩纤维（basalt fiber）又称为连续玄武岩纤维（continuous basalt fiber，CBF），是以天然的火山喷出岩作为原料，将其破碎后加入熔窑中，在 1450～1500℃熔融后，通过铂铑合金拉丝漏板制成的连续纤维。因其综合性能好、性价比高，且具有其他纤维难以比拟的产品特点和优异的理化性能，已广泛应用于军工、建材、消防、环保、电器、航空航天等领域，是继碳纤维、芳纶、超高分子量聚乙烯纤维之后的第四大工程纤维，科技界称之为 21 世纪的新材料，是无污染的、绿色的工业材料。

与碳纤维、芳纶、超高分子量聚乙烯纤维等其他高科技纤维相比，CBF 具有许多独特的优点，如突出的力学性能、耐高温（可在 269～650℃范围内连续工作）、耐酸碱、吸湿性低，此外还有绝缘性好、绝热隔音性能优异、良好的透波性能等优点。以 CBF 为增强体，可制成各种性能优异的复合材料，可广泛应用于航空航天、建筑、化工、医学、电子、农业等军工和民用领域。2012 年以来，我国已有 CBF 的批量生产，因此迫切需要开展玄武岩纤维及其增强复合材料的应用研究。

（3）海藻纤维

海藻纤维（alginate fiber）又称为海藻酸纤维、碱溶纤维、藻蛋白酸纤维，是以海藻植物（如海带、海草）中分离出的海藻酸为原料而制成的纤维。作为一种可自阻燃、可生物降解的再生纤维，其产品具有良好的生物相容性、可降解吸收性等特殊功能，而且资源丰富。估计世界海洋中有 25000 多种海藻。海藻纤维的各种优异性能已在纺织领域和医学领域得到广泛的关注。

5.3　合成纤维

合成纤维（synthetic fiber）是以石油、天然气为原料合成的高分子聚合物，再经过纺丝、后加工而制得的纤维。

合成纤维工业起始于煤化工、电石工业，是从 20 世纪 40 年代开始发展起来的。由于合成纤维的性能优异、用途广泛、原料来源丰富易得，其生产不受自然条件限制，因此合成纤维工业发展十分迅速。

合成纤维具有优良的力学性能和化学性能，如强度大、密度小、弹性高、耐磨性好、吸水性低、保暖性好、耐酸碱性好、不会发霉或者虫蛀等。某些特种合成纤维还有耐高温、耐辐射、高弹力、高模量等特殊性能。因此合成纤维应用广泛，已经远远超出了纺织工业的传统领域范围，深入到国防工业、航空航天、交通运输、医疗卫生、海洋水产、通讯联络等重要领域，成为不可缺少的重要材料。除了可以纺制轻暖、耐穿、易洗快干的各种衣料，合成纤维还可用作轮胎帘子线、运输带、传送带、渔网、绳索、耐酸碱的滤布和工作服等。高性能的特种合成纤维则用作降落伞、飞行服及飞机、导弹和雷达的绝缘材料，原子能工业中的特殊防护材料等。

合成纤维品种繁多，但是从性能、应用范围和技术成熟程度方面看，重点发展的是聚酰胺、聚酯和聚丙烯腈纤维三类。

5.3.1　聚酰胺纤维

聚酰胺纤维（polyamide，Nylon）是世界上最早投入工业化生产的合成纤维，是合成纤维中的主要品种之一。1935 年 Carothers 等在实验室用己二酸和己二胺合成了聚己二酰己二胺（聚酰胺 66），1939 年实现了工业化生产。德国的 Schlack 在 1938 年发明了己内酰胺合成聚己内酰胺（聚酰胺 6）和生产纤维的技术，并于 1941 年实现工业化生产。随后，其他类型的聚酰胺纤维也相继问世。

聚酰胺纤维是指分子主链含有酰胺键的一类合成纤维。中国商品名为锦纶。聚酰胺的品种很多，中国主要生产聚酰胺 6、聚酰胺 66 和聚酰胺 1010 等。其中聚酰胺 1010 以蓖麻油为原料，是中国特有的品种。

聚酰胺纤维一般分为两类。一类由二元胺和二元酸缩聚而得，通式见式（5-13）。

$$+HN(CH_2)_xNHOC(CH_2)_yCO+_n \qquad (5\text{-}13)$$

根据二元胺和二元酸的碳原子数目，可以得到不同品种，如聚酰胺 66 纤维由己二胺和己二酸缩聚而得；聚酰胺 610 纤维由己二胺和癸二酸缩聚而得。

另一类由ω-氨基酸缩聚或者由内酰胺开环聚合而得，通式见式（5-14）：

$$+HN(CH_2)_xCO+_n \qquad (5\text{-}14)$$

根据其单体所含碳原子数目，可得到不同的品种，如聚酰胺 6 纤维是由己内酰胺开环聚合得到的。

除了脂肪族聚酰胺纤维之外，还有含脂肪环的脂环族聚酰胺纤维、含芳香环的芳香族聚酰胺纤维等。根据国际标准化组织的定义，聚酰胺纤维仅包括上面几种类型的纤维，而不包括芳香族聚酰胺纤维。表 5-5 列出了聚酰胺纤维的主要品种。

聚酰胺大分子中羰基上的氧和氨基上的氢能形成氢键，容易形成结晶。聚己二酰己二胺的晶态结构有两种形式（α型和β型）。α晶型是一系列晶片沿链轴方向一个接一个的垒积，而β晶型则每隔一片相互上下偏移垒积。对未进行热处理的普通成型品，同时含有α晶型和β晶型。聚己内酰胺大分子在晶体中的排列方式有平行排列和反平行排列两种可能。其晶型有γ型（假六方晶系）、β型（六方晶系）、α型（单斜晶系），其中α晶型是最稳定的形式，大分子呈完全伸展的平面锯齿形构象。

聚酰胺虽然可以溶解在一些溶剂（如甲酸或苯酚等）中，原则上也可采用干纺或湿纺进行纺丝，但都有一些缺点。因此，在工业上和聚酯纤维一样，聚酰胺也是采用熔融法纺丝。主要过程包括纺前准备、纺丝和后处理三个部分。①纺前准备：采用连续法生产时，可将制得的聚合物熔体直接进行纺丝。采用间歇法生产时，需将熔融的聚合物经过铸带、切片、萃取和干燥等处理后，再进行纺丝。采用直接法纺丝时，由于聚合物没有经过萃取，含有较多的单体和低聚物，不适宜于纺长丝，只能用于生产短纤维。②纺丝：将切片加热熔融后，用泵将熔体压进喷丝头，从喷丝孔中喷出的熔体细流，在丝室中经冷却成形为丝束，经给湿、给油后，通过导丝盘再绕到卷线筒管上。纺丝工艺条件则因品种而异。③后处理，其中短纤维的后处理过程有：集束→拉伸→卷曲→切断→淋洗、上油→干燥→打包；长丝的后处理与短纤维略有不同，包括拉伸→加捻→后加捻→定型→络丝→检验、分等、包装。

表 5-5　聚酰胺纤维的主要品种和命名

纤维名称	分子结构	系统命名	商品名称
聚酰胺 4	$+HN(CH_2)_3CO +_n$	聚 α-吡咯烷酮纤维	锦纶 4
聚酰胺 6	$+HN(CH_2)_5CO +_n$	聚己内酰胺纤维	锦纶 6
聚酰胺 7	$+HN(CH_2)_6CO +_n$	聚 ω-氨基庚酸纤维	锦纶 7
聚酰胺 8	$+HN(CH_2)_7CO +_n$	聚辛内酰胺纤维	锦纶 8
聚酰胺 9	$+HN(CH_2)_8CO +_n$	聚 ω-氨基壬酸纤维	锦纶 9
聚酰胺 11	$+HN(CH_2)_{10}CO +_n$	聚 ω-氨基十一酸纤维	锦纶 11
聚酰胺 12	$+HN(CH_2)_{11}CO +_n$	聚十二内酰胺纤维	锦纶 12
聚酰胺 66	$+HN(CH_2)_6NHOC(CH_2)_4CO +_n$	聚己二酸己二胺纤维	锦纶 66
聚酰胺 610	$+HN(CH_2)_6NHOC(CH_2)_8CO +_n$	聚癸二酸己二胺纤维	锦纶 610
聚酰胺 1010	$+HN(CH_2)_{10}NHOC(CH_2)_8CO +_n$	聚癸二酸癸二胺纤维	锦纶 1010
MXD6	$+HNCH_2\text{—}C_6H_4\text{—}CH_2NHOC(CH_2)_4CO +_n$	聚己二酸间苯基二甲胺纤维	锦纶 MXD6
奎纳	$+HN\text{—}C_6H_{10}\text{—}CH_2\text{—}C_6H_{10}\text{—}NHOC(CH_2)_{10}CO +_n$	聚十二烷二酰双环己基甲烷二胺纤维	锦纶 472
聚酰胺 612	$+HN(CH_2)_6NHOC(CH_2)_{10}CO +_n$	聚十二酸己二胺纤维	锦纶 612

聚酰胺纤维具有一系列优良性能。其耐磨性居纺织纤维之首，断裂强度较高；回弹性和耐疲劳性优良；吸湿性低于天然纤维和再生纤维素纤维，但在合成纤维中其吸湿性仅次于维纶；染色性能好等。聚酰胺纤维的缺点是耐光性较差，在长时间的日光或紫外线照射下，强度下降，颜色发黄。通常在纤维中加入紫外线吸收剂可以改善其耐光性能。聚酰胺纤维的耐热性较差，在 150℃、经历 5h 即变黄，强度、伸长率明显下降，收缩率增大。另外，聚酰胺纤维的初始模量比其他大多数纤维都低，因此在使用过程中容易变形。

通过改性制成的聚酰胺差别化纤维有：可赋予织物特殊光泽、手感以及弹性的异形截面纤维；异收缩混纤丝和不同截面、不同线密度的混纤丝；抗静电和导电纤维；高吸湿纤维；耐光、耐热纤维；抗菌防臭纤维；可改善"平点"效应的聚酰胺帘子线等。聚酰胺纤维的新品种有脂肪族聚酰胺纤维、锦纶连续膨体长丝、高模量长丝等。

由于聚酰胺纤维具有诸多优良性能，以及改性及新品种的不断涌现，已广泛用于人民生活的各个方面。其主要用途可以分为三大领域，即衣料服装、工业和装饰地毯。聚酰胺纤维可以纯纺和混纺作各种衣料和针织品，特别适用于制造单丝、复丝弹力丝袜，耐磨又耐穿。工业上主要用作轮胎帘子线、渔网、运输带、绳索以及降落伞、宇宙飞行服等军用物品。

5.3.2　聚酯纤维

聚酯（polyester）是分子链中含有酯基的聚合物的总称，一般为二元羧酸和二元醇缩聚的产物。由于其大分子主链中含有酯基，故称为聚酯纤维。

用于纤维生产的聚酯是采用对苯二甲酸与二元醇的缩聚产物。组成成纤聚酯分子的二元醇可以是乙二醇、丙二醇和丁二醇等，其对应的聚酯分别是聚对苯二甲酸乙二醇酯、聚对苯二甲酸丙二醇酯和聚对苯二甲酸丁二醇酯。聚酯分子结构对称，是不含支链的线形大分子，具有成纤聚合物的结构特点。

我国将聚对苯二甲酸乙二醇酯含量大于 85%的纤维简称涤纶，俗称"的确良"。通常的聚酯纤维指的就是聚对苯二甲酸乙二醇酯（PET）纤维[式（5-15）]。

$$\left[\begin{array}{c}O\\\parallel\\C\end{array}-\text{C}_6\text{H}_4-\begin{array}{c}O\\\parallel\\C\end{array}-O-CH_2CH_2-O\right]_n$$

$$(5-15)$$

涤纶纤维于 1949 年在英国、1953 年在美国相继实现工业化生产。由于性能优良，用途广泛，是合成纤维中发展最快的品种，产量居第一位。它是由对苯二甲酸或对苯二甲酸二甲酯与乙二醇进行酯化或酯交换后缩聚合成的聚合物，再经纺丝制成。

涤纶纤维在工业上采用熔融法纺丝。主要生产步骤包括切片干燥、熔融、纺丝、后加工。熔体温度为 285～290℃。用泵将熔体从喷丝头中挤出，形成丝束。丝束通过丝室（35～40℃）冷却后成形，经给湿、给油后卷绕在绕丝筒上。卷绕速度一般在 600～700m/min，比熔体喷出速度高 100 倍左右，具有拉伸作用。纺丝后经卷绕得到的丝称为初生丝，包括未拉伸丝（常规纺丝）、半预取向丝（中速纺丝）、预取向丝（高速纺丝）、高取向丝（超高速纺丝）。涤纶长丝的后加工包括热拉伸、加捻、热定形、络丝等。短纤维的后加工包括集束、拉伸、上油、卷曲、热定形和切断等工序。

采用熔融纺丝法制成的聚酯纤维，具有圆形实心的横截面，纵向均匀而无条痕。

聚酯纤维大分子的聚集态结构与生产过程的拉伸及热处理有密切关系。采用一般纺丝速度纺制的初生纤维几乎完全是无定形的，密度为 1.335～1.337g/cm³；而经过拉伸及热处理后，就具有一定的结晶度和取向度。结晶度和取向度与生产条件及测试方法有关，涤纶的结晶度可达 40%～60%，取向度高的双折射值可达 0.188，密度为 1.38g/cm³。

涤纶和锦纶的聚集态结构基本相似。涤纶的基层组织是原纤，原纤之间有较大的微隙，并由一些排列不规则的分子联系着，而原纤本身则是由高侧序度的分子所组成的微原纤（即微晶、结晶区）堆砌而成。微原纤间可能存在着较小的微隙，并由一些侧序度稍差的分子联系起来。由此，涤纶的聚集态结构可用缨状原纤结构模型来描述，但和棉纤维的不同。涤纶分子的基本结构单元中含有苯环，该部分较为刚硬，难以绕单键内旋转。但其基本结构单元中的亚甲基能比较容易地绕单键内旋转，比较柔顺，因而涤纶分子就能在该处发生折叠，形成折叠链结晶。因此，涤纶是伸直链和折叠链晶体共存的体系，即可用折叠链-缨状微原纤模型来解释。热处理可以提高折叠链的结晶含量，并增大纤维中大分子间的微隙尺寸，有利于染色。

另外，涤纶在纺丝成型时也会形成一些皮层和芯层结构，但不如黏胶纤维明显，而且皮层结构也稍紧密，对染色有一定影响，但一旦上染之后，皮层中的染料不易剥落。

聚酯纤维的一系列优异性能如下：弹性好，聚酯纤维的弹性接近羊毛，耐皱性超过其他纤维，弹性模量比聚酰胺纤维高；强度大，湿态下强度不变，其冲击强度比聚酰胺纤维高 4 倍，比黏胶纤维高 20 倍；吸水性小，聚酯纤维的回潮率仅为 0.4%～0.5%，因而电绝缘性好，织物易洗易干；耐热性好，聚酯纤维的熔点 255～260℃，比聚酰胺耐热性好。此外，聚酯纤维的耐磨性

📲 延伸阅读

侧序与侧序分布

仅次于聚酰胺纤维，耐光性仅次于聚丙烯腈纤维。

聚酯纤维对有机酸以及无机酸的稳定性高。但是较浓的硫酸能够溶解并破坏聚酯，硝酸也能将其破坏。聚酯纤维可耐稀碱，但不耐高浓度强碱。大多数有机溶剂均不和聚酯纤维起作用。

由于聚酯纤维的弹性好，织物具有易洗易干、保形性好等特点，所以是理想的纺织材料。石油工业的飞速发展，也为聚酯纤维的生产提供了更加丰富和廉价的原料；近年化工、机械、电子自控等技术的发展，使其原料生产、纤维成型和加工等过程逐步实现短程化、连续化、自动化和高速化。目前，聚酯纤维已成为发展速度最快、产量最大的合成纤维品种。聚酯纤维可以纯纺或与其他纤维混纺制作各种服装和针织品。在工业上，由于聚酯纤维有良好的力学性能，特别是初始模量高、强度大、弹性好，可以用于制造轮胎用帘子线、工业用绳索和皮带等。聚酯纤维的化学稳定性好，可以用来制作工作服、滤布以及渔网。聚酯纤维的耐光性也较好，可以用于制作窗帘、船帆、篷帐等。由于聚酯纤维有良好的电绝缘性，也适于制作电绝缘材料。

然而，聚酯纤维由于吸湿性低，结晶度高，结构紧密而分子中又缺乏反应官能团，故染色性能较差。从 20 世纪 60 年代来开始研究聚酯纤维的改性，并使聚酯纤维生产转向新品种开发，生产出具有良好舒适性和独特风格的聚酯差别化纤维。主要方法是化学改性（包括共聚和表面处理）、物理改性（包括共混改性、变更纤维加工条件、改变纤维形态以及混纤、交织等）。

采用不同工艺条件，可以生产出品种繁多的商业产品（表 5-6）。其规格范围为断裂强度 $0.2\sim0.9N/tex$，断裂伸长率为 20%～25%，中空或实心截面，分散性染料、阳离子染料可染等品种。通过认真选定工艺条件可以生产出外观和手感十分近似棉、毛或丝的产品，以及仿鹅绒棉絮品。聚酯纤维还可以做成高强产品，如绳索、轮胎子午线、汽车安全带、船帆等。聚酯纤维具有柔软性，可制成毛衣以及套衫，也可以制成像黏胶丝或醋酯丝一样的有光或者无光产品。聚酯纤维还可以制成拒水性、吸水性或导水性产品，这种多元性在纤维原料中无可比拟。抗静电、导电聚酯纤维和阻燃聚酯纤维的出现，使聚酯纤维的应用领域进一步扩大。

表 5-6　已工业化生产的各种聚酯纤维

名　称	生产方式	性能特点
聚对苯二甲酸-1,4-环己烷二甲酯纤维	1,4-环己烷二甲醇与对苯二甲酸缩聚	耐热性高，熔点 290～295℃
聚对、间苯二甲酸乙二醇酯纤维	对苯二甲酸、间苯二甲酸与乙二醇混缩聚	易染色
低聚合度聚对苯二甲酸乙二醇酯纤维	降低聚合度	抗起球
含有二羧基苯磺酸钠的聚对苯二甲酸乙二醇酯纤维	添加 2%（摩尔分数）3,5-二羧基苯磺酸钠混缩聚	易染色，抗起球
聚醚酯纤维	添加 5%～10%对羟基苯甲酸（或对羟乙基苯甲酸）混缩聚	易染色

5.3.3　聚丙烯腈纤维

聚丙烯腈（polyacrylonitrile fiber，PAN）纤维是以丙烯腈为原料聚合形成聚丙烯腈，而后纺制成的合成纤维。由丙烯腈（AN）含量占 35%～85%的共聚物制成的纤维称为改性聚丙烯腈纤维。在国内聚丙烯腈纤维或者改性聚丙烯腈纤维商品名为腈纶。

1894 年法国化学家牟若（Moureu）首次提出了聚丙烯腈的合成。1929 年德国的巴斯夫公司成功地合成出聚丙烯腈，并在德国申请了专利。1942 年德国的赫伯特·雷恩（Herbert Rein）和美国杜邦（Du Pont）公司同时发现了溶解聚丙烯腈的溶剂二甲基甲酰胺。由于当时处于第二次世界大战，直到 1950 年才在德国和美国实现了聚丙烯腈纤维的工业化生产。美国的商品名为奥纶（Orlon），是世界上最早实现工业化生产的聚丙烯腈纤维品种。聚丙烯腈纤维自1950 年投入工业化生产以来，发展速度一直很快，目前产量仅次于聚酯纤维和聚酰胺纤维，居合成纤维第三位。

目前大量生产的聚丙烯腈纤维是由 85%以上的丙烯腈和少量其他单体的共聚物纺制而成的。由于大分子链上的氰基极性大，大分子间作用力强、分子排列紧密，丙烯腈均聚物纺制的纤维硬脆，难于染色。为此，聚合时加入少量其他单体。一般的成纤聚丙烯腈大多采用三元共聚物。丙烯腈为第一单体，是聚丙烯腈纤维的主体。第二单体为结构单体，加入量为5%～10%。通常选用含酯基的乙烯基单体，如丙烯酸甲酯、甲基丙烯酸甲酯或醋酸乙烯酯等。这些单体的取代基极性较氰基弱，基团体积又大，可以减弱聚丙烯腈大分子间的作用力，从而改善纤维的手感和弹性，克服纤维脆性，也有利于染料分子进入纤维内部。第三单体为染色单体，是使纤维引入具有染色性能的基团，改善纤维的染色性。一般选用可离子化的乙烯基单体，加入量为 0.5%～3%。第三单体又可以分两大类：一类是对阳离子染料有亲和力，含有羧基或磺酸基的单体，如丙烯磺酸钠（CH_2=CH—CH_2—SO_3Na）、苯乙烯磷酸钠、亚甲基丁二酸单钠盐；另一类是对酸性染料有亲和力，含有氨基、酰氨基、吡啶基的单体，如乙烯基吡啶、丙烯基二甲胺等。改变所用第二、第三单体的品种、用量，可得到不同性质的聚丙烯腈纤维。

聚丙烯腈纤维的工业生产多采用湿法或干法纺丝。近年来，关于湿法纺丝的研究较多，并倾向于采用聚合与纺丝连续工艺。纺丝原液的组成为：硫氰酸钠浓度 44%左右，聚合物浓度 12%～13%。原液经脱泡、调温、过滤，即可进行纺丝。聚丙烯腈湿法纺丝一般采用卧式（水平浴式）纺丝机。将纺丝原液压送至喷丝头，喷丝速度 5～20m/min。从喷丝头挤压出来的纺丝液细流进入凝固浴（10%～12%硫氰酸钠，温度 10～12℃），以稀释纺丝液细流中的溶剂而使聚合物凝固成形，称为初生纤维或初生丝。聚丙烯腈纤维长丝后处理过程包括拉伸、水洗、上油、干燥、热定形等。如要制成短纤维，则在热定形后还要进行卷曲、切断等工序。

聚丙烯腈纤维的截面随溶剂及纺丝方法的不同而不同。用通常的圆形纺丝孔，采用硫氰酸钠为溶剂的湿纺聚丙烯腈纤维，其截面是圆形的；而以二甲基甲酰胺为溶剂的干纺聚丙烯腈纤维，其截面是花生形的。聚丙烯腈纤维的纵向一般都较粗糙，似树皮状。湿纺聚丙烯腈纤维的结构中存在着微孔，微孔的大小及多少影响着纤维的力学及染色性能。

由于侧基氰基的作用，聚丙烯腈大分子主链呈螺旋状立体构象。因为氰基中的碳原子带有正电性，氮原子带有负电性，同一大分子相邻氰基之间极性方向相同而相互排斥，相邻大分子的氰基因极性方向相反而相互吸引。由于这种很大的斥力和吸引力的作用，使大分子成为有规则的螺旋构象，而在其局部发生扭曲；第二、第三单体的引入使大分子侧基有了较大的变化，增加了大分子结构和主体构象的不规整性。因此，通常认为聚丙烯腈纤维中没有真正的结晶部分，同时无定形区的规整程度又高于其他纤维的无定形区。进一步的研究认为，用侧序分布的方法来描述聚丙烯腈纤维的结构较为合适。一般认为，丙烯腈均聚物有两个玻璃化转变温度，分别为低序区的 80～100℃和高序区的 140～150℃。而丙烯腈三元共聚物的两个玻璃化转变温度比较接近，约在 75～100℃范围内。

聚丙烯腈纤维也称"奥纶""开司米纶"。无论外观或者手感都很像羊毛，因此有"合成羊毛"之称。某些性能指标已经超过羊毛，纤维强度比羊毛高 1～2.5 倍，密度（1.14～1.17g/cm³）比羊毛（1.30～1.32g/cm³）小，保暖性以及弹性均较好。聚丙烯腈纤维的初始弹性模量较高，所以织物不容易变形。

聚丙烯腈纤维的耐热性很好，在 120～130℃下受热数星期后强度不会降低，通常可以在 190℃下使用，加热至 220℃时软化并发生分解。它的热稳定性比聚酰胺纤维和聚酯纤维好，耐寒性也较好，在-20～-30℃下才变脆。聚丙烯腈纤维的耐光性和耐候性，除了含氟纤维，是天然纤维和合成纤维中最好的。在室外曝晒一年强度仅降低 20%，而聚酰胺纤维、黏胶纤维等强度则完全损失。

聚丙烯腈的化学稳定性较聚氯乙烯低得多。在酸或碱的作用下，聚丙烯腈的氰基会转变成酰胺基，酰胺基又可以进一步水解生成羧基并释放出氨气。温度越高，反应越剧烈。碱性水解时释放出的氨气和未水解的聚丙烯腈的氰基作用而生成脒基，使聚合物以及纤维色泽变黄。

聚丙烯腈纤维还有柔软、弹性恢复力强、保暖性、不刺激皮肤、耐细菌微生物侵蚀力强等优点。聚丙烯腈纤维的缺点是：性脆、易裂，其耐磨性也比聚酰胺和聚酯纤维差。同时由于吸湿性低，易起静电。

聚丙烯腈纤维适于制作化工厂用的工作服，耐腐蚀、耐高温的滤布、绳索，经常受到淋晒的篷帐、天幕、炮衣、船帆、渔具和电绝缘品等。在民用方面，可以制成雨伞、窗帘等户外用品。又因其性能酷似羊毛，聚丙烯腈纤维广泛用来代替羊毛或者与羊毛混纺，制成毛织物、棉织物等。

5.3.4　聚丙烯纤维

聚丙烯（polypropylene）纤维是以丙烯聚合得到的等规聚丙烯为原料纺制而成的合成纤维，在我国的商品名为丙纶。

早期，丙烯聚合只能得到低聚合度的支化产物，属于非结晶性化合物，无实用价值。1954年齐格勒（Ziegler）和纳塔（Natta）发明了 Ziegler-Natta 催化剂并制合成了结晶性聚丙烯，具有较高的立构规整性，称为全同立构聚丙烯或等规聚丙烯，给聚丙烯大规模的工业化生产和在塑料制品以及纤维等方面的广泛应用奠定了基础。1957 年由意大利的蒙特卡蒂尼（Montecatini）公司首先实现了等规聚丙烯的工业化生产。1958～1960 年该公司又将聚丙烯用于纤维生产，开发商品名为梅拉克纶（Meraklon）的聚丙烯纤维。此后美国和加拿大也相继开始生产。1964 年后，又开发了捆扎用的聚丙烯膜裂纤维，并由薄膜原纤化制成纺织用纤维及地毯用纱等产品。20 世纪 70 年代采用短程纺工艺与设备改进了聚丙烯纤维生产工艺。一步法膨体长丝纺丝机、空气变形机与复合纺丝机的发展，特别是非织造布的出现和迅速发展，使聚丙烯纤维的生产与应用有了更广阔的前景。

聚丙烯纤维是四大主要合成纤维品种中最年轻的一员。具有密度小、熔点低、强度大、耐酸碱等特点，而且与聚酯纤维、聚丙烯腈纤维相比，具有原料生产和纺丝过程简单、工艺路线短、原料和综合能耗低、成本低廉、无污染和应用广泛等优点。聚丙烯纤维异军突起，成为发展较快的合成纤维品种,远远超过其他合成纤维品种的增长速度,目前产量已超过聚酰胺纤维而成为第二大合成纤维品种。2018—2022 年,中国聚丙烯产能延续增长趋势,年平均增长率为 10.27%。全球聚丙烯产能有望从 2019 年的 8857 万吨/年大幅增长 34%,至 2023 年的 1.1866 亿吨/年。聚丙烯纤维料产量约 172 万吨,占聚丙烯下游需求的 7% 左右。聚丙烯纤维产品主要为普通长丝、短纤、膜裂纤维、膨体长丝、烟用丝束、工业用丝、纺粘和熔喷法非织造布等。

随着丙烯聚合和聚丙烯纤维生产新技术的开发,聚丙烯纤维的产品品种变得越来越新,越来越多。1980 年,Kaminsky 和 Sinn 发明的茂金属催化剂对聚丙烯树脂品质的改善最为明显。由于提高了其立构规整性(等规度可达 99.5%),从而大大提高了聚丙烯纤维的内在质量。差别化纤维生产技术的普及和完善也扩大了聚丙烯纤维的应用领域。各类新品种纤维包括高强耐温的高性能聚丙烯纤维和纱线、地毯纱,汽车上应用的共混聚合物的精纺织物,以及用于高档服装领域的细旦、超细旦聚丙烯纤维、抗菌纤维、保暖纤维、超吸湿纤维、可生物降解纤维、温敏性变色纤维、香味纤维、远红外细旦纤维、阻燃纤维、高强高模纤维以及高回弹立体卷曲短纤维等不断出现。

丙纶不同于其他纤维的主要性能如下。

(1)质轻:丙纶纤维密度为 0.9～0.92g/cm³,在合成纤维中最轻,比涤纶轻 30%,比锦纶轻 20%,比黏胶纤维轻 40%,因而聚丙烯纤维质轻、覆盖性好。

(2)强度高、耐磨、耐腐蚀:聚丙烯纤维强度高(干、湿态下相同),耐磨性和回弹性好;抗微生物,不霉、不蛀,耐化学性优于其他纤维。

(3)具有电绝缘性和保暖性:聚丙烯纤维的电阻率很高,热导率小,因此与其他化学纤维相比,聚丙烯纤维的电绝缘性和保暖性最好。

(4)耐热及耐老化性能差:聚丙烯纤维的熔点低(165～173℃),对光、热稳定性差,耐热性、耐老化性差。

(5)吸湿性及染色性差:聚丙烯纤维的吸湿性和染色性在化学纤维中最差,回潮率小于 0.03%,普通的染料均不能使其着色,有色聚丙烯纤维多数是采用纺前着色生产的。

聚丙烯纤维主要性能如表 5-7 所示。

表 5-7　聚丙烯纤维的主要性能

主要性能	复丝	短纤维
断裂强度/(dN/tex)	3.1～6.4	2.5～5.3
断裂伸长率/%	15～35	20～35
弹性恢复率/%	88～98	88～95
初始模量/(dN/tex)	46～136	23～63
沸水收缩率/%	0～5	0～5
回潮率/%	<0.03	<0.03

目前聚丙烯纤维的工业生产是采用连续聚合的方法进行定向聚合,得到等规聚丙烯树脂。由于熔体的黏度较高,普遍采用熔融挤压法进行纺丝。

聚丙烯纤维的主要用途如下。

(1)产业用途:聚丙烯纤维具有高强度、高韧性、良好的耐化学性和抗微生物性以及低价格等优点，广泛用于绳索、渔网、安全带、箱包带、缝纫线、过滤布、电缆包皮、造纸用毡和纸的增强材料等。聚丙烯纤维可制成土工布，用于土建和水利工程。

（2）室内装饰用途：用聚丙烯纤维制成的地毯、沙发布和贴墙布等装饰织物，不仅价格低廉，而且具有抗沾污、抗虫蛀、易洗涤、回弹性好等优点。

（3）服装用途：聚丙烯纤维可制成针织品，如内衣、袜类等；可制成长毛绒产品，如鞋衬、大衣衬、儿童大衣等；可与其他纤维混纺用于制作儿童服装、工作衣、内衣、起绒织物及绒线等。随着聚丙烯生产和纺丝技术的进步及改性产品的开发，其在服装领域应用日渐广泛。

（4）其他用途：聚丙烯烟用丝束可作为香烟过滤嘴填料；聚丙烯纤维的非织造布可用于一次性卫生用品，如卫生巾、手术衣、帽子、口罩、床上用品、尿片面料等；聚丙烯纤维替代黄麻编织成的麻袋（俗称蛇皮袋），成为粮食、工业原料、化肥、食品、矿砂、煤炭等最主要的包装材料。

5.3.5 聚乙烯醇纤维

聚乙烯醇纤维（polyvinyl alcohol fiber，Vinylon）是将聚乙烯醇纺制成纤维，再用甲醛处理而制得的聚乙烯醇缩甲醛纤维，中国商品名为维纶，又称维尼纶、维纳纶、合成棉花等。聚乙烯醇（PVA）纤维是合成纤维的重要品种之一，产品以短纤维为主。

1924 年，德国的赫尔曼（Hermann）和哈内尔（Haehnel）合成出聚乙烯醇，并用其水溶液经干法纺丝制成纤维。随后，德国的韦克（Wacker）公司生产出用于手术缝合线的聚乙烯醇纤维。1939 年以后，日本的樱田一郎、朝鲜的李升基等人，采用热处理和缩醛化的方法成功地制造出耐热水性优良、收缩率低、具有实用价值的聚乙烯醇纤维，并发表了一系列有关制造技术及生产方法的论文和专利。但由于第二次世界大战的干扰，直到 1950 年，不溶于水的聚乙烯醇纤维才实现工业化生产。中国是世界 PVA 生产能力及产量最大、同时也是消费量最大的国家。全球 PVA 生产主要集中在中国、日本、美国等少数几个国家和地区。2019 年，全球总装置产能约 190 万吨，实际产量 139 万吨左右，产能利用率达 73.2%，其中亚太地区是主要生产地区，占世界总产量85%以上。

聚乙烯醇纤维的生产，是以醋酸乙烯酯为原料，经聚合生成聚醋酸乙烯酯，再经醇解而得到聚乙烯醇，纺丝得到纤维。缩醛度控制在 30% 左右。湿法纺丝主要生产短纤维，干法纺丝生产维纶长丝。

聚乙烯醇缩甲醛纤维的短纤维外观形状接近棉，但强度和耐磨性优于棉。50/50 的棉维混纺织物的强度比纯棉织物高 60%，耐磨性可以提高 50%～100%。聚乙烯醇纤维的密度约比棉花小 20%，用同样重量的纤维可以纺织成较大厚度的织物。

聚乙烯醇纤维在标准条件下的吸湿率 4.5%～5.0%，在几大合成纤维品种中名列前茅。由于导热性差，聚乙烯醇纤维具有良好的保暖性。另外，聚乙烯醇纤维还具有很好的耐腐蚀和耐日光性。

聚乙烯醇纤维的主要缺点是染色性差，染色量较低，色泽也不鲜艳，这是由于纤维具有皮芯结构和经过缩醛化使部分羟基被封闭了的缘故。另外，聚乙烯醇纤维的耐热水性较差，在湿态下温度超过 110～115℃就会发生明显的收缩和变形。聚乙烯醇纤维织物在沸水中放置 3～4h 后会发生部分溶解。聚乙烯醇纤维的弹性也不如聚酯等其他合成纤维，其织物不够挺括，在使用过程中易产生褶皱。表 5-8 列出了聚乙烯醇缩甲醛纤维的主要性能指标。

表 5-8 聚乙烯醇缩甲醛纤维的主要性能指标

性能		短纤维		长丝	
		普通	强力	普通	强力
强度/(dN/tex)	干态	4.0～4.4	6.0～8.8	2.6～3.5	5.3～8.4
	湿态	2.8～4.6	4.7～7.5	1.8～2.8	4.4～7.5
延伸度/%	干态	12～26	9～17	17～22	8～22
	湿态	13～27	10～18	17～25	8～26
伸长 3%的弹性回复率/%		70～85	72～85	70～90	70～90
弹性模量/(dN/tex)		22～62	62～114	53～79	62～220
回潮率/%		4.5～5.0	4.5～5.0	3.5～4.5	3.0～5.0
密度/(g/cm³)		1.28～1.30			
热性能		干热软化点为 215～220℃，熔点不明显，能燃烧			
耐日光性		良好			
耐酸性		受 10%盐酸或者 30%硫酸作用无影响；在浓的盐酸、硝酸和硫酸中发生溶胀和分解			
耐碱性		在 50%的苛性钠溶液和浓氨水中强度几乎没有降低			
耐其他化学药品性		良好			
耐溶剂性		不溶解于一般的有机溶剂（如乙醇、乙醚、苯、丙酮、汽油、四氯乙烯等），能在热的吡啶、酚、甲酚和甲酸中溶胀或者溶解			
耐磨性		良好			
耐虫蛀霉菌性		良好			
染色性		可用直接、硫化、偶氮、还原、酸性等染料进行染色，但是染色量较一般天然纤维和再生纤维低，色泽也欠鲜艳			

聚乙烯醇缩甲醛纤维主要为短纤维，由于其形状很像棉，所以主要用于和棉混纺，织成各种棉纺织物。另外，也可与其他纤维混纺或纯纺，织造各类机织或针织物。聚乙烯醇纤维长丝的性能和外观与天然蚕丝非常相似，可以织造绸缎衣料。但是，因聚乙烯醇纤维的弹性差，不易染色，故不能做高级衣料。

近年来，随着聚乙烯醇纤维生产技术的发展，其在工业、农业、渔业、运输和医用等方面的应用不断扩大。

（1）纤维增强材料。利用聚乙烯醇纤维强度高、抗冲击性好、成型加工中分散性好等特点，可以作为塑料以及水泥、陶瓷等的增强材料。特别是作为致癌物质——石棉的代用品，制成的石棉板受到建筑业的极大重视。

（2）渔网。利用聚乙烯醇纤维断裂强度、耐冲击强度和耐海水腐蚀等都较好的长处，用其制造各种类型的渔网、渔具、渔线。

（3）绳缆。聚乙烯醇纤维绳缆质轻、耐磨、不易扭结，具有良好的抗冲击强度、耐气候性并耐海水腐蚀，在水产车辆、船舶运输等方面有较多应用。

（4）帆布。聚乙烯醇纤维帆布强度好、质轻、耐摩擦和耐气候性好，在运输、仓储、船舶、建筑、农林等方面有较多应用。

另外，聚乙烯醇纤维还可制作包装材料、非织造布滤材、土工布等。

5.3.6　聚氯乙烯纤维

聚氯乙烯纤维是由聚氯乙烯树脂纺制的纤维，我国简称氯纶，也称"天美纶""罗维尔"。早在 1913 年克拉特（Klatte）用热塑挤压法制得第一批 PVC 纤维，但此工艺以后并未应用。1930 年德国 I. G. Farber AG 公司的休伯特（Hubert）和帕博斯特（Pabst）、内希特（Necht）把 PVC 溶于环己酮中，进而在含 30%醋酸的水溶液中用湿法纺丝制得了服装用的聚氯乙烯纤维。随后，正式以商品名皮斯发森（PeCe Fasern）开始生产。在当时的技术条件下，这种生产方法的难度较大，故发展很慢。到 20 世纪 50 年代初 PVC 纤维才作为一种工业产品出现。

聚氯乙烯纤维具有原料来源广泛、价格便宜、纤维热塑性好、弹性好、抗化学药品性好、电绝缘性能好、耐磨、成本低并有较高的强度等优点，特别是纤维阻燃性好，难燃自熄。但由于聚氯乙烯纤维耐热性差，对有机溶剂的稳定性和染色性差，从而影响其生产发展。与其他合成纤维相比，一直处于落后状态。近年来，出现了所谓第二代聚氯乙烯纤维，其耐热性比传统的聚氯乙烯纤维有很大提高。同时随着生活水平的提高，人们的安全意识越来越强，对于床上用品、儿童及老人睡衣、室内装饰织物、消防用品、飞机、汽车、轮船内仓用品等，很多国家都提出了阻燃要求。聚氯乙烯纤维作为阻燃纤维材料通过原料与生产技术的改进与提高，将广泛应用于消防、军队、宇航、冶金、石化等特种行业。

聚氯乙烯纤维的独特性能就在于其难燃性。聚氯乙烯纤维的极限氧指数（LOI）为 37.1，在明火中发生收缩并磷化，离开火源便自行熄灭，其产品特别适用于易燃场所。聚氯乙烯纤维对无机试剂的稳定性相当好。室温下在大多数无机酸、碱、氧化剂和还原剂中纤维强度几乎没有损失或损失很小。由于聚氯乙烯纤维导热性小且易积聚静电，其保暖性比棉、羊毛还要好。

聚氯乙烯纤维的主要缺点是耐热性差，只适宜于 40~50℃以下使用，65~70℃软化，并产生明显的收缩。其次是耐有机溶剂性差和染色性差，虽不能被多数有机溶剂溶解，但能使其溶胀。一般常用的染料很难使聚氯乙烯纤维上色，所以生产中多数采用原液着色。

聚氯乙烯纤维的性能如表 5-9 所示。

表 5-9　聚氯乙烯纤维的主要性能

主要性能		短纤维		长丝
		普通	强力	
断裂强度/（dN/tex）	标准状态	2.3~3.2	3.8~4.5	3.1~4.2
	湿润状态	2.3~3.2	3.8~4.5	3.1~4.2
伸长率/%	标准状态	70~90	15~23	20~25
	湿润状态	70~90	15~23	20~25
干湿强度比/%		100	100	100
钩接强度/（dN/tex）		3.4~4.5	2.3~4.5	4.3~5.7
打结强度/（dN/tex）		2.0~2.8	2.3~2.8	2.0~3.1
回弹率（伸长3%时）/%		70~85	80~85	80~90
杨氏模量/（dN/tex）		17~28	34~57	34~51
密度/（g/cm³）		1.39	—	—

聚氯乙烯纤维的产品有长丝、短纤维以及鬃丝（鬃丝是指较粗的纤维，直径一般 0.05~2mm）等，以短纤维和鬃丝为主。在民用方面，主要用于制作各种针织内衣、毛线、毡子和

家用装饰织物等。由聚氯乙烯纤维制作的针织内衣、毛衣、毛裤等，不仅保暖性好，而且具有阻燃性。由于静电作用，对关节炎有一定的辅助疗效。在工业应用方面，聚氯乙烯纤维可用于制作各种在常温下使用的滤布、工作罩、绝缘布、覆盖材料等。用聚氯乙烯纤维制作的防尘口罩，因其静电效应，吸尘性特别好。聚氯乙烯鬃丝主要用于编织窗纱、筛网、绳索等。另外，日本帝人公司研究人员发现，聚氯乙烯纤维与人体摩擦后会产生大量负离子，因而正试图利用这一特性开发保健产品。

5.3.7 聚乳酸纤维

聚乳酸[poly(lactic acid)，polylactide，PLA]纤维是以玉米、小麦等淀粉为原料，经发酵转化成乳酸，再经聚合、熔融纺丝而制成。这种纤维在土壤或水中，会在微生物的作用下分解成二氧化碳和水；随后在阳光的光合作用下，又会成为淀粉的起始原料。由于这是一个循环的过程，所以很多专家把聚乳酸纤维称为"21 世纪的环境循环材料"。加上其低廉的原料成本和优良的性能，使之具有极高的开发价值。

聚乳酸的聚合方法有两种：一种是直接缩聚法，就是在减压条件下，由乳酸直接聚合的方法，即：乳酸→预聚体→聚乳酸[式（5-16）]；另一种方法是常压下以环状二聚乳酸为原料开环聚合得到，即：乳酸→预聚体→环状二聚体→聚乳酸[式（5-17）]。

（1）直接缩聚法[式（5-16）]：

$$n\text{HOCHCOOH} \longrightarrow \left[\!\!\begin{array}{c}\text{CH}_3\\ \text{O—CH—CO}\end{array}\!\!\right]_n + (n-1)\text{H}_2\text{O} \tag{5-16}$$

直接缩聚法的特点是流程简单，产率高，但难以得到高分子量的聚乳酸。

（2）开环聚合法[式（5-17）]：

$$2n\text{HOCCOOH} \xrightarrow[\text{蒸馏}]{\text{减压}} \quad \xrightarrow[\text{加热}]{\text{真空}} \tag{5-17}$$

开环聚合法的特点是流程长，产物纯度高，可以得到高分子量的聚乳酸。

乳酸可由淀粉发酵得到，而淀粉来源广泛。天然植物如红薯、玉米及其他谷物都可以作为其原料。

聚乳酸纤维生产加工过程能耗少、污染小，产物在土壤或水中微生物的作用下可自然降解为小分子产物二氧化碳和水，二者通过光合作用，又可变成乳酸的原料淀粉；与其他有机废弃物一起掩埋可作土壤堆肥用，具有良好的环保效果。聚乳酸是唯一一种可以熔融处理的以天然原料为基础的聚合物，具有良好的加工性，能用普通设备进行挤出、注射、纺丝、流延、吹塑。聚乳酸纤维可用传统的纺丝工艺（如溶液纺丝、熔融纺丝等）制备，性能与传统的合成纤维不相上下，甚至在某些情况下更为优异。其强度与聚酯和聚酰胺纤维基本相同，模量介于两者之间，接近聚酰胺。

聚乳酸纤维具有很多优异的性能。

（1）它比 PET 亲水性好，悬垂性、手感和舒适性很好，回弹性好，较好的卷曲性和卷曲持久性，收缩率可以控制。常温下可用分散染料染色。成形加工性好。织物具有较好的穿着舒适性、很好的定形性和抗皱性，具有较好的光泽、优雅的真丝观感、丝绸般极佳的手感、良好的吸湿性和快干效应，适合于动感装、军装、内衣及运动衫等。

（2）具有抗紫外光、稳定性好、密度小、可燃性差、燃烧热低、发烟量小等特性。这些特性加上优异的弹性使聚乳酸纤维在家用装饰领域有广阔的市场空间，用于悬挂物、室内装饰品、面罩、地毯、填充件等。

（3）结晶熔融温度在 120～170℃ 范围内变化，热黏结温度可以控制。可成为双组分纤维的最佳选择之一。双组分纤维主要有皮芯型、并列型、分割型、海岛型等结构，可用于自卷曲、超细纤维和热黏结纤维领域。

（4）聚乳酸纤维的湿度吸收和扩散能力、稍呈酸性的 pH 值，与人体皮肤相同，具有良好的生物相容性。同时，它还有生物降解性和安全性，在医疗、医学领域具有广泛的应用前景，如用作手术缝合线、纱布、绷带等。

延伸阅读

芯吸效应

（5）聚乳酸纤维具有较好的透气性、芯吸性以及弹性，使其在非织造布领域也有发展潜力，可以用纺粘或者熔喷法直接制成非织造布；也可以纺制成短纤维，经干法或者湿法成网制得非织造布。非织造布可用于手术衣、手术覆盖布、口罩等。

5.4　特种合成纤维

特种纤维产量较小，但具有某些独特的性能。特种合成纤维品种很多，按照性能可以分为耐高温纤维、耐腐蚀纤维、阻燃纤维、弹性纤维、吸湿性纤维等。

5.4.1　耐高温纤维

耐高温纤维通常是指在 250～300℃ 温度范围内可长期使用的纤维。这类纤维高温下尺寸大小无变化；软化点及熔点高；着火点、发火点高；热分解温度高；在高温下能保持一般特性；长期暴露在高温下，也能维持一般特性；应具备纤维制品所必需特有的一般性能，如柔软性、弹性和加工性能。此外，此类纤维一般也具有极好的机械强度，通常还应具有阻燃和不燃性。这与通过改进纤维固有特性的其他纤维不同，例如加入阻燃剂或使用其他特殊整理的方法得到的阻燃纤维，不属于耐高温纤维范畴。

5.4.1.1　芳香族聚酰胺纤维

芳香族聚酰胺（aromatic polyamides）是指酰胺键直接与两个芳环连接而成的线形聚合物，用这种聚合物制成的纤维就是芳香族聚酰胺纤维。它是一种耐高温的高强高模特种纤维，在我国芳香族聚酰胺纤维的商品名称为芳纶。表 5-10 为几种主要品种。1974 年，美国贸易联合会将它们命名为"Aramid fiber"，其定义是：至少有 85% 的酰胺链直接与两个苯环相连接。这类纤维具有优良的力学性能和稳定的化学性质，并且对橡胶有良好的黏着力。

芳纶首先由美国杜邦（Du Pont）公司于 1965 年发明。它是一种新型的芳香族聚酰胺纤维，兼有无机纤维的力学性能和有机纤维的加工性能，其密度与聚酯纤维接近，强度是聚酯纤维的 2 倍、玻璃纤维的 3 倍和钢丝的 6 倍，模量远大于玻璃纤维和钢丝；此外还具有极好的耐热和耐化学药品性能，尺寸稳定性、耐疲劳性、耐腐蚀性以及与橡胶的黏合性能。

目前较有代表性并在国外已经工业化的芳纶主要有两大类：间位芳纶（芳纶 1313）和对位芳纶（芳纶 1414, Kevlar 纤维）。间位芳纶于 1956 年开始研究，于 1967 年实现了工业化；

对位芳纶于 1971 年研制成功，次年投入生产。

表 5-10　几种主要芳香族聚酰胺纤维

学　名	结构式	商品名
聚间苯二甲酰间苯二胺纤维		HT-1，芳纶 1313
聚对苯二甲酰对苯二胺纤维		纤维-B，芳纶 1414
聚对氨基苯甲酰纤维		PRD-49，芳纶 14
聚对苯二甲酰己二胺纤维		尼龙 6T
聚对苯二甲酰对氨基苯甲酰肼纤维		X-500

随着高新产业成为世界经济发展的主要目标，应用高新技术和新材料为主导的新产业，航空航天、橡胶工业、电子与通信、汽车工业、油气田的勘探和生产、体育休闲用品等产业的发展，都将需要高性能的芳纶。由于它的用途十分广泛，曾被称为"全能纤维"。

5.4.1.2　聚酰亚胺纤维

聚酰亚胺是含有酰亚胺基团的高性能聚合物，包括缩聚型聚酰亚胺、加聚型聚酰亚胺、双马来型聚酰亚胺等。

典型聚酰亚胺纤维是由均苯四酸二酐和芳香族二胺聚合后，经溶液纺丝，再经热处理脱水环化而制得[式（5-18）]。其外观为金黄色。

$$\tag{5-18}$$

聚酰亚胺的大分子主链中有大量含氮五元杂环、苯环、—O—键、羰基、酰亚胺基团，而且芳环中的碳和氧以醚键相连，以及芳杂环的共轭效应，皆使主链键能较大，分子间作用力大。当聚酰亚胺纤维受高能辐射时，纤维大分子吸收的能量小于使分子链断裂所需要的能量。这种分子结构使得纤维耐辐射、耐高温、分子链不易断裂。

聚酰亚胺纤维具有良好的机械力学能力。耐高能辐射性极强，用高能射线照射 8000 次以后，纤维强度和电性能基本不变。耐热性极佳，均苯型聚酰亚胺的负荷变形温度 360℃，长期使用温度 260℃，无氧下使用温度 300℃，热分解温度 600℃；在 400℃空气中处理 200h 后失重约 30%，在 300℃氮气下处理 1000h 后强度几乎不下降。聚酰亚胺纤维也耐极低温，在 −269℃的液氢中不发生脆裂。聚酰亚胺纤维中虽然存在一定数量的极性基团，但结构对称且大分子主链刚性，限制了极性基团的活动性，故电绝缘性极其优秀，介电常数 3.4，介电损耗为 10^{-3}，介电强度 100～300kV/mm，体积电阻 $10^{17}\Omega\cdot cm$；引入氟或将空气以纳米尺寸分散在聚酰亚胺中，介电常数可降至 2.5 左右。聚酰亚胺无毒，具有阻燃性。

聚酰亚胺纤维在现代高科技领域主要用于宇航、电气绝缘、原子能工业、卫星、核潜艇及微电子工业，如用作宇航和核动力站所需的织物，可燃气体的过滤材料等。聚酰亚胺纤维与其他树脂构成的复合材料能更广泛地应用于高技术行业，如航空电缆、挠性印刷电缆、高温绝缘电器、航天火箭发动机喷管、原子能设施中的结构材料、航空发动机的结构材料、新型战斗机的结构材料；在微电子器件中用作介电层进行层间绝缘，用作缓冲层可以减少应力、提高成品率，用作保护层可以减少环境对器件的影响。

5.4.1.3 碳纤维（carbon fiber）

碳纤维是主要的耐高温纤维之一。碳纤维是以聚丙烯腈纤维、沥青纤维、黏胶纤维为原料，在 1000～2300℃高温碳化而生成的一种高强度、高模量、高化学稳定性、耐高温的纤维，是一种用于增强复合材料的高性能纤维。

碳纤维的种类很多，由于采用的原料和制造工艺的不同，制造出的碳纤维的质地和性能也不同。碳纤维可分为碳素纤维和石墨纤维两种。碳素纤维通常是指有机纤维在 2000℃以下碳化而制得的纤维，从结构上来看，还没有变成石墨，一般碳素纤维的含碳量为 80%～95%。碳素纤维可耐 1000℃。这类纤维由于处理温度较低，因此成本较低。

有些有机纤维如腈纶丝，在空气中经过 200～300℃的温度处理后，得到的纤维称为黑化纤维。因为它在火焰中不会燃烧，所以又称为耐燃纤维。有人把这种纤维也归为碳素纤维一类，实际上从质地来讲，它不是碳纤维，只是一种耐热的有机化合物的纤维。

石墨纤维是指有机纤维在 2000℃以上的高温下碳化而制得的纤维，其结构与石墨相似。石墨纤维的导电性能要比碳素纤维好，并且表面上还有金属光泽。由于石墨纤维的处理温度比碳素纤维要高，因此含碳量更高，在 99%以上，杂质极少。石墨纤维的耐热性很好，可耐3000℃的高温。

碳纤维是一种名副其实的细如蛛丝、强赛钢铁的新型工程材料。碳纤维不仅强度大、重量轻（相对密度仅比一般的塑料稍大），而且弹性模量也很高。此外还有耐高温、耐化学腐蚀、耐辐射、能导电、反射中子射线能力强等优点。因此，碳纤维及其复合材料在宇宙航行、飞机制造、原子能工业、化学工业、机械工业、电机工程、造船工业和医疗事业等方面都有着重要的应用。

5.4.2 耐腐蚀纤维

耐腐蚀纤维主要是聚四氟乙烯纤维，此外还有四氟乙烯-六氟丙烯共聚纤维、聚偏氟乙烯纤维等含氟共聚纤维。

聚四氟乙烯是一种高度结晶性的线形聚合物，分子链都被氟原子所饱和。由于聚四氟乙烯不能溶于任何已知的溶剂中，在熔融状态下又会分解，因此一般的纺丝方法不适用于纺织该纤维，而用乳液聚合过程中所生成的悬浮液或者分散液来纺制纤维（乳液纺丝）。

聚四氟乙烯纤维的相对密度是所有纤维中最高的，它的吸湿性是化学纤维中最低的，因此其湿态强度与干态相同。

聚四氟乙烯纤维的耐热性很好，能在 250℃不起化学变化，同时对强度影响也很小。它的工作温度可高达 240～274℃。在常温下，纤维对任何侵蚀性的溶剂不起反应。它的电气绝缘性是绝缘材料中最佳品种之一。

聚四氟乙烯纤维通常应用于其他化学纤维不能使用的地方，如制作耐腐蚀性的绳索、医药工业用的绷带、氢氧化钠的滤布、过滤腐蚀性气体的滤布、电气材料等。

5.4.3　阻燃纤维

阻燃纤维主要的品种有聚偏二氯乙烯纤维、聚氯乙烯纤维、维氯纶、腈氯纶等。其中偏氯纶阻燃性能最好。

偏氯纶是 80%～90% 的偏氯乙烯和 10%～20% 的氯乙烯共聚物经熔融纺丝制成的纤维，具有突出的难燃性和耐腐蚀性，弹性较好，但强度低。主要用作工业用布以及防火织物。

5.4.4　弹性纤维

弹性纤维是指具有类似橡胶丝的高伸长性和回弹力的一类纤维。通常用于制作各种紧身衣、运动衣、游泳衣以及各种弹性织物。目前主要品种有聚氨酯弹性纤维和聚丙烯酸酯弹性纤维。

5.4.4.1　聚氨酯弹性纤维

聚氨酯弹性纤维在中国的商品名为氨纶（杜邦公司的商品称为莱卡纤维），是由柔性的聚醚或者聚酯链段和刚性的芳香族二异氰酸酯聚合、再经脂肪族二胺进行交联而制得。纤维分子是由低熔点的非晶态软链段和分散其中的高熔点结晶的硬链段所组成。硬链段通常是由芳香族二异氰酸酯和二元胺（或二元醇）所组成；软链段则是由聚醚或聚酯组成。正是由于这种特殊的软硬镶嵌的链段结构，使氨纶具有类似橡胶的高伸长性和回弹力。

氨纶是一种高弹性纤维，具有相对密度小、染色性佳、强力高、伸长率高、回弹性好、耐光和气候老化、耐挠曲、耐磨、耐化学试剂、耐汽油等优点。

5.4.4.2　聚丙烯酸酯类弹性纤维

聚丙烯酸酯类弹性纤维是由丙烯酸乙酯或者丁酯与某些交联性单体乳液共聚后，再与偏二氯乙烯等接枝共聚，经乳液纺丝法制得。这类纤维的强度和延伸等特性不如聚氨酯类纤维，但是它的耐光性、抗老化性和耐磨性、耐溶剂以及漂白剂等性能均比聚氨酯类纤维好，而且还有难燃性。

5.4.5　吸湿性纤维和抗静电纤维

合成纤维的缺点之一是吸湿性较差。吸湿性纤维主要品种是锦纶 4。由于分子链上的酰胺基比例较大，吸湿性优于锦纶其他品种，比锦纶 6 高 1 倍，与棉花相似，故兼有棉花和锦纶 6 的优点。近年来还出现了高吸湿性的腈纶、亲水丙纶，主要是改变纤维的物理结构，如增加纤维的内部微孔，使纤维截面异形化和表面粗糙化等。

容易带静电是合成纤维的另一个缺点，这是由于分子链主要由共价键组成，不能有效传递电子。通常把经过改性而具有良好导电性的纤维称为抗静电纤维。合成纤维的带静电性与疏水性密切相关，吸湿性越大，则导电性越好。目前，抗静电纤维主要有耐久性抗静电锦纶和耐久性抗静电涤纶，通过与添加抗静电组分共聚等方法制得。主要用于制作无尘衣、无菌衣、防爆衣等。

参考文献

[1] 高俊刚，李源勋.高分子材料[M].北京：化学工业出版社，2002.
[2] 詹怀宇.纤维化学与物理[M].北京：科学出版社，2005.
[3] 蔡再生.纤维化学与物理[M].北京：中国纺织出版社，2009.
[4] 邱有龙.粘胶纤维行业新技术、新产品的发展现状及趋势[J].纺织导报，2010，9：84-87.
[5] 许英健，王景翰.新一代纤维素纤维——天丝及其分析[J].中国纤检，2006，1：43-45.
[6] 逄奉建.新型再生纤维素纤维[M].沈阳：辽宁科学技术出版社，2009.
[7] 孙晋良.纤维新材料[M].上海：上海大学出版社，2007.
[8] 宋超，文梦君，余毅.聚酰胺纤维生产现状及发展展望[J].合成纤维工业，2012，1：49-53.
[9] 武荣瑞.我国聚酯纤维改性的技术进展[J].高分子通报，2008，8：101-108.
[10] 肖长发.高强度聚乙烯醇纤维结构与性能研究[J].高科技纤维与应用，2005，2：11-17.
[11] 西鹏，高晶，李文刚.高技术纤维[M].北京：化学工业出版社，2004.
[12] J W S Hearle.高性能纤维[M].马渝茳，译.北京：中国纺织出版社，2004.

思考题

1. 纤维的分子结构对纤维的性能有何影响？
2. 纤维的耐磨性和耐疲劳性与哪些因素有关？
3. 试分析说明纤维的耐热性与哪些因素有关？
4. 如何理解纤维的导电性和静电现象？如何避免或消除静电现象？
5. 黏胶纤维、莱赛尔纤维是怎样生产的？与天然纤维素相比，黏胶纤维和莱赛尔纤维的结构和性能发生了什么变化？
6. 毛为什么耐酸而不耐碱？
7. 简述合成纤维生成过程中牵伸（拉伸）和热定形的作用。
8. 说明涤纶纤维的形态结构和超分子结构。
9. 涤纶为什么染色比较困难？可采用哪些有效方法来改善？
10. 说明氧化剂对锦纶的作用，锦纶织物漂白时应该选择哪一类漂白剂。
11. 试述锦纶的光氧化反应及其对纤维性能的影响。
12. 侧序度的定义是什么？试用侧序度分布描述腈纶纤维的超分子结构。
13. 腈纶纺织品在使用中熨烫温度过高，纤维立即发黄。试解释其原因。
14. 为什么聚丙烯腈纤维具有优异的耐日晒及耐气候性能？
15. 与锦纶比较，试说明腈纶的耐酸、耐碱性和对氧化剂的抵抗能力。
16. 丙纶纤维的力学性能有什么特点？
17. 试说明丙纶的耐酸、耐碱性和对氧化剂的抵抗能力。
18. 从可持续发展的角度看，还有哪些资源可用来生产纤维？

第6章 胶黏剂和涂料

6.1 胶黏剂

胶黏剂（adhesive）又称黏合剂，是一种靠界面作用能把各种材料紧密结合在一起的物质。借助胶黏剂将各种物件连接起来的技术称为胶接（粘接、黏合）技术。胶黏剂是具有良好粘接能力的物质，其中最有代表性的是高分子材料。

最早使用的合成胶黏剂是酚醛树脂，1909年实现工业化，主要用于胶合板的制造。随着其他高分子材料的合成和应用，又出现了脲醛树脂、丁腈橡胶（acrylonitrile-butadiene rubber，NBR）、聚氨酯、环氧树脂、聚醋酸乙烯酯、丙烯酸树脂（acrylic resin）等胶黏剂。

合成胶黏剂最早用于木材加工业，大量用于胶合板、纤维板和刨花板的制造中，主要选用脲醛树脂、酚醛树脂和三聚氰胺树脂。木材胶黏剂用量日益扩大，全世界木材胶黏剂用量占胶黏剂总产量的3/4，如美国约60%的合成胶黏剂用于木材加工业，俄罗斯为79%，日本为75%，我国为60%～70%。随着科学技术的迅速发展，胶黏剂的应用领域不断扩大，品种和用量急剧增加。例如，航空工业中，飞行器结构采用粘接工艺，可明显减轻结构重量、提高疲劳寿命，简化工艺过程。航空工业中常用的胶黏剂有酚醛-缩醛、酚醛-环氧树脂胶黏剂等。新近开发的第二代丙烯酸酯胶黏剂已经实用化并用于飞机的制造中。建筑业也是胶黏剂大户，室内的装修和密封，如大理石、瓷砖、天花板、塑料护墙板、地板、预构件的密封、地下建筑的防水密封等都大量用到胶黏剂。在轻工业方面胶黏剂的应用同样广泛，如制鞋、包装、装订、家具、皮革制品、橡胶和塑料用品、家用电器、玻璃制品等。

从消费地区分布情况来看，亚洲是全球最大的胶黏剂需求区域。我国胶黏剂行业起步较晚，生产企业3500多家。据第25届中国胶黏剂和胶黏带行业年会报道，2021年行业经济规模已超过1740亿元，水基型、热熔型等功能性产品成为细分市场热点。

6.1.1 胶黏剂的组成

胶黏剂通常由几种材料配制而成。这些材料按其作用不同，一般分为基料和辅助材料两大类。基料是在胶黏剂中起粘接作用并赋予胶层一定机械强度的物质，如各种树脂、橡胶、淀粉、蛋白质、磷酸盐、硅酸盐等。

在胶黏剂配方中，基料是使两被粘物体结合在一起时起主要作用的成分，是构成胶黏剂的主体材料。胶黏剂的性能如何，主要与基料有关。一般来讲，基料应是具有流动性的化合物，包括天然高分子物质、合成高分子化合物、无机化合物等。天然高分子物质如淀粉、蛋白质、天然树脂等，由于受多种自然条件的影响，性能、质量不稳定，且品种单纯、粘接力较低，近几十年来大部分被合成高分子代替。热塑性高分子、热固性高分子、合成橡胶等高分子现已广泛应用在胶黏剂中，是当代胶黏剂中最重要的基料。合成高分子的迅速发展为胶黏剂的研制和生产提供了丰富的物质基础，促进了粘接强度高、综合性能优良、耐久性好的胶黏剂的快速发展，新型胶黏剂不断出现，使胶黏剂的应用渗透到了国民经济的各个领域。

辅助材料是胶黏剂中用以改善主体材料性能或为便于施工而加入的物质。根据配方及用途的不同，可包含以下辅料中的一种或数种。

（1）固化剂（curing agent）。用以使胶黏剂交联固化，提高胶黏剂的粘接强度、化学稳定性、耐热性等，是以热固性树脂为主要成分的胶黏剂所必不可少的成分。

（2）硫化剂（vulcanizing agent）。与固化剂的作用类似，是使橡胶为主要成分胶黏剂产生交联的物质。

（3）促进剂（accelerating agent）。可加速固化剂或硫化剂的固化反应或硫化反应的物质。

（4）增韧剂（toughening agent）及增塑剂（plasticizer）。主要用于改善胶层的脆性，提高韧性。

（5）填料（filler）。具有降低固化时的收缩率、提高尺寸稳定性、耐热性和机械强度、降低成本等作用。

（6）溶剂（solvent）。溶解主料及调节黏度，便于施工。溶剂的种类和用量与粘接工艺密切相关。

（7）其他辅料。如稀释剂（diluting agent）、偶联剂（coupling agent）、防老剂（anti-aging agent）等。

6.1.2　胶黏剂的分类

胶黏剂品种繁多，其化学组成各异，性能、形态、外观以及应用范围、固化方式、粘接强度也不相同。可按多种方法进行分类。

6.1.2.1　按基体材料来源

按照胶黏基体材料的来源可分为无机胶黏剂和有机胶黏剂（图 6-1）。无机胶黏剂具有耐高温、不燃烧的特点，但受冲击容易脆裂，用量很少。有机胶黏剂包括天然胶黏剂和合成胶黏剂。天然胶黏剂来源丰富，价格低廉、毒性低，但耐水、耐潮和耐微生物能力较差，主要在家具、包装、木材综合加工和工艺品制造中使用。合成胶黏剂具有良好的电绝缘性、隔热性、抗震性、耐腐蚀性、耐微生物作用和良好的粘接强度，而且能根据不同用途要求方便地配制

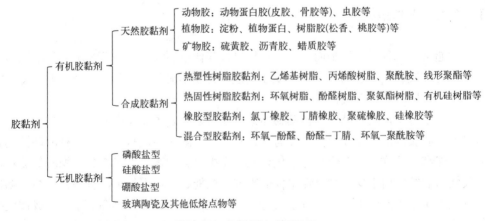

图 6-1　胶黏剂的主要类型

不同的胶黏剂。合成胶黏剂品种多、用量大，约占总量的 60%～70%。

6.1.2.2　按固化形式

粘接首先是液体胶黏剂在被粘物表面上浸润，然后通过各种物理的、化学的作用固化而产生黏附力。按照固化形式的不同可以将胶黏剂分为溶剂挥发型、化学反应型和热熔型三大类。

溶剂挥发型是将热塑性高聚物溶于适当的溶剂，制成流动性的溶液，涂在被粘物的表面上，将溶剂挥发掉形成胶膜而固化粘接。如聚醋酸乙烯酯胶黏剂、聚异氰酸酯（polyisocyanate）胶黏剂等。乳液胶黏剂是高聚物胶体颗粒在乳化剂的包围下分散在水中的体系。粘接时乳液中的水分逐渐渗透到多孔性被粘材料中并且挥发掉，促使乳液中的乳胶颗粒凝聚形成连续的胶膜而固化，达到粘接目的。

化学反应型胶黏剂一般是由多官能团的单体或者预聚体（prepolymer），通过催化或者加热固化成三维交联的热固性胶黏剂。亦可将线形高分子交联起来，如橡胶的硫化。此类胶黏剂，主要包括热固性树脂胶黏剂、聚氨酯胶黏剂、橡胶类胶黏剂及混合型胶黏剂。

热熔型胶黏剂是以热塑性高聚物为基本成分的无溶剂型固态胶黏剂，当加热时可熔融呈流动性液体，并且浸润被粘物的表面，冷却后即可固化，达到粘接目的。如乙烯-醋酸乙烯酯共聚物热熔胶、低分子聚酰胺热熔胶等。

6.1.2.3　按粘接处受力要求

按粘接处受力要求可以把胶黏剂分为结构型胶黏剂和非结构型胶黏剂。结构型胶黏剂可以再分为高温（固化）结构胶、中温（固化）结构胶和常温（固化）结构胶等。用于能承受载荷或受力结构件的粘接，黏合接头具有较高的粘接强度。如用于汽车、飞机上的结构部件的连接。目前，结构胶基本上是以热固性树脂为基料，由多官能团的单体或预聚体聚合成为网状交联结构的树脂。其中，环氧树脂胶黏剂性能好、品种多，应用最广。

非结构胶用于不受力或受力不太大的结构部件，通常为橡胶型胶黏剂和热塑性胶黏剂，常以压敏、密封剂和热熔胶的形式使用。此外根据其特定的应用和特殊的性能要求还有些特种胶，如应变胶、导电胶、导磁胶、耐碱胶、光学胶和医用胶等。

6.1.3　胶接及其机理

用胶黏剂将物体连接起来的方法称为胶接（cementing）。胶接接头是由胶黏剂夹在物件中间构成的。显而易见，要达到良好的胶接，必须同时具备两个条件：第一，胶黏剂要能很好地润湿被粘物的表面；第二，胶黏剂与被粘物之间要有较强的相互结合力，这种结合力的来源和本质就是胶接机理。

6.1.3.1　液体对固体表面的润湿

液体对固体表面的润湿情况可以用接触角来描述。所谓接触角就是在液滴与固体、气体接触的三相点处液滴曲面的切线与固体表面的夹角。图 6-2 中 γ_{SL}、γ_L 以及 γ_S 分别为固液界面、液体和固体的表面张力（surface tension）。在平衡状态下符合式（6-1）：

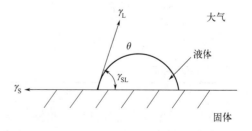

图 6-2　液体与固体表面的接触角

$$\gamma_S = \gamma_{SL} + \gamma_L\cos\theta \tag{6-1}$$

固、液之间的黏附功 W_A 为[式（6-2）]：

$$W_A = \gamma_L + \gamma_S - \gamma_{SL} \tag{6-2}$$

于是可得：

$$W_A = \gamma_L(1 + \cos\theta) \tag{6-3}$$

由式（6-2）可知，液体能够润湿固体表面的必要条件是 $\gamma_L + \gamma_S > \gamma_{SL}$。由式（6-3）可知，接触角越小则黏附功越大。$\theta$ 趋于零时液体的表面张力称为临界表面张力，以 γ_C 表示。

大多数的金属、金属氧化物的表面张力都较大，属于高能表面，而有机高分子材料的表面张力较低，玻璃、陶瓷介于两者之间（见表6-1、表6-2）。胶黏剂表面张力比被粘物的小，才能较好地润湿其表面，易于胶接；反之则较难胶接。例如环氧树脂的表面张力大于聚乙烯而小于金属的表面张力，所以可以较好地胶接金属而难于胶接聚乙烯。胶接的难易可根据聚合物的临界表面张力来确定。当 $\gamma_L \leqslant \gamma_C$ 时，才能完全润湿被粘物的表面。常见聚合物的 γ_C 如表6-3所示。

表6-1　一些高、中表面能物质液态表面张力

物质名称	温度/℃	$\gamma_L/\times10^{-3}$（N/m）	物质名称	温度/℃	$\gamma_L/\times10^{-3}$（N/m）
汞	20	4840	铜	1120	1270
铅	350	442	铁	1570	1930
锡	700	538	镍	1550	1925
锌	700	750	钴	1550	1935
铝	700	900	氧化亚铁	1420	585
银	1000	920	氧化铝	2080	700
金	1120	1128	玻璃	1000	225～290

表6-2　一些常用胶黏剂的表面张力

胶黏剂	γ_L（20℃）/$\times10^{-3}$（N/m）	胶黏剂	γ_L（20℃）/$\times10^{-3}$（N/m）
酸固化酚醛胶	78	聚醋酸乙烯酯乳胶	38
脲醛胶	71	动物胶	43
酪蛋白胶	47	硝酸纤维素胶	26
环氧树脂	47		

表6-3　一些聚合物的临界表面张力

聚合物	γ_C（20℃）/$\times10^{-3}$（N/m）	聚合物	γ_C（20℃）/$\times10^{-3}$（N/m）
聚己二酰己二胺	46	聚乙烯	31
聚对苯二甲酸乙二醇酯	43	聚氟乙烯	28
聚偏氯乙烯	40	聚三氟乙烯	22
聚氯乙烯	39	聚甲基硅氧烷	20.1
聚甲基丙烯酸甲酯	39	聚四氟乙烯	18.5
聚乙烯醇	37	聚全氟丙烯	16.2
聚苯乙烯	33	聚甲基丙烯酸全氟辛酯	10.6

然而，即使符合上述条件，胶黏剂也未必能够很好地润湿被粘物的表面，一般还必须对被粘物表面进行一定的清洗和处理才能达到良好的润湿。这是由于固体表面的特性所决定的。

6.1.3.2　固体表面的特性

固体表面的结构以及性质与固体内部是不同的。固体表面有如下的重要特性。

（1）固体表面由于原子、分子间作用力不平衡，因而都具有吸附性。吸附分为产生化学键的化学吸附和只产生次价键结合的物理吸附。

（2）固体表面通常由气体吸附层、油污尘埃污染层、氧化层等所组成。所以要使胶黏剂润湿表面，必须很好地清洗被粘物表面。

（3）固体表面不是平滑的，而是由凸凹不平的峰谷组成的粗糙表面，即使是镜面，粗糙度亦达 25nm 以上。因此一般两固体表面间的接触只是点接触，实际的接触面积只有几何表面积的 1% 左右。

（4）固体表面常具有多孔性，如木材、皮革、纸张等材料，即使是金属与玻璃的表面也具有一定的多孔性。

6.1.3.3　胶接机理

产生胶接的过程可以分为两个阶段。第一阶段，液态胶黏剂向被粘物表面扩散，逐渐润湿被粘物表面并渗入表面微孔中，取代并解吸被粘物表面吸附的气体，使被粘物表面的点接触变为胶黏剂之间的面接触。施加压力和提高温度，有利于此过程的进行。第二阶段，产生吸附作用形成次价键或主价键，胶黏剂本身经物理或化学性质发生变化，由液体变为固体，使胶接作用固定下来。当然，这两个阶段是不能截然分开的。

至于胶黏剂和被粘物之间的结合力，大致有以下几种可能。（1）由于吸附以及相互扩散而形成的次价结合；（2）由于化学吸附或者表面化学反应而形成的化学键；（3）配位键，例如金属原子与胶黏剂分子中的 N、O 等原子所生成的配位键；（4）被粘物表面与胶黏剂由于带有异种电荷而产生的静电吸引力；（5）由于胶黏剂分子渗入被粘物表面微孔中以及凹凸不平处而形成的机械啮合力。

不同情况下，这些力所占的相对比重不同，因而就产生了不同的胶接理论，如吸附理论、扩散理论、化学键理论和静电吸引理论等。

目前有关解释胶接机理的理论仍是不完善的，还不能说明物质的化学结构与它们的粘接特性之间的关系。但有一点似乎应当肯定，就是在一些粘接必要条件已具备的情况下，若能获得良好的浸润性，就一定可以进一步提高粘接强度。

根据迄今为止的研究，胶黏剂与被粘物之间可能发生机械结合、物理吸附、形成化学键、互相扩散等作用。由于这些作用使胶黏剂和被粘物之间产生了黏附力，但是各种作用力贡献的大小，目前尚不能通过一般检验方法加以鉴别。

6.1.3.4　胶接强度

在外力的作用下胶接接头的破坏有四种基本情况：（1）胶黏剂本身被破坏，称为内聚破坏；（2）被粘物破坏，称为材料破坏；（3）胶层与被粘物分离，称为黏附破坏；（4）兼有（1）和（3）两种情况的称为混合破坏。一般而言，当被粘物强度较大而胶接又较好时，（1）、（4）两种情况是主要的破坏形式。可见胶黏剂本身的内聚力以及黏附力的大小是决定胶接强度的关键因素。

根据接头受力情况的不同，胶接强度可以分为抗张强度、剪切强度、扯裂（劈裂）强度以及剥离强度等，如图 6-3 所示。

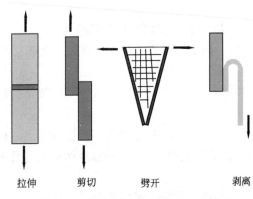

拉伸   剪切   劈开   剥离

图6-3 胶接接头的四种基本受力类型

一般而言，接头的抗拉强度约为剪切强度的2～3倍，劈裂强度的4～5倍，而比剥离强度要大数十倍。

关于影响胶接强度的因素，可以分为胶黏剂分子结构以及粘接条件（胶接工艺）两个方面。胶黏剂分子中含有能与被粘物形成化学键或者强次价力结合的基团时，可大幅度提高胶接强度。胶黏剂分子若能向被粘物中扩散，也可以提高胶接强度。外界条件的影响主要有温度、被粘物表面情况、黏附层厚度等。提高温度、被粘物表面有适度的粗糙度则有利于提高胶接强度。黏附层不宜过厚，厚度越大产生缺陷和裂纹的可能越大，因而越不利于胶接强度的提高。被粘物和胶黏剂热膨胀系数（expansion factor）不宜相差过大，否则由于产生较大的内应力而使胶接强度下降。合理的胶接工艺可以创造最适宜的外部条件而提高胶接强度。

6.1.3.5 胶接工艺

胶接接头的机械强度除受胶黏剂分子结构的影响外，胶接工艺也是一个很重要的影响因素，合理的胶接工艺可创造最适宜的外部条件来提高胶接接头的强度。

胶接工艺一般可以分为初清洗、胶接接头机械加工、表面处理、上胶、固化以及修整等步骤。初清洗是将被粘物件表面的油污、锈迹、附着物等清洗掉。然后根据胶接接头的形式和形状对接头处进行机械加工，如表面机械处理以形成适当的粗糙度等。胶接的表面处理是胶接好坏的关键。常用的表面处理方法有溶剂清洗、表面喷砂、打毛、化学处理等。化学处理一般是用铬酸盐和硫酸溶液、碱溶液等，除去表面疏松的氧化物和其他污物，或者使其他某些较活泼的金属钝化，以获得牢固的胶接层。上胶厚度一般以 0.05～0.15mm 为宜。固化时应掌握适当的温度。固化时施加压力有利于胶接强度的提高。

6.1.4 胶黏剂的选择

不同的材料需要选择不同的胶黏剂和不同的胶接工艺进行胶接。其中材料是决定选用胶黏剂的主要因素。目前市场上供应的胶黏剂没有一种是真正的"万能胶"。选用时须根据被粘物质的材质、结构形状、承受载荷的大小、方向和使用条件，以及粘接工艺的可能性等，选择合适的胶黏剂。如被粘物表面致密、强度高，可选用改性酚醛胶、改性环氧胶、聚氨酯胶或丙烯酸酯胶等结构胶；橡胶材料粘接时，应选用橡胶性胶黏剂或橡胶改性的韧性胶黏剂；热塑性的塑料粘接可用溶剂型或热熔性胶黏剂；热固性塑料的粘接，必须选用与粘接材料相同的胶黏剂；膨胀系数小的材料，如玻璃、陶瓷材料的自身粘接，或与膨胀系数相差较大的材料，如铝等材料粘接时，应选用弹性好、又能在室温固化的胶黏剂；当被粘物表面接触不紧密、间隙较大时，应选用剥离强度较大而有填料的胶黏剂。粘接各种材料时可选用的胶黏剂见表6-4。

表 6-4　粘接各种材料时可选用的胶黏剂

材料名称	软质材料	木材	热固性塑料	热塑性塑料	橡胶制品	玻璃、陶瓷	金属
金属	3、6、8、10	1、2、5	2、4、5、7	5、6、7、8	3、6、8、10	2、3、6、7	2、4、6、7
玻璃、陶瓷	2、3、6、8	1、2、5	2、4、5、7	2、5、7、8	3、6、8	2、4、5、7	
橡胶制品	3、8、10	2、5、8	2、4、6、8	6、7、8	3、8、10		
热塑性塑料	3、8、9	1、5	5、7	5、7、9			
热固性塑料	2、3、6、8	1、2、5	2、4、5、7				
木材	1、2、5	1、2、5					
软质材料	3、8、9、10						

注：表中数字为胶黏剂种类代号：1—酚醛树脂胶；2—酚醛-缩醛胶；3—酚醛-氯丁胶；4—酚醛-丁腈胶；5—环氧树脂胶；6—环氧-丁腈胶；7—聚丙烯酸酯胶；8—聚氨酯胶；9—热塑性树脂溶液胶；10—橡皮胶浆。

6.1.5　环氧树脂胶黏剂

环氧树脂（epoxy resin）是指一个分子中含有两个或两个以上环氧基，并在适当的固化剂存在下能够形成三维网络结构的低聚物，属于热固性树脂。凡是以环氧树脂为基料的胶黏剂统称为环氧树脂胶黏剂，简称为环氧胶。环氧胶从 20 世纪 50 年代出现，由环氧树脂、固化剂、其他添加剂组成。环氧胶是当前应用最为广泛的胶种之一。

这类胶黏剂由于树脂中含有极活泼的环氧基和多种极性基团（特别是羟基），对大部分材料如金属、木材、玻璃、陶瓷、橡胶、纤维、塑料、混凝土等多种极性材料，尤其是表面活性高的材料具有很强的粘接力。同时，环氧固化物的内聚强度也很大，所以其粘接强度很高，与金属的胶接强度可达 20MPa 以上。环氧树脂胶黏剂如今已用于粘接金属及非金属建筑材料；在粘接混凝土方面，其性能远远超过其他胶黏剂。

6.1.5.1　环氧树脂及其固化剂

（1）环氧树脂

用作胶黏剂的环氧树脂，分子量一般为 300～7000，黏度为 4～25Pa·s，主要有两类。一类为缩水甘油基型环氧树脂，包括常用的双酚 A 型环氧树脂、环氧化酚醛、丁二醇双缩水甘油醚环氧树脂等，是由环氧氯丙烷与含活泼氢原子的有机化合物，如多元酚、多元醇、多元酸、多元胺等缩聚而成。最具代表性的品种是双酚 A 型环氧树脂，在世界范围内其产量占环氧树脂总量的 75%以上，应用遍及国民经济的各个领域，因此被称为通用型环氧树脂。

另一类是环氧化烯烃型环氧树脂，是从含不饱和双键的低分子量或高分子量的直链、环状化合物制备得到，如环氧化聚丁二烯等。环氧树脂的指标主要是黏度、外观、环氧当量、环氧值等。环氧当量（epoxide equivalent）是指含 1g 环氧基的树脂克数，环氧值（epoxy value）是 100g 环氧树脂内所含环氧基的摩尔数。

（2）固化剂

环氧树脂固化剂可以分为有机胺类固化剂、改性胺类固化剂、有机酸酐类固化剂等。有机胺类又分脂肪胺和芳香胺，常用的有乙二胺、二乙烯三胺、三乙烯四胺、多乙烯多胺、间苯二胺、苯二甲胺、三乙醇胺、苄基二甲胺以及双氰胺等。伯胺固化环氧树脂的反应分三个阶段：第一个阶段主要是氨基与环氧基加成，使环氧树脂分子量提高，同时伯氨基转变成仲氨基；第二阶段主要是仲氨基与环氧基以及羟基与环氧基反应生成支化大分子；第三阶段是余下的环氧基、氨基和羟基之间的反应，最终生成交联结构。叔胺类固化机理则不同，叔胺并不参与反应，而是起催化作用，使环氧树脂本身聚合并交联。叔胺用量一般为环氧树脂的5%～15%。伯、仲胺直接参与反应，氨基上的一个氢和一个环氧基反应，如每100g环氧树脂应加入的伯、仲胺固化剂克数=环氧值×胺的分子量/胺中活泼氢的原子数。

采用改性胺固化剂可以改进与环氧树脂的混溶性，提高韧性、耐候性等。常用的改性胺固化剂有591固化剂、703固化剂等。

有机酸酐固化剂有：马来酸酐、均苯四酸酐、桐油改性酸酐等。与胺类固化剂相比，酸酐类固化剂的固化速度较慢、固化温度较高，但是酸酐固化的环氧胶有较好的耐热性和电性能。

其他类型的固化剂还有咪唑类固化剂、低分子量聚酰胺树脂、线形酚醛树脂、脲醛树脂、聚氨酯等。此外尚有潜伏性固化剂，如双氰双胺、胺-硼酸盐络合物等。

（3）添加剂

主要有以下几种。

① 增塑剂和增韧剂。增塑剂主要用来改进低温韧性，一般就是塑料中常用的那些增塑剂。增韧剂多为高分子化合物，参与固化反应，能大幅度改进环氧胶的韧性。常用的有低分子量聚酰胺、低分子量聚硫橡胶、液体丁腈橡胶、羧基丁腈胶等。

② 稀释剂。稀释剂的加入是为了降低黏度。稀释剂分为非活性稀释剂和活性稀释剂。活性稀释剂是分子中含有环氧基团的低分子物，所以不仅可以使胶的黏度下降，还参与固化反应，有时还能改善环氧胶的性能。常用的活性稀释剂有环氧丙烷丁基醚、乙二醇缩水甘油醚、甘油环氧树脂、多缩水甘油醚等。

③ 填料。填料可以降低成本、改进某些性能、降低固化收缩率和热膨胀系数等。常用的填料有石棉纤维、玻璃纤维、云母粉、铝粉、水泥、瓷粉、滑石粉、石英粉、氧化铝、二氧化钛、石墨粉等。

④ 其他辅料。为提高胶接性能可加入偶联剂；为提高胶黏剂的固化速度，降低固化温度，可加入促进剂；为提高胶黏剂耐老化性能可加入防老剂等。

6.1.5.2　改性环氧胶黏剂

当前广泛使用的改性环氧胶（modified epoxy resin adhesive）有以下三种。

聚硫改性环氧胶。它是在环氧胶中加入低分子量的聚硫橡胶（$+CH_2—CH_2—S_x+_n$）（polysulfde rubber）。聚硫橡胶为含有硫原子的特种合成橡胶，其两端具有硫醇基，是一种低分子量聚合物，具有低温柔顺性、耐油和耐溶剂性、应力松弛等优异性能；但强度不高，耐老化性能不佳，加工性能不好。在聚硫改性环氧胶中，由于固化物中有聚硫橡胶的柔性链段，因而使环氧-聚硫胶黏剂的强度（如剪切、剥离等）及耐介质性能比未改性环氧胶有明显改进，但耐高温性能较差。

丁腈橡胶改性环氧胶。这是目前性能最好的结构胶。

其他改性环氧胶。例如，着重提高韧性的聚氨酯改性胶、聚乙烯醇缩醛改性胶、聚酯改性胶，改善综合性能的尼龙-环氧胶、第二代环氧胶、吸油环氧胶、光固化环氧胶等。

6.1.6　聚氨酯胶黏剂

聚氨酯（polyurethane，PU）胶黏剂是分子链中含有氨基甲酸酯基（—NHCOO—）和/或异氰酸酯基（—NCO）类的胶黏剂，这两种基团具有强极性和化学活性，与含有活泼氢的材料，如泡沫塑料、木材、皮革、织物、纸张、陶瓷等多孔材料和金属、玻璃、橡胶、塑料等表面光洁的材料都有着优良的化学粘接力。

聚氨酯与被粘材料之间产生的氢键作用使分子间作用力增强，使粘接更加牢固。由于其中含有柔性的分子链（聚酯或聚醚），因此具有极好的抗弯、抗冲击等力学性能，有较好的剥离强度，并具有耐酸碱、耐溶剂、耐臭氧和防霉等特性。调节聚氨酯树脂的配方可控制分子链中软链段与硬链段比例及结构，制成不同硬度和伸长率的胶黏剂。其粘接层从柔性到刚性可任意调节，从而满足不同材料的粘接。

在低温下，特别是在超低温的环境中，聚氨酯胶黏剂依然具有很高的强度。聚氨酯胶黏剂的低温性能和超低温性能大大超过其他胶黏剂。其黏合层可在液氮（-196℃）和液氢（-253℃）中使用，且耐磨、耐油、耐溶剂、耐臭氧、耐霉菌性能都很好。

此外，聚氨酯胶黏剂的胶接工艺性能好。聚氨酯胶黏剂可以制成胶液，也可以制成胶膜。通过调节组分的种类和配比，能得到柔性或者硬性的胶层。它既能高温固化也能室温固化。由于聚氨酯胶黏剂具备了上述特点，所以它在机械工业、电子和电器工业、制鞋工业、医疗卫生工业、国防和很多尖端科学技术上都得到了广泛的应用。

6.1.6.1　不同种类的聚氨酯胶黏剂

按组成或组分分类有：多异氰酸酯胶黏剂、双组分聚氨酯胶黏剂、单组分聚氨酯胶黏剂等。

（1）多异氰酸酯胶黏剂

由多异氰酸酯单体或衍生物组成。早期作胶黏剂，现常用作 PU 交联剂。

（2）双组分聚氨酯胶黏剂

是聚氨酯胶黏剂中最重要的一个大类，用途广，用量最大。通常由甲、乙两个组分组成，两组分分开包装，使用前按一定比例混合即可。甲组分（主剂）为羟基成分，乙组分（固化剂）为含游离异氰酸酯基团的组分。也有的主剂是端基为—NCO 的聚氨酯预聚体，固化剂为低分子量多元醇或多元胺。无论哪种组合，甲组分和乙组分按一定比例混合即可生成聚氨酯树脂。同一种双组分聚氨酯胶黏剂中，两组分配比允许控制在一定的范围，以调节固化物的性能。

双组分聚氨酯胶黏剂有结构型聚氨酯胶黏剂、超低温聚氨酯胶黏剂、无溶剂复合薄膜胶黏剂等。结构型聚氨酯胶黏剂通常制备方法是，先将多元醇与过量的多异氰酸酯反应制成异氰酸酯基封端的预聚体，然后加入二元胺类扩链剂（chain extender）进行扩链和交联，在扩链和交联过程中形成脲键和缩二脲结构。典型品种有聚氨酯-聚脲胶黏剂、聚氨酯-环氧树脂-聚脲胶黏剂。超低温聚氨酯胶黏剂的品种有发泡型和 DW 系列等。聚氨酯发泡胶含有聚氨酯预聚物、发泡剂、催化剂等组分，并分装于耐压气雾罐中；当物料从气雾罐中喷出时，沫状的聚氨酯物料会迅速膨胀，并与空气或接触到的基体中的水分发生固化反应形成泡沫。DW 系列聚氨酯胶黏剂，以 DW-3 胶为例，组成包括聚丁二醇-环氧树脂-异氰酸酯预聚体、固化剂、树脂、硅烷偶联剂、表面活性剂等。无溶剂复合薄膜聚氨酯胶黏剂的主要原料为聚醚多元醇，主要是聚醚多元醇黏度较低；一般不采用聚酯多元醇。

（3）单组分聚氨酯胶黏剂

优点是可直接使用，主要有以下两类：一种是以含有—NCO端基的聚氨酯预聚物为主体的湿固化聚氨酯胶黏剂。端异氰酸酯基聚氨酯预聚体是多异氰酸酯和多羟基化合物的部分缩聚产物，其反应过程中—NCO/—OH摩尔比>1。利用聚合物端基的异氰酸酯基团与空气中微量水分、基材表面微量吸附水而固化，还可与基材表面活泼氢反应形成牢固的化学键，故称湿固化聚氨酯胶黏剂。湿固化聚氨酯胶黏剂常以聚醚多元醇与甲苯二异氰酸酯（toluene diisocynate，TDI）或二苯甲烷二异氰酸酯（diphenylmethane diisocyanate，MDI）等反应而成。另一种是以热塑性聚氨酯弹性体为基础的单组分溶剂型聚氨酯胶黏剂，主要成分为高分子量的端羟基线形聚氨酯，羟基数量很少。热塑性聚氨酯又称异氰酸酯改性聚氨酯，该类聚合物因其固有的黏附特性和强度，可单独配成热塑性树脂胶黏剂使用。该类型的单组分聚氨酯胶一般以结晶性聚酯作为聚氨酯的主要原料。

单组分聚氨酯胶黏剂还包括聚氨酯热熔胶、封闭型聚氨酯胶黏剂、放射线固化型聚氨酯胶黏剂、压敏型聚氨酯胶黏剂和单组分水性聚氨酯胶黏剂等类型。

6.1.6.2　聚氨酯结构对胶黏剂性能的影响

作为胶黏剂的主体材料，聚氨酯的结构与性能对粘接性能有举足轻重的影响。聚氨酯可看成一种含有软链段（soft segment）和硬链段（rigid segment）的嵌段共聚物。软链段由低聚多元醇（通常是聚醚或聚酯二醇）组成，硬链段由多异氰酸酯反应产物或其与小分子扩链剂组成。聚氨酯硬链段起增强作用，提供多官能度物理交联（即形成"交联"作用），软链段基体被硬链段相互交联。聚氨酯的优良性能首先是由于微相分离的结果，而不单纯是由于硬链段和软链段之间的氢键所致。

软链段的种类、结晶性和分子量均会影响聚氨酯胶黏剂性能。聚酯型聚氨酯比聚醚型聚氨酯具有更高的强度和硬度，主要因为酯基极性大，内聚能高。由于酯基的极性作用，聚酯型聚氨酯胶黏剂与极性基材的黏附力比聚醚型优良，抗热氧化性也更好。而聚醚型有较好的柔顺性、低温性能和耐水性。软链段的结晶性对最终聚氨酯的机械强度和模量有较大影响。特别是在受到拉伸时，由于应力而产生的结晶化（链段规整化）程度越大，抗拉强度越大。同时，结晶作用还能成倍地增加粘接层的内聚力和粘接力。软链段的分子量也会影响聚氨酯的力学性能。

硬链段中异氰酸酯的结构对聚氨酯材料性能有很大影响。例如，对称二异氰酸酯（如二苯甲烷二异氰酸酯，MDI）与不对称二异氰酸酯（如甲苯二异氰酸酯，TDI）制备的聚氨酯相比，具有较高模量和撕裂强度，这归因于产生结构规整有序的相区结构，并能促使聚合物链段结晶。芳香族异氰酸酯制备的聚氨酯由于具有刚性芳环，硬链段内聚强度大，聚氨酯强度一般比脂肪族型异氰酸酯聚氨酯的大。

对于线形热塑性聚氨酯来讲，分子量大则强度高，耐热性好。但对大多数反应型聚氨酯胶黏剂来说，聚氨酯分子量对胶黏剂粘接强度的影响主要应从固化前的分子扩散能力、官能度及固化产物的韧性、交联密度等综合因素来考虑。

一定程度的交联可提高胶黏剂的粘接强度、耐热性、耐水解性、耐溶剂性。过分的交联则影响结晶和微观相分离，可能会损害胶层的内聚强度。

6.1.7　酚醛树脂胶黏剂

酚醛树脂（phenol aldehyde resin）是最早用于胶黏剂工业的合成树脂品种之一。酚醛树脂的粘接力强、耐高温，配方优良，可在300℃以下使用，其缺点是性脆、剥离强度差。在合成胶黏剂领域中，酚醛树脂胶是用量最大的品种之一。主要用于胶接木材、木质层压板、胶合板、泡沫塑料，也可用于胶接金属、陶瓷。通常还可以加入填料以改善性能。改性酚醛树脂胶黏剂如酚醛-缩醛、酚醛-丁腈、酚醛-环氧、酚醛-有机硅等胶黏剂在金属结构胶中均占有十分重要的地位。由于酚醛树脂生产原料为酚类和醛类化合物，游离酚和醛，尤其是游离甲醛对人体和环境有害，因此需严格控制游离酚和游离甲醛含量。

酚醛树脂由苯酚 [或甲酚（methylphenol）、二甲酚（dimethylphenol）、间苯二酚（*m*-dihydroxybenzene）]与甲醛在酸性或碱性催化剂存在下缩聚而成。随着苯酚与甲醛用量配比和催化剂的不同，可生成热固性酚醛树脂和热塑性酚醛树脂两大类。热固性酚醛树脂是用苯酚与甲醛以摩尔比小于 1 的用量在碱性催化剂存在下反应制成的。它一般能溶于酒精和丙酮中，为了降低价格、减少污染，可配制成水溶性酚醛树脂；另外也可和其他材料改性配制成油溶性酚醛树脂。热固性酚醛经加热可进一步交联固化成不熔不溶物。

酚醛树脂胶黏剂按其组成可分为如下几类。

（1）未改性酚醛树脂胶黏剂：甲阶酚醛胶，热塑性酚醛胶。

（2）酚醛-热塑性树脂：酚醛-缩醛胶，酚醛-聚酰胺胶。

（3）酚醛-热固性树脂：酚醛-环氧胶，酚醛-有机硅胶。

（4）酚醛-橡胶胶黏剂：酚醛-氯丁胶，酚醛-丁腈胶黏剂。

（5）间苯二酚甲醛树脂胶黏剂。

未改性的酚醛树脂胶主要是以甲阶酚醛树脂为黏料，以酸类如石油磺酸、对甲苯磺酸、磷酸的乙二醇溶液、盐酸的酒精溶液等为固化催化剂而组成的，在室温或加热下固化。未改性酚醛树脂胶黏剂主要用于粘接木板、木质层压板、胶合板，也可用于泡沫塑料及其他多孔性材料。

向酚醛树脂中引入高分子弹性体可以提高胶层的弹性，降低内应力，克服老化龟裂现象。同时，胶黏剂的初黏性、黏附性及耐水性也有所提高。常用的高分子弹性体有聚乙烯醇及其缩醛、丁腈乳胶、丁苯乳胶、羧基丁苯乳胶、交联型丙烯酸乳胶。其中，酚醛-聚乙烯醇缩醛结构胶黏剂是最早发展的航空结构胶之一，也常应用于金属-金属、金属-塑料、金属-木材等粘接上。此种胶黏剂所采用的酚醛树脂为甲阶酚醛树脂或其羟甲基被部分烷基化的甲阶酚醛树脂，聚乙烯醇缩醛主要为聚乙烯醇缩甲醛和聚乙烯醇缩丁醛。一般情况下缩醛分子量增大，胶黏剂的剪切强度有所提高，但剥离强度变低。缩醛基中的烷基越大，体系越柔软，剥离强度越好，但其耐热性变低。

6.1.8 丙烯酸酯类胶黏剂

丙烯酸酯胶黏剂（acrylate adhesive）是以各种类型的丙烯酸酯为基料配成的化学反应型胶黏剂。该类胶黏剂由于含有活性很强的丙烯酰基和酯基，能粘接各种材料，如金属、非金属，以及人体组织等。由于丙烯酸酯聚合物是饱和化合物，因而稳定性好，对热、光、氧化分解具有良好的耐受性。另外，因其具有与其他许多乙烯基单体容易共聚的特性，可以方便地改善聚合物的物性。丙烯酸酯可通过乳液、溶液、悬浮聚合等方法进行均聚及共聚。丙烯酸酯占丙烯酸下游应用的 60%，在整个胶黏剂中的比重不断增加，应用也越来越广泛。其中丙烯酸丁酯是主要丙烯酸酯产品，2020 年国内丙烯酸丁酯产能约 266 万吨，产量约 190 万吨。

丙烯酸酯类聚合物用作胶黏剂可以是聚合物本身作胶黏剂，例如溶液型胶黏剂、热熔胶、乳液胶黏剂等；也可以是单体或者预聚体作胶黏剂，通过聚合而固化，例如 α-氰基丙烯酸酯胶黏剂和厌氧胶等。按其单体性质分类，可以分为 α-氰基丙烯酸酯胶黏剂、厌氧胶黏剂、反应型丙烯酸酯胶黏剂[第一代丙烯酸酯胶黏剂（FGA）、第二代丙烯酸酯胶黏剂（SGA）、第三代丙烯酸酯胶黏剂（TGA）]、压敏胶黏剂等。

6.1.8.1 α-氰基丙烯酸酯胶黏剂

α-氰基丙烯酸酯胶黏剂（α-cyanoacrylate adhesive）的基本组分是 α-氰基丙烯酸酯类单体，常用的有 α-氰基丙烯酸甲酯（methyl α-cyanoacrylate）、α-氰基丙烯酸乙酯（ethyl α-cyanoacrylate）及丁酯（n-butyl cyanoacrylate）等，其他组分是稳定剂（stabilizing agent）、增塑剂、增稠剂（thickening agent）、阻聚剂（polymerization inhibitor）等。α-氰基丙烯酸酯是十分活泼的单体，很容易在弱碱和水的催化下进行阴离子聚合，并且反应速度很快。因为反应太快，胶层很脆，所以必须加入其他组分使得胶黏剂便于保存和使用。

稳定剂：由于 α-氰基丙烯酸酯容易发生阴离子聚合，当含水量超过 0.5%时，单体就很不稳定。为了防止贮存中的聚合，需要加入一些酸性的物质作为稳定剂。例如二氧化硫、醋酸铜、五氧化二磷、对甲苯磺酸、二氧化碳等。

阻聚剂：α-氰基丙烯酸酯也有可能发生自由基聚合反应，所以在单体贮存时，必须加入对苯二酚之类的阻聚剂。

增稠剂：由于 α-氰基丙烯酸酯是低黏度液体，虽然纯单体本身有很高的黏附力，但是流动性太大，在许多情况下使用不方便，所以往往要加入聚合物作增稠剂，常用的是聚甲基丙烯酸甲酯（polymethyl methacrylate，PMMA），用量为 5%～10%。

增塑剂：为了提高 α-氰基丙烯酸酯的韧性，改善固化后胶层的脆性，可加入适量的增塑剂，如邻苯二甲酸二丁酯（dibutyl phthalate）、磷酸三甲苯酯（tricresyl phosphate）等。

另外还可以加入多官能团的单体，如丙烯酸丙烯酯、邻苯二甲酸二丙烯酯、二乙烯基苯等进行共聚，以提高氰基丙烯酸酯胶黏剂的使用温度范围。

市售的 501 胶、502 胶、504 止血胶和 661 胶等都属于这类胶黏剂，配方如表 6-5 所示。α-氰基丙烯酸酯具有透明性好、固化速度快、使用方便、气密性好的优点，广泛应用于胶接金属、玻璃、宝石、有机玻璃、橡皮、硬质塑料等。另外，α-氰基丙烯酸酯在医学方面的应用已经受到重视，可以用于黏合皮肤及连接血管、骨骼等，也可以用于止血。其缺点是不耐水、性脆、耐温性差，有一定气味等。

表 6-5 501、502、504、661 胶的配方

胶黏剂	组分	组分比例/份
501 胶	α-氰基丙烯酸甲酯	100
	对苯二酚	0.02
	SO_2	0.01
502 胶	α-氰基丙烯酸乙酯	100
	磷酸三甲苯酯	15
	甲基丙烯酸甲酯	7.5
	对苯二酚	0.02
	SO_2	0.01
504 止血胶	α-氰基丙烯酸丁酯	100
	对苯二酚	0.02
	SO_2	0.01
661 胶	α-氰基丙烯酸异丁酯	100
	对苯二酚	0.02
	SO_2	0.01

6.1.8.2　厌氧性胶黏剂

厌氧胶（anaerobic adhesive）是一种新型胶种，它贮存时与空气接触，一直保持液态，不固化；一旦与空气隔绝就很快固化而起到粘接或密封作用，因此称为厌氧胶。与瞬干胶不同，厌氧胶不是由结构相同的同系物组成，而是由带有类似结构的不同化合物所构成，因此有品种多、性能多样的特点。

厌氧胶主要由三部分组成，可聚合的单体、引发剂、促进剂等。用作厌氧胶的单体都是甲基丙烯酸酯类，常用的有甲基丙烯酸二缩三乙二醇双酯、甲基丙烯酸羟丙酯、甲基丙烯酸环氧酯等。为了满足胶接性能的要求，一般商品厌氧胶都不是单独使用某一种树脂，而是把几种不同结构的树脂混合起来使用。

引发剂可以使胶液快速固化，但是为了储存稳定，对引发剂的品种、含量必须加以选择、控制。通常使用活化能较高的过氧化物，大多采用异丙苯过氧化氢（isopropyl benzene hydroperoxide）、过氧化二苯甲酰（dibenzoyl peroxide）等。

为了使引发剂过氧化物加速分解，使厌氧胶很快达到一定强度，需要加入促进剂。但同时又考虑能使厌氧胶有较长的储存期，这就需要选择一种在厌氧胶内使用不含氧的潜在性促进剂，在隔离条件下能加速聚合。最常用的促进剂是胺类。多元胺虽然能够显著提高固化速度，但会使储存期大大缩短，所以一般采用一元胺，以叔胺最佳。如 N,N-二甲基苯胺、三乙胺等。

厌氧胶都是交联型，所以耐温、耐溶剂、耐酸、耐碱性都比较好，而且具有较高的胶接强度。厌氧胶具有以下特点：单组分，室温固化，使用方便；黏度和固化速度可以任意选择；胶液的渗透性好，收缩性小，对金属有很强的防锈作用；防松动的可靠性大；有较好的耐介质性能；无挥发性溶剂，因此无三废污染。

厌氧胶在机械制造、设备安装等方面应用很广，主要应用于螺栓紧固防松、密封防漏、固定轴承以及各种机件的胶接等。

6.1.8.3　反应型丙烯酸酯胶黏剂

第一代丙烯酸酯胶黏剂（FGA）是美国 EASTMAN 公司在 1955 年发展的，主要由丙烯酸系单体、催化剂、弹性体（丙烯腈橡胶或丁二烯橡胶）组成。固化时需要进行聚合反应，因此属于反应型丙烯酸酯胶黏剂（reactive acrylate adhesive）。剪切强度大，但剥离强度、抗弯强度和抗冲击强度等较低，速度慢，因此在早期并没有得到广泛应用。

通过加入各种橡胶进行改性，改善其剥离强度，于 20 世纪 70 年代中期开发出了第二代丙烯酸酯胶黏剂（SGA）。SGA 是以甲基丙烯酸酯自由基接枝共聚为基础的双组分室温固化胶黏剂，是由丙烯酸酯类单体或低聚物、引发剂、弹性体、促进剂等组成。组分应分装，可将单体、弹性体、引发剂装在一起，促进剂另装。当这两包组分混合后即发生固化反应，使单体（如 MMA）与弹性体（如氯磺化聚乙烯）产生接枝聚合，从而得到很高的胶接强度。

SGA 从组成上讲与 FGA 基本相同，但是单体在聚合过程中会与弹性体发生接枝聚合。这一点是其区别于 FGA 的地方，也是其性能得以改进的重要原因。第二代丙烯酸酯胶黏剂具有室温快速固化、胶接强度大、胶接范围广等优点，可用于胶接钢、铝、青铜等金属，ABS、PVC、玻璃钢、PMMA 等塑料以及橡胶、木材、玻璃、混凝土等。特别适用于异种材料的胶接。但目前尚存在气味、耐水耐热性差、储存稳定性不好等缺点。

第三代丙烯酸酯胶黏剂（TGA）是由低黏度丙烯酸酯单体或丙烯酸酯低聚物、催化剂、弹性体组成，经紫外线照射几秒钟即固化。也可添加增感剂，提高感光乳剂的感光性能，提高固化速度。用于玻璃、透明塑料与金属、陶瓷等的粘接。

6.1.9　橡胶胶黏剂

以氯丁橡胶、丁腈橡胶、丁基橡胶、聚硫橡胶、天然橡胶等为基本组分配制成胶黏剂称为橡胶类胶黏剂（rubber adhesives）。这类胶黏剂强度较低、耐热性不高，但具有良好的弹性，适用于粘接柔软材料和热膨胀系数相差悬殊的材料。

橡胶胶黏剂分溶液型和乳液型两类，溶液类中又有非硫化型和硫化型之分。硫化型胶因配方中加有硫化剂、增强剂等，因而强度较高。

橡胶类胶黏剂较其他胶黏剂有很多独特的性能。主要表现为：黏着时成膜性能良好，胶膜富于柔韧性，因而使粘接胶膜具有优异的耐挠曲性、抗震性和蠕变性能，适用于动态部件的胶接和不同热膨胀系数材料之间的胶接。尽管它的机械强度和耐热性能不及热固性树脂胶黏剂，但是由于具有上述性质是其他类型的胶黏剂所不及的，所以橡胶胶黏剂在现代工业和科学技术中，如飞机制造、汽车制造、建筑、轻工、橡胶制品加工等行业中有广泛的应用，在胶黏剂领域中占有重要的地位。

6.1.9.1　氯丁橡胶胶黏剂

氯丁胶黏剂（chloroprene rubber adhesive）是合成橡胶胶黏剂中产量最大、用途最广的一个品种。氯丁橡胶胶黏剂可分为溶液型、乳液型和无溶剂液体型三种，目前仍以溶液型用量最大。

氯丁橡胶（chloroprene rubber，CR）由氯丁二烯（chlorobutadiene）以乳液聚合方法制得。由于分子链结构比较规整，而且分子中有电负性很强的氯原子，分子极性较大。氯丁橡胶结晶性强，在−35～32℃下放置均可能结晶。由于结晶度高、内聚力强，因而氯丁胶黏剂即使不加硫化剂对多种材料也有较好的粘接性能。

通用的氯丁胶黏剂主要有填料型、树脂改性型以及室温硫化型等类别。氯丁橡胶经溶剂溶解就可以配制成氯丁橡胶胶黏剂，但性能较差。常用的各种氯丁橡胶胶黏剂都是以氯丁橡胶为主体，加入各种配合剂，如树脂、硫化剂、防老剂、促进剂、填料等以改善胶黏剂的性能。常用的硫化剂有氧化镁和氧化锌，可使氯丁橡胶由链状结构形成网状或体型结构，强度增大。防老剂用于提高氯丁橡胶的耐热性能，延缓其热分解，提高溶液稳定性，常用的为苯胺类。

氯丁橡胶胶黏剂是一种通用性很强的胶黏剂，对大多数材料都有良好的粘接性能，被誉为非结构型的万能胶。广泛应用于建筑、装饰、制造、皮革、汽车等行业。氯丁橡胶可用于金属、玻璃、陶瓷、橡胶、皮革、织物、石棉和木材等不同材料粘接，尤其是上述材料与金属、塑料等不同材料粘接，在性能上是其他胶黏剂不能比的。

6.1.9.2　丁腈橡胶胶黏剂

丁腈橡胶胶黏剂（acrylonitrile-butadiene rubber adhesive）是近年来得到广泛应用的一种非结构型橡胶胶黏剂。丁腈橡胶是丁二烯与丙烯腈的共聚物，以本体聚合或乳液聚合方法共聚制得。丁腈橡胶是非结晶性的，按丙烯腈含量不同及门尼黏度不同可分为通用型丁腈橡胶和特种丁腈橡胶，如羧基丁腈橡胶、部分硫化丁腈橡胶等。

丁腈橡胶以耐油性著称，耐热性、绝缘性均优于氯丁橡胶。其性能受丙烯腈含量影响很大，丙烯腈含量越高耐油性、耐水性越好。由于丁腈橡胶内聚力不如氯丁橡胶，单一的丁腈橡胶作为胶黏剂主体材料黏结性能不够理想，大多需要高温硫化，因而常常配合其他材料配制丁腈橡胶胶黏剂。

与氯丁橡胶胶黏剂类似，丁腈橡胶胶黏剂是以丁腈橡胶为黏料，加入硫化剂、防老剂、增塑剂和补强剂等成分配制而成。

6.1.9.3 丁苯橡胶胶黏剂

丁苯橡胶（styrene-butadiene rubber）是以丁二烯及苯乙烯为单体，以溶液或乳液聚合方法聚合而得的共聚物弹性体。丁苯橡胶具有良好的耐热性、耐磨性、耐臭氧性，稳定性好。胶黏剂常用的是热法聚合无填料丁苯橡胶。

丁苯橡胶价廉易得，耐老化、耐水性好，配成胶黏剂时胶液稳定，但是粘接强度不高，耐油性及耐溶剂性都不够理想。因此常按不同需要加入各种配合剂以改善性能。

与其他橡胶型胶黏剂相同，丁苯胶黏剂的配合剂也主要是硫化体系、促进剂、防老剂、增黏剂、补强剂及溶剂等。

6.1.9.4 丁基橡胶胶黏剂

丁基橡胶（isobutylene-isoprene rubber）是异丁烯与少量异戊二烯或丁二烯的共聚物，加入溶剂等配合剂制得。丁基橡胶及改性丁基橡胶是含很少不饱和双键的聚合物，因而丁基橡胶胶黏剂具有优良的化学稳定性和耐老化性能，并有一定的耐酸、耐碱和耐臭氧性。其电性能也十分突出，密封性极为优异，常用于制造溶剂压敏胶及密封胶。

丁基橡胶胶黏剂的最大缺点是强度低、弹性小、黏性差、硫化速度慢。为此常通过物理共混或化学方法对丁基橡胶进行改性。例如，为改善其粘接性能，可将丁基橡胶氯化或溴化。

6.1.9.5 其他橡胶胶黏剂

其他种类的橡胶胶黏剂主要包括天然橡胶胶黏剂、聚硫橡胶胶黏剂、氟橡胶（fluororubber）胶黏剂等。

天然橡胶是迄今为止人类最早用作胶黏剂的橡胶材料。天然橡胶胶黏剂主要特点是韧性好、弹性大，对橡胶、织物等有良好的粘接力。为提高天然橡胶胶黏剂的性能，通常对天然橡胶进行化学改性，其中氯化天然橡胶胶黏剂最为常用。

聚硫橡胶是一种类似橡胶的多硫乙烯树脂，具有良好的耐油、耐溶剂、耐水和气密性能，粘接性能良好。聚硫橡胶胶黏剂组成中一般含有固化剂、增强剂、增黏剂等配合剂。

氟橡胶是主链或侧链碳原子上有氟原子的一种合成高分子弹性体，性能极其优异。与其他橡胶型胶黏剂类似，氟橡胶胶黏剂也有溶剂型和乳胶型。氟橡胶胶黏剂具有其他橡胶胶黏剂不可比拟的耐高温、耐化学介质及耐老化性能，已成功应用于航空、航天、船舶、石油、汽车工业等领域。

6.1.10 其他常用的胶黏剂

6.1.10.1 氨基树脂胶黏剂

氨基树脂胶黏剂（amino resin adhesive）主要包括脲甲醛树脂胶黏剂和三聚氰胺甲醛树脂胶黏剂，具有色浅、耐光性好、毒性小和不发霉等特点。目前国内市面上所用最多的木材胶黏剂，以甲醛类胶黏剂为主，主要有脲醛树脂胶、酚醛树脂胶和三聚氰胺甲醛树脂胶。脲醛树脂胶黏剂是人造板工业中应用最广泛、用量最大的一种胶黏剂。三聚氰胺树脂是由三聚氰胺与甲醛经过加成、缩聚反应所得到的产物，主要包括三聚氰胺甲醛树脂和三聚氰胺尿素甲醛树脂。具有良好的耐水、耐油、耐热性和优良的电绝缘性能，主要用于木材加工，如制造胶合板、刨花板等。三聚氰胺甲醛树脂除了用于高级木材加工外，主要用于粘接玻璃纤维，制造玻璃钢。

6.1.10.2　有机硅胶黏剂

有机硅胶黏剂（polyorganosiloxane adhesive），是线形或者含有支链的硅氧烷聚合物，又可以叫做聚硅醚或聚有机硅氧烷（polysiloxane），其主链结构为硅氧键，因此具有良好的耐热性。有机硅胶黏剂分为以硅树脂为基的胶黏剂和以有机硅弹性体为基的胶黏剂两种，此外尚有各种改性的有机硅胶黏剂。

硅氧型聚合物对各种材料的黏附性较差，需要加入其他有机高分子化合物以及活性填料改性剂配制成有机硅胶黏剂。有机硅胶黏剂具有耐高温、低温、耐蚀、耐辐射、防水性和耐候性、透明、无毒等特点，广泛用于宇航、飞机制造、电子工业、建筑、医疗等方面。

6.1.10.3　溶液型胶黏剂

一般热塑性聚合物为线形结构，可溶于有机溶剂中，配制成热塑性树脂溶液型胶黏剂（solution adhesive）。这类胶黏剂主要用于塑料等非结构件上的胶接。这种胶黏剂的固化是靠溶剂的挥发而实现的。一般这类胶黏剂由于分子量足够大，因此起始黏附力（初黏力）比较好。具有一定柔韧性，耐冲击性好；但最终胶黏强度较低，不太耐高温和溶剂。

有机玻璃、聚氯乙烯、聚苯乙烯、尼龙、醋酸纤维素、橡皮、聚碳酸酯等都常用来配制溶液型胶黏剂。

6.1.10.4　热熔型胶黏剂

热塑性聚合物受热后软化、熔融而有流动性，其中不少熔体可作为胶黏剂使用，冷却后固化而达到粘接的目的，所以称为热熔型胶黏剂（hot-melt adhesive），简称为热熔胶。石蜡、沥青、松香是最早使用的热熔胶。以合成树脂为基础配制的新型热熔胶近年来才得到发展，是目前发展速度最快的一类胶黏剂。常用的热熔胶有乙烯-醋酸乙烯酯共聚物热熔胶（EVA热熔胶）、聚酰胺热熔胶、聚酯热熔胶等。

除热熔性聚合物外，热熔胶配方中常常还包括增黏剂、增塑剂、填料等。一般聚合物的熔融指数较小，熔融时的黏度大，热黏性和浸润性较差。为此，热熔胶中需要加入增黏剂来改进热熔胶的浸润性和黏附性。增塑剂是为了改进热熔胶的韧性、提高低温时的脆性破坏强度。而加入填料则是为了降低收缩率、调节黏度、降低成本等。

热熔胶具有快速胶接、不含溶剂、装卸方便、成本经济等优点，主要用于包装材料、服装内衬、塑料制品等方面。

6.1.10.5　压敏胶黏剂

压敏胶黏剂（pressure-sensitive adhesive）是一类无溶剂、不加热、只要轻轻加压就能黏合的胶黏剂。通常是用长链型高分子，加入增黏树脂和软化剂混炼得到。在常温下具有良好的黏附性，最常见的品种是橡皮膏。压敏胶的应用是通过压敏胶带来实现的。压敏胶带是将压敏胶涂于基材上、加工而成的带状制品。

压敏胶的特点是长时间不会干固。为了使用方便，它既要对各种材料有很好的黏附性能，以便在很小的压力下能迅速胶接住，又要在除去胶带时，尽量不在被黏物的表面上留下余胶的痕迹。这就要求压敏胶黏剂既要有黏附力，又要有良好的弹性，要求胶黏剂的内聚力大于黏附力。因此要求压敏胶黏剂中既要有高弹性的物质，又要有高黏性的物质。

具有高弹性的物质，一般是分子量较大的柔性线形高分子化合物。为了调整其适当的黏附力，常加入一些高黏性的物质，如酚醛树脂、醇酸树脂等黏附性较好的物质。压敏胶可以分为橡胶系压敏胶和树脂系压敏胶两类。前者以天然橡胶或者合成橡胶为主体材料，配有一定量的增黏树脂、增塑剂、填料、防老剂、硫化剂和溶剂等组成。后者以聚丙烯酸酯和聚乙烯基醚两种压敏胶黏剂最为重要。

压敏胶制成的胶带主要用于包装、绝缘包覆、标签、医用等方面。

6.2 涂料

涂料（coating）是指涂布在物体表面而形成具有保护和装饰作用膜层的材料。最早是用植物油和天然树脂熬炼而成，其作用与我国的大漆相近，因而称为"油漆"。随着石油化工和合成聚合物工业的发展，当前植物油和天然树脂已逐渐被合成聚合物改性和取代，涂料工业得到迅速发展，涂料所包括的范围已远远超过"油漆"原来的狭义范围。

在全球涂料产品结构中，建筑涂料销售额占比超过 50%，用于汽车、船舶、飞机等交通运输的涂料在总销售额中占比超过 10%。目前，中国成为全球最大的涂料增长源头，是全球第一大产销国。2020 年全球涂料产量为 9350 万吨，我国涂料行业表观消费量为 3504.9 万吨，约占全球的 1/3。消费量和产量基本一致，行业进出口依存度非常低。

6.2.1 涂料的组成

涂料为多组分体系，是由成膜物质（亦称粘料）和颜料、溶剂、催干剂、增塑剂等组分构成。成膜物质为聚合物或者能形成聚合物的物质，它是涂料的基本组分，决定了涂料的主要性能。根据不同的聚合物品种和使用要求，需另外添加各种不同的添加剂如颜料、溶剂等。

6.2.1.1 成膜物质

作为成膜物质（film-forming materials）必须与物体表面和颜料具有良好的结合力（附着力）。原则上各种天然的和合成的聚合物都可作为成膜物质。与塑料、纤维、橡胶等所用聚合物的主要差别是，涂料用聚合物的平均分子量一般较低。

成膜物质可分为转化型（反应性）及非转化型（非反应性）两种类型。

植物油或具有反应活性的低聚物、单体等所构成的成膜物质称为反应型成膜物质。将它们涂布于物体表面后，在一定条件下进行聚合或缩聚反应从而形成坚韧的膜层。非反应性成膜物质是由溶解或分散于液体介质中的线形聚合物构成，涂布后，由于液体介质的挥发而形成聚合物膜层。

反应型成膜物质有植物油、天然树脂、环氧树脂、醇酸树脂、氨基树脂等。非反应型成膜物质有纤维素衍生物、氯化橡胶、乙烯基聚合物、丙烯酸树脂等。

6.2.1.2 颜料

涂料中加入颜料（pigment）起装饰作用，并对物体表面起抗腐蚀的保护作用。常用的颜料有：无机颜料，如铬黄、铁黄、镉黄、铁红、氧化锌、钛白粉、铁黑等；防锈颜料，如红丹、锌铬黄、铝粉、磷酸锌等；金属颜料如铝粉、铜粉等；有机颜料如炭黑、酞菁蓝、耐光黄、大红粉等；特种颜料如夜光粉、荧光颜料等。

6.2.1.3 填充剂

填充剂（filler）又称增量剂，在涂料工业中亦称为体质颜料，如重晶石粉、碳酸钙、滑石粉、石棉粉、云母粉、石英粉等。它们不具有遮盖力和着色力，而是起改进涂料的流动性能、提高膜层的力学性能和耐久性、光泽等作用，并可降低涂料的成本。

6.2.1.4 溶剂

溶剂是用以溶解成膜物质的易挥发性液体，虽不直接参与固化成膜，但它对涂膜的形成和最终性能起到非常关键的作用。常用的溶剂有：甲苯、二甲苯、丁醇、丁酮、乙酸乙酯，以及混合溶剂，如主要用作喷漆溶剂的香蕉水（乙酸乙酯、乙酸丁酯、苯、甲苯、丙酮、乙醇、丁醇按一定质量分数配制成混合溶剂）等。

6.2.1.5 增塑剂

增塑剂是为提高漆膜柔性而加入的有机添加剂。常用的有氯化石蜡、邻苯二甲酸二丁酯（DBP）、邻苯二甲酸二辛酯（DOP）等。

6.2.1.6 催干剂

聚合物膜层的聚合或交联称为漆膜的干燥。催干剂（drier）就是促使聚合或交联的催化剂。常用的催干剂有环烷酸、辛酸、松香酸及亚油酸的铝盐、钴盐和锰盐，其次是有机酸的铅盐和铬盐。

6.2.1.7 增稠剂及稀释剂

增稠剂是为提高涂料的黏度而加入的添加剂。常用的有纤维素醚类、细分散的二氧化硅以及黏土等。

稀释剂则是为降低涂料的黏度，便于施工而加入的添加剂。常用的有乙醇、丙酮等。

6.2.1.8 其他添加剂

涂料中的其他添加成分还有杀菌剂、颜料分散剂以及为延长储存期而加入的阻聚剂、防结皮剂等。

6.2.2 涂料的类型

当前，涂料的品种有上千种，可从不同的角度进行分类。

最早出现的是清油和厚漆。清油是单纯植物油熬炼而成。清油加颜料、填充剂制成的糊状物称为厚漆。最初的调和漆是厚漆加清油调制而成的，其目的是便于涂布。后来，为提高漆膜的光泽度和改进漆膜的性能，加进了天然树脂或合成树脂。加有树脂的清油称为清漆；清漆加颜料后即成为色漆，因为漆膜光亮，和搪瓷一般，因而又称为磁漆。

根据施工的层次，涂料可分为腻子、底漆、面漆、罩光漆等。根据稀释介质的不同可分为溶剂型、水溶型、水乳型等。根据漆膜的光泽可分为无光漆、半光（平光）漆、有光漆等。根据用途可分为防锈漆、绝缘漆、耐高温漆、地板漆、罐头漆、船舶漆、铅笔漆、美术漆等。根据施工方法可分为喷漆、烘漆、电泳漆等。但是，一般是按成膜物质中所包含的树脂类型进行分类，如下。

（1）油性涂料

即油基树脂漆，这是一种低档漆，包括油脂类漆、天然树脂类漆、沥青漆等。

（2）合成树脂类漆

包括酚醛树脂漆、醇酸树脂漆、氨基树脂漆、纤维素漆、过氯乙烯漆、乙烯树脂漆、丙烯酸酯树脂漆、聚酯树脂漆、环氧树脂漆、聚氨酯漆及元素有机聚合物漆等。合成树脂类漆都属于高档漆。

6.2.3　涂料的涂装方法

将涂料均匀地涂布在被涂物表面使之形成连续、致密的保护性覆盖层（或涂层）的过程称为涂装。在不同的被涂物表面进行不同涂料的涂装，有不同的工艺特点。在涂装工艺中，涂料的质量和性能是获得优质涂层的基础；而涂装技术、涂装工艺则是涂层质量的关键。

涂料的涂装方法随涂料性能的不同、涂装作业环境的不同而不同。

6.2.3.1　溶剂型涂料的涂装方法

溶剂型涂料是涂装工程中使用最多的涂料。溶剂型涂装是采用一定的设备和工艺过程将涂料均匀地涂布在被涂物表面，以形成涂层的施工过程。常用的涂布方法有刷涂、刮涂、浸涂和喷涂。

（1）刷涂

刷涂（brush coating）是使用最早、最简单和最传统的手工涂装方法，操作方便、灵活，可涂装任何形状的物件。除干性快、流平性较差的涂料外，可适用于各种涂料。刷涂涂膜常见的缺陷是流挂、刷痕、气泡、厚度不均。

（2）刮涂

刮涂（blade coating）是使用刮刀进行涂装的方法。常用于铸造成型的被涂物，也用于黏度较高、100%固含量的液态涂料的涂装。刮涂涂膜常见缺陷是开裂、脱落、翻卷等，涂膜厚度也不够均匀。

（3）浸涂

浸涂（dip coating）是一种传统的涂装方法，是将被涂物浸没在盛有涂料的槽液中，将多余的涂料自然滴落或甩落。浸涂适于黏度较低涂料，适用于结构复杂的器材或工件，不适用于挥发性涂料。浸涂得到的涂膜不易均匀，易产生气泡或表面粗糙的缺陷。

（4）淋涂

淋涂（shower coating）是将涂料从喷嘴喷淋至被涂物表面，涂料经过自上而下的流淌将被涂物表面完全覆盖后形成涂膜的工艺过程。所用设备简单，易实现机械化生产。常见涂膜问题有不平整，不完整，厚度不均或过厚、过薄等。

（5）喷涂

喷涂（spray coating）是利用压缩空气及喷枪使涂料雾化的施工方法。其优点是通过喷涂法施工得到的涂层厚度均匀、表观平整、生产效率高。适用于各种涂料和各种被涂物，是使用最广泛的涂装工艺。喷涂法可分为空气喷涂、无空气喷涂两种方法。

空气喷涂法是利用压缩空气将涂料雾化分散、喷涂在表面，主要的工艺设备是喷枪。

无空气喷涂（高压无空气喷涂）是使涂料获得高压，进而雾化、喷射涂膜，主要设备为压力泵、喷枪等。静电喷涂法也可用于各种液态合成树脂涂料的施工，喷涂时利用静电发生器产生高压电场，涂料在高压电场中雾化并在静电力作用卜沉积在被涂物表面。静电喷涂雾化效果好，涂料利用率高，涂膜质量好，可实现连续化生产。

（6）电泳涂装

电泳涂装（electrophoretic coating）是用水溶性涂料，根据电泳原理，在工件表面形成涂层的涂装方法。电泳涂层均匀、附着力强、质量好，适用于复杂形状的工件。电泳涂装法速度快，涂料利用率高，应用范围广，环境友好。

6.2.3.2　粉末涂料的涂装方法

粉末涂装是指将粉末涂料（powder coating）涂布到被涂物上，经烘烤成膜的工艺过程。由于粉末涂料中不含溶剂和分散物质，部分传统的溶剂涂料的施工方法并不适用于粉末涂料。粉末涂料涂装技术大体可分为热涂装工艺和冷涂装工艺两大类。火焰喷涂法、静电喷涂法、静电流化床法是使用较多的涂装方法，其中粉末静电喷涂技术应用最为广泛。粉末涂料涂装工艺与溶剂涂料涂装相比，其喷涂损失少，不产生挥发性溶剂，且一次成膜厚度大，易实现喷涂工艺自动化。

（1）火焰喷涂法

火焰喷涂法（flame spray coating）又称熔射喷涂法，利用压缩空气使粉末涂料从火焰喷嘴喷出，呈熔融状态后喷射到被涂物表面。该法适用于粒子较粗的热塑性粉末涂料（如聚乙烯、聚酰胺等），适用于现场施工，应用于大型结构物的涂装与维护，作为防腐涂层、耐磨涂层使用。

（2）粉末静电喷涂法

粉末静电喷涂（electrostatic powder spraying）与上述静电喷涂的原理想同，使带电粉末涂料粒子在静电场作用下，喷涂到被涂物表面（被涂物表面已被加热），熔融、固化后形成一层均匀致密的涂膜。可用于大规模自动化生产线的生产，如石油天然气行业，利用静电喷涂熔结环氧粉末作为管道防腐层。再如，聚乙烯粉末喷涂用于饮用水管道内腐蚀防护层。

（3）静电流化床法

粉末静电流化床法（fluidized bed electrostatic powder spraying），通过静电引力，用气流使流化槽内粉末涂料沸腾、带电，进而被吸引到被涂工件表面成膜。可用于热塑性和热固性两种粉末涂料的涂装。适用于小型、线状、带状电子部件涂膜。

6.2.4　油基树脂漆

6.2.4.1　油脂类漆

油脂类漆（oil coating）是以植物油、植物油加天然树脂或改性酚醛树脂为基的涂料，有清油、清漆、包漆等不同类型。清油是干性油的加工产品，含有树脂时称为清漆，清漆中加颜料即为色漆（瓷漆或磁漆）。在配方中1份树脂所使用油的份数称为油度比。以质量比计，树脂∶油为1∶3时称为长油度，1∶（2～3）时，称为中油度，1∶（0.5～2）时称为短油度。

（1）油类

植物油主要成分为甘油三脂肪酸酯。此外，植物油中尚含有一些非脂肪成分如磷酸、固醇、色素等杂质，这类物质一般对制漆不利，制漆时应除去。

形成甘油三酸酯的脂肪酸分为饱和及不饱和两种。饱和脂肪酸如硬脂酸，因分子内不含双键，因而不能进行聚合反应。不饱和脂肪酸如油酸、桐油酸等，含有双键，可在空气中氧的作用下进行聚合与交联反应。

含有不饱和脂肪酸的植物油，可进行氧化聚合而干燥成膜，故称为干性油；不能进行氧化聚合的植物油称为不干性油。涂料工业应用的植物油可分成干性油、半干性油和不干性油三种，是依碘值划分的。碘值（iodine value）是表示有机化合物中不饱和程度的一种指标，指 100g 物质中所能吸收（加成）碘的克数；不饱和程度愈大，碘值愈高。碘值在 130 以上的为干性油，如桐油、梓油、亚麻油、大麻油等。碘值在 100～130 的为半干性油，如豆油、花生油、棉籽油等，它们干燥的速度比干性油小。不能自行干燥的油称为不干性油，如蓖麻油、椰子油、米糠油等，一般用作增塑剂和制造合成树脂。

（2）松香加工树脂

松香的主要成分为树脂酸 $C_{19}H_{29}COOH$。树脂酸有多种异构体，包括松香酸、新松香酸、海松酸等，其中最主要的是松香酸，它是一种不饱和酸。涂料中用的松香加工树脂（processed rosin resin）是松香经加工处理制得的松香皂类、酯类或与其他材料改性的树脂，如松香改性酚醛树脂。

（3）催干剂

催干剂即油类氧化聚合的催化剂，常用的有钴、锰的有机酸皂类，其中最重要的是环烷酸钴[式（6-4）]。钙和锌的有机酸皂常用作助催干剂。

$$(6\text{-}4)$$

（4）其他的树脂

油性涂料常用的其他树脂有松香改性酚醛树脂、丁醇醚化酚醛树脂、酚醛树脂、石油树脂、古马隆树脂等。

（5）溶剂

油基树脂漆主要使用油漆溶剂油、二甲苯及松节油。

6.2.4.2　大漆

大漆（Chinese lacquer）又名天然漆、生漆、土漆、国漆。中国特产，故泛称中国漆。为一种天然树脂涂料，是割开漆树树皮，从韧皮内流出的一种白色黏性乳液，经加工而制成的涂料。早在中国商代（约公元前 17 世纪初至前 11 世纪）已开始用大漆制出了精美的漆器。中国的大漆及其漆器如福建脱胎器、北京镶嵌、扬州漆雕等至今仍驰名中外。

漆树树龄满 6～7 年后，即可产漆。随树种和树龄的不同，每株树每年产漆约 50～500g，每株树产漆时间可达 10～15 年，最长达 30 年。刚割取的大漆呈乳白色黏稠状，接触空气后逐渐变为金黄、赤色、血红、紫红，最后变为黑褐色，时间过长即固化。新鲜生漆有微酸清香气味，贮存过久可能腐败变臭。熟漆是指经过日照、搅拌，掺入桐油氧化后的生漆。

大漆是一种天然的油包水型乳液，成分非常复杂，且因产地而异，一般由漆酚、漆酶、树胶质和水分组成。

（1）漆酚（urushiol）是烃基取代的邻苯二酚的同系混合物[式（6-5）]。在其典型结构式中，R 为含 C_{15}～C_{17} 的烷烃、烯烃、共轭或非共轭双烯和三烯烃。R 的不饱和度越大，含共轭双键越多，大漆的质量就越好。漆酚可溶于有机溶剂和植物油中，但不溶于水，它是大漆的主要成膜物质，含量一般在 40%～70%。

$$(6\text{-}5)$$

（2）漆酶是一种特殊结构的氧化酶，在大漆中含量约 10%，可促进大漆氧化和聚合，是一种有机催干剂。漆酶的适宜催干条件为：温度 40℃、相对湿度 80%、pH 6.7。此外，漆酶也广泛存在于其他植物中，对制红茶、烟草发酵等，都很重要。

（3）树胶质是一种多糖类化合物，可使大漆中各成分（包括水）形成均匀的胶乳，其含量一般为 3.5%～9%。含量的多少将影响大漆的黏度和质量。

（4）大漆中的水分含量一般在 20%～40%，它是乳液的分散相，对漆酶的催干起重要作用。精制漆中的水分含量也须在 4%～6%。

生漆可用油类改性及其他树脂改性。

6.2.4.3 沥青漆

沥青漆（asphalt coating）是以沥青为基料加植物油、树脂、催干剂、颜料、填料等助剂而制成的涂料。植物油主要改进沥青漆的柔韧性，使漆膜的耐气候性、耐溶剂性、耐油性以及力学性能均有提高，特别是烘干型沥青漆的硬度、光泽以及耐气候性等效果更为显著。加入树脂的作用可以增进涂层的硬度、光泽、附着力，同时还可以改善沥青漆的贮存稳定性。催干剂是为了加速漆膜干燥。

沥青具有耐水、耐酸、耐碱、电气绝缘等特性，并且资源丰富、成本低、生产简单，因而涂料工业用来作为成膜物质，制造各种类型的涂料，用途广泛。

6.2.5 合成树脂漆

6.2.5.1 醇酸树脂漆

以醇酸树脂（alkyd resin）为基料加入植物油类而成的漆类称为醇酸树脂漆（alkyd resin coating）。

醇酸树脂是由多元醇、多元酸与脂肪酸制得的。常用的多元醇有甘油、季戊四醇；常用的多元酸有邻苯二甲酸酐。常用的油类有椰子油、蓖麻油、豆油、亚麻油、桐油等。20 世纪 30 年代开发的醇酸树脂，标志着以合成树脂为成膜物质的现代涂料工业的建立。目前，醇酸漆仍然是重要的涂料品种之一。截至 2018 年国内涂料总产量为 1759.79 万吨，其中醇酸树脂涂料产量约为 300 万吨，占比约 17%。醇酸树脂是涂料用合成树脂中产量最大、用途最广的一种，约占用于涂料的合成树脂量的一半。

醇酸树脂分为两类。一种是干性油醇酸树脂，是采用不饱和脂肪酸制成的，能直接涂成薄层，在室温和氧存在下转化成连续的固体薄膜。另一种是不干性油醇酸树脂，是使用不干性油来改性制成的醇酸树脂；它不能直接作涂料用，需与其他树脂混合使用。

醇酸树脂分子具有极性主链和非极性侧链，能够和许多树脂、化合物较好地混溶，为进行各种物理改性提供了条件；其分子上具有羟基、羧基和双键等反应性基团，可通过化学合成途径引入其他分子。醇酸树脂可与硝酸纤维素、过氯乙烯树脂（氯化聚氯乙烯树脂）、氨基树脂、氯化橡胶并用改性；也可在制备过程中加入其他成分制成改性的醇酸树脂，如松香改性醇酸树脂、酚醛改性醇酸树脂、苯乙烯改性醇酸树脂、丙烯酸酯改性醇酸树脂等。

醇酸树脂漆具有附着力强、光泽好、硬度大、保光性和耐候性好的特点，可制成清漆、磁漆、底漆和腻子，用途十分广泛。醇酸树脂的油脂种类和油度对其应用有决定性影响。①独自作为涂料成膜树脂，利用自动氧化干燥交联成膜。干性油的短、中、长油度醇酸树脂具有自干性，且中、长油度的最常用；醇酸树脂具有自干性，可配制成清漆和色漆。②醇酸树脂作为一个组分（羟基组分）同其他组分（固化剂）涂布后交联反应成膜。该类醇酸树脂主要为短、中油度不干性油醇酸树脂。其合成用椰子油、蓖麻油、月桂酸等原料。其涂料体系主要包括与氨基树脂配制的醇酸-氨基烘漆、与多异氰酸酯配制的双组分聚氨酯漆等。

6.2.5.2 氨基树脂漆

涂料中使用的氨基树脂（amino resin）是指一种含有氨基官能团的原料与醛类（主要是甲醛）进行缩聚反应，再用醇类改性，制得的能溶于有机溶剂的一类树脂，包括三聚氰胺甲醛树脂、脲醛树脂、烃基三聚氰胺甲醛树脂以及各种改性的和共聚的氨基树脂。氨基树脂也可与醇酸树脂、丙烯酸树脂、环氧树脂、有机硅树脂等并用制得改性的氨基树脂漆。

氨基树脂在模塑料、粘接材料、层压材料以及纸张处理剂等方面有广泛应用。用于涂料的氨基树脂必须经醇改性后，才能溶于有机溶剂，并与主要成膜树脂有良好的混溶性和反应性。氨基树脂的性能既与母体化合物的性能有关，又与醚化剂及醚化程度有关。涂料工业使用的氨基树脂在涂料固化过程中起交联剂作用。氨基树脂与基体树脂可进行混缩聚反应，其本身也进行自缩聚反应，使涂料交联固化。氨基树脂中含有烷氧基甲基、羟甲基和亚氨基等基团。烷氧基甲基是交联反应的主要基团；羟甲基既是交联反应的基团，也是自缩聚的基团，其反应能力比烷氧基甲基大；亚氨基主要是自缩聚的基团，易与羟甲基进行自缩聚反应。

如图 6-4 为几种常见的氨基树脂漆。氨基醇酸烘漆是应用最广的一种工业用漆。

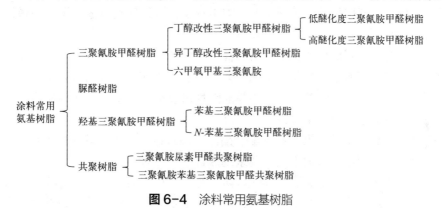

图 6-4 涂料常用氨基树脂

6.2.5.3 环氧树脂漆

环氧树脂（epoxy resin）本身是热塑性的，要使环氧树脂制成有用的涂料，就必须使环氧树脂与固化剂或植物油脂肪酸进行反应，交联成为网状结构的大分子，才能显示出各种优良的性能。

环氧树脂漆可根据固化剂的类型分为：胺固化型漆、合成树脂固化型漆、脂肪酸固化型漆等。环氧树脂也可制成无溶剂漆和粉末涂料。

环氧树脂有极好的黏附力；收缩率低（不到 2%），低于不饱和聚酯（达 10% 以上）；韧性优于酚醛树脂；能和多种树脂相容，可以混合改性；常温下可为固体，适于作粉末涂料。环氧树脂漆抗化学品性能优良，漆膜具有优良的附着力，保色性好，另外有较好的热稳定性和电绝缘性。但是其耐候性、耐水性都较差，另外双组分的环氧树脂漆在制造和使用时都不方便。

环氧树脂漆类的增长速度仅次于醇酸树脂漆和氨基树脂漆，在涂料工业中占有重要地位，已广泛应用于汽车工业、造船工业以及化工和电气工业中。由于环氧树脂可室温固化，常用作防腐涂料，尤其用于大型构件，如船舶、建筑物、桥梁等的防护涂料。环氧树脂可以一次涂刷较厚，作为容器涂料又有很强的黏着力，可作电绝缘漆和化工设备防腐底漆。

环氧地坪涂料（epoxy coating of terrace）是国内近年来环氧树脂应用技术发展最快的领域之一，有优良的附着力、机械强度和防腐蚀性能等，显示出其他类型涂料无法比拟的优越性。环氧地坪涂料主要以环氧树脂和固化剂为成膜物质，经交联反应固化而得到，是用量最大的地坪涂料，可分为溶剂型环氧地坪涂料、无（少）溶剂型环氧地坪涂料和水性环氧地坪涂料。通常选分子量小、环氧值高的环氧树脂，因其涂膜的渗透系数较小，抵挡介质渗透扩散的能力较优，如国产的 E-55、E-51 等，以及国外的 828、DER331 等。胺类固化剂是环氧地坪涂料的主要固化剂，有时根据需要也选用合成树脂固化剂。

环氧地坪涂料具有良好的耐水性、耐油性、耐酸碱腐蚀等化学特性，同时具有优良的耐磨性、耐冲击性等物理特性。已广泛用于汽车、航天、电子、视频、医药、工业厂房、建筑等场合。

6.2.5.4　聚氨酯漆

聚氨酯漆（polyurethane coating）以聚氨酯树脂为主要成膜物质。选用不同的异氰酸酯与不同的聚酯、聚醚、多元醇或与其他树脂配用可制得许多品种的聚氨酯漆。例如，先将干性油与多元醇进行酯交换再与二异氰酸酯反应，加入催干剂，即制得单组分的氨酯油，它是通过油脂中的双键氧化聚合而固化的。除氨酯油外，聚氨酯漆主要有以下几种类型：多异氰酸酯/含羟基树脂，双组分漆；封端型多异氰酸酯/含羟基树脂，单组分烘干漆；预聚物，潮气固化型，单组分漆；预聚物，催化固化型，双组分漆；聚氨酯沥青漆；聚氨酯弹性涂料（用于皮革、纺织品等）。

聚氨酯漆具有一系列优良的特点。耐磨性特强，是各类涂料中最突出的，因而广泛用于地板漆、甲板漆等。聚氨酯漆有优异的保护功能，并且有美观的装饰性，可用于高级木器、钢琴、大型客机等。漆膜的附着力强。漆膜的弹性可以根据需要调节成分配比，可以从极坚硬到极柔韧的弹性涂层。耐化学腐蚀。能在高温下烘干，也能在低温固化。聚氨酯漆还可以与聚酯、聚醚、环氧、醇酸、聚丙烯酸酯、醋酸丁酸纤维素、氯乙烯醋酸乙烯酯共聚树脂、沥青、干性油等配合制漆，根据不同的要求制成许多新品种。

由于具有上述优良性能，聚氨酯漆在国防、基建、化工防腐、电气绝缘、木器涂装等方面都得到广泛的应用。溶剂型双组分聚氨酯涂料是最重要的涂料产品，该类涂料产量大、用途广、性能优，可以配制清漆、各种色漆、底漆，对金属、木材、塑料、水泥、玻璃等基材都可以涂饰，可以刷涂、滚涂、喷涂，可以室温固化成膜，也可以烘烤成膜。两组分分开包装，使用时按一定比例混合，施工后由羟基组分大分子的--OH 基团同多异氰酸酯的—NCO 基团交联成膜。

6.2.5.5　丙烯酸树脂漆

以丙烯酸酯、甲基丙烯酸酯等乙烯基类单体为主要原料聚合的共聚物称为丙烯酸树脂（acrylic resin），以其为成膜基料的涂料称作丙烯酸树脂涂料。该类涂料具有色浅、保色、保光、耐候、耐腐蚀和耐污染等优点，已广泛应用于汽车、飞机、机械、电子、家具、建筑、皮革、纸张、织物、木材、工业塑料及日用品的涂饰。近年来，国内外丙烯酸树脂涂料的发展很快，目前已占涂料的 1/3 以上，在涂料成膜树脂中占有重要地位。除了溶剂型涂料之外，乳胶漆、水溶性漆（其中包括电泳涂料），以及非水分散树脂等，都逐年有所增加。

丙烯酸树脂的性能与合成它们的单体有较大关系。随着聚合物侧链长度的增大，拉伸强度和硬度减少，而柔韧性和防开裂性则增加，耐寒性变得更好。丙烯酸树脂与许多树脂的相容性较好，可以很好地共混改性。由于在合成中可能引入反应性基团，因此可与多种树脂化学改性。溶剂型的聚丙烯酸树脂分为热塑性及热固性两类。

热塑性丙烯酸酯漆在许多性能方面，例如附着力、坚韧性、耐腐蚀、耐热性等都不及热固性丙烯酸酯漆，所以它的应用范围较小，正在被热固性丙烯酸酯漆所取代。但是由于它施工方便，挥发自干等特点，所以在某些大面积施工的产品和工程上还有一定的应用。

热固性丙烯酸树脂是利用含有羟乙酯、羟丙酯的单体，或含羧基的丙烯酸，含氨基、酰胺基的单体共聚，在大分子链中引入许多活性官能团，因此可用环氧、聚氨酯（二异氰酸酯）、三聚氰胺甲醛树脂等固化。热固性丙烯酸酯漆固化后漆膜的各方面性能都有显著提高，在要求高装饰性能的轻工产品如缝纫机、洗衣机、电冰箱、仪表等方面应用十分广泛。

6.2.5.6　其他合成树脂漆

其他合成树脂漆有：乙烯类树脂漆，如氯乙烯-醋酸乙烯酯共聚树脂漆、偏氯乙烯共聚树脂漆、聚乙烯醇缩醛漆、过氯乙烯漆、氯化聚烯烃漆等；不饱和聚酯漆；有机硅树脂漆；橡胶漆等。

（1）乙烯类树脂漆

在涂料工业高速发展、涂料品种结构不断变革的现阶段，乙烯类树脂漆（vinyl resin coating）在整个涂料工业所占的比重正在迅速增加。其原因首先是因为其原料来自石油化工，资源丰富而且价格低廉，由乙烯、乙炔以及氯气为原料可以合成氯乙烯、醋酸乙烯酯、偏氯乙烯等一系列单体，为乙烯类树脂漆提供了各种原料。除此之外，乙烯类树脂漆有很多优越的性能：耐候性、耐化学腐蚀性、耐水性、电绝缘、防霉性、不燃性和柔韧性等。

（2）不饱和聚酯漆

不饱和聚酯漆（unsaturated polyester coating）是一种无溶剂漆。它是由不饱和的二元酸与二元醇经过缩聚制成的直链型的聚酯树脂，再以单体稀释而组成的。这种涂料在引发剂和促进剂存在下，能交联转化成不溶不熔的漆膜。其中，不饱和单体同时起着成膜物以及溶剂的双重作用，因此可以称为无溶剂漆。

不饱和聚酯树脂最常用的配方是顺丁烯二酸酐、邻苯二甲酸酐、1,2-丙二醇缩聚，用苯乙烯作溶剂而成。另外还有引发剂、促进剂、颜料等辅助原料。

（3）有机硅树脂漆

有机硅高聚物有硅树脂、硅橡胶和硅油三种类型。用作涂料的有机硅高聚物以有机硅树脂以及有机硅改性有机树脂（organic silicon resin）为主。有机硅橡胶也有用作涂料的，不过其应用还在发展之中。有机硅油只在特定的条件下用作涂料。

有机硅涂料具有优良的耐热性和电绝缘性、耐高低温、耐电晕、耐潮湿、耐水，对臭氧、紫外光和大气的稳定性良好，对一般化学药品的抵抗性也较好。多用于耐热涂料、电绝缘涂料、耐候涂料等方面。

（4）橡胶漆

橡胶漆（rubber coating）是用天然橡胶的衍生物或合成橡胶制造而成的。由于天然橡胶的分子量高、溶解性差、成膜过程干燥慢、漆膜软而且发黏，因此用来制造涂料的用途不大。天然橡胶经过处理以后，分子量降低，很容易溶解在溶剂中，干燥快、漆膜硬，并且增加了对化学药品的抵抗性，这样就可以用来制造涂料。经过处理后的天然橡胶，有氯化橡胶、环氧化橡胶等。合成橡胶如丁苯胶、聚硫橡胶、丁腈橡胶、氯丁橡胶等都可制成橡胶漆。

上述各种橡胶都有较为优异的物理化学性能，如弹性、耐化学腐蚀性、抗热老化性、不透气性、抗水性和抗有机溶剂性、高附着力等。利用个别橡胶的特殊性能，橡胶漆可以用于防腐、防护、水闸、交通工具等方面。

6.2.6   水性树脂涂料

水性涂料（waterborne resin coating）又叫水基性涂料，主要是指以水为溶剂的水溶性聚合物涂料和以水为介质的乳胶型涂料。与传统的溶剂型涂料相比，水性涂料具有价格低、使用安全，节省资源和能源、减少环境污染和公害等优点，因而已成为当前涂料工业的重要发展方向。

6.2.6.1   水溶性树脂涂料

聚合物一般不溶于水，但可通过一定的方法制得水溶性聚合物。一般在高分子中要引入亲水基团，或引入成盐基团。例如，高分子中含较多羟基时，亲水性能较好；带有氨基的聚合物以羧酸中和成盐；带有羧基的聚合物用胺或碱（如 NaOH）中和成盐；破坏氢键，例如使纤维素甲基化制成甲基纤维素，破坏了纤维素分子间的氢键，从而制成可溶于水的甲基纤维素；皂化，例如从聚醋酸乙烯酯制可溶于水的聚乙烯醇等。用以引入亲水基团的有聚醚多元醇、聚乙烯醇、顺丁烯二酸酐、蓖麻油、草酸、山梨醇等多元酸和多元醇。

水溶性涂料（water soluble resin coating）中常用的聚合物有水溶性油、水溶性环氧树脂、水溶性醇酸树脂、水溶性聚丙烯酸酯类等。其中，水性丙烯酸树脂涂料是水性涂料中发展最快、品种最多的无污染型涂料。水溶性树脂漆常用的固化剂有水溶性三聚氰胺甲醛树脂、脲醛树脂等。

水溶性树脂漆除可采用喷、浸、刷等方法涂布外，还可采用电沉积法（电泳法）进行施工。

6.2.6.2   乳胶涂料

除了合成水溶性高分子材料之外，许多高分子可以用乳液聚合的方法制成乳液，乳液作为水性涂料的使用也是最常见的。各种合成乳液加入颜料、增塑剂、润湿剂、防冻剂、防锈剂、防霉剂等，经研磨分散即成为乳胶涂料（即乳胶漆）。

乳胶漆（emulsion coating）的主要品种有聚醋酸乙烯酯乳胶漆、醋酸乙烯酯-顺丁烯二酸二丁酯共聚乳胶漆、丙烯酸酯类乳胶漆以及丁苯乳胶漆等。

6.2.7   粉末涂料

粉末涂料（powder coating）为固体粉末状的涂料，由高分子树脂、颜料、固化剂、填料和各种助剂组成，全部组分都是固体。其颜料须经研磨，与树脂配合，不是在溶剂中搅混，而是像塑料加工一样，将树脂、颜料、添加剂、填料捏合后送入螺杆挤出机和熔融挤出，冷却后加以粉碎筛分。采用喷涂、静电喷涂等工艺施工，再经加热熔化成膜。最早出现的粉末涂料有聚乙烯、聚氯乙烯和尼龙粉末涂料。早在 20 世纪 60 年代德国就开始粉末涂料的生产。20 世纪 80 年代以来我国也大力发展了粉末涂料。2019 年热固性粉末涂料产量为 192 万吨，比 2018 年增长 9%以上；粉末涂料总产量为 210 万吨，同比增长 19.32%。2020 年我国粉末涂料产量大约为 231 万吨左右。

6.2.7.1　粉末涂料的特点

粉末涂料有以下优点。

（1）粉末涂料不含有机溶剂，避免了有机溶剂对大气造成污染以及对操作人员健康带来危害，生产、贮存和运输中减少火灾危险。

（2）在涂装过程中，喷溢的粉末涂料可以回收利用，涂料的利用率达到 95%以上。如果颜色和品种单一，设备的回收效率高时，利用率可达到99%以上。

（3）一次涂装的涂膜厚度可达到 50～500μm，相当于溶剂型涂料几道至十几道的厚度，可减少涂装道数，劳动生产率高。

（4）涂料用树脂的分子量大，涂膜的物理力学性能和耐化学介质性能比溶剂型涂料好。

（5）涂装操作技术简单，不需要很熟练的技术，厚涂时也不容易产生流挂等弊病，容易实现自动化流水线涂装。

（6）不需要像溶剂型涂料那样随季节调节黏度，也不需要喷涂后放置一段时间挥发溶剂后进烘烤炉，可以节省涂装时间。

（7）节省大量有机溶剂，也就是节省资源。

粉末涂料和涂装也不是十全十美的产品和工艺，有如下的缺点。

（1）涂料的制造设备和工艺比较复杂，制造成本较高，品种和颜色的更换比较麻烦。

（2）涂装设备不能直接使用溶剂型涂料涂装设备，还需要专用回收设备，设备投资大，同时要考虑防止粉尘爆炸等问题。

（3）粉末涂料的烘烤温度多数在150℃以上，不适合耐热性差的塑料、木材、焊锡件等物品的涂装。

（4）粉末涂料容易厚涂，很难得到50μm以下平整光滑的涂膜，而且涂膜外观的装饰性不如溶剂型涂料。

（5）在静电粉末涂装过程中，更换涂料品种和颜色比较麻烦。

6.2.7.2　粉末涂料分类和应用

粉末涂料分为两类：一类是热塑性粉末涂料，例如聚乙烯、尼龙和聚苯硫醚粉末涂料；另一类是热固性粉末涂料，是由反应性成膜物质复合物（树脂、交联剂、颜料、填料、流平剂、抗静电剂等）混合而成，如环氧树脂粉末涂料。

一般而言任何热塑性树脂均可制成粉末涂料，目前应用较广泛的有聚乙烯、尼龙、聚苯硫醚、线形聚酯等。

热固性粉末涂料应用最广泛的是环氧树脂粉末涂料。软化点为 88～100℃的环氧树脂加入适当的固化剂再加 35%～45%的颜料、填料和 0.5%左右的流平剂研磨混合即制得环氧粉末涂料，在管道内外壁防腐方面有广泛应用。聚酯型粉末涂料是指聚对苯二甲酸乙二醇酯为基的粉末涂料，包括羟基型、羧基型和羟基、羧基混合型三种。常见的有聚酯-氨基树脂粉末涂料，聚酯-异氰脲酸三缩水甘油酯（TGIC）粉末涂料以及聚酯-环氧型粉末涂料。新近发展的热固性粉末涂料尚有聚酯-聚氨酯粉末涂料、聚丙烯酸酯型粉末涂料、不饱和聚酯粉末涂料等。

热塑性粉末涂料多用于防腐及纺织方面。热固性粉末涂料主要用于家用电器、自行车、金属家具、电子元件等，作为装饰性保护涂料。汽车工业是世界上工业涂料最大的用户。粉末涂料不含溶剂，成为环保许可的理想选择。大多数粉末涂料能满足汽车生产的各种技术规格的严格要求，如抗石击性、耐腐蚀性、耐热性、耐候性等。目前热固性粉末涂料的汽车市场主要有汽车零部件用粉末涂料、车轮用粉末涂料、车身用粉末涂料，包括环氧粉末涂料、聚酯粉末涂料、丙烯酸粉末涂料、混合型粉末涂料等。

参考文献

[1]　黄丽.高分子材料[M].北京：化学工业出版社，2005.
[2]　丁会利，袁金凤，钟国伦，王农跃.高分子材料及应用[M].北京：化学工业出版社，2012.
[3]　程时远，李盛彪，黄世强.胶黏剂[M].北京：化学工业出版社，2001.
[4]　黄世强，彭慧，孙争光.胶黏剂及其工程应用[M].北京：机械工业出版社，2006.
[5]　黄世强，孙争光，吴军.胶黏剂及其应用[M].北京：机械工业出版社，2012.
[6]　李红强.胶粘原理、技术及应用[M].广州：华南理工大学出版社，2014.
[7]　W C Wake.Theories of adhesion and uses of adhesives: a review[J].Polymer，1978，19（3）：291-308.
[8]　J Licari James，W Dale.Swanson.Functions and theory of adhesives，Adhesives Technology for Electronic Applications（Second Edition）[M].2011.
[9]　蔡永源，李彤，孔莹，马洪声.环氧树脂胶黏剂应用进展[J].化工新型材料，2005，33（11）：17-20.
[10]　宣博文，叶瀚梦，卓东贤，吴立新.改性环氧树脂胶黏剂的研究进展[J].粘接，2015，12：82-88.
[11]　韩红青.聚氨酯胶黏剂的研究及改性现状[J].聚氨酯工业，2012，27（6）：5-8.
[12]　奉定勇.水性聚氨酯胶黏剂的研究进展[J].聚氨酯工业，2010，25（1）：9-12.
[13]　马玉峰，王春鹏，许玉芝.酚醛树脂胶黏剂研究进展[J].粘接，2014，2：33-39.
[14]　龚春红，吕广镛.氯丁橡胶胶黏剂的研究概况[J].化学研究，2003，14（3）：68-71.
[15]　顾继友.胶黏剂与涂料[M].北京：中国林业出版社，1999：91-119.
[16]　闫福安，官仕龙，张良均，樊庆春.涂料树脂合成及应用[M].北京：化学工业出版社，2008.
[17]　刘秀生，肖鑫.涂装技术与应用[M].北京：机械工业出版社，2007.
[18]　高瑾，米琪.防腐蚀涂料与涂装[M].北京：中国石化出版社，2007.
[19]　李东光.功能性涂料生产与应用[M].南京：江苏科学技术出版社，2006.
[20]　李桂林.环氧树脂与环氧涂料[M].北京：化学工业出版社，2003.
[21]　汪多仁.新型黏合剂与涂料化学品[M].北京：中国建材工业出版社，2000.
[22]　刘泽曦.中国粉末涂料行业发展现状之2014[J].中国涂料，2015，30（12）：7-20.
[23]　何明俊，胡孝勇，柯勇.热固性粉末涂料的研究进展[J].合成树脂及塑料，2016，33（4）：93-97.
[24]　张心亚，魏霞，陈焕钦.水性涂料的最新研究进展[J].涂料工业，2009，39（12）：17-27.
[25]　张昱斐.粉末涂料在汽车工业中的应用[J].涂料工业，2000，4：30-33.
[26]　A A Voevodin，J S Zabinski，C Muratore.Recent advances in hard，tough，and low friction nanocomposite coatings[J].Tsinghua Science and Technology，2005，10（6）：665-679.

思考题

1. 简要说明胶黏剂的定义和组成。
2. 胶黏剂是如何分类的？
3. 胶黏剂选择应遵循哪些原则？
4. 什么是热塑性胶黏剂和热固性胶黏剂？分别包括哪些类型的胶黏剂？
5. 举例说明两种广泛应用的胶黏剂及其特点和应用。
6. 涂料的组成有哪些组分？各组分分别起什么作用？
7. 常用涂料有哪些主要类型？
8. 涂料的涂装方法有哪些？各有什么特点？
9. 合成树脂漆都有哪些主要种类？各有哪些重要应用？
10. 简要说明粉末涂料的特点、种类和应用。

第 7 章　聚合物共混物

7.1　聚合物共混物及其制备方法

7.1.1　基本概念

聚合物共混（polymer blending）是将两种或者两种以上的结构性质差异较大的聚合物通过物理或化学的方法进行混合，获得性能上有所改进或具有特殊性能的聚合物材料。1846年，Hancock 将天然橡胶与古塔波胶混合，制成雨衣，由此提出了两种橡胶混合以改进制品性能的思想。此后，聚合物共混的基础研究和应用研究一直受到密切关注。1942年，PVC/NBR共混物实现工业化生产。1948年，高抗冲聚苯乙烯研制成功。1960年，聚苯醚和聚苯乙烯的共混体系成功制备，二者相容性良好，有效改善了聚苯醚的加工性能和加工工艺，于1965年实现工业化生产。1964年，四氧化锇染色法促进了电子显微镜观测共混物形态的应用，是共混物研究的一个里程碑。1975年，美国杜邦公司将尼龙与聚烯烃弹性体或橡胶共混，大幅提高了其抗冲击强度，开发出超韧尼龙。随后，聚碳酸酯、聚甲醛、聚对苯二甲酸乙二醇酯、聚对苯二甲酸丁二醇酯等聚合物，也采用共混弹性体来改善材料的力学性能。近年来，新材料不断出现，以共混方法制备的纳米粒子/聚合物复合材料也有所发展。因此，聚合物共混是获得综合性能优异的高分子材料的一种有效途径。

聚合物共混物是指两种或两种以上聚合物通过物理或化学的方法混合成宏观上均匀、连续的固体高分子材料。聚合物共混物存在两相结构是此种体系普遍、重要的特征。广义而言，凡具有复相结构的聚合体系均属于聚合物共混物的范畴。具有复相结构的接枝共聚物、嵌段共聚物、互穿网络聚合物（interpenetrating polymer networks，IPNs）、复合聚合物（复合聚合物薄膜、复合聚合物纤维），甚至含有晶相与非晶相的均聚物、含有不同晶型结构的结晶聚合物均可看作聚合物共混物。两种聚合物不同的组合方式示意于图 7-1。

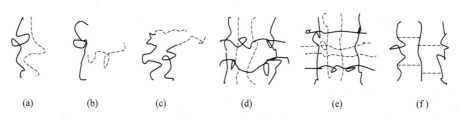

（a）　　　　（b）　　　　（c）　　　　（d）　　　　（e）　　　　（f）

图 7-1　两种聚合物组分间不同组合方式

——聚合物 1；---- 聚合物 2

（a）机械共混物；（b）接枝共聚物；（c）嵌段共聚物；（d）半-IPN；（e）IPN；（f）交联型共聚物

聚合物共混物有许多类型，但一般是指塑料与塑料的共混物以及在塑料中掺混橡胶的共混物，在工业上常称之为高分子合金（polymer alloy）或塑料合金。对于在塑料中掺混少量橡胶的共混物，由于在抗冲性能上获得很大提高，故亦称为橡胶增韧塑料，是最重要的一类聚合物共混物。

聚合物共混物按聚合物组分数目分为二元及多元聚合物共混物。按共混物中基体树脂名称可分为聚烯烃共混物（polyolefin blend）、聚氯乙烯共混物[poly(vinyl chloride)blend]、聚酰胺共混物（polyamide blend）等。为简单而又明确地表示聚合物共混物的组成情况，对由基体聚合物 A 和聚合物 B 按 x/y 的比例而组成的共混物可表示为 A/B（x/y）。例如聚丙烯/聚乙烯（85/15）即表示由 85 份聚丙烯和 15 份聚乙烯所组成的共混物。

聚合物共混已成为高分子材料改性的重要手段，其主要优点体现在以下几个方面。

（1）取长补短、均衡性能，可获得综合性能优异的高分子材料。例如将聚丙烯与聚乙烯共混可克服聚丙烯易应力开裂的缺点，得到性能优良的共混材料。

（2）增韧、增强性能。例如聚苯乙烯（polystyrene，PS）、聚氯乙烯等硬脆性聚合物中掺入 10%～20%的橡胶类聚合物，可使其抗冲击强度提高 2～10 倍。

（3）改善某些聚合物的加工性能。例如难熔难溶的聚酰亚胺与熔融流动性良好的聚苯硫醚共混后可进行注射成型。为改进聚碳酸酯（polycarbonate）的流动性能可采用三元共混的方法，例如聚碳酸酯/聚对苯二甲酸乙二醇酯[poly(ethylene glycol)terephthalate]/乙烯-醋酸乙烯酯共聚物（ethylene-vinyl acetate copolymer），或聚碳酸酯/丁腈橡胶（butadiene- acrylonitrile rubber）/聚甲基丙烯酸甲酯（polymethyl methacrylate）等，其中聚碳酸酯组分是基体，聚甲基丙烯酸甲酯是流动性改性剂，丁腈胶是抗冲改性剂。

（4）赋予新性能，制备一系列具有崭新性能的高分子材料。例如：为制备耐燃高分子材料，可使基体聚合物与含卤素等耐燃聚合物共混；为获得装饰用具有珍珠光泽的塑料，可将光学性能差异较大的不同聚合物共混；利用硅树脂的润滑性，可与许多聚合物共混以制得具有良好自润滑性的高分子材料；可将抗张强度较悬殊的两种混溶性欠佳的树脂共混后发泡，制成多层多孔材料，具有美丽的自然木纹，可代替木材使用。

（5）制备低收缩模压材料。不饱和聚酯树脂交联固化时，产生体积收缩、造成表面粗糙、外观不良以及产生内部裂纹和气泡等缺陷。在不饱和聚酯模压料中掺入 7%～20%的热塑性树脂，如聚苯乙烯、聚乙烯、聚酰胺（polyamide）等，可制得低收缩或无收缩的模压料。

7.1.2　共混方法

聚合物共混物的制备方法可宽泛地分为物理方法、化学方法和物理化学方法。

7.1.2.1　物理-机械共混法（物理共混法）

物理共混法是将不同种类聚合物在混合（或混炼）设备中进行共混的方法。共混过程一般包括混合作用和分散作用。在机械共混过程中，主要是靠对流和剪切两种作用完成共混的，扩散作用较为次要。物理共混法一般仅产生物理变化，但在强烈的机械剪切作用下可能使少量聚合物降解，产生大分子自由基，继而形成接枝或嵌段共聚物，即伴随一定的力化学过程。

物理共混法包括干粉共混、熔体共混、溶液共混及乳液共混等方法。

（1）干粉共混法（dry powder blending process）

用于两种或两种以上不同的细粉状聚合物。常用的混合设备有球磨机、各种混合机、捏合机等。制得的共混物料可直接成型或经挤出造粒后再成型成制品。干粉共混的效果一般不太好，常作为熔融共混的初混过程，但对难溶难熔聚合物的共混有一定实用价值。

（2）熔体共混法（fusant blending process）

亦称熔融共混法，是将各聚合物组分在黏流温度以上进行分散、混合以制备聚合物共混物的方法。熔融共混法具有共混效果好、适用面广的优点，是最常采用的共混方法。

（3）溶液共混法（solution blending process）

将各聚合物组分加入共同溶剂中（或分别溶解再混合），搅拌均匀，然后除去溶剂或加入沉淀剂以制得聚合物共混物的方法。此法除共混物以溶液状态直接应用外，工业生产中应用意义不大。

（4）乳液共混法（latex blending process）

将不同品种聚合物乳液一起混合均匀。当原料聚合物为乳液或者共混物以乳液形式应用时，可采用这种方法。

7.1.2.2　共聚-共混法（copolymerization-blending process）

共聚-共混法是一种化学方法，有接枝共聚-共混与嵌段共聚-共混之分。在制备聚合物共混物方面接枝共聚-共混法更为重要。

接枝共聚-共混法，是将聚合物 1 溶于另一种聚合物单体 2 中，使单体 2 聚合并与聚合物 1 发生接枝共聚。制得的聚合物共混物通常包含 3 种组分，聚合物 1、聚合物 2 以及聚合物 1 骨架上接枝有聚合物 2 的接枝共聚物。两种聚合物的比例、接枝链的长短、数量及分布对共混物的性能有决定性影响。

共聚物的存在改进了聚合物之间的混溶性，增强了聚合物的相互作用力。因此，共聚-共混法制得的聚合物共混物，其性能优于机械共混物。共聚-共混法近年来发展很快，一些重要的聚合物共混材料，如高抗冲聚苯乙烯（HIPS）、ABS 树脂（丙烯腈-丁二烯-苯乙烯共聚物，acrylonitrile-butadiene-styrene resin）、MBS（聚丁二烯或丁苯胶接枝聚甲基丙烯酸甲酯和聚苯乙烯的共聚物）树脂等，都是采用这种方法制备的。

7.1.2.3　物理化学共混法

物理化学方法共混是指两种聚合物在进行物理共混的过程中同时伴随有化学反应。

（1）就地反应型共混（*in situ* reactive blending）

两种聚合物在熔融共混过程中发生适量的化学反应，生成接枝或嵌段共聚物，从而改善两种聚合物的相容性和共混效果。由于起增容剂作用的共聚物是在熔融共混过程中原位产生的，称为就地反应型共混。例如当用乙丙橡胶（ethylene propylene rubber，EPR）与尼龙 6 共混时，若添加少量马来酸酐（maleic anhydride，MA）和自由基引发剂，共混过程中会发生链转移反应使 EPR 分子上引入少量 MA。通过 MA 使 EPR 和尼龙 6 之间发生反应，生成少量的乙丙橡胶接枝尼龙 6（EPR-*g*-尼龙 6）作为增容剂，提高共混效果。

（2）动态硫化与热塑性弹性体技术

20 世纪 80 年代，Goran 等开发了动态硫化技术，用于制造热塑性弹性体。所谓动态硫化就是将弹性树脂与热塑性树脂进行熔融共混，在双螺杆挤出机中熔融共混的同时，弹性体被就地硫化。在此过程中，弹性体在螺杆高速剪切应力和交联剂的作用下发生一定程度的交联，并分散在基体树脂中。交联的弹性微区主要提供共混物的弹性，树脂则提供在熔融温度下的流动性，达到热塑成型，获得弹性体/树脂共混物，即热塑性弹性体。由于在动态交联过程中，接枝单体与基体树脂、弹性体同时发生化学反应，大分子链中带有一些官能团，增加了热塑性弹性体的反应活性；在与基体树脂共混增韧的过程中，能与基体树脂发生化学结合，增加了组分之间的相容性，进一步提高了热塑性弹性体的增韧效果。

7.1.2.4   互穿网络聚合物

互穿网络聚合物（interpenetrating polymer networks，IPNs）是用化学方法将两种或两种以上的聚合物相互贯穿成交织网络状的复相聚合物共混材料[图 7-1（d）、（e）]。IPNs 技术是制备聚合物共混物的新方法，制备方法上接近于接枝共聚-共混法，从相间化学结合看则接近于机械共混法。因此可把 IPNs 视为用化学方法实现的机械共混物。

IPNs 有分步型、同步型、互穿网络弹性体及胶乳-IPNs 等不同类型，它们是用不同的合成方法制备的。

（1）分步型 IPNs

简记为 IPNs。这种方法是首先合成交联的聚合物 1，再用含有引发剂和交联剂的单体 2 使之溶胀，然后使单体 2 就地聚合并交联。由于最先合成的 IPNs 是以弹性体为聚合物 1，塑料为聚合物 2，因此，当以塑料为聚合物 1 而以弹性体为聚合物 2 时，就称为逆-IPNs。若构成 IPNs 的两种聚合物成分中仅有一种聚合物是交联的，则称为半-IPNs。半 SIN 亦常称作间充复相聚合物，生成半 SIN 的反应称为间充聚合反应。

上述分步 IPNs 都是指单体 2 对聚合物 1 的溶胀已达到平衡状态，因此制得的 IPNs 宏观上组成较为均匀。若在溶胀达到平衡之前就使单体 2 迅速聚合，由于从聚合物 1 的表面至内部，单体 2 的浓度逐渐降低，因此产物的宏观组成具有一定的梯度变化。此法制得的产物称为梯度 IPNs（gradient IPNs）。

（2）同步型 IPNs

若两种聚合物网络是同时生成的，不存在先后次序，则称为同步 IPNs，简记为 SIN。其制备方法是，将两种单体混溶，使两者以互不干扰的方式各自聚合并交联。当一种单体进行加聚而另一种单体进行缩聚时即可实现。

（3）互穿网络弹性体

由两种线形弹性体胶乳混合在一起，再进行凝聚并同时进行交联，如此制得的 IPNs 称为互穿网络弹性体，简记为 IEN。

（4）胶乳 IPNs

当 IPNs、SIN 及 IEN 为热固性材料时，因难于成型加工，可采用乳液聚合法加以克服。胶乳 IPNs 简记为 LIPNs，即用乳液聚合的方法制得的 IPNs。将交联的聚合物 1 作为"种子"胶乳，加入单体 2、交联剂和引发剂，使单体 2 在"种子"乳胶粒表面进行聚合和交联，得到的 IPNs 具有核-壳状结构。因为互穿网络仅限于各个乳胶粒范围之内，所以又称为微观 IPNs。LIPNs 可采用注射或挤出法成型，并能制成薄膜。

7.2   聚合物共混物的相容性

7.2.1   基本概念

相容性是聚合物共混体系的最重要特性。共混过程实施的难易、共混物的形态与性能，都与共混组分之间的相容性密切相关。聚合物共混物的相容性（compatibility）起源于乳液体系各组分相容的概念，是指共混物各组分彼此相互容纳、形成宏观均匀材料的能力。不同聚合物对之间相互容纳的能力，有着很大差别。聚合物之间的互溶性（miscibility）亦称混溶性，与小分子的溶解度（solubility）相对应，是指聚合物之间热力学上的相互溶解性。热力学混溶性是指在任意比例时都能形成均相体系的能力。早期的共混理论研究发现，可以满足热力学相容的聚合物配对，实际上相当少。此后，研究者不再局限于热力学相容体系，研究内容包括相分离行为和部分相容两相体系的相界面特性。

7.2.2　热力学相容性判断

判断两聚合物之间相容性的方法包括聚合物溶度参数（solubility parameter）原则和聚合物共混物相容热力学理论。

聚合物溶度参数 δ 是内聚能密度（cohesive energy density）的平方根，即 $\delta = (E/V)^{1/2}$，其中 E 是内聚能（理论上聚合物从液体变为气体吸收的能量），V 是摩尔体积。一般规律是当混合体系两种材料的溶度参数接近或相等时，它们可以互相共混且具有良好的相容性，如 PVC/PMMA 共混体系。常见聚合物的溶度参数见表 7-1。因为溶度参数理论仅适合于非极性聚合物共混体系，只考虑了分子间色散力的贡献，忽略了聚合物体系分子间作用力还存在着极性基团间的偶极力及氢键的作用，所以不是对所有体系都适用。也可通过上述三种力的三维溶度参数来判断相容性，这种方法预测共混物相容性时考虑了分子间色散力、极性与氢键相互作用对相容性的影响。

表 7-1　常见聚合物的溶度参数 δ（$2.04 \times 10^3 J^{1/2} \cdot m^{-3/2}$）

聚合物	δ	聚合物	δ
聚四氟乙烯	6.20	丁腈橡胶（75:25）	8.90
硅橡胶	7.30	乙基纤维素	8.30
天然橡胶	8.15	聚甲基丙烯腈	10.70
聚异丁烯	7.70	聚对苯二甲酸乙二醇酯	10.70
聚苯乙烯	9.11	纤维素二醋酸酯	10.90
聚丁二烯	8.32	环氧树脂	10.90
聚乙烯	7.9	聚偏氯乙烯	12.20
聚氯乙烯	8.88~9.7	尼龙 66	13.60
聚醋酸乙烯酯	9.43	聚丙烯腈	15.40
聚甲基丙烯酸甲酯	9.28~9.50	聚甲醛	11.10
聚氧化丙烯	7.52	聚碳酸酯	9.50
丁苯橡胶（75:25）	8.10	聚乙烯醇	23.40

聚合物共混物相容热力学的基础理论研究体系是 Flory-Huggins 模型，该理论体系已应用半个世纪之久。共混体系热力学相容性的必要条件，可以通过混合吉布斯（Gibbs）自由能 ΔG_m 来表征。共混体系的混合吉布斯自由能，在恒温条件下，可表示为式（7-1）：

$$\Delta G_m = \Delta H_m - T\Delta S_m \tag{7-1}$$

式中，ΔH_m 为混合热焓；ΔS_m 为混合熵；T 为热力学温度。

当体系中 $\Delta G_m < 0$，就可以满足热力学相容的必要条件。在混合过程中，熵总是增大的，

混合熵 ΔS_m 总为正值。但对于聚合物，其值非常小，故对于聚合物共混物，特别是对于 ΔH_m 较大的体系，ΔS_m 对吉布斯自由能的贡献可以忽略不计。因此，$\Delta G_m<0$ 是否满足主要取决于混合过程中的热效应（ΔH_m）。

Scott 从一般热力学的角度出发讨论了聚合物之间混合热力学的问题。发现 Flory-Huggins 相互作用参数（$(\chi_{12})_c$），即发生相分离的临界值符合式（7-2）。

$$(\chi_{12})_c = \frac{1}{2}\left[\left(\frac{1}{m_1}\right)^{\frac{1}{2}}+\left(\frac{1}{m_2}\right)^{\frac{1}{2}}\right] \tag{7-2}$$

式中，m_1、m_2 为共混聚合物的聚合度。

$(\chi_{12})_c$ 一般为 0.01 左右。共混体系中，大于此值即发生相分离。两种聚合物间的 χ_{12} 多大于此值，因此聚合物共混体系真正达到热力学上互溶的体系很少。

7.2.3 聚合物之间相容性的基本特点

7.2.3.1 ΔG-φ 的两种关系曲线

在恒定温度 T 和压力 P 下，多元体系热力学平衡的条件是其混合自由焓为极小值。这一热力学原则可用于规定二元体系聚合物共混的相稳定条件。

如图 7-2 所示，在共聚物混合体系组成为 P 时：$\Delta G = PQ$。若发生相分离为 P' 和 P'' 两个相时，$\Delta G = PQ^+<PQ$，在能量上不利，因此均相最稳定。这种情况下不会发生相分离。也即当 ΔG-φ 曲线上凹，表示两聚合物可以根据任意比例互溶。

当 ΔG-φ 曲线出现上凸情况时（图 7-3），在组成为 A_1P' 或 A_2P'' 范围内，共混体系仍然是均相的热力学稳定状态。但在组成为 P' 和 P'' 之间时，共混体系处于热力学不稳定或介稳状态。例如，在组成为 P 时，$\Delta G = PQ$，共混的两种聚合物会自发发生相分离，成为相邻组成的两相，是热力学不稳定的。在相分离为 P' 和 P'' 两个相时，$\Delta G = PQ^+>PQ$，能量上有利，是热力学稳定的。因此，P 组成对应的状态称为介稳态，发生相变要经历一定的能量壁垒。

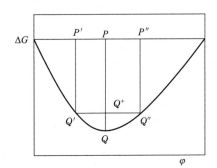

图 7-2 组分之间完全相容的二元体系混合自由焓 ΔG_m 与组成的关系

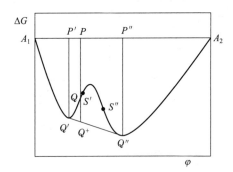

图 7-3 组分间具有部分相容的二元体系混合自由焓与组成的关系曲线

ΔG 在两个拐点 S' 和 S'' 间时，均相状态是绝对不稳定的，会自发地分离成相互平衡的两个相。

用自由能判断相分离有如下规律：

$\dfrac{\partial^2 \Delta G}{\partial \varphi_2^2} > 0$ 时，组成曲线上凹部分，均相状态是热力学稳定或介稳的。

$\dfrac{\partial^2 \Delta G}{\partial \varphi_2^2} < 0$ 时，组成曲线上凸部分，均相状态是热力学不稳定的。

$\dfrac{\partial^2 \Delta G}{\partial \varphi_2^2} = 0$ 时（拐点），当温度升高，不稳定区域消失，具有最高临界互溶温度（upper critical solution temperature，UCST）。

7.2.3.2　相分离

以 UCST 体系为例。组成在 S' 和 S'' 之间时（对应于图 7-4 下图的虚线），会自发相离。这种相分离过程通过反向扩散完成，称为旋节分离（spinodal decomposition，SD）。这种相分离形成两相连续结构，相畴较小，有利于提高共混物性能。

组成在 $P'S'$ 或 $P''S''$ 间时（对应于图 7-4 下图的实线与虚线之间），介稳态，相分离不能自发进行，需成核作用促使相分离。这种相分离过程包括成核和核的增长两个过程，称为成核-增长相分离过程（nucleation and growth，NG）。这种相分离进程缓慢，分散相通常为较规则的球形。

7.2.3.3　几种典型的相图

当聚合物共混时，体系的相图会有以下几种可能。图 7-5 中（a）为任意比例互溶；

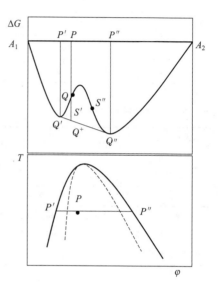

图 7-4　具有最高临界互溶温度（UCST）的部分互溶二元聚合物体系

注：下图，虚线是亚稳极限线，也称旋节线（spinodal curve）；实线是两相共存线，也称双节线（binodal curve）。

（b）为具有最高临界互溶温度（UCST）；（c）表示具有最低临界互溶温度（lower critical solution temperature，LCST）；（e）同时有 UCST 和 LCST；（d）和（f）表示具有局部不互溶区域的情况。

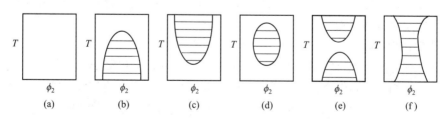

图 7-5　聚合物/聚合物相图的基本类型
阴影部分　相分离区，ϕ_2 聚合物 2 的体积分数，T 绝对温度

应当指出，聚合物/聚合物的互溶性和相图的类型尚与其分子量及其分布有密切关系。表 7-2 和表 7-3 分别给出了室温下互溶和不互溶的聚合物对。

相图对分析聚合物共混物各相组成和相的体积分数非常有用。只要知道某一聚合物对的相图和起始组成即可算出共混物两相的组成和体积比。

表7-2　室温下可以任意比例互溶的聚合物对

聚合物1	聚合物2	聚合物1	聚合物2
硝基纤维系	聚醋酸乙烯酯	聚苯乙烯	聚2-甲基-6-乙基-1,4-亚苯基醚
硝基纤维系	聚甲基丙烯酸甲酯		
硝基纤维系	聚丙烯酸甲酯	聚苯乙烯	聚2,6-二丙基-1,4-亚苯基醚
聚氯乙烯	α-甲基苯乙烯-甲基丙烯腈-丙烯酸乙酯共聚物，质量比58：40：2	聚丙烯酸异丙酯	聚甲基丙烯酸异丙酯
		聚α-甲基苯乙烯	聚2,6-二甲基-1,4-亚苯基醚
聚醋酸乙烯酯	聚硝酸乙烯酯	聚2,6-二甲基1,4-亚苯基醚	聚2-甲基-6-苯基-1,4-亚苯基醚
聚苯乙烯	聚2,6-二甲基-1,4-亚苯基醚		
聚苯乙烯	聚2,6-二乙基-1,4-亚苯基醚	聚乙烯醇缩丁醛	苯乙烯-顺丁烯二酸共聚物

表7-3　某些不互溶的聚台物对

聚合物1	聚合物2	聚合物1	聚合物2
聚苯乙烯	聚丙烯酸乙酯	聚甲基丙烯酸甲酯	纤维素三醋酸酯
聚苯乙烯	聚异丁烯	聚甲基丙烯酸甲酯	尼龙6
聚苯乙烯	聚异戊二烯	聚甲基丙烯酸甲酯	聚氨酯
聚苯乙烯	聚丁二烯	天然橡胶	丁苯橡胶
聚甲基丙烯酸甲酯	聚醋酸乙烯酯	尼龙66	聚对苯二甲酸乙二醇酯
聚甲基丙烯酸甲酯	聚苯乙烯		

7.2.4　提高相容性的方法

大多数聚合物之间互溶性较差，这往往使共混体系难以达到所要求的分散程度，导致共混物性能不稳定和性能下降。解决这一问题的办法可用"增容"措施。增容作用有两方面含义。一是动力学作用，使聚合物之间易于相互分散，以得到宏观上均匀的共混物；二是热力学作用，改善聚合物之间相界面的性能，增加相间的黏合力，从而使共混物具有长期稳定的优良性能。提高相容性的方法主要包括加入增容剂、增加共混组分之间的相互作用、形成交联结构、形成互穿网络结构等方法。

（1）加入增容剂法

增容剂是指与两种聚合物组分都有较好互溶性的物质，可以降低两组分间界面张力，增加互溶性。增容剂的增容作用，一方面提高了共混物的分散度，使分散颗粒细微化，分布均匀；另一方面加强了共混两相间的黏合力，使不同相区间能更好地传递所受应力，使体系更相容。这就要求增容剂与共混物的两个相均具有良好的相容性和黏合力，并优先聚集在两相界面中而不是单独溶于共混物的其中任何一相。增容剂的类型有非反应性共聚物、反应性共聚物等，也可采用原位聚合的方法制备。表7-4给出了常见的聚合物共混物的小分子增容剂。

（2）混合过程中化学反应所引起的增容作用

力化学反应：在高剪切混合机中，橡胶大分子链会发生自由基裂解和重新结合；在强烈混合聚烯烃时，也会发生力化学反应，形成少量嵌段或接枝共聚物，从而产生增容作用。为提高这一过程的效率，有时加入少量过氧化物类的自由基引发剂。

表 7-4 小分子增容剂实例

A 组分	B 组分	增容剂
PET	尼龙 6	对甲基苯磺酸
聚氯乙烯	聚丙烯	双马来酰亚胺或氯化石蜡
PBT	NBR	硅烷，多官能团
PP	NR	过氧化物+马来酰亚胺
PP、尼龙 6	NBR	二羟甲基酚衍生物

酯交换反应：缩聚型聚合物在混合过程中，由于发生链交换反应也可产生明显的增容作用。例如聚酰胺 66 和 PET 在混合过程中，由催化酯交换反应所形成的嵌段共聚物可以提高共混物相容性。

结构交联：在混合过程中使共混物组分发生交联也是一种有效的增容方法。交联可分化学交联和物理交联两种情况。例如，用辐射法使 LDPE/PP 产生化学交联。在此过程中首先形成具有增容作用的共聚物，在共聚物作用下，形成所期望的形态结构，继续交联使所形成的形态结构稳定。结晶作用属于物理交联，例如 PET/PP 及 PET/尼龙 66，由于取向纤维结构的结晶使已形成的共混物形态结构稳定，从而产生增容作用。

（3）聚合物组分之间引入相互作用的基团

聚合物组分中引入离子基团或离子-偶极的相互作用可实现增容（表 7-5、表 7-6）。例如，聚苯乙烯中引入大约 5%（摩尔分数）的—SO_3H 基团得到聚合物 1；将丙烯酸乙酯与约 5%（摩尔分数）的乙烯基吡啶共聚得到聚合物 2；将这两种聚合物共混，可制得性能优异且稳定的共混物。

表 7-5 形成强相互作用的聚合物共混体系及其相互作用类型

共混聚合物	相互作用类型	共混聚合物	相互作用类型
PVC/PCL	氢键	PEO/phenoxy	氢键
PAA/PEO	氢键	PVME/phenoxy	氢键
PA/ABS	氢键	PPO/PS	π-氢键
羟基化 PS/PEMA	氢键	PVDF/PMMA	偶极-偶极
PBT/PVC	氢键	PVDF/PVAc	偶极-偶极
EVA/PVC	氢键	PMMA/PC	n-π络合
PMMA/PVC	氢键	PC/PBT	n-π络合
PCL/phenoxy	氢键	TMPC/PC	n-π络合
PS/PCL	氢键	St-*co*-MMA-Li/PEO	离子-偶极

注：phenoxy—双酚 A 多羟基醚；PVME—聚乙烯基甲基醚；PVDF—聚偏氟乙烯；PVAc—聚醋酸乙烯酯。

表 7-6 典型的离子键型增容剂

A 组分	B 组分	增容剂
PS	PMMA	磺酸化 PS
PS+PPO	EPDM	PS（含磺酸盐）
PA6	PE	AC（羟酸盐）
PBT	PE	EVA

利用电子给体和电子受体的络合作用，也可产生增容作用。存在这种特殊相互作用的共

混物，常表现出 LCST 行为。

（4）共溶剂法和 IPNs 法

两种互不相溶的聚合物常可在共同溶剂中形成混合溶液。将溶剂除去后，相界面非常大，以致很弱的聚合物-聚合物相互作用就足以使形成的形态结构稳定下来。

互穿网络聚合物（IPNs）技术是产生增容作用的新方法。其原理是将两种聚合物结合成稳定的相互贯穿的网络，从而产生明显的增容作用。

7.2.5　相容性研究方法

研究聚合物之间相容性的方法很多。前面已述及以热力学为基础的溶解度参数（δ）及 Flory-Huggins 相互作用参数 χ_{12} 来判断互溶性。除热力学方法外，还可用玻璃化转变温度（T_g）法、平衡熔点法、聚合物相图、红外光谱法、电镜法、界面层厚度法、界面张力测定法、共混物薄膜透明度测定法、共同溶剂法、黏度法等来研究聚合物共混物的相容性。

7.2.5.1　玻璃化转变温度法测定聚合物-聚合物的互溶性

工程上最常用的是玻璃化转变温度法。主要是基于如下的原则：聚合物共混物的玻璃化转变温度与两种聚合物分子级的混合程度有直接关系。若两种聚合物组分互溶，共混物为均相体系，就只有一个玻璃化转变温度，此玻璃化转变温度决定于两组分的玻璃化转变温度和体积分数（图 7-6）。若两组分完全不互溶，形成界面明显的两相结构，表现为两个玻璃化转变温度，分别等于两组分的玻璃化转变温度。部分互溶的体系介于上述两种极限情况之间。

当构成共混物的两聚合物之间具有一定程度的分子级混合时，相互之间有一定程度的扩散，界面层占有不可忽略的比例。此时虽然仍有两个玻璃化转变温度，但相互靠近了，其靠近的程度取决于分子级混合的程度。分子级混合程度越大，就越相互靠近。在某些情况下，界面层也可能表现出不太明显的第三个玻璃化转变温度。因此，根据共混物的玻璃化转变，不但可推断组分之间的互溶性，还可得到有关形态结构方面的信息。

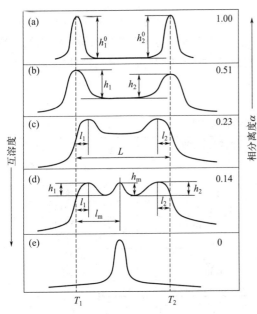

图 7-6　聚合物共混物的互溶度和相分离程度

图中的峰为 tanδ 峰，与峰值对应的温度为相应的 T_g

一般可采用动态力学性能测试方法测定玻璃化转变时的力学损耗峰来表征 T_g，也可采用膨胀计法、折光率法、热机械法（温度-形变法）、差示扫描量热（DSC）法测量。

膨胀计法：在膨胀计内装入适量的待测聚合物，通过抽真空的方法在负压下将对待测聚合物没有溶解作用的惰性液体充入膨胀计内，然后在油浴中以一定的升温速率对膨胀计加热，记录惰性液体柱高度随温度的变化。由于聚合物在玻璃化转变温度前后体积的突变，惰性液体柱高度-温度曲线上出现转折点。转折点对应的温度即为待测聚合物的玻璃化转变温度。

折光率法：利用聚合物在玻璃化转变温度前后折光率的变化，测定玻璃化转变温度。

热机械法（温度-形变法）：在加热炉或环境箱内对聚合物的试样施加恒定载荷，记录不同温度下的温度-形变曲线。类似于膨胀计法，曲线上的转折点所对应温度即为玻璃化转变温度。

DSC 法：以玻璃化转变温度为界，高分子聚合物的物理性质随高分子链段运动自由度的变化而呈现显著的变化，具体表现为 DSC 曲线上出现平移，拐点即为玻璃化转变温度。

7.2.5.2　平衡熔点法

计算聚合物共混体系的平衡熔点 T_m^0，观察有无熔点下降的现象是判断结晶共混物组分的分子间是否存在相互作用力的一个可靠方法。结晶聚合物的平衡熔点定义为分子量为无穷大的、具有完善晶体结构的聚合物的熔融温度，常用 Hoffman-Weeks 方程计算 T_m^0 [式（7-3）]：

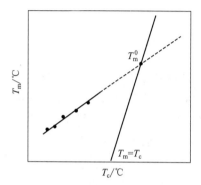

$$T_m = T_m^0 (1-1/\gamma^*) + T_c/\gamma^* \qquad (7\text{-}3)$$

也记做 $T_m = T_m^0 (1-\eta) + T_c\eta$

式中，T_m 为实验测得的表观熔点；T_m^0 为平衡熔点；γ^* 是结晶温度为 T_c 时的片晶增厚因子；η 等于 $1/\gamma^*$。

测定在不同 T_c 下等温结晶所得到样品的 T_m，以 T_m 对 T_c 作图，并将 T_m 对 T_c 的关系外推到与 $T_m = T_c$ 直线相交，相交点取作该样品的 T_m^0，如图 7-7 所示。此法简便易行，被广泛使用。

图 7-7　平衡熔点计算

7.2.5.3　浊点法

有一些聚合物对，只能在一定的配比和温度范围内才能完全相容，超出此范围，即发生两相分离。按照相分离温度不同，可以分为 LCST 和 UCST 两类。当共混物由均相体系变为两相体系时，透光率会发生改变，这一转变点称作浊点。对于聚合物共混物，通常采用由充分混合的共混物制得的薄膜来测定浊点曲线。可通过显微镜来观察薄膜，温度缓慢上升或下降，开始出现微弱的浑浊即为浊点。

7.3　聚合物共混物的形态结构

聚合物共混物的形态结构也是决定其性能的最基本因素之一。聚合物共混物的形态结构受一系列因素的影响，可归纳成以下三种类型。

（1）热力学因素

如聚合物之间的相互作用参数、界面张力等。平衡热力学可用于预期共混物的最终平衡结构是均相或是多相。相分离可形成组成均匀的层状或各种分散结构。

（2）动力学因素

相分离动力学决定平衡结构能否到达以及达到的程度。根据相分离动力学的不同可出现两种类型的形态结构：成核增长机理（nucleation and growth，NG），一般形成分散结构；旋节相分离机理（spinodal decomposition，SD），一般形成交错层状的共连续结构。具体的形态结构主要取决于骤冷程度。骤冷程度越大，聚结的起始尺寸越小，可由 100nm 降至 10nm。结构尺寸随时间的延长而趋于平衡热力学所预期的最终值。这种平衡结构一般难以达到。采用增容的方法可将相分离所形成的结构稳定下来，从而提高产品性能的稳定性。

（3）流动场诱发的形态结构

在混合加工过程中形成，在产品的表面和内部形成不同的形态结构。这在本质上是由于流动参数不同而形成的各种不同的非平衡结构。

了解以上三个方面就可对聚合物共混物形态结构形成的机理有一个概括的认识，从而了解控制共混物形态结构和性能的基本途径。本节从上述观点出发，概括讨论聚合物共混物形态结构的基本类型、相界面结构、互溶性和混合加工方法对形态结构的影响以及形态结构的主要测定方法。

7.3.1　形态结构的基本类型

对于热力学互溶的聚合物共混体系，理论上只形成均相的形态结构。这里不做讨论。

由两种聚合物构成的两相聚合物共混物，按照相的连续性可分成三种基本类型：单相连续结构，即一个相是连续的而另一个相是分散的；两相互锁或交错结构；相互贯穿的两相连续结构。两组分聚合物形成的相结构，所涉及的基本原则同样适用于多组分体系。

7.3.1.1　单相连续结构

单相连续结构是指构成聚合物共混物的两个相或多个相中只有一个相是连续的。此连续相可看作分散介质，称为基体；其他的相分散于连续相中，称为分散相。单相连续的形态结构又因分散相相畴（即微区结构）的形状、大小以及连续相情况不同而表现为多种形式。

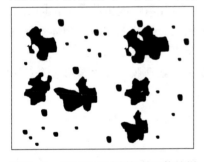

图 7-8　机械共混法制得共混物的微观结构（如 PMMA/SAN 共混物）

（1）分散相形状不规则

分散相由形状很不规则、大小极为分散的颗粒所组成。机械共混法制得的产物一般具有这种形态结构（图 7-8）。一般情况下，含量较大的组分构成连续相，含量较小的组分构成分散相。分散相颗粒尺寸通常为 1～10μm。

（2）分散相颗粒较规则

分散相颗粒较规则，一般为球形，颗粒内部不包含或只包含极少量的连续相成分。

（3）分散相为胞状结构或香肠状结构

这类形态结构较前面两种情况复杂。其特点是分散相颗粒内尚包含连续相成分所构成的更小颗粒。因此在分散相内部又可把连续相成分所构成的更小的包容物当作分散相，而构成颗粒的分散相成分则成为连续相。这时分散相颗粒截面形似香肠，所以称为香肠结构。也可把分散相颗粒当作胞，胞壁由连续相成分构成，胞本身由分散相成分构成，而胞内又包含连续相成分构成的更小颗粒，所以也称为胞状结构（图 7-9）。接枝共聚-共混法制得的共混物大多都具有这种类型的形态结构。

（4）分散相为片层状

此种形态是指分散相呈微片状分散于连续相基体中，当分散相浓度较高时，进一步形成了分散相的片层。图 7-10 为此类形态结构的透射电镜（TEM）照片。必要的形成条件是，分散相的熔体黏度大于作为连续相聚合物的熔体黏度，共混时大小适当的剪切速率以及采用恰当的增容技术。

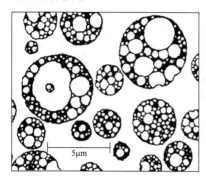 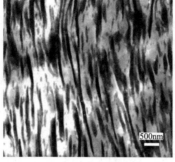 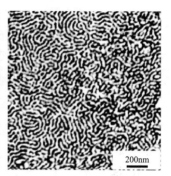

图 7-9　分散相为胞状结构的透射电镜照片（TEM）　　**图 7-10**　分散相为片层的聚合物共混物，聚丙烯/聚（乙烯-*co*-辛烯）（70/30）共混物的 TEM 照片　　**图 7-11**　SBS 微相分离形成两相互锁结构的 AFM（相图成像模式）照片

7.3.1.2　两相互锁或交错结构

这类形态结构有时也称为两相共连续结构，包括层状结构和互锁结构。嵌段共聚物产生两相旋节分离以及当两嵌段组分含量相近时常形成这类形态结构，如图 7-11 所示 SBS 的相结构。此外，以邻苯二甲酸正丁酯为溶剂浇铸的聚苯乙烯-聚氧乙烯嵌段共聚物也是这种层状结构；少量的苯乙烯和异戊二烯的二嵌段共聚物（PS-b-IR）的形态结构为层状交错。

嵌段共聚物 A-b-B 的形态结构与其组成比关系很大。通常来讲，含量少的组分是分散相，含量大的组分呈现连续相。随着分散相含量的逐渐增大，分散相从球状珠滴变成棒状或纤维状，当两个组分含量相近时，变成层状结构，理想的模型如图 7-12 所示。原则上，在嵌段共聚物 A-b-B 中加入 A 均聚物，它相容于 A 相中，其对形态结构的影响效果等同于增加嵌段共聚物 A-b-B 中 A 的比例。一般来说，嵌段共聚物的形态结构较为复杂，不如模型所示这样规整，常常是球状颗粒、短棒状以及条块状纤维同时存在于共混体系中。

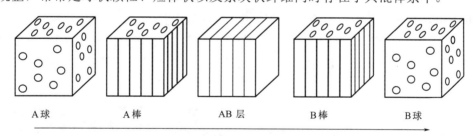

A 球　　A 棒　　AB 层　　B 棒　　B 球

组分A增加，组分B减少

图 7-12　嵌段共聚物及嵌段共聚物/均聚物共混物形态结构模型

聚合物共混物可在一定的组成范围内发生相的逆转。原来是分散相的组分变成连续相，而原来是连续相的组分变成分散相。这和乳液相逆转的情况相似。设发生相逆转时组分 1 及 2 的体积分数分别为 φ_{1i} 及 φ_{2i}，则存在如下的经验关系式[式（7-4）]：

$$\frac{\varphi_{1i}}{\varphi_{2i}} = \frac{\eta_1}{\eta_2} = \lambda \qquad (7\text{-}4)$$

式中，η_1 及 η_2 分别为组分 1 及 2 的黏度。

这是一个很好的近似式。因为λ值常与剪切应力有关，所以相逆转时的组成也受混合、加工方法及工艺条件的影响。但是还有一些体系，相逆转组成φ_i对λ值的变化并不敏感，这和水/油乳液的情况相似。

交错层状的共连续结构在本质上并不是非热力学稳定结构。在相逆转的组成范围内，常可形成两相交错、互锁的共连续形态结构，使共混物的力学性能提高。这就为混合及加工条件的选择提供了一个重要依据。

7.3.1.3　两相连续结构

相互贯穿的两相连续形态结构的典型例子是互穿网络聚合物（IPNs）。在 IPNs 中两种聚合物网络相互贯穿，使得整个共混物成为一个交织网络，两个相都是连续的。

IPNs 的两相连续性已被电子显微镜分析和动态力学性能的研究所证实。另外，根据 Davies 方程，两相连续体系的杨氏模量与组成的关系为[式（7-5）]：

$$E^{1/5} = \varphi_1 E_1^{1/5} + \varphi_2 E_2^{1/5} \tag{7-5}$$

式中，E、E_1 和 E_2 分别为共混物、组分 1 及组分 2 的弹性模量；φ_1 和 φ_2 分别为组分 1 和组分 2 的体积分数。

7.3.1.4　结晶聚合物

对两种聚合物都是结晶性的或者其中之一为结晶性的，另一种为非结晶性的情况，上述原则也同样适用。所不同的是，对结晶聚合物的情况尚需考虑共混后结晶形态和结晶度的改变。

（1）结晶/非晶共混

聚合物共混物中一种成分为晶态聚合物，另一种为非晶态聚合物的例子有：聚己内酯/聚氯乙烯（PCL/PVC）共混物、全同立构聚苯乙烯（i-PS）/无规立构聚苯乙烯（a-PS）共混物、i-PS 与聚苯醚（PPO）的共混物、聚偏氟乙烯（PVDF）/PMMA 共混物等。这类共混物的形态结构早期曾归纳成以下 4 种类型，见图 7-13：（a）晶粒分散在非晶态介质中；（b）球晶分散在非晶态介质中；（c）非晶态分散在球晶中；（d）非晶态形成较大的相畴分散在球晶中。根据近年来广泛的研究报道，增加如下 4 种：①球晶几乎充满整个共混体系（为连续相），非晶聚合物分布于球晶与球晶之间；②球晶被轻度破坏，成为树枝晶并分散于非晶聚合物之间；③结晶聚合物未结晶，形成非晶/非晶共混体系（均相或非均相）；④非晶聚合物产生结晶，体系转化为结晶/结晶聚合物共混体系（也可能同时存在一种或两种聚合物的非晶区）。

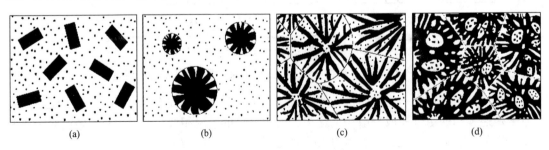

图 7-13　晶态/非晶态共混物形态结构

（2）结晶/结晶共混

结晶/结晶共混的例子主要有聚对苯二甲酸丁二醇酯（PBT）/对苯二甲酸乙二醇酯（PET）、PE/PP、聚酰胺（PA）/PE 等。由于结晶聚合物中含有非晶区，此类共混物的形态结构较为复杂，如图 7-14 所示。主要有：（a）形成非晶态共混体系，互溶性好；（b）非晶态共混体系，互溶性差；（c）、（d）两种聚合物分别为结晶形态；（e）两种结晶聚合物分别形成球晶，内含非晶区；（f）形成共晶；（g）一聚合物为结晶、另一聚合物为非晶；（h）单组分晶体与双组分共晶同时存在。

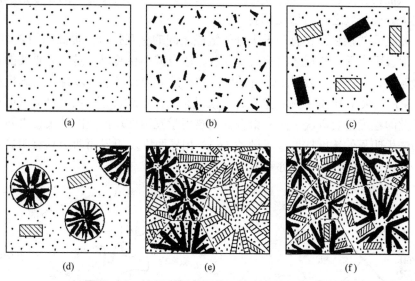

图 7-14 结晶/结晶共混物可能出现的形态结构

此外，附晶（epitaxial crystallization）也是结晶/结晶聚合物共混物形态中一种特别值得注意的现象。所谓附晶（又称附生结晶、外延结晶）是一种结晶物质在另一物质（基质）上的取向生长。以拉伸 i-PP/LLD PE 共混物薄膜为例，二者含量相当时，如图 7-15（a）所示，结晶区中的 PP 和 PE 分子沿应力方向取向，而结晶沿垂直于应力的方向生长，形成"羊肉串式"的结晶形态。当 PE 含量较低时，PE 在 PP 晶体上附生增长，其生长方向与 PP 晶体成长方向呈 45°，如图 7-15（b）所示。附晶的生成可以显著提高共混物的力学性能，因此引起人们极大的研究兴趣。

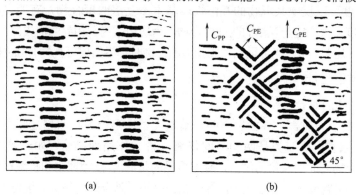

图 7-15 i-PP/LLDPE 共混物薄膜在拉伸下的附生结晶
（a）LLDPE/i-PP 50/50；（b）LLDPE/i-PP 20/80

7.3.2 聚合物的界面层

由两种聚合物形成的共混物中存在三种区域结构：两种聚合物各自独立的相和两相之间的界面层。界面层也称为过渡区，在此区域发生两相的黏合和两种聚合物链段之间的相互扩散。界面层的结构，特别是两种聚合物之间的黏合强度，对共混物的性能，特别是力学性能有决定性的影响。

7.3.2.1 界面层的形成

聚合物共混物界面层的形成可分为两个步骤。第一步是两相之间的相互接触，第二步是两种聚合物大分子链段之间的相互扩散。

增加两相之间的接触面积有利于大分子链段之间的相互扩散，提高两相之间的黏合力。因此，在共混过程中保证两相之间的高度分散、适当减小相畴尺寸是十分重要的。为增加两相之间的接触面积、提高分散程度，可采用高效率的共混设备，如双螺杆挤出机和静态混合器；另一种途径是采用 IPNs 技术；第三种方法是采用添加增容剂，也是目前最可行的方法。

最终扩散的程度主要取决于两种聚合物的热力学互溶性。扩散的结果使得两种聚合物在相界面两边产生明显的浓度梯度（见图 7-16）。相界面以及相界面两边具有明显浓度梯度的区域构成了两相之间的界面层（亦称界面区）。

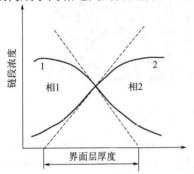

图 7-16　界面层中两种聚合物链段的浓度梯度

1—聚合物 1 链段浓度；2—聚合物 2 链段浓度

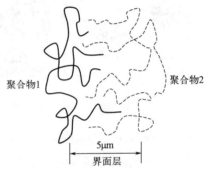

图 7-17　聚合物共混物界面层的
大分子链和链端的取向

7.3.2.2 界面层的厚度

界面层的厚度可以反映共混物的互溶性。基本不互溶的聚合物，有明显相界面；互溶性增加，界面层厚度变大；完全互溶的两种聚合物，为均相结构，相界面消失。一般情况下界面层的厚度为几纳米～几十纳米。当界面层占相当大的比例时，界面层可视为有独立特性的第三相。

7.3.2.3 界面层的性质

（1）两相之间的黏合

就两相之间黏合力而言，界面层有两种基本类型。第一类是两相之间由化学键结合，例如接枝和嵌段共聚物；第二类是两相之间仅靠次价力作用而结合，如一般机械法共混物。

关于两种聚合物之间的次价力结合，普遍接受的是润湿-接触理论和扩散理论。根据润湿-接触理论，黏合强度主要取决于界面张力，界面张力越小，黏合强度越大。根据扩散理论，黏合强度主要取决于两种聚合物之间的互溶性，互溶性越大，黏合强度越高。为使两种聚合物大分子链能相互扩散，温度必须在 T_g 以上。事实上这两种理论是内在统一的，只是处理问题的方法不同而已。界面张力与溶解度参数之差的平方成正比。所以互溶性好时，界面张力也必然小。

（2）界面层大分子链的形态

如图 7-17 所示，在界面层大分子尾端的浓度要比本体高，即链端向界面集中。链端倾向垂直于界面取向，而大分子链整体则大致平行于界面取向。

（3）界面层分子量分级的效应

Reiter 等的研究证明，若聚合物分子量分布较宽，则由于分子量较低时，聚合物互溶性大而分子链熵值损失较小，低分子量部分向界面区集中，产生分子量分级效应。

（4）密度及扩散系数

界面层聚合物密度取决于两相之间的相互作用力的大小。当存在化学键作用和强的相互吸引力时，界面层密度会比本体大。两相之间只存在次价作用力的情况，一般界面层的密度要比本体小。这时，界面层的自由体积分数增大。虽然自由体积分数增加的值不是很大，却可使扩散系数提高 3 个数量级。

（5）其他添加剂

具有表面活性的添加剂、增容剂以及表面活性杂质等会向界面集中。

如上所述，界面层的力学松弛性能与本体相是不同的。界面层及其所占的体积分数对共混物的性能有显著影响。这也是相畴尺寸对共混物性能有明显影响的原因。

7.3.3　相容性对形态结构和性能的影响

在许多情况下，热力学互溶性是聚合物之间均匀混合的主要推动力。两种聚合物的互溶性越好就越容易相互扩散而达到均匀的混合，过渡区也就宽广。相界面越模糊，相畴越小，两相之间的结合力也越大。有两种极端情况。第一是两种聚合物完全不互溶，两种聚合物链段间相互扩散的倾向极小，相界面很明显，其结果是混溶性较差，相之间结合力很弱，共混物性能不好。为改进共混物的性能需采取适当的工艺措施，例如采取共聚-共混的方法或加入适当的增容剂。第二是两种聚合物完全互溶或互溶性极好，这时两种聚合物可完全相互溶解而成为均相体系或相畴极小的微分散体系。这两种极端情况都不利于共混改性（尤其指力学性能改性）。一般而言，我们所需要的是两种聚合物有适中的互溶性，从而制得相畴大小适宜、相之间结合力较强的复相结构的共混产物。

7.3.4　制备方法对形态结构的影响

7.3.4.1　制备方法

一般而言，接枝共聚-共混法制得的产物（化学法），其分散相为较规则的球状颗粒；熔融共混法制得的共混物（机械法）其分散相颗粒较不规则，颗粒尺寸亦较大。但有一些例外，如乙丙橡胶与聚丙烯的机械共混物，分散相乙丙橡胶颗粒是规则的球形。这主要是因为聚丙烯是结晶的，熔化后黏度较低，界面张力的影响起主导作用的缘故。

用本体法和本体-悬浮法制备 HIPS 和 ABS 时，丁腈胶颗粒中包含有 80%～90%体积的树脂（PS）。树脂包容物的产生主要是由于相转变过程的影响。用同样的方法制备橡胶增韧的环氧树脂时无相转变过程，因此橡胶颗粒中不包含环氧树脂。以乳液聚合法制得的 ABS，橡胶颗粒中包含约 50%体积的树脂，橡胶颗粒的直径亦较小。不同制备方法所制得的 ABS 的形态结构如图 7-18 所示。

当用溶液浇铸成膜时，产品的形态结构与所用的溶剂种类有关。例如 SBS 三嵌段共聚物浇铸成膜时，若以苯/庚烷（90/10）为溶剂，则聚丁二烯嵌段为连续相。这是由于苯可溶解聚丁二烯嵌段亦可溶解聚苯乙烯嵌段，而庚烷只能溶解聚丁二烯嵌段。因此先蒸发掉苯再干燥除去庚烷时，聚苯乙烯嵌段首先沉析而分散于聚丁二烯嵌段的连续相中。反之，若用四氢呋喃/甲乙酮（90/10）为溶剂时，由于四氢呋喃为共同溶剂，甲乙酮只溶胀聚苯乙烯嵌段，因此先蒸发掉四氢呋喃再除去甲乙酮而制得的薄膜中，聚苯乙烯嵌段为连续相而聚丁二烯嵌段为分散相。

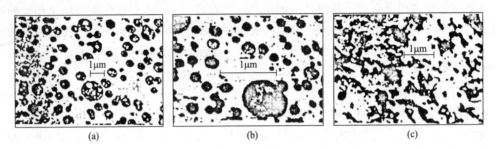

图 7-18　三种不同方法制得的 ABS 形态结构，黑色为橡胶相
（a）本体–悬浮法 ABS；（b）乳液聚合法 ABS；（c）机械共混法 ABS

7.3.4.2　流动参数

一般而言，聚合物共混物熔体在流动过程中可诱发以下几种形态结构。

（1）流动包理（flow encapsulation），是指在一定条件下，黏度较小的组分（如聚合物 1）迁移到器壁，最后包封组分 2（聚合物 2）而形成包埋型形态结构。

（2）形成微丝状或微片状结构。

（3）由于剪切诱发的聚结而形成层状结构。

7.3.5　形态结构测定方法

7.3.5.1　显微镜法

直接测定聚合物共混物形态结构的方法主要是显微镜法。包括光学显微镜（OM）、扫描电子显微镜（SEM）、透射电子显微镜（TEM）、扫描-透射电镜（STEM）、高分辨 TEM、环境 SEM、场发射 SEM、冷冻 TEM、原子力显微镜（AFM）等。

光学显微镜仅用于较大尺寸形态结构的分析，常用于微米量级的观察，有透射或反射模式。SEM 是通过电子束在样品表面扫描激发二次电子来成像，聚合物表面通常需喷金处理，可观察几十纳米以上的颗粒。TEM 可观察几十纳米以下甚至更小的颗粒。由于要使电子束透射，样品不能太厚，须在 $0.2\mu m$ 以下，通常在 50nm 最佳。不同显微分析法的对比见表 7-7。因此多数试样需通过超薄切片处理。含双键的橡胶还可通过与四氧化锇（OsO_4）的反应[式（7-6）]使样品变硬，利于切片。此外，染色还可以增大反差利于电镜观察。

$$\begin{array}{c}C=C\end{array} + OsO_4 \longrightarrow \begin{array}{c} \end{array} \qquad (7\text{-}6)$$

7.3.5.2　X 射线散射和中子散射

小角 X 射线散射（small-angle X-ray scattering，SAXS）是在靠近原光束附近很小角度内（5°以下）电子对 X 射线的漫散射现象，可测定材料的周期结构，适用于层状结构材料。广

表 7-7 各种显微分析法对比

参数	OM	SEM	TEM
放大倍数	1~500	$10~10^5$	$10^2~5\times10^6$
分辨率[①]/nm	500~5000	5~10	0.1~0.2
维数	2~3	3	2
景深[②]/μm	约 1	10~100	约 1
观察尺寸范围[③]/nm	$10^3~10^5$	$1~10^4$	0.1~100
样品	固体或液体	固体	固体

① 分辨率是指显微镜所能分清临近两个小质点的最短距离。
② 景深：在垂直于光场或电场方向可分辨的深度。
③ 观察尺寸范围：指观察范围的对角线尺寸。

角 X 射线衍射（wide-angle X-ray scattering，WAXS）常用于在广角度范围（几十度）测定多晶材料的晶体结构。

7.4 聚合物共混物的性能

聚合物共混物的性能，受到多方面因素的影响，包括各组分的性能和配比、共混物的形态、两相界面的结合以及外界作用条件等。

7.4.1 性能-组成关系

双组分体系的性能与其组分之间的关系可用"混合物法则"作近似估算。最常用的有式（7-7）和式（7-8）：

$$p = p_1\beta_1 + p_2\beta_2 \tag{7-7}$$

$$\frac{1}{p} = \frac{\beta_1}{p_1} + \frac{\beta_2}{p_2} \tag{7-8}$$

式中，p 为双组分体系的某一指定性能，如 T_g、密度、电性能、模量等；p_1 及 p_2 为组分 1 及 2 相应的性能；β_1 及 β_2 为组分 1 及 2 的浓度或质量分数、体积分数。

在大多数情况下，式（7-7）给出混合物性能的上限值而式（7-8）给出下限值。完全互溶时，基本上符合式（7-8）。但很多情况下，由于两组分间的相互作用，常有明显的偏差，这时可采用修正式（7-9）。

$$p = p_1\beta_1 + p_2\beta_2 + I\beta_1\beta \tag{7-9}$$

式中，I 为组分间相互作用的一个常数，称为作用因子，可正可负。

对复相结构的共混物，组分之间的相互作用主要发生在界面层，这集中表现在两相之间黏合力的大小。黏合力的大小对某些性能例如力学性能有很大的影响，而对另外一些性能则可能影响不大，因此对同一体系但对不同的性能，具体关系式会很不相同。

材料的破坏是很复杂的过程，上述一般关系式往往不适用于计算机械强度。对两相都连续的共混物，力学性能与组成的关系可表示为式（7-10）。

$$p^n = p_1^n \varphi_1 + p_2^n \varphi_2 \tag{7-10}$$

式中，n 为与具体性能有关的常数。

如两相连续体系的杨氏模量与组成的关系可用式（7-5）的 Davies 方程进行估算。

当组成改变时会发生相的反转，分散相变成连续相。在相转变区，如弹性模量等性能较符合式（7-11）。

$$\lg p = \varphi_1 \lg p_1 + \varphi_2 \lg p_2 \qquad (7\text{-}11)$$

实际体系要复杂得多，上述各关系式仅有基本的指导价值，并不能代替各种具体体系和各种具体性能的关系式。

7.4.2　力学松弛性能

与均聚物相比，聚合物共混物的玻璃化转变有两个主要特点：一般有两个玻璃化转变温度；玻璃化转变区的温度范围有不同程度的加宽。这里起决定性作用的是两种聚合物的互溶性。

两个玻璃化转变的强度与共混物的形态结构及两相含量有关。以损耗正切值 $\tan\delta$ 表示玻璃化转变强度，有以下规律：连续相组分的 $\tan\delta$ 峰值较大，分散相组分的 $\tan\delta$ 峰值较小；在其他条件相同时，分散相的 $\tan\delta$ 峰值随其含量的增加而提高；分散相 $\tan\delta$ 峰值与形态结构有关，一般而言，起决定作用的是分散相的体积分数。

共混物力学松弛性能的最大特点是力学松弛谱的加宽。共混物内特别是在界面层，存在两种聚合物组分的浓度梯度。共混物恰似由一系列组成和性能渐变的共聚物所组成的体系，因此松弛时间谱较宽。由于力学松弛时间谱的加宽，共混物具有较好的阻尼性能，可作防震和隔音材料，具有重要的应用价值。

7.4.3　模量和强度

7.4.3.1　模量

共混物的弹性模量可根据混合法则作近似估计。最简单的是根据式（7-7）及式（7-8）分别给出模量的上、下限。一般而言，当模量较大的组分构成连续相时较符合式（7-7）。若模量较小的组分构成连续相时，较符合式（7-8）。对两相都连续的共混物弹性模量，可按式（7-10）作近似估计。上述原则也适用于以无机填料填充的塑料或橡胶。

7.4.3.2　机械强度

聚合物共混物是一种多相结构的材料，各相之间相互影响，又有明显的协同效应，其机械强度并不等于各级分机械强度的简单平均值。在大多数情况下增加韧性是聚合物共混改性的主要目的，在第 6 节将集中讨论这个问题。

7.4.4　流变性能

聚合物共混物的熔体黏度一般都与混合法则有很大的偏离，常有以下几种情况。

（1）小比例共混就产生较大的黏度下降，例如聚丙烯与聚（苯乙烯-甲基丙烯酸四甲基哌啶醇酯）（PDS）共混物和 EPDM 与聚氟弹性体 Viton 共混物的情况（见图 7-19）。这种小比例共混使黏度大幅度下降，可能是因为少量不相混溶的聚合物沉积于管壁，因而产生了管壁与熔体之间滑移。

（2）由于两相的相互影响及相的转变，当共混比例改变时，共混物熔体黏度可能出现极大值或极小值，如图 7-20 所示。

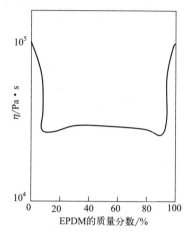

图 7-19 Viton/EPDM 共混物熔体黏度与
组成的关系（温度 160℃，剪切速率 14s⁻¹）

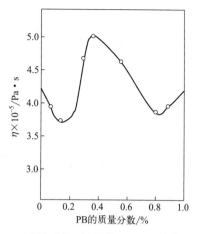

图 7-20 共混物 PS/PB 熔体黏度与
组成的关系

（3）共混物熔体黏度与组成的关系受剪切应力大小的影响。例如，POM（含甲醛和 2% 1, 3-二氧五环共聚物）和 CPA（44%己内酰胺和 37%己二酸己二醇酯、19%癸二酸己二醇酯的混缩聚产物）共混物熔体黏度与组成的关系对剪切应力十分敏感，如图7-21 所示。

（4）单相连续的共混物熔体，例如橡胶增韧塑料熔体，在流动过程中会产生明显的径向迁移作用，即橡胶颗粒由器壁向中心轴方向迁移，结果产生了橡胶颗粒从器壁向中心轴的浓度梯度。一般而言，颗粒越大、剪切速率越高，这种迁移现象就越明显，这会造成制品内部的分层作用，从而影响制品的强度。

7.4.5 其他性能

7.4.5.1 透气性和可渗性

一般而言，共混物的透气性取决于连续相。渗透系数大的组分为连续相时，符合式（7-7）；若渗透系数小的组分为连续相时，渗透系数接近符合式（7-8）。当两组分完全混溶时，共混物的渗透系数 p_c 符合式（7-12）：

$$\ln p_c = \varphi_1 \ln p_1 + \varphi_2 \ln p_2 \qquad (7-12)$$

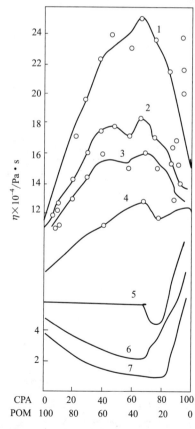

图 7-21 不同剪切力下 CPA/POM
共混物熔体黏度与组成的关系
曲线 1~7 中的剪切应力（×10⁴Pa）分别为 1.27、
3.93、5.44、6.30、12.59、19.25、31.62

透气性与可渗性还与两组分的浓度、溶解性能和分子间作用力等有关。

7.4.5.2 密度

两组分不混溶或互溶性较小时，符合式（7-8）。混溶性较好时，其密度可超过计算值 1%～5%，这是两组分间有较大的分子间作用力，使得分子间的堆砌更加紧密的缘故。

7.4.5.3 电性能和光性能

共混物的电性能取决于连续相的电性能。由于复相结构的特点，大多数是不透明或半透明的。共混物的光性能取决于两组分的折光指数和粒子大小。减少分散相颗粒尺寸可改善透明性，但最好的手段是选择折射率相近的组分进行共混，可有效提高透明性。

7.5 基于塑料的聚合物共混物

7.5.1 以聚乙烯为基的共混物

聚乙烯（PE）是最重要的通用塑料之一，产量居各种塑料之首。目前主要有高密度聚乙烯（HDPE）、低密度聚乙烯（LDPE）和线形低密度聚乙烯（LLDPE）三类。LDPE 是利用氧为引发剂通过高压自由基聚合法制得，反应过程容易发生链转移，导致大分子链支化，分子量较小、密度较低。HDPE 是乙烯在常压或稍高于常压下，通过配位阴离子催化剂于烷烃中聚合得到，支链较少，分子量高、密度大。LLDPE 是乙烯与 α-烯烃的共聚物，分子结构基本为线形，含有许多短小而规整的支链。表 7-8 是各类聚乙烯的密度和结晶度。

表 7-8 各类聚乙烯的密度和结晶度

PE 类	密度/(g/cm^2)	结晶度/%
HDPE	0.940～0.970	85～95
LLDPE	0.915～0.935	55～65
LDPE	0.910～0.940	45～65

聚乙烯的主要缺点是软化点低、强度不高、容易应力开裂、不容易染色等。采用共混法是克服这些缺点的重要途径。以聚乙烯为主要成分的共混物主要有以下几种。

7.5.1.1 不同密度聚乙烯之间的共混物

包括高密度聚乙烯与低密度聚乙烯共混物、中密度聚乙烯与低密度聚乙烯共混物等。不同密度聚乙烯共混可使熔化区域加宽，冷却时延缓结晶，可制备聚乙烯泡沫塑料。控制不同密度 PE 的比例，能得到多种性能的泡沫塑料。如 LDPE 中掺入 HDPE，降低了药品渗透性，同时降低了透气性和透汽性。

7.5.1.2 聚乙烯/乙烯-醋酸乙烯酯共聚物的共混物

PE/乙烯-醋酸乙烯酯共聚物（polyethylene/ ethylene-vinyl acetate copolymer）的共混物具有优良的韧性、加工性、较好的透气性和印刷性。EVA 是乙烯和醋酸乙烯（VAc）的无规共聚物，由于两者竞聚率相近，可按加料摩尔比进行共聚；单体比例不同，相应的 EVA 性能不同。EVA 中 VAc 含量低时，有一定的结晶性。用于共混的 EVA，要求结晶度低，VAc 含量在40%～70%之间。PE/EVA 的性能可在宽广的范围内变化。其熔体流动性随 EVA 含量的变化显示有极大和极小值的特殊现象，原因是两组分共有的乙烯基部分相容以及乙烯基与醋酸乙烯基间的部分相分离，因而导致特殊的混合形态。如 HDPE/EVA 中，若 EVA 占 10% 和 70%，流动性出现极大值。EVA 的分子量、EVA 的用量以及共混时的加工成型条件等都对共混物

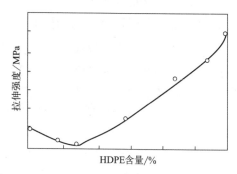

图 7-22　HDPE/EVA 共混体系拉伸强度与组成的关系

制品性能有明显影响。HDPE/EVA 共混体系拉伸强度与组成的关系如图 7-22 所示。EVA 的加入会降低 HDPE 的拉伸强度，在 EVA 用量较大时，拉伸强度的下降更为明显。因而，考虑到力学性能，EVA 的加入量要适中。添加少量的 EVA，即可明显改善 HDPE 的加工流动性，可用来制作发泡制品。

加工条件也可改变 HDPE/EVA 共混物的性能。注射压力大，流动速度快，聚合物取向度增加，弹性系数提高而延伸性能下降。注射温度升高则与注射压力大的效果相反，原因是温度升高时聚合物的取向度低。HDPE 中掺杂 EVA 后成为柔性材料，适于泡沫塑料的生产，与 HDPE 泡沫塑料相比，具有模量低、柔软、压缩形变好等特点。

7.5.1.3　聚乙烯与丙烯酸酯类聚合物共混物

丙烯酸酯类聚合物能改善 PE 的印刷性，有利于油墨的黏结。PE 与 PMMA 及 PEMA 共混可大幅度提高对油墨的粘接力。例如加 5%～20%的 PMMA，与油墨的粘接力可提高七倍。因此这类共混物在印刷薄膜方面具有较大的应用价值。

7.5.1.4　聚乙烯与氯化聚乙烯共混物

氯化聚乙烯（CPE）是由聚乙烯氯化而得，即部分氯原子无规置换聚乙烯链上氢原子的产物。将氯化聚乙烯加入 PE 中可以提高 PE 的印刷性、耐燃性和韧性。共混物的性能与 CPE 中氯原子含量密切相关。例如，PE 与 5%CPE（含氯量 55%）共混，可使 PE 与油墨的粘接力提高 3 倍。CPE 具有优良的阻燃性，将其加入 PE 并同时加入三氧化二锑，可制得耐燃性很好的共混物。

7.5.1.5　聚乙烯与其他聚合物的共混物

HDPE 与橡胶类聚合物，如热塑性弹性体、聚异丁烯、丁苯橡胶、天然橡胶共混可显著提高抗冲强度，有时还能改善其加工性能。

其他有应用价值的共混物还有 PE 与 PP、EPR、EPDM、PC、PS 等所组成的共混物。

7.5.2　以聚丙烯为基的共混物

聚丙烯耐热性优于聚乙烯，可在 120℃以下长期使用，刚性好、耐折叠性好、加工性能优良。主要缺点是成型收缩率较大、低温容易脆裂、耐磨性不足、耐光性差、不容易染色等。与其他聚合物共混是克服这些缺点的主要途径。聚丙烯的共混普遍采用机械共混法。近年来，

嵌段共聚-共混法已开始用于聚丙烯与聚乙烯、乙丙共聚物共混物的制备。

7.5.2.1　聚丙烯/顺丁橡胶共混物

聚丙烯与顺丁橡胶（BR）共混可大幅度提高聚丙烯的韧性。以国产聚丙烯粉料（熔融指数 0.4～0.8）和国产顺丁胶（门尼值 44）按质量比 100∶15 共混，所得 PP/BR 共混物的常温悬臂梁冲击强度比聚丙烯高六倍以上，脆化温度由聚丙烯的 31℃降低至 8℃。产生如此优良的增韧效果源于顺丁橡胶是一种弹性极为卓越的材料，玻璃化转变温度低至−110℃左右。

PP/BR 的挤出膨胀比 PP、PP/PE、PP/EVA、PP/SBS 等都小，所以制品的尺寸稳定性好，不容易翘曲变形。PP/BR 可采用普通机械共混设备，将聚丙烯粉料与顺丁橡胶常温初混后，于 180～190℃下在双辊混炼机上混炼成片，再挤出造粒。

PP/PE/BR 三元共混物也已获得工业应用。

7.5.2.2　聚丙烯/聚乙烯共混物

PP/PE 共混物的抗张强度一般随 PE 含量增大而下降，但韧性增加。PP 中加入 10%～40%HDPE，在−20℃时的落球抗冲强度可提高 8 倍，且加工流动性增加，因而此种共混物适用于大型容器的制备。

7.5.2.3　聚丙烯/乙丙橡胶共混物

PP 与乙丙橡胶（EPR）共混可改善聚丙烯的抗冲击性能和低温脆性，广泛用于生产容器、建筑防护材料等。另一种共混改性是 PP/EPDM（含有二烯类成分的三元乙丙橡胶），其耐老化性能超过 PP/EPR。此外还发展了 PP/PE/EPR 三元共混物。

7.5.2.4　聚丙烯与其他聚合物的共混物

聚丙烯与聚异丁烯（PIB）、丁基橡胶、热塑性弹性体（TPE）如 SBS 以及与 EVA 的共混物也逐渐得到发展。PP/EVA 具有较好的印刷性、加工性能、耐应力开裂，共混物的抗冲性能较好。PP/PIB/EPDM 三元共混物具有很好的加工性能，而 PP/PIB/EVA 三元共混物具有较好的力学性能、刚度和透明性。PP/PE/EVA/BR 四元共混物具有优良的韧性，已获得工业应用。

7.5.3　以聚氯乙烯为基的共混物

聚氯乙烯是一种综合性能良好、用途极广的聚合物，其主要缺点是热稳定性不好，100℃即开始分解，因而加工性能欠佳。聚氯乙烯本身较硬脆，抗冲强度不高，耐老化性差、耐寒性不好。与其他聚合物共混是 PVC 改性的主要途径之一。聚氯乙烯与某些聚合物共混具有多方面显著的改性作用（见表 7-9）。

其中，加工改进型 ACR 主要指甲基丙烯酸甲酯-丙烯酸乙酯乳液法共聚物；抗冲改进型 ACR 的典型品种是以聚丙烯酸丁酯交联弹性体为壳，外层接枝甲基丙烯酸甲酯-丙烯酸乙酯聚合物，具有核-壳结构，其壳层与 PVC 具有良好的相容性，增强了两聚合物的界面作用。

7.5.3.1　聚氯乙烯/乙烯-醋酸乙烯酯共聚物的共混物

EVA 起增塑、增韧的作用。PVC/EVA 共混物使用范围很广泛，可用于生产硬质制品和软质制品。硬质制品以挤出管材为主，还有板材、异型材、低发泡合成材料、注射成型制品等。软质制品主要有薄膜、软片、人造革、电缆及泡沫塑料等。

表 7-9 聚氯乙烯共混改性一览表

改性用聚合物	聚合物特征	主要改性效果
聚酯树脂	相容性较好的低分子量聚合物	增塑、软化
PMMA、AS 树脂、加工改进型 ACR	相容性较好的高分子量树脂	改善一次加工性，促进凝胶化
NBR、CR	相容性较好的橡胶	增韧
CPE、EVA、E-VA-CO 共聚物、抗冲改进型 ACR	相容性较好的高分子量聚合物	增韧、增柔
ABS、MBS	相容性一般的聚合物	增韧
PE、PP	非极性不相容树脂	改善流动性

7.5.3.2 聚氯乙烯/氯化聚乙烯的共混物

PVC 与 CPE 共混可改进加工性能、提高韧性。PVC/CPE 具有良好的耐燃性和抗冲性能，广泛应用于生产抗冲、耐候、耐燃的各种塑料制品，例如薄膜、管道、建筑材料、安全帽等。

7.5.3.3 聚氯乙烯与橡胶的共混物

聚氯乙烯与天然橡胶（NR）、顺丁胶（PB）、聚异戊二烯胶（IR）、氯丁胶（CR）、丁腈胶（NBR）、丁苯胶（SBR）等共混，可大幅度提高 PVC 的抗冲性能。由于 NR、PB、IR 等与 PVC 混溶性差，常需在这些非极性橡胶分子中引入卤素、氰基等极性基团后才能制得性能好的共混物。

7.5.3.4 聚氯乙烯与 ABS 及 MBS 的共混物

PVC/ABS 抗冲强度高、热稳定性好、加工性能优良。MBS 是聚丁二烯或丁苯胶大分子链上接枝甲基丙烯酸甲酯（MMA）和苯乙烯的接枝共聚物。PMMA 的引入使之与 PVC 的相容性提高，PS 则形成刚性链段，赋予共聚物一定的刚性和优良的加工性能；橡胶主链保持了共聚物的韧性。PVC/MBS 是透明、高韧性的材料，其透明性高于 PVC/ABS。PVC/MBS 的抗冲强度比 PVC 高 5～30 倍。此种共混物适用于制备透明薄膜、吹塑容器、真空成型制品、管材、异型材等。

7.5.3.5 聚氯乙烯与其他聚合物的共混物

其他有应用价值的 PVC 共混物还有 PVC 与丙烯酸酯类聚合物如 PMMA 等的共混物，主要用以改进加工性能；PVC 与 ACR 共混以改进抗冲性能或加工性能；PVC 与聚 2-甲基苯乙烯的共混物；PVC 与聚酯、聚氨酯的共混物等。

7.5.4 以聚苯乙烯为基的共混物

聚苯乙烯的主要缺点是性脆、抗冲击强度低、容易应力开裂、不耐沸水。采用共混改性是克服这些缺点的主要措施。目前共混改性聚苯乙烯在苯乙烯聚合物体系中占首要地位。共混改性聚苯乙烯主要包括高抗冲聚苯乙烯和 ABS 树脂两种类型。

7.5.4.1 高抗冲击聚苯乙烯

高抗冲聚苯乙烯（HIPS）是聚苯乙烯与橡胶的共混物。制备方法有机械共混法和接枝共聚共混法两种。机械共混法，目前主要采用丁苯胶，PS/SBR/SBS 三元共混物也获得广泛应用。接枝共混法生产 HIPS 的操作方法以本体聚合法和本体-悬浮聚合法为主。PS/EPR、PS/EPDM 近年来也得到发展。抗冲聚苯乙烯除韧性优异之外，还具有刚性好、容易加工、容易染色等优点，广泛用于生产仪表外壳、纺织器材、电器零件、生活用品等。

7.5.4.2　ABS 树脂

ABS 树脂是一类由聚苯乙烯、聚丁二烯和聚丙烯腈三种成分构成的共混物，是目前产量最大、应用最广的聚合物共混物，同时也是最重要的工程塑料之一。ABS 树脂最初是以机械共混法制备的，由于劳动强度大，工作环境恶劣，而且难以获得综合性能优良的产品，目前大多采用接枝共聚-共混法。这种方法以顺丁橡胶为骨架材料，经过复杂的共聚反应步骤，将苯乙烯、丙烯腈接枝共聚到顺丁橡胶微粒上。该方法对聚合设备要求简单，反应温度易于控制，操作方便，可实现连续化生产，是生产 ABS 树脂的经典方法。

近年来为了进一步改善 ABS 树脂的耐候性、耐热性、耐寒性、耐燃性等，开拓了许多新型 ABS 树脂，如 MBS、MABS（甲基丙烯酸甲酯-丙烯腈-丁二烯-苯乙烯共聚物）、AAS（丙烯腈-丙烯酸丁酯-苯乙烯共聚物）、ACS（丙烯腈-氯化聚乙烯-苯乙烯共聚物）、EPSAN（乙烯-丙烯-苯乙烯-丙烯腈共聚物）等。亦可将 ABS 再加以共混改性，例如与 PVC 共混以改进耐燃性、与聚芳砜共混以提高耐热性等。

7.5.5　其他聚合物共混物

其他比较重要的聚合物共混物有以下几种。

7.5.5.1　以聚碳酸酯为基的共混物

碳酸是一种极弱的二元无机酸，与其相应的聚酯总称为聚碳酸酯（PC）。产量最大、用途最广的碳酸酯是双酚 A 型 PC。由于主链带有苯环，刚性较大，侧基为对称的甲基，具有突出的冲击韧性，优良的电绝缘性，较宽的使用温度范围，制品尺寸稳定，是一种综合性能优异的工程塑料。但 PC 容易应力开裂，对缺口敏感，不耐磨，加工流动性差。目前常用的有两类共混改性体系。一类是不同 PC 之间的共混，如高分子量的 PC 与低分子量的 PC 共混以改善加工流动性；双酚 A 型碳酸酯与双酚 A、4-溴代双酚 A 混缩聚 PC 共混以改善成型性与耐燃性。第二类是 PC 与其他聚合物的共混，如与 ABS 共混增加 PC 的韧性；与结晶性 PE 共混，增加弹性模量，降低成本和耐沸水性。

7.5.5.2　以聚对苯二甲酸酯类为基的共混物

聚对苯二甲酸丁二醇酯（PBT）是由美国首先开发和工业化生产的工程塑料，近年来在电子电气及各工业领域的需求量与日俱增。性能特点是结晶速度快，可高速成型；耐候性、电性能、耐化学药品、耐摩擦磨损性能优良；吸水性低，尺寸稳定性好，但缺口冲击强度低，高载荷下热变形温度低，高温下刚性差等。PBT 为含有酯基的极性聚合物，与多种树脂具有良好的相容性，但与非极性的聚乙烯共混不能实现增韧。PBT 与 PET 共混，既可以解决 PET 结晶速度慢不易成型的问题，又可以提高 PBT 的化学稳定性、热稳定性、强度、刚度，其制品还具有良好的光泽。

7.5.5.3 以聚酰胺为基的共混物

聚酰胺（PA）又称尼龙，是目前应用最广泛的一类工程塑料。工业化的产品主要有尼龙6、尼龙66、尼龙610以及尼龙1010。聚酰胺分子结构中含有大量的酰胺基，大分子末端为氨基或羧基，所以是一种强极性、分子间能形成氢键且具有一定反应活性的结晶性聚合物。聚酰胺类聚合物具有优良的机械强度、耐磨性、自润滑性、耐腐蚀性和较好的成型加工性。然而因为极性较强，吸水率大，影响尺寸稳定和电性能。此外，耐热性和低温冲击强度有待提高。目前可在PP、PE分子链上接枝马来酸酐，引入酸酐基团或羧基；当与PA共混时，这些活性基团可以同时与PA末端的氨基反应实现增容，强化界面黏合，提高共混物的性能。PA还可与多种聚合物共混改性，例如尼龙6/尼龙66共混物、尼龙6/LDPE、尼龙6/聚丙烯/聚丙烯-酸酐接枝共聚物/酸酐多元共混物、聚酰胺/EVA共混物、聚酰胺/ABS、聚酰胺/聚酯共混物等。

7.5.5.4 以环氧树脂为基的共混物

环氧树脂是至少带有两个环氧基团的树脂，未固化前为线形结构，与胺类、酸酐类、聚酰胺类物质交联固化成网状大分子结构，所以环氧树脂是热固性树脂。环氧树脂随分子量的增大，可以从液态转变成固态。液态树脂用于制造涂料和胶黏剂、层压材料以及浇筑成型，固态树脂用作粉末涂料。环氧树脂具有良好的电性能、化学稳定性、粘接性、加工性，但最大的弱点是固化后质地变脆，耐冲击性较差和容易开裂，韧性不足。常用橡胶类弹性体如端羧基丁腈橡胶、端羟基丁腈橡胶、聚硫橡胶、硅橡胶等进行增韧。此外，还可以与热塑性树脂如聚砜类、聚酯类、聚酰亚胺类等合金化增韧。

7.5.5.5 以酚醛树脂为基的共混物

主要包括酚醛树脂与PVC、NBR、聚酰胺、环氧树脂等的共混物。

其他的聚合物共混物如以聚乙烯醇为基的共混物、以氟树脂为基的共混物和以聚苯硫醚（PPS）为基的共混物等，都日益受到重视。表7-10列出了一些重要工程聚合物及其共混物的性能。

表 7-10　一些重要工程聚合物及其共混物的性能

聚合物或其共混物	商品名	伸长率 /%	弯曲模量 /GPa	拉伸强度 /MPa	缺口冲击强度（23℃）/（J/m）	热变形温度（1.8MPa）/℃
PC	Lexan	90	2.20	56	640	132
PC/ABS	Pulse	100	2.59	53	530	96
PC/SMA	Arloy	80	2.20	45	640	121
PC/PET	Macroblend	165	2.07	52	970	88
PC/PBT	Xenoy	130	2.07	56	854	121
PA66	Zytel	60	2.83	83	53	90
PA/PO	Zytel-ST	60	1.72	52	907	71
PA/PSS		90	2.18	45	955	—
PA6/ABS	Elemld	—	2.07	48	998	200
HIPS		8	7.66	159	105	235
PSF	Udel	60	2.69	70	69	174
PSF/PC		14	2.46	62	390	180
POM	Delrin	40	2.83	48	75	136
POM/弹性体	Duraloy	220	1.04	37	<220	60
POM/弹性体	Delrin	75	2.62	69	123	136

第 7 章

7.6 橡胶增韧塑料的机理

7.6.1 橡胶增韧塑料的特点

橡胶增韧塑料的特点是共混物具有很高的抗冲强度，常比基体树脂的抗冲强度高 5～10 倍乃至数十倍。此外，橡胶增韧塑料的抗冲强度与制备方法关系很大，因为不同制备方法常使界面粘接强度、形态结构变化很大。例如以聚丁二烯增韧聚苯乙烯，不同的制备方法，抗冲强度差别很大（图 7-23）。

7.6.2 橡胶增韧塑料的机理

从 20 世纪 50 年代中期开始，关于橡胶增韧塑料的机理研究不断发展。第一阶段是 20 世纪 50～70 年代的早期增韧理论，主要从定性上来解释弹性体增韧的原因；第二阶段是 20 世纪 80～90 年代，开始由定性描述迈向定量分析，同时有机刚性材料与无机纳米材料的发现与应用催生了刚性粒子增韧理论。

早期，Merz 提出的能量直接吸收理论、Nielsen 提出的次级转变温度理论、Newman 等提出的屈服膨胀理论、Schmitt 提出的裂纹核心理论，往往只注意问题的某个侧面。当前普遍接受的是近几年发展的银纹-剪切带-空穴理论。该理论认为，橡胶颗粒的主要增韧机理包括三个方面：（1）引发和支化大量银纹并桥接裂纹两岸；（2）引发基体剪切形变，形成剪切带；（3）在橡胶颗粒内及表面产生空穴，伴之以聚合物链的伸展、剪切，导致基体聚合物塑性形变。在冲击能作用下，这三种机制示于图 7-24。

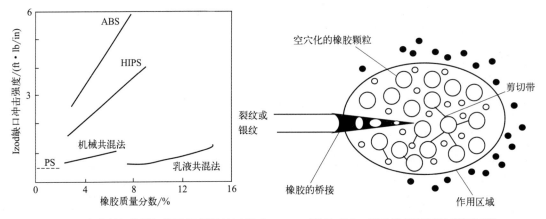

图 7-23 不同方法制备的增韧聚苯乙烯的抗冲强度
注：1ft·lb/in=53.39J/m

图 7-24 橡胶增韧塑料的增韧机理

7.6.2.1 银纹

聚合物在应力作用下，由于结构的缺陷和不均匀性造成应力集中，产生发白现象，即银纹；银纹可进一步发展成为裂纹。形成银纹需要消耗大量能量，银纹往往是聚合物破裂的开端。如果银纹被适当地终止，就可以延迟聚合物的破裂，提高聚合物的韧性。橡胶颗粒的第一个重要作用就是充当应力集中中心，在赤道面上产生大量银纹；当橡胶颗粒浓度较大时，非赤道面也能产生大量银纹，如图 7-25 所示。引发大量银纹需要消耗大量冲击能，因而可以提高材料的冲击强度。

除此之外，橡胶颗粒更主要的功能是支化银纹。两相结构的橡胶增韧塑料，在基体中银纹迅速发展，在达到极限速度（银纹在塑料中的极限扩展速率约为 620m/s）前碰上橡胶颗粒（29m/s），扩散速度骤降并立即发生强烈支化，产生更多的新的小银纹，消耗更多的能量，使抗冲强度提高。每个新生成的小银纹又在塑料基体扩展。这种反

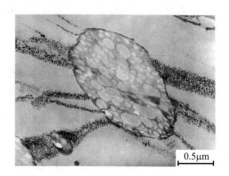

图 7-25 HIPS 中橡胶粒子引发 PS 产生银纹

复支化的结果是增加能量的吸收并降低每个银纹的前沿应力而使银纹易于终止。

由于银纹接近橡胶颗粒时速度大致为 620m/s，一个半径为 100nm 的裂纹或银纹，相当于 10^9Hz 作用频率所产生的影响。根据时-温等效原理，按频率每增加 10 倍，T_g 提高 6～7℃估算，这时橡胶相的 T_g 提高了 60℃左右。所以橡胶相的 T_g 要比室温低 40～60℃才能有显著的增韧效应。一般情况橡胶的 T_g 在-40℃以下为好，在选择橡胶时，这是必须充分考虑的一个问题。

另外，橡胶大分子链桥接裂纹或银纹两岸，从而提高其强度，延缓其发展，提高抗冲强度。

7.6.2.2 剪切带

橡胶颗粒的另一个重要作用是引发剪切带的形成。外力超过屈服应力时，产生屈服形变，进一步发生塑性变形。这种形变需要很多链段的独立运动。在一定条件下，如聚合物产生应变软化或是结构上有缺陷，可能造成局部应力集中，产生局部剪切变形，即为剪切带。剪切带的产生和尖锐程度、温度、形变速率以及样品的热历史有关。剪切带可使基体剪切屈服，吸收大量形变功。剪切带一般位于最大剪切应力的平面上，与所施加的张力或压力成 45°左右的角。在剪切带内分子链有很大程度的取向，取向方向为剪切力和拉伸力合力的方向。

剪切带不仅是消耗能量的重要因素，而且还终止银纹使其不致发展成破坏性的裂纹。此外，剪切带也可使已存在的小裂纹转向或终止。

银纹和剪切带的相互作用有三种可能方式，总的结果是促进银纹的终止，大幅度提高材料的强度和韧性，如图 7-26 所示。

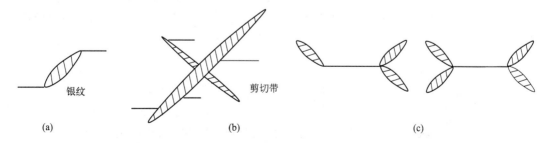

（a）银纹 剪切带 （b） （c）

图 7-26 聚甲基丙烯酸甲酯及聚碳酸酯中银纹与剪切带的相互作用方式

（a）剪切带在银纹尖端之间增长；（b）银纹被剪切带终止；（c）银纹为其自身产生的剪切带终止

（1）银纹遇上已存在的剪切带而得以愈合、终止。这是由于剪切带内大分子链高度取向，限制了银纹的发展。

（2）在应力高度集中的银纹尖端引发新的剪切带，所产生的剪切带反过来又终止银纹的发展。

（3）剪切带使银纹的引发及增长速率下降并改变银纹动力学模式。

关于银纹化和剪切屈服所占的比例主要由以下因素决定。

（1）基体塑料的韧性越大，剪切成分所占的比例就越大。

（2）应力场的性质。一般而言，张力提高银纹的比例，压力提高剪切带的比例。

7.6.2.3　空穴

在冲击力作用下，橡胶颗粒发生空穴化（cavitation）作用。空穴化是指在低温或高速形变过程中，在三轴张应力作用下，发生在橡胶粒子内部或橡胶粒子与基材界面间的空洞化现象。空穴化作用将裂纹或银纹尖端区基体中的三轴应力转变为平面剪切应力，引发剪切带（图7-27）。这一过程会吸收大量能量，从而大幅提高冲击强度。

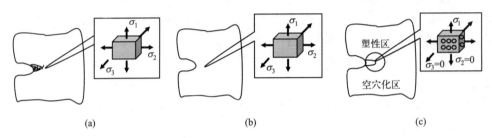

图7-27　端羧基丁腈橡胶（CTBN）增韧环氧树脂带缺口样品变形机理
（a）未增韧的环氧树脂，在缺口前沿产生三轴张应力；（b）CTBN橡胶增韧的环氧树脂，橡胶颗粒尚未空穴化；
（c）CTBN橡胶增韧的环氧树脂，在橡胶空穴化之后，三轴应力转变为平面应力状态，基体树脂产生屈服变形

空穴化会在橡胶颗粒内或其表面产生大量纳米尺寸的微孔。这些微孔的产生使橡胶颗粒体积增加，在基体中形成小的塑性区，诱发基体的剪切屈服。空穴化本身吸收能量较小，但塑性屈服吸收能量大。

在裂纹或银纹尖端应力发白区产生的空穴并非随机的，而是结构化的，即存在由橡胶颗粒链产生和发展而形成的空穴化阵列。由橡胶颗粒链产生的空穴化阵列，意味着在共混过程中混合过于均匀并不一定好，而应使橡胶颗粒具有一定的聚集结构。例如，以ABS增韧PVC时，混炼的均匀程度与温度有关，混炼温度越高越均匀。采用140℃、160℃和185℃三个混炼温度，共混物的混合均匀程度依次增大，而带缺口Charpy抗冲强度却依次下降，分别为42kJ/m²、26kJ/m²和8kJ/m²。表明橡胶颗粒一定程度的不均匀分散会提高材料的抗冲击强度。

7.6.2.4　脆-韧转变

橡胶增韧塑料的主要机理是银纹化和塑性形变，塑性形变（剪切形变）主要是由橡胶颗粒空穴化所产生的。对脆性较大的基体如PS等增韧主要是利用银纹的引发和支化，像HIPS和ABS的增韧主要是由于银纹化。而对韧性较大的基体如PC以及尼龙等工程塑料，增韧的主要机理是空穴化所引起的塑性形变，银纹化所占的比例甚少，甚至完全没有银纹化。

脆-韧转变理论的中心思想是：对韧性较大的基体，橡胶颗粒之间的基体层厚度τ（称为基体韧带厚度）减小到一定值τ_C后，在冲击能作用下基体开始由脆性向韧性转变，发生屈服形变，表现宏观的韧性行为。应当指出，橡胶颗粒粒径不能是无限小的，因为橡胶粒径过小

就不能产生有效的空穴化。

7.6.3　影响抗冲强度的因素

7.6.3.1　基体树脂

总的来说，橡胶增韧塑料的抗冲强度随树脂基体的韧性提高而增大。树脂基体的韧性主要取决于树脂大分子链的化学结构和分子量。化学结构决定了树脂的种类和大分子链的柔顺性。在基体种类已定的情况下，基体的韧性主要与基体分子量有关，分子量越大，分子链之间的物理缠结点越多，韧性越大。但是，抗冲强度与分子量尚无简单的定量关系。

7.6.3.2　橡胶相

（1）橡胶含量的影响

一般情况下，橡胶含量增大时，抗冲强度提高。但对基体韧性较大的塑料增韧，橡胶含量存在最佳值。

（2）橡胶粒径的影响

粒径的影响与基体树脂的特性有关。脆性基体断裂时以银纹化为主，较大的粒径对诱发和支化银纹有利，颗粒太小可能被银纹吞没而起不到应有的作用。当然粒径也不宜过大，否则在相同橡胶含量下，橡胶相作用要减小，所以常常存在最佳粒径范围。例如在 PS 中银纹厚度为 $0.9\sim2.8\mu m$，所以 HIPS 中橡胶粒径最佳值为 $2\sim3\mu m$。

对韧性基体，断裂以剪切屈服形变（即塑性形变）为主，即在橡胶颗粒空穴化作用下发生脆—韧转变。较小的粒径对空穴化有利即对引发剪切带有利；但粒径过小时也影响空穴化的有效性，所以存在最佳粒径值，此最佳值要小于脆性基体的情况。例如 ABS 改性 PVC 中，橡胶粒径最佳值为 $0.1\sim0.2\mu m$。

粒径分布亦有影响，有时采用粒径为双峰或三峰分布的橡胶颗粒对增韧作用有协同效应。但目前尚未总结出一般性规律。

（3）橡胶相与基体树脂混溶性

橡胶相与基体树脂应有适中的互溶性。互溶性过小，相间粘接力不足，粒径过大，增韧效果差；互溶性过大，橡胶颗粒过小，甚至形成均相体系，亦不利于抗冲强度的提高。

（4）橡胶相玻璃化转变温度的影响

一般而言，橡胶相玻璃化转变温度 T_g 越低，增韧效果越好。

（5）橡胶颗粒内树脂包容物含量的影响

橡胶颗粒内树脂包容物使橡胶相的有效体积增大，因而可在相同质量含量下达到较高的抗冲击强度。但包容物亦不能过多。因为树脂包容物使橡胶颗粒的模量增大，当模量过大时，则减小甚至丧失引发和终止银纹以及产生空穴化的作用。因此树脂包容物含量亦存在最佳值。例如，HIPS 中特有的胞状形态结构特征，使弹性体的质量分数一般只有 6%～8%，而体积分数却达到 20%～30%。这种结构决定了在低模量的弹性体质量分数很小的情况下，其粒子间距就会等于或小于临界间距；在受外力作用时，其应变行为与分散相为纯弹性体大不相同，从而显示出高韧性。

（6）橡胶交联度的影响

橡胶交联度亦存在最佳值。交联度过小，加工时在受剪切作用下会变形、破碎，对增韧不利；交联度过大，T_g 和模量都会提高，失去橡胶的特性。交联度过大时，不但对引发和终止银纹不利，对橡胶颗粒的空穴化亦不利。最佳交联度目前仍靠经验确定。

7.6.3.3 橡胶相与基体相间粘接力

只有当两相间有良好的粘接力时，橡胶相才能有效地发挥作用。为增加两相间的结合力，可采用接枝共聚-共混或嵌段共聚-共混的方法，新生成的共聚物起增容剂的作用，可大大提高抗冲强度。但是，这种粘接力未必越强越好，有时较好的次价结合就足以满足增韧的需要。所以两相之间有足够的混溶性即可。不过，多数情况下，设法增大相间粘接力是有利的。

7.7 非弹性体增韧

自 20 世纪 80 年代提出以刚性有机填料（粒子）对韧性塑料基体进行增韧的方法以来，非弹性体增韧塑料的实践和理论研究都取得很大进展。近年来，非弹性体增韧方法已在高分子合金的制备中获得广泛应用。非弹性体颗粒包括热塑性聚合物粒子和无机物粒子两种。

7.7.1 有机粒子增韧

刚性的热塑性聚合物粒子亦称为有机粒子增强剂。虽然增韧效果不如橡胶粒子，但对模量的影响较小，并且常可以改善加工性能。例如，在聚碳酸酯（PC）、聚酰胺（PA）、聚苯醚（PPO）以及环氧树脂等韧性较大的基体中添加聚苯乙烯（PS）、聚甲基丙烯酸甲酯（PMMA）以及丙烯腈-苯乙烯共聚物（AS）等脆性塑料，可制得非弹性体增韧的聚合物共混材料。这种方法增韧的最大优点就是在提高抗冲强度的同时并不降低材料的刚性（图 7-28），且加工流动性也有所改善。

对于脆性基体如 PVC，需先用弹性体增韧，变成有一定韧性的基体后，再用非弹性体进一步增韧才更有效。

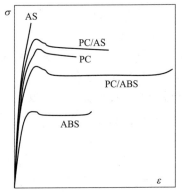

图 7-28 应力-应变曲线对比 ABS 和 AS 增韧 PC 前后的效果

7.7.2 无机粒子增韧

SiO_2、ZnO、TiO_2、$CaCO_3$ 等球形无机粒子，特别是纳米尺寸的这些无机粒子已广泛用以增强和增韧聚合物材料。例如，在 PVC/ABS（100/8）共混物中加 15 份超细碳酸钙，可使缺口冲击强度提高 3 倍。将纳米级 $CaCO_3$ 制成 $CaCO_3$/PBA/PMMA 复合粒子，在 100 份 PVC 中加入 6 份这种复合粒子，可使 PVC 缺口抗冲强度提高 2～3 倍。将纳米级 SiO_2 制成 SiO_2/PMMA 复合粒子用于增韧 PC，可使 PC 缺口冲击强度提高 11.5 倍。无机粒子特别是纳米尺寸无机粒子对增强与增韧聚合物材料的研究日益受到重视，应用前景十分广阔。

7.7.3　非弹性体增韧作用机理

当韧性基体受到拉应力时，在垂直于拉伸应力的方向上对脆性聚合物粒子将产生压应力。在强大的静压力作用下，刚性粒子在其赤道面即垂直于拉伸应力的方向上受到较大的压应力作用，并且在压力下沿拉伸应力伸长，如图 7-29 所示。在受力时，粒子形变过程需要消耗大量能量，同时协同周围的基体发生形变，因而吸收能量、提高韧性。这就是所谓的冷拉机理。这种机理被 PC/AS 体系所证实。电镜观察表明，在冲击作用下 AS 颗粒的应变值可达到 400%。冷拉机理虽然是当前普遍接受的理论，但要解释某些情况下冲击强度可提高数倍的事实尚显不充分，很可能这只是增韧机理中的一部分。

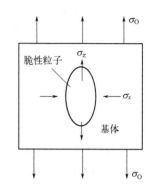

图 7-29　脆性聚合物粒子对韧性基体增韧机理示意图

以脆性材料对塑料基体进行增韧的最大优越性在于提高材料抗冲击性能的同时，不会降低材料的刚性。而弹性体增韧体系，会随着弹性体用量的增大而使材料刚性降低。

关于无机刚性粒子的增韧机理，一般认为，随着粒子的细化，比表面积增大，与塑料基体的界面也增加。当填充复合材料受到外力时，细小的刚性粒子可引发大量银纹，同时粒子之间的基体也产生塑性变形，吸收冲击能，达到增韧的效果。

与刚性有机粒子的增韧类似，无机刚性粒子的增韧效果也与塑料基体的韧性密切相关。先设法提高基体的韧性，再以无机粒子增韧可获得更好的增韧效果。例如，纯 PVC 抗冲强度为 $5.2kJ/m^2$。当添加 $CaCO_3$ 纳米粒子时，抗冲强度随 $CaCO_3$ 粒子添加量的增多呈先增大后减小趋势，且 $CaCO_3$ 纳米粒子用量为 10% 时缺口冲击强度达到最大值为 $16.3kJ/m^2$。将 PVC 与 ACR 共混，抗冲强度为 $13kJ/m^2$；在 PVC/ACR 共混体系中再添加 5% 30nm $CaCO_3$ 粒子后，其缺口冲击强度则可高达 $24kJ/m^2$。

参考文献

[1] Michio Ono，Junichiro Washiyama，Ken Nakajima，Toshio Nishi.Anisotropic thermal expansion in polypropylene/poly（ethylene-co-octene）binary blends：influence of arrays of elastomer domains[J]. Polymer，2005，46（13）：4899-4908.

[2] 张伟广，杨德才.聚丙烯/高密度聚乙烯高取向共混物的附生结晶[J].高分子学报，1991，1（3）：378-380.

[3] Jingshen Wu，Yiu-Wing Mai，Albert F Yee.Fracture toughness and fracture mechanisms of polybutylene-terephthalate/polycarbonate/impact-modifier blends[J].Journal of Materials Science，1994，29（17）：4510-4522.

[4] 胡圣飞.纳米级 $CaCO_3$ 粒子对 PVC 增韧增强研究[J].中国塑料，1999，13（6）：25-28.

[5] 吴培熙，张留城.聚合物共混改性[M].北京：中国轻工业出版社，1996.

[6] 陈绪煌，彭少贤.聚合物共混改性原理及技术[M].北京：化学工业出版社，2011.

[7] 王国全.聚合物共混改性原理与应用[M].北京：中国轻工业出版社，2007.

[8] [美]D.R.保罗，[英]C.B.巴克纳尔.聚合物共混物：组成与性能[M].殷敬华，等译校.北京：科学出版社，2004.

[9] 吴培熙，张留城.聚合物共混改性原理及工艺[M].北京：轻工业出版社，1984.

[10] O Olabisi，L M Robeson，M T Shaw.聚合物-聚合物溶混性[M].项尚田，沈剑涵，焦扬声，等译.
      北京：化学工业出版社，1979.

[11] A Y Coran，R Patel.Rubber-thermoplastic compositions.Part III.Predicting elastic moduli of melt mixed
      rubber-plastic blends[J].Rubber Chemistry and Technology，1981，54（1）：91-100.

[12] 宫宝安.物理化学[M].北京：科学出版社，2014.

[13] 邓如生.共混改性工程塑料[M].北京：化学工业出版社，2003.

[14] 黄锐.塑料成型工艺学[M].北京：中国轻工业出版社，2011.

思考题

1. 简述聚合物共混形态的基本类型及其特点。

2. 简述判断聚合物共混物是否为均相的方法。

3. 简述影响共混过程的主要因素。

4. 如何通过 T_g 来判断聚合物共混体系的相容性？

5. 简述影响共混体系熔融流变性能的因素。

6. 简述弹性体增韧的特点，并举例说明。

7. 列举三种橡胶增韧塑料的体系及性能变化特点，并阐明橡胶增韧塑料的作用机理。

8. 简述非弹性体增韧塑料的原理及特点；对于 PVC 等脆性材料，如何进行非弹性体增韧？